AF375971

SUITES
A
BUFFON,
FORMANT,

avec les œuvres de cet auteur,

UN COURS COMPLET D'HISTOIRE NATURELLE.

Collection

accompagnée de Planches.

PARIS

A LA LIBRAIRIE ENCYCLOPÉDIQUE DE RORET,

Rue Hautefeuille, N.º 10 bis;

POURRAT Frères, Rue des Petits Augustins, N.º 5.

HISTOIRE NATURELLE

DES

VÉGÉTAUX.

—

PHANÉROGAMES.

III.

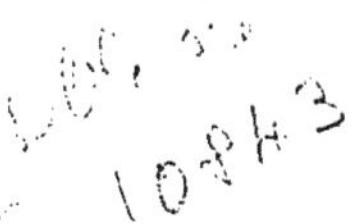

ÉVERAT, IMPRIMEUR,
Rue du Cadran, n° 16.

HISTOIRE NATURELLE

DES

VÉGÉTAUX.

PHANÉROGAMES.

Par M. Édouard SPACH,

AIDE-NATURALISTE AU MUSÉUM D'HISTOIRE NATURELLE, MEMBRE DE LA
SOCIÉTÉ DES SCIENCES NATURELLES DE FRANCE, CORRESPONDANT
DE LA SOCIÉTÉ DE BOTANIQUE MÉDICALE DE LONDRES.

TOME TROISIÈME.

OUVRAGE ACCOMPAGNÉ DE PLANCHES.

PARIS.

LIBRAIRIE ENCYCLOPÉDIQUE DE RORET,

RUE HAUTEFEUILLE, N° 10 BIS.

1834.

VÉGÉTAUX PHANÉROGAMES

DICOTYLÉDONES.

VEGETABILIA DICOTYLEDONEA.

QUATRIÈME CLASSE.

LES MALPIGHINÉES.

MALPIGHINEÆ Bartl.

CARACTÈRES.

Arbres ou *arbrisseaux*; rarement *herbes*. Sucs propres ordinairement aqueux.

Feuilles opposées ou alternes, pétiolées, souvent palminervées, simples, ou composées, non-ponctuées, stipulées, ou plus souvent non-stipulées.

Fleurs hermaphrodites, ou rarement unisexuelles, disposées en grappe, ou en corymbe, ou en panicule, ou bien solitaires et axillaires.

Calice persistant ou caduc, inadhérent, à 4 ou 5 divisions plus ou moins profondes: estivation imbricative.

Disque annulaire, ou urcéolé, ou irrégulier, charnu, inadhérent.

Pétales insérés aux bords du disque, interpositifs, en même nombre que les segments calicinaux (quelquefois le pétale supérieur, ou le pétale inférieur, ou tous les pétales manquent), libres, caducs, presque toujours on-guiculés : estivation imbricative ou rarement presque valvaire.

Étamines insérées au disque, en même nombre que les pétales (très-rarement en nombre moindre) et interpositives, ou plus souvent en nombre double des pétales. Filets subulés, presque toujours libres. Anthères incombantes, introrses, à 2 bourses parallèles, contiguës, chacune déhiscente par une fente longitudinale.

Pistil : Ovaires 2 ou 3 (rarement 4 ou 5), cohérents par leurs bords antérieurs, ou accolés contre un axe central, ou bien disjoints. Placentaires uni- ou biovulés, axiles. Styles en même nombre que les ovaires, libres ou connés.

Péricarpe drupacé, ou samaroïde, ou rarement capsulaire. Carpelles monospermes ou dispermes, le plus souvent indéhiscents, mais se séparant les uns des autres.

Graines attachées à l'angle interne, non-arillées, ou très-rarement arillées. Périsperme nul. Embryon curviligne ou rectiligne : cotylédons foliacés ou charnus.

Les familles qui constituent la classe des *Malpighinées* sont les Tropéolées, les Rhizobolées, les Hippocastanées, les Sapindacées, les Erythroxylées, les Coriariées, les Acérinées et les Malpighiacées. C'est dans la zone équatoriale que ces végétaux abondent. Les régions tempérées en offrent un nombre beaucoup moins considérable, et le Nord n'en produit que quelques espèces.

Les Malpighinées ont beaucoup d'affinités avec les Ampélidées, les Géraniacées, les Tricoques et les Lamprophyllées.

TRENTE-DEUXIÈME FAMILLE.

LES TROPÉOLÉES. — *TROPÆOLEÆ.*

(*Tropæoleæ* Juss. in Mém. du Mus. v. III, p. 447. — De Cand. Prodr.
v. I, p. 683. — Bartl. Ord. Nat. p. 366. — Cfr. Aug. Saint-Hil. Mém.
sur la structure de l'embryon des *Tropæolum*, etc. in Ann. du Mus.
v. xviii, p. 461.)

Un petit nombre d'espèces, propres à l'Amérique méridionale, constituent ce groupe, trop caractérisé pour être réuni à aucun autre ; MM. de Jussieu et de Candolle le placent à côté des Géraniacées.

En général les *Tropéolées* se distinguent par l'élégance de leurs fleurs et de leur feuillage ; aussi en cultive-t-on plusieurs comme plantes d'agrément, parmi lesquelles la *Capucine commune* est un exemple connu de tout le monde. La saveur de Cresson qu'offre cette dernière, se retrouve dans la plupart de ses congénères.

Caractères de la Famille.

Herbes diffuses ou volubiles, molles, abondantes en sucs aqueux, un peu âcres. Tiges et rameaux inarticulés.

Feuilles éparses, pétiolées, simples, peltées, entières, ou lobées, ou palmatiparties, glabres, non-stipulées (excepté les primordiales).

Fleurs hermaphrodites, irrégulières, axillaires, solitaires, pédonculées.

Calice inadhérent, 5-parti, coloré : segment supérieur prolongé à sa base en éperon creux, inadhérent.

Disque inapparent.

Pétales 5 (quelquefois 2, par l'avortement des 3 inférieurs), insérés au fond du calice, interpositifs, on-

guiculés, inégaux : les 2 supérieurs écartés des inférieurs et plus grands qu'eux, quelquefois sessiles ; les 3
inférieurs quelquefois abortifs ou nuls.

Étamines 8, unisériées, libres, hypogynes. Filets subulés. Anthères dressées, aplaties, oblongues, fovéolées
à la base, à 2 bourses longitudinalement déhiscentes.

Pistil : Ovaire à 3 coques uniovulées, accolées contre
l'axe central. Style triquètre, axile, filiforme. Stigmates 3, pointus. Ovules suspendus.

Péricarpe : Diérésile à 3 carpelles fongueux ou rarement ailés, évalves, monospermes : endocarpe adhérent
à la graine.

Graines non-arillées, apérispermées. Embryon gros,
rectiligne : radicule incluse, supère, produisant en germination 4 radicelles ; cotylédons épais, soudés, biauriculés à la base.

La famille ne renferme que les deux genres suivants :
Tropæolum Linn. — *Magallana* Cavan.

Genre CAPUCINE. — *Tropæolum* Linn.

Calice 5-parti, irrégulier, caduc, coloré : le segment supérieur éperonné. Pétales 5 (rarement 2), inégaux : les 2 supérieurs quelquefois non-onguiculés. Étamines 8, inégales.
Ovaire tricoque. Style triquètre, trifide au sommet. Diérésile à 5 coques fongueuses, indéhiscentes, réniformes, sillonnées, arrondies au dos.

Herbes diffuses ou volubiles. Feuilles peltées, simples, entières, ou lobées, ou palmatiparties, ou pédatiparties : les
primordiales opposées, bistipulées. Pédoncules axillaires,
solitaires, uniflores, non-bractéolés.

Ce genre renferme une quinzaine d'espèces, toutes indigènes dans l'Amérique méridionale soit équatoriale, soit
extra-tropicale. En voici les plus notables :

a) *Feuilles indivisées.*

CAPUCINE COMMUNE. — *Tropæolum majus* Linn. — Bot. Mag. tab. 23.

Feuilles orbiculaires, subsinuolées. Éperon grêle, subcylindracé, un peu arqué, de la longueur des pétales. Pétales arrondis au sommet, presque 2 fois plus grands que les sépales, barbus en dessus; onglets longs, fimbriés.

Herbe (vivace dans les pays chauds, annuelle dans les jardins en Europe) diffuse ou grimpante, succulente. Feuilles glauques, larges d'environ 18 lignes; pétioles et pédoncules très-longs. Fleurs grandes, d'un jaune orange ou ponceau. Éperon long de 1 pouce. Sépales oblongs. Coques tuberculeuses.

Cette espèce, nommée aussi *Cresson du Pérou*, est introduite en Europe depuis 1686. On sait qu'on la cultive tant pour l'ornement des jardins que comme herbe potagère. Elle se sème sur couche, ou en place lorsque les gelées ne sont plus à craindre : ses fleurs, qui se succèdent pendant tout l'été, servent à parer les salades; ses jeunes fruits, confits au vinaigre, se mangent en guise de Câpres. Toute la plante a une saveur piquante très-prononcée et analogue à celle du Cresson.

On possède une variété de la *Capucine commune*, à fleurs doubles, qu'on conserve en serre tempérée et qui se propage de boutures. La *Capucine mordorée* est une autre variété obtenue depuis peu et remarquable par la couleur éclatante de ses fleurs.

CAPUCINE PETITE. — *Tropæolum minus* Linn. — Bot. Mag. tab. 98. — Schk. Handb. tab. 105.

Feuilles orbiculaires, sinuolées, mucronées. Éperon grêle, subcylindracé, courbé ou rectiligne, 2 à 3 fois plus long que les pétales. Pétales cuspidés, non-barbus, très-entiers, de moitié plus grands que les sépales.

Herbe semblable à la précédente par son port et son feuillage, mais plus petite dans toutes ses parties. Fleurs une fois moins grandes, d'un jaune orange pâle. Éperon long de 15 à 18 lignes.

Cette espèce, indigène au Pérou, possède les mêmes propriétés que la précédente, et se cultive aussi comme plante potagère ainsi que pour orner les jardins. Sa variété à fleurs doubles est commune dans les serres.

b) *Feuilles plus ou moins profondément palmati-lobées.*

CAPUCINE LACINIÉE. — *Tropæolum peregrinum* Linn. Spec. — Jacq. Schœnbr. 1, tab. 98. — Bot. Mag. tab. 1351. — Andr. Bot. Rep. tab. 597. — Bot. Reg. tab. 718. — Sweet, Brit. Flow. Gard. ser. 2, tab. 134. — *Tropæolum aduncum* Smith, in Rees. Cycl. — De Cand. Prodr.

Feuilles subréniformes, à 5-9 lobes oblongs ou cunéiformes-oblongs, mucronés, entiers ou dentés. Éperon en forme de casque, aminci et recourbé au sommet. Pétales supérieurs très-grands : lame cunéiforme, incisée-multifide ; onglets plus courts que la lame. Pétales inférieurs petits, longuement onguiculés : lame fimbriée.

Herbe volubile, sarmenteuse. Racine fibreuse, annuelle. Feuilles glauques, à lobes plus ou moins profonds ; pétioles grêles, tortillés en forme de vrille. Pédoncules longs, grêles, cirriformes. Fleurs d'un jaune citron. Sépales oblongs, obtus, nerveux, plus courts que les pétales. Pétales supérieurs bidentés au sommet de l'onglet, ponctués de pourpre à la base. Pétales inférieurs linéaires-spatulés.

Cette plante élégante croît au Pérou, où elle porte le nom de *Malla*. On la cultive dans les jardins du midi de la France ; mais aux environs de Paris elle fleurit difficilement, à moins qu'on ne la sème dès l'automne en serre. La saveur de la plante se rapproche de celle du Chou.

CAPUCINE TUBÉREUSE. — *Tropæolum tuberosum* Ruiz et Pav. Flor. Peruv. tab. 314.

Feuilles à 5 ou 7 lobes tronqués à la base. Pétales dentés, à peu près aussi longs que les sépales.

Cette espèce, qui croît au Pérou, est remarquable par ses racines tubéreuses, lesquelles sont mangeables, après avoir été cuites.

c) *Feuilles comme digitées.*

CAPUCINE QUINQUÉFOLIOLÉE. — *Tropæolum pentaphyllum*
Lamk. —Bot. Mag. tab. 3190. —Aug. Saint-Hil., Juss. fil. et
Cambess. Plant. usuelles des Brasiliens. Ic.

Feuilles 5-parties : segments elliptiques ou obovales, acuminés
aux deux bouts, très-entiers, pétiolulés, glabres. Sépales ovales,
pointus ; éperon horizontal, conique, étranglé à l'extrémité ; pétales 2, arrondis, sessiles, beaucoup plus courts que le calice.

Racine consistant en un gros tubercule oblong. Tige très-longue, volubile, glabre, rougeâtre, rameuse. Pétiole cirriforme,
défléchi, long de 2 pouces ; segments des feuilles longs de 6 à 12
lignes. Pédoncules plus longs que les feuilles, pendants. Calice
long d'environ 15 lignes (y compris l'éperon), persistant : limbe
verdâtre en dehors, lavé de rouge en dedans ; éperon pourpre en
dehors, jaune en dedans. Pétales écarlates. Étamines un peu plus
longues que le limbe calicinal.

Cette espèce croît au Brésil méridional et au Paraguay, où on
la mange en guise d'herbe potagère. Depuis quelques années, elle
se cultive en Angleterre comme plante d'ornement de serre tempérée. Ses fleurs sont très-élégantes.

CAPUCINE POLYPHYLLE. — *Tropæolum polyphyllum* Cavan.
Ic. v. 4, tab. 395.

Feuilles à 5-10 segments oblongs ou obovales, légèrement
dentés, cunéiformes à la base. Pétales onguiculés, obtus, très-
entiers, un peu plus longs que le calice.

Cette espèce, qui croît dans les Andes du Chili, produit des
tubercules mangeables comme ceux de la *Capucine tubéreuse.*

CAPUCINE TRICOLORE. — *Tropæolum tricolorum* Sweet,
Brit. Flow. Gard. tab. 270. — Hook. in Bot. Mag tab. 3169.

Tiges filiformes. Feuilles profondément 6-lobées : lobes oblongs-
obovales, obtus, très-entiers, pubescents en dessous. Calice claviforme, 5-fide : éperon très-long. Pétales obovales, obtus, infléchis au sommet, onguiculés, un peu plus longs que le calice.

Herbe vivace. Racine tubéreuse. Tige très-rameuse ; rameaux

rouges, luisants, tortillés. Feuilles d'un vert gai, d'environ 8 lignes de diamètre. Pétiole long d'un pouce. Pédoncules longs de 2 pouces, pendants, capillaires. Calice long d'un pouce et demi, d'un écarlate brillant en dehors; lobes obtus, lavés de pourpre au sommet. Éperon grêle, obtus, de moitié plus court que le pédoncule. Pétales jaunes, peu saillants.

Cette espèce, indigène au Chili, offre un aspect charmant à l'époque de sa floraison. On la cultive dans quelques collections, mais elle est encore très-rare.

LES RHIZOBOLÉES. — *RHIZOBOLEÆ.*

(*Rhizoboleæ* De Cand. Prodr. v. I, p. 599. — Bartl. Ord. Nat. p. 365.
—Cambess. in Flor. Brasil. Merid. vol. I.)

Le petit nombre de végétaux dont se compose cette famille méritent de fixer l'attention sous plus d'un rapport. Les *Rhizobolées* sont remarquables par l'élégance de leur port et par la beauté peu commune de leurs fleurs; plusieurs forment des arbres gigantesques, qui fournissent des bois de construction précieux; enfin il en est dont les fruits offrent à la fois une pulpe butyracée d'une saveur délicieuse, et des amandes huileuses très-utiles.

On ne connaît que sept espèces de Rhizobolées; toutes croissent dans l'Amérique méridionale intertropicale.

Les Rhizobolées ont de l'affinité avec les Térébinthacées, les Sapindacées et les Hippocastanées; elles ressemblent surtout à ces dernières par leurs feuilles digitées. M. de Jussieu avait placé le seul genre qui les constitue, à la suite des Sapindacées. M. De Candolle, en établissant sur ce genre la famille dont nous parlons, la place entre les Hippocastanées et les Sapindacées. Selon M. Cambessèdes, c'est auprès des Guttifères que doit se classer ce groupe.

CARACTÈRES DE LA FAMILLE.

Arbres à rameaux opposés, articulés.

Feuilles opposées, digitées, 3-5-foliolées; pétioles articulés par la base. Stipules nulles.

Fleurs hermaphrodites, presque régulières, disposées

en grappes simples. Pédicelles articulés à la base et au milieu, non-bractéolés.

Calice inadhérent, persistant, 5-denté, ou 5-fide, ou 5-parti (rarement 6-fide ou 6-parti) : estivation imbricative.

Disque hypogyne, saillant.

Pétales 5, interpositifs, hypogynes, presque égaux, inéquilatéraux, caducs, adnés par la base à l'androphore : estivation convolutive.

Étamines très-nombreuses (jusqu'à 5,000), caduques, insérées au disque, bisériées : les intérieures souvent plus courtes et stériles. Filets grêles, subulés, plus ou moins monadelphes par la base. Anthères suborbiculaires ou oblongues, médifixes, mobiles, bilobées, introrses, longitudinalement déhiscentes.

Pistil : Ovaire globuleux, à 4-6 loges uniovulées, et à autant de côtes peu marquées. Ovules attachés à l'angle interne. Styles 4 à 6, libres, subulés, chacun terminé par un stigmate peu apparent.

Péricarpe : 4 ou 6 drupes accolés, (par avortement 3, ou 2, ou 1 seul), indéhiscents, uniloculaires, monospermes : sarcocarpe huileux, charnu ; noyau dur, tuberculeux, ou hérissé de pointes roides et entrecroisées.

Graines réniformes, carénées, amincies aux deux bouts, apérispermées : funicule épais, subbilobé. Radicule très-grande, formant presque toute la substance de l'amande. Tigelle allongée, linéaire. Cotylédons minimes, foliacés, ovales-lancéolés.

Le genre suivant est le seul qu'on connaisse de cette famille.

Caryocar Linn. (Rhizobolus Gærtn. Saouari et Pekea Aubl.)

Genre CARYOCAR. — *Caryocar* Linn.

Calice 5-denté ou 5-lobé (rarement 6-lobé). Corolle 5- ou 6-pétale. Étamines innumérables, monadelphes par la base. Ovaire 4-6-loculaire. Styles 4-6. Drupe à 1-6 noyaux monospermes, hérissés de pointes roides, ou tuberculeux.

On ne connaît de ce genre que les espèces dont nous allons traiter.

a) *Feuilles trifoliolées.*

CARYOCAR DU BRÉSIL. — *Caryocar brasiliense* Cambess. in Flor. Bras. Merid. v. 1, tab. 67.

Folioles obovales ou oblongues, obtuses aux deux bouts, sinuées-dentées, cotonneuses en dessous. Grappes courtes, terminales, multiflores. Calice 5-6-parti : lobes arrondis. Pétales obovales, obtus, moins longs que les étamines.

Tronc petit, tortueux. Rameaux cotonneux. Folioles longues de 2 à 6 pouces, sur 2 à 3 pouces de large. Pétales longs d'un pouce, sur 6 lignes de large, d'un jaune citron en dessus, roses en dessous. Fruit inconnu.

Cette espèce, remarquable par ses fleurs magnifiques, a été observée par M. Aug. de Saint-Hilaire dans les provinces méridionales du Brésil, où son nom vulgaire est *Péqui*.

CARYOCAR NUCIFÈRE. — *Caryocar nuciferum* Linn. — Bot. Mag. tab. 2728 et 2729. —*Rhizobolus Pekea* Gærtn. tab. 98, fig. 1. — *Rhizobolus tuberculosus* Smith, in Rees. Cycl. — *Pekea tuberculosa* Aubl. Guian. tab. 239.—*Amygdala guianensis* Clus. Exot. p. 27, fig. 1 (nux).—Pluck. Phyt. tab. 323 (nux).

Folioles elliptiques-lancéolées, dentelées, glabres. Corymbes terminaux, ordinairement 8-flores. Calice 5-parti : sépales ovales-arrondis, obtus, étalés. Pétales elliptiques-obovales, concaves, un peu moins longs que les étamines. Drupe charnu, presque sphérique, irrégulièrement lobé : noyaux 4, tuberculeux.

Arbre atteignant une hauteur très-considérable : écorce lisse, d'un gris foncé tirant sur le roux. Jeunes pousses d'un pourpre verdâtre. Stipules lancéolées, concaves, caduques. Folioles longues de 6 à 8 pouces. Corymbes 2-8-flores. Pédicelles allongés, claviformes. Calice court, de 2 pouces de diamètre. Sépales concaves, d'un pourpre noirâtre en dehors, rouges en dedans. Pétales presque aussi grands qu'une main d'homme, d'un brun rougeâtre à la face extérieure, de couleur pourpre à la base ainsi qu'aux bords, jaunes et striés de rouge à la face supérieure. Androphore polyadelphe vers le haut; phalanges 16-20-andres. Étamines environ cinq mille, jaunâtres; anthères oblongues, subtétragones. Ovaire globuleux, rougeâtre. Style filiforme, de la longueur des étamines. Péricarpe de 4 à 6 pouces de diamètre : une ou plusieurs des loges ordinairement abortives; épicarpe brunâtre, marbré de taches plus foncées; sarcocarpe épais, jaunâtre, d'environ 2 pouces de diamètre; noyaux très-durs, comprimés, subréniformes, tuberculeux, tronqués au bord antérieur, tapissés intérieurement d'une pulpe blanche astringente. Graine brunâtre, luisante, du volume d'une grosse Amande.

Cet arbre croît dans les forêts de la Guiane. Aublet assure que son tronc s'élève souvent, comme une colonne, jusqu'à la hauteur de soixante-dix pieds. La dimension énorme de ses fleurs rappelle celles de certains *Cactus*. Les Amandes sont mangeables et d'une fort bonne saveur.

CARYOCAR GLABRE. — *Caryocar glabrum* Pers. Ench. — *Saouari glabra* Aubl. Guian. tab. 240. — *Rhizobolus Saouari* Corréa, in Annal. du Mus. vol. 8, tab. 5, fig. 2.

Folioles elliptiques ou elliptiques-oblongues, glabres, rétrécies à la base, cuspidées, denticulées-sinuolées. Drupes axillaires et terminaux, ovoïdes, scabres, à un seul noyau hérissé.

Tronc haut de 60 à 80 pieds, sur 3 à 4 pieds de diamètre, rameux au sommet. Rameaux vagues, dressés ou déclinés. Folioles subsessiles, rougeâtres : l'intermédiaire longue de 4 pouces, sur 2 ¹/₂ pouces de large; les latérales plus petites. Stipules caduques. Fruit de la forme et du volume d'un œuf de poule; peau brune, chagrinée, assez épaisse, se déchirant irrégulièrement à la maturité ; pulpe verdâtre, douce, fondante, de la consistance du beurre ; noyau hérissé de pointes.

Cet arbre croît dans les forêts de la Guiane, où il est nommé *Saouari* par les aborigènes et les colons : ceux-ci le cultivent en beaucoup d'endroits, pour vendre son fruit dans les marchés de Cayenne. L'amande en est assez grosse et fort agréable au goût. Ou pourrait, dit Aublet, en tirer une huile semblable à celle des Amandes douces. Le bois s'emploie à faire des chaloupes, des pirogues et des canots. Aublet assure aussi que les feuilles, lorsqu'on les jette dans l'eau, étourdissent les poissons et les font flotter à la surface.

CARYOCAR VELU. — *Caryocar villosum* Pers. Ench. — *Saouari villosa* Aubl. Guian. tab. 241.

Folioles subsessiles, ovales-elliptiques, arrondies à la base, courtement acuminées, sinuolées, cotonneuses en dessous. (Fleurs et fruits inconnus.)

Arbre ayant le port et les dimensions du *Caryocar glabre*. Feuilles vertes en dessus, couvertes en dessous d'un duvet roussâtre : les plus grandes folioles longues de 9 pouces, sur 5 $^1/_2$ pouces de large. Stipules grandes, pointues, caduques.

Cette espèce croît dans les grandes forêts de la Guiane.

b) *Feuilles quinquéfoliolées.*

CARYOCAR AMANDIER. — *Caryocar amygdaliferum* Cavan. Ic. 4, p. 37, tab. 361 et 362.

Folioles glabres, lancéolées-oblongues, subsessiles, rétrécies aux 2 bouts, acuminées, fortement dentelées, stipellées. Grappes terminales, multiflores. Calice cupuliforme, à 5 dents arrondies, pubescentes aux bords. Pétales ovales-oblongs, obtus, inégaux, concaves, 2 fois plus courts que les étamines. Drupe charnu, oblong, subréniforme, comprimé, glabre, à un seul noyau, ou rarement à 2 ou 3 noyaux.

Tronc cylindrique, droit, de 3 à 5 pieds de diamètre, haut de 180 jusqu'à 240 pieds, terminé par une énorme tête arrondie. Écorce glabre, verte. Feuilles non-persistantes ; folioles membranacées, inégales : les plus grandes longues de 3 à 4 pouces, larges de 2 ¹/₂ pouces; aisselles des nervures de la face inférieure couvertes d'une pubescence étoilée ; dentelures grandes, obtuses, écartées. Grappes longues d'un demi-pied. Pétales d'un vert-jaunâtre, longs d'un pouce, sur 6 lignes de large. Péricarpe vert, de la grosseur d'une Noix : sarcocarpe médiocrement charnu, huileux ; noyau hérissé de soies claviformes ou subulées, roussâtres.

Ce végétal gigantesque croît dans la province de Santa-Fé de Bogota, où on le nomme vulgairement *Almendron* (Amandier), mot appliqué par les Espagnols d'Amérique à tous les autres arbres qui produisent des amandes mangeables. Les végétaux les plus élevés des forêts de la Colombie le cèdent en hauteur à cette espèce. Son bois est compacte, très-durable et susceptible d'un beau poli: L'écorce externe du fruit contient une résine extrêmement amère, dont la saveur persiste long-temps dans la bouche de ceux qui s'avisent d'y goûter. Les amandes de ce fruit font un objet alimentaire très-important pour le pays ; mais elles rancissent très-vite, à moins qu'on ne les torréfie.

CARYOCAR BUTYRACÉ. — *Caryocar butyrosum* Willd. — *Pekea butyrosa* Aubl. Guian. tab. 238.

Folioles oblongues-lancéolées, rétrécies à la base, courtement acuminées, obtuses, entières, glabres. Grappes terminales, multiflores : pédicelles allongés. Calice 5-parti : lobes arrondis, concaves. Pétales elliptiques, arrondis, plus courts que les étamines. Péricarpe à 4 drupes ovales-arrondis, complétement connés par l'angle interne.

Tronc haut de 80 pieds et plus, sur 3 pieds de diamètre. Écorce grisâtre. Bois roussâtre, dur, compacte. Branches éparses, très-longues : les inférieures étalées ou inclinées ; les supérieures dressées. Folioles inégales : la supérieure plus grande, longue de 7 pouces, large de 3 pouces. Stipules caduques. Fleurs de 2 pouces de diamètre. Pétales grands, épais, concaves, blanchâtres, étalés. Drupes de la grosseur d'un œuf de poule : sarcocarpe jaunâtre, lisse, butyracé, fondant, épais de 2 à 3 lignes;

noyau couvert de piquants effilés qui se détachent facilement, et deviennent très-incommodants pour ceux qui ouvrent le fruit.

Cet arbre est indigène dans les grandes forêts de la Guiane, où il porte le nom de *Pékéa*. On le cultive à Cayenne. Ses fleurs s'épanouissent en juin et en juillet ; ses fruits sont mûrs en septembre et en octobre. On apporte ces fruits en grandes quantités de l'intérieur du pays à Cayenne, où les amandes, fort bonnes à manger, se servent sur les tables. La pulpe du drupe s'emploie en guise de beurre. Le bois de l'arbre, selon Aublet, serait excellent pour les constructions navales.

CARYOCAR COTONNEUX. — *Caryocar tomentosum* Willd. — *Pekea tuberculosa* Aubl. Guian. tab. 239. (Fol. non fruct.)

Folioles elliptiques-oblongues, entières, cotonneuses en dessous, rétrécies à la base, acuminées. Péricarpe à 4 drupes secs, bosselés, comprimés, arrondis : noyaux lisses.

Tronc haut de 80 pieds, sur 2 à 3 pouces de diamètre. Écorce roussâtre, ridée, gercée. Bois rouge, dur et compacte. Branches vagues. Folioles inéquilatérales : la supérieure longue de 8 pouces, sur 3 à 4 pouces de large. Stipules caduques. Drupes longs de 3 pouces, sur 2 ¼ pouces de largeur et 2 pouces d'épaisseur à leur partie convexe : sarcocarpe verdâtre, bosselé, sec ; noyau non-hérissé.

Aublet a trouvé cet arbre en Guiane, dans les grandes forêts qui s'étendent depuis Caux jusqu'à la naissance de la rivière d'Aroura. Les Garipons le désignent par le nom de *Tatayouba*. Il fructifie en juin ; ses amandes sont bonnes à manger.

LES HIPPOCASTANÉES. — *HIPPOCAS-TANEÆ*.

(*Hippocastaneæ* De Cand. Théor. Élem. ed. 2 , p. 244 ; Prodr. vol. 1 , p. 597. — Bartl. Ord. Nat. p. 364. — *Castaneaceæ* Link, Enum.)

Ce groupe, très-voisin des Sapindacées, et que M. de Jussieu plaçait à la suite des Acérinées , doit son nom au *Marronier d'Inde* , appelé par Tournefort *Hippocastanum*.

Quoiqu'on n'en connaisse qu'une vingtaine d'espèces , les *Hippocastanées* forment néanmoins une famille très-intéressante , parce qu'elle se compose d'arbres ou d'arbrisseaux tous susceptibles de croître sur notre sol. Ces végétaux se recommandent par un port majestueux ou élégant, ainsi que par une magnifique inflorescence. L'amande de plusieurs espèces est mangeable.

A l'exception du *Marronier d'Inde*, toutes les Hippocastanées connues sont indigènes dans les contrées tempérées de l'Amérique septentrionale.

CARACTÈRES DE LA FAMILLE.

Arbres ou *arbrisseaux*. Ramules noueux avec articulation. Suc propre aqueux.

Feuilles opposées, digitées (5-9-foliolées) : folioles dentelées, penninervées ; pétiolules renflés et articulés à la base. Pétioles longs, renflés et subtriquètres à la base , semi - amplexicaules. Stipules nulles. Gemmes axillaires, écailleuses.

Fleurs polygames - monoïques (les unes hermaphrodites, les autres mâles par avortement), irrégulières, disposées en panicules terminales, dressées, thyrsiformes, composées de grappes éparses, pédonculées, souvent bifurquées au sommet, ou subcorymbiformes ; pédicelles alternes ou épars, unilatéraux, articulés au-dessus de la base, unibractéolés à la base ; bractéoles membraneuses, caduques.

Calice inadhérent, non-persistant (se détachant par une scission circulaire de la base), subcampanulé ou tubuleux (par exception bilabié), oblique, postérieurement un peu gibbeux à sa base, à 5 lobes (1 supérieur, 2 latéraux, et 2 inférieurs) obtus, inégaux, (le supérieur plus long que les 4 autres ; les 2 latéraux plus courts que les 2 inférieurs), presque imbriqués en préfloraison.

Disque hypogyne, annulaire, peu apparent.

Pétales 5 (2 supérieurs, 2 latéraux, et 1 inférieur), ou plus souvent 4 (par l'avortement du pétale inférieur), interpositifs, insérés sous le disque, inégaux, onguiculés, non-persistants : estivation imbricative.

Étamines 6-8 (ordinairement 7), insérées au disque, libres, unisériées, inégales. Filets subulés ou filiformes. Anthères elliptiques ou oblongues, versatiles, à 2 bourses contiguës, parallèles, longitudinalement déhiscentes : connectif prolongé en mamelon apicilaire.

Pistil : Ovaire trigone, subcylindracé, à 3 loges biovulées : ovules superposés, attachés à l'angle interne : le supérieur appendant ; l'inférieur ascendant. Style indivisé, grêle, aminci et courbé en arrière au sommet, terminé par un stigmate pointu.

Péricarpe : Capsule coriace, subglobuleuse, triloculaire, ou plus souvent par avortement uni- ou biloculaire, septicide, 2- ou 3- valve, 1-3-sperme.

Graines très-grosses, subglobuleuses, irrégulièrement comprimées ou anguleuses. Test luisant, coriace. Hile basilaire, opaque, très-grand, suborbiculaire. Périsperme nul. Embryon curviligne : radicule courte, conique, appointante; cotylédons gros, amylacés, soudés, hypogés ; plumule diphylle, apparente.

La famille n'est constituée que par les genres suivants :

Æsculus Linn. — *Pavia* Boerh. — *Macrothyrsus* Spach. — *Calothyrsus* Spach.

Genre MARRONIER. — *Æsculus* Linn.

Calice campanulé, renflé, fendu presque jusqu'au milieu en 5 lobes inégaux, très-obtus. Pétales 5, courtement onguiculés, dissemblables : les 3 inférieurs étalés, déclinés, ovales-orbiculaires ; les 2 supérieurs plus grands, redressés, ou presque réfléchis, elliptiques; onglets involutés. Étamines 7, déclinées, arquées en arrière. Capsule hérissée de pointes roides.

Arbre. Folioles sessiles, septénées, doublement dentelées, accrescentes. Fleurs blanches.

Nous n'admettons dans ce genre que l'espèce dont nous allons traiter; tous les autres *Æsculus* des auteurs font partie des genres *Pavia* ou *Macrothyrsus*.

MARRONIER D'INDE. — *Æsculus Hippocastanum* Linn. — Clus. Hist. p. 8, Ic.—Lamk. Ill. tab. 273.—Gærtn. Fruct. 2, tab. 111.—Schmidt, Arb. 1, tab. 38.—Schk. Handb. tab. 104. — Guimp. Holz. tab. 40. — Reitt. et Abel, tab. 1.

Arbre haut de 60 à 80 pieds, sur 3 à 4 pieds de diamètre. Écorce d'un brun tirant sur le gris, lisse sur les jeunes individus, rimeuse sur les vieux. Tête ovale-pyramidale, touffue. Gemmes ovales-coniques, visqueuses. Folioles longues de 2 à 8 pouces et plus, d'un vert gai et glabres en dessus, pâles en dessous et légèrement pubescentes aux aisselles des nervures, cunéiformes-oblongues, ou cunéiformes-obovales, ou lancéolées-obovales, acuminées. Pé-

tiole commun long de 2 à 6 pouces. Thyrse pyramidal, dense,
long de 6 à 10 pouces : axe, pédoncules, pédicelles et calices
couverts d'un velouté ferrugineux. Fleurs odorantes, d'environ 1 pouce de diamètre, la plupart mâles par avortement. Pétales ondulés, pubescents, d'un beau blanc, marqués au-dessus
de l'onglet d'une tache pourpre dans les fleurs hermaphrodites,
jaune dans les fleurs mâles. Filets plus longs que les pétales, très-inégaux, fortement arqués supérieurement, poilus inférieurement.
Anthères pubérules. Ovaire hérissé. Style pubescent. Capsule
grosse, verte, ordinairement spinelleuse, trivalve. Graine luisante,
d'un brun de châtaigne.

On cultive les variétés suivantes :

Marronier d'Inde à fleurs doubles.
——   *à capsules lisses.*
——   *à feuilles panachées de jaune.*
——   *à feuilles panachées de blanc.*

Le *Marronier d'Inde* croît spontanément dans les régions élevées de l'Himalaya, et probablement sur les plateaux de l'Asie
centrale. Selon Sibthorp, on l'aurait aussi observé dans les montagnes du nord de la Grèce. On le cultiva d'abord à Constantinople, d'où l'Écluse en reçut des graines en 1550. Le premier
Marronier d'Inde qui parvint à Paris fut également apporté de
Constantinople, en 1615. On en planta un autre pied au Jardin
du Roi, en 1656, qui dura jusqu'en 1767, et dont on conserve
encore une tranche dans les galeries du Muséum.

Sans contredit, le Marronier d'Inde est l'un des plus beaux
arbres exotiques qu'on possède. Son feuillage très-précoce, et
ses fleurs, disposées en pyramides verticales au sommet des rameaux, offrent un coup d'œil magnifique. Son bois, mou, blanc
et filandreux, brûle lentement et donne peu de chaleur ; il peut
néanmoins servir dans les constructions qui ne demandent pas une
grande solidité ; il se débite en planches dont on fait des caisses
d'emballage et de la volige ; on assure qu'il est propre à faire des
conduits d'eau souterrains, et qu'employé à cet usage il dure
plus long-temps que beaucoup d'autres bois. Le charbon de ce

bois est excellent pour la fabrication de la poudre à canon. L'é-
corce, amère et fortement astringente, contient beaucoup de tan-
nin ; elle possède des propriétés fébrifuges, et sert quelquefois à
teindre en jaune les étoffes de laine.

Les graines, ou Marrons d'Inde, se composent de fécule presque pure ; mais à cause de leur amertume elles ne peuvent servir
d'aliment à l'homme : les procédés au moyen desquels on a tenté
de remédier à cet inconvénient, sont trop dispendieux pour être mis
en usage. Les chèvres, les moutons et les bêtes fauves mangent les
Marrons d'Inde crus, sans aucune répugnance. On assure qu'en les
faisant cuire, ils constituent une nourriture excellente pour engraisser le bétail et la volaille. En Turquie et en Allemagne, ils servent
dans la médecine vétérinaire : c'est de cet emploi que dérive leur
nom de *Châtaigne de cheval*. Enfin, l'on peut en préparer de
la colle, de l'amidon et de la poudre à poudrer, et ils remplacent,
au besoin, le savon dans les lessives. Les capsules servent au tannage et à teindre en noir : par l'incinération, elles fournissent beaucoup de potasse. Les chevaux, les chèvres et les moutons sont
très-friands des feuilles, soit sèches, soit vertes.

Le Marronier d'Inde se plaît dans toute espèce de sol ; mais sa
végétation est plus vigoureuse dans un terrain légèrement humide.
Toutes les expositions lui conviennent. Ses graines se sèment au
printemps : elles doivent être stratifiées pendant l'hiver dans du
sable. On peut aussi les confier à la terre dès leur maturité ; mais
alors elles sont plus exposées aux dégâts causés par les vers.

Genre PAVIA. — *Pavia* Boërh.

Calice campanulé ou tubuleux, 5-lobé au sommet : lobes
inégaux, très-obtus. Pétales 4 (par exception 5), dissemblables, dressés : les 2 supérieurs cochléariformes ou subspatulés, plus longs, recourbés en arrière ; les 2 inférieurs
larges, ordinairement connivents ; onglets involutés aux
bords, cohérents moyennant un duvet laineux. Étamines
6-8, dressées ou peu déclinées. Capsule inerme ou spinelleuse, inéquilatérale, mucronée latéralement par les restes
du style.

Arbres ou arbrisseaux. Folioles courtement pétiolulées (par exception sessiles), doublement et inégalement dentelées, ordinairement quinées. Fleurs jaunes, ou livides, ou pourpres, ou roses. Calice et corolle presque concolores, couverts d'une pubescence visqueuse. Pétales ondulés. Étamines incluses ou saillantes. Filets poilus inférieurement. Ovaire pubescent ou hérissé.

Toutes les espèces que nous avons observées nous ont offert, parmi un grand nombre de fleurs tétrapétales, quelques fleurs pentapétales.

Les *Pavia* se font remarquer, comme le Marronier d'Inde, par l'élégance de leur port et par l'éclat de leurs fleurs, qui, sous le climat de Paris, s'épanouissent en général au mois de mai. Ils s'accommodent la plupart de tous les terrains. On les multiplie de graines, de marcottes, et de greffes. Les Pavia greffés sur le Marronier d'Inde ne sont pas de longue durée et offrent une forme peu agréable, parce que l'accroissement du tronc du sujet est beaucoup plus considérable et plus rapide que celui de la greffe.

Les espèces de ce genre ont été long-temps fort embrouillées, et on ne les distingue qu'avec peine les unes des autres. Nous allons décrire ici toutes les espèces qui se cultivent dans les jardins.

SECTION Ire.

Calice campanulé, ou tubuleux-campanulé, renflé. Pétales supérieurs subspatulés. Pétales inférieurs plus ou moins divergents. Étamines un peu déclinées, plus ou moins saillantes. Capsule spinelleuse.

a) *Folioles sessiles ou subsessiles. Fleurs roses ou rouges.*

PAVIA DE WATSON. — *Pavia Watsoniana* Spach, Monogr. ined.—*Æsculus carnea* Watson, Dendrol. Brit. tab. 121 (non Guimp. et Hayn.; nec Bot. Reg.)—*Æsculus rubicunda* Loddig. Bot. Cab. tab. 1242.

Folioles sessiles, lancéolées, acuminées, glabres aux deux faces. Fleurs 8-andres. Onglets des pétales latéraux un peu plus courts que le calice. Étamines plus longues que les pétales latéraux, un peu plus courtes que les pétales supérieurs. Anthères ciliolées.

Arbrisseau haut de 7 pieds et plus. Ramules légèrement pubescents. Pétiole glabre, long d'environ 4 pouces. Folioles (5-7) longues de 3 à 6 pouces, peu acuminées à la base, légèrement pubescentes en dessous aux aisselles des nervures. Panicules un peu lâches, longues d'environ 8 pouces. Pédoncule commun, pédoncules secondaires et pédicelles légèrement pubescents. Calice long d'environ 5 lignes, tubuleux-campanulé, pubescent, pourpré. Corolle d'un pourpre noirâtre. Pétales latéraux longs d'environ 10 lignes : lame ovale-elliptique, tronquée ou échancrée, plus longue que l'onglet, large d'environ 4 lignes à la base. Pétales supérieurs longs de 1 pouce : lame petite, obovale. Filets hérissés, recourbés en arrière. Capsule elliptique-globuleuse, spinelleuse.

Cette espèce, que nous décrivons d'après Watson, se cultive en Angleterre.

PAVIA CARNÉ. — *Pavia (Æsculus) carnea* Guimp. et Hayn. Fremd. Holz. tab. 22. — Lindl. in Bot. Reg. tab. 993. — *Æsculus rubicunda* Herb. de l'Amat. tab. 367 (non Loddig.)

Folioles barbues en dessous aux aisselles des nervures, acuminées aux deux bouts : les basilaires oblongues ou oblongues-lancéolées, sessiles; les 3 terminales lancéolées-obovales, subsessiles. Fleurs 7-andres. Onglets des pétales latéraux un peu plus courts que le calice. Étamines un peu plus longues que les pétales supérieurs. Anthères glabres.

Grand arbre semblable au *Marronier d'Inde* par le port et le feuillage. Pétioles longs de 3 à 5 pouces, presque glabres de même que les ramules. Folioles atteignant jusqu'à 8 pouces de long, sur 3 ½ pouces dans leur plus grande largeur. Panicules denses, pyramidales, longues de 6 à 8 pouces : axe, pédoncules et pédicelles pulvérulents. Calice pourpre, long de 4 à 5 lignes : lobes assez profonds. Pétales d'un rose vif, marqués en dedans

d'une grande tache basilaire couleur de sang ; pétales latéraux plus
ou moins ouverts , longs d'environ 10 lignes : lame elliptique ou
elliptique-orbiculaire, large de 4 à 5 lignes; pétales supérieurs longs
de 1 pouce : lame de la longueur de l'onglet, suborbiculaire , rétrécie à la base. Filets roses, poilus : les plus grands longs d'environ 15 lignes. Ovaire hérissé. Capsule obovée ou ovale-globuleuse, très-inéquilatérale, de la grosseur de celle du *Marronier
d'Inde*.

Ce *Pavia*, fort différent du précédent, avec lequel il a été
confondu, est sans contredit l'espèce la plus magnifique du genre,
et, à cet égard, il mérite même la préférence sur le Marronier
d'Inde, qu'il paraît devoir égaler quant à la stature. On le croit
indigène dans l'Amérique septentrionale, mais son origine n'est
pas certaine. Il fleurit environ quinze jours plus tard que le
Marronier d'Inde.

b) *Folioles courtement pétiolulées. Fleurs d'un jaune pâle.*

PAVIA A FLEURS PALES. — *Pavia (Æsculus) pallida* Willd.
Enum. — Guimp. et Hayn. Fremd. Holz. tab. 25. — *Æsculus
ohiotensis* Desfont. in Hort. Paris. (non Michx. fil.)

Folioles lancéolées-oblongues, ou lancéolées-elliptiques , ou
lancéolées-obovales, ou lancéolées , longuement acuminées ou
cuspidées , rétrécies à la base, légèrement pubescentes aux bords
et en dessous à la côte, barbues aux aisselles des nervures.
Fleurs 7-andres. Onglets des pétales inférieurs plus courts que
le calice. Pétales supérieurs oblongs-spatulés, de moitié ou 1 fois
plus courts que les étamines. Anthères pubérules. Ovaire très-
hérissé.

Petit arbre. Tête ovale-pyramidale, très-touffue. Pétioles longs
de 3 à 6 pouces, grêles, d'abord pulvérulents , puis , de même
que les ramules, glabres ou légèrement pubescents. Folioles longues de 3 à 5 pouces, larges de 6 à 15 lignes, d'un vert foncé en
dessus, pâles en dessous et subferrugineuses à la côte ainsi qu'aux
nervures. Panicules longues de 4 à 6 pouces, assez denses, presque
pyramidales ou oblongues : axe, pédoncules , pédicelles et calices
pulvérulents ; grappes florifères presque dès la base. Calice long

de 5 à 6 lignes, d'un jaune verdâtre, campanulé ou tubuleux-campanulé. Pétales d'un jaune pâle : les supérieurs longs d'environ 10 lignes, panachés de pourpre en dessus : lame 2 fois plus longue que l'onglet; pétales inférieurs longs de 6 à 9 lignes, légèrement lavés de rouge au-dessus de l'onglet, plus ou moins ouverts : lame elliptique ou elliptique-oblongue, 3 fois plus longue que l'onglet. Filets poilus, ascendants. Capsule obovée ou ovale-globuleuse, inéquilatérale, spinelleuse, 2 à 3 fois plus petite que celle du Marronier d'Inde.

PAVIA GLABRE. — *Pavia (Æsculus) glabra* Willd. Enum. — Guimp. et Hayn. Fremd. Holz. tab. 24.

Cette espèce, que nous ne connaissons que d'après la description et la figure des auteurs cités, diffère de la précédente par ses folioles plus petites et plus glabres ; par sa corolle plus petite, à pétales dont les onglets sont un peu plus longs que le calice; enfin par ses étamines qui ne sont guère plus longues que les pétales supérieurs. L'ovaire n'est que médiocrement hérissé de pointes.

SECTION II.

Calice campanulé ou subcylindracé. Pétales supérieurs cochléariformes (onglets presque linéaires, très-longs; lames fort petites, orbiculaires ou obovales). Pétales latéraux connivents, souvent se recouvrants par les bords : lames très-larges. Étamines dressées, ordinairement incluses. Anthères glabres. Capsules non-spinelleuses. — Folioles courtement pétiolulées.

a) *Calice presque campanulé, bouffi vers son sommet. Corolle jaune. Panicule dense.*

PAVIA NÉGLIGÉ. — *Pavia (Æsculus) neglecta* Lindl. in Bot. Reg. tab. 1009.

Folioles lancéolées, ou cunéiformes-lancéolées, ou lancéolées-oblongues, cuspidées, rétrécies à la base, légèrement pubescentes en dessous à la côte et barbues aux aisselles des nervures. Onglets des pétales latéraux un peu plus longs que le calice. Étamines un peu saillantes, plus courtes que les pétales supérieurs.

Arbre haut de 40 pieds et plus. Tête touffue. Pétioles grêles, longs de 4 à 6 pouces, glabres de même que les ramules. Folioles longues de 3 à 6 pouces, larges de 9 à 18 lignes, d'un vert gai en dessus, pâles en dessous. Panicules subpyramidales, un peu lâches, longues de 4 à 7 pouces : axe, pédoncules, pédicelles et calices couverts d'une pubescence jaunâtre, pulvérulente. Calice d'un jaune verdâtre, campanulé ou tubuleux-campanulé, long de 4 à 5 lignes ; pédicelles à peu près aussi longs que le calice. Pétales d'un jaune pâle, lavés de rouge en dessus ; pétales inférieurs longs de 10 à 12 lignes, sur 6 lignes de large : lame ovale-orbiculaire, ou elliptique-obovale ; onglet élargi au sommet, plus court que la lame. Pétales supérieurs longs de 14 à 15 lignes : lame obovale ou suborbiculaire. Filets poilus. Capsule moins grosse que celle du *Marronier d'Inde*, subglobuleuse, ou ovale, ou ovale-globuleuse.

Cette espèce, qu'on confond souvent avec la suivante, n'est pas rare dans les jardins.

PAVIA JAUNE. — *Pavia flava* De Cand. Prodr. — *Æsculus flava* Ait. Hort. Kew. — Schmidt, Arb. tab. 40. — Guimp. et Hayn. Fremd. Holz. tab. 23.—Wats. Dendr. Brit. tab. 163.— Lodd. Bot. Cab. tab. 1280. — *Pavia lutea* Poir. — Duham. ed. nov. vol. 3, tab. 38.—Mich. fil. Arb. vol. 3, tab. 11. — *Æsculus lutea* Wangenh. in Act. Nat. Scrut. Berol. v. 8, p. 133, tab. 6.

Folioles lancéolées, ou lancéolées-oblongues, ou lancéolées-elliptiques, ou oblongues-lancéolées, longuement acuminées, rétrécies à la base, pubescentes en dessous (les jeunes cotonneuses-pulvérulentes). Onglets des pétales latéraux de moitié plus longs que le calice. Étamines incluses, plus longues que le calice, plus courtes que les pétales latéraux.

Arbre atteignant, en Amérique, jusqu'à 70 pieds de haut, sur 3 à 4 pieds de diamètre. Tête arrondie, très-touffue. Pétioles longs de 2 à 4 pouces, légèrement pubescents de même que les ramules ; pétiolules presque cotonneux, longs de 2 à 3 lignes ; folioles longues de 3 à 7 pouces, larges de 1 à 2 pouces, vertes en dessus, parsemées en dessus d'un duvet très-fin, un peu grisâtre. Panicules longues de 3 à 6 pouces, denses, subpyramidales : axe, pédoncules, pédicelles et calices couverts d'un duvet pulvérulent; grappes florifères presque dès la base. Calices longs d'environ 6 lignes, très-évasés au sommet, d'un jaune verdâtre; pédicelles longs de 2 à 3 lignes. Pétales d'un jaune pâle, veinés de rouge en dessus; pétales latéraux longs de 12 à 14 lignes : onglet un peu plus long que la lame, élargi dans sa moitié supérieure; lame elliptique ou elliptique-obovale, large d'environ 6 lignes; pétales supérieurs longs d'environ 15 lignes : lame obovale-orbiculaire. Étamines longues de 8 à 12 lignes. Filets velus. Capsule d'un brun verdâtre, ovale-globuleuse ou ovale-ellipsoïde, moins grosse que celle du *Marronnier d'Inde.*

Le *Pavia jaune* croît dans les montagnes des États-Unis, où sa présence se considère comme l'indice certain d'un sol excellent. Son bois, blanc, tendre et peu durable, ne se met point en usage. On cultive cet arbre en Europe depuis 1764, et aujourd'hui il est fort commun dans les plantations d'agrément.

b) *Corolle livide ou d'un jaune tirant sur le rouge.*

PAVIA LIVIDE. — *Pavia livida* Spach, Monogr. ined.
Folioles lancéolées, ou lancéolées-elliptiques, ou lancéolées-obovales, ou cunéiformes-lancéolées, longuement acuminées, cotonneuses-subferrugineuses en dessous aux nervures ainsi qu'à la côte. Panicules assez denses. Calices subcampanulés ou obconiques, bouffis vers le sommet. Onglets des pétales latéraux plus longs que le calice. Étamines incluses, un peu plus courtes que les pétales latéraux.

Petit arbre. Tête touffue, subglobuleuse. Pétioles longs de 2 à 4 pouces, glabres de même que les ramules. Folioles longues de 4 à 8 pouces, larges de 1 à 2 pouces, d'un vert gai en dessus, pâles en dessous : les jeunes cotonneuses en dessous; les adultes presque glabres excepté aux nervures et à la côte. Panicules longues de 4 à 7 pouces, couvertes, de même que les calices, d'un duvet glanduleux subferrugineux : grappes pauciflores, subsessiles. Calices longs de 5 à 6 lignes, rougeâtres, subcampanulés, ou obconiques, ou subcylindracés et bouffis au milieu. Pétales lavés de jaune, de rouge et de violet, veinés de pourpre ; pétales latéraux longs de 12 à 14 lignes : lame elliptique ou ovale-elliptique, un peu plus courte que l'onglet ; pétales supérieurs longs d'environ 15 lignes : onglet jaune en dedans ; lame obovale-orbiculaire, petite. Filets hérissés : les plus grands longs de 1 pouce. Capsule obovée ou subglobuleuse, d'un brun verdâtre, plus petite que celle du *Marronier d'Inde*.

Cette espèce, qu'on confond souvent avec la suivante, n'est pas rare dans les jardins.

PAVIA HYBRIDE. — *Pavia hybrida* Spach, Monogr. ined.— De Cand. Prodr. ? (non *Pavia discolor* Pursh.)

Folioles lancéolées, ou lancéolées-obovales, ou lancéolées-oblongues, ou lancéolées-elliptiques, ou oblongues-lancéolées, ou cunéiformes-lancéolées, acuminées, légèrement pubescentes en dessous et cotonneuses-subferrugineuses à la côte ainsi qu'aux nervures. Panicules assez denses. Calice tubuleux-campanulé, ou subcylindracé, à peine bouffi. Onglets des pétales latéraux de moitié plus longs que le calice. Étamines incluses, un peu plus courtes que les pétales latéraux.

Petit arbre ayant le port et l'inflorescence du précédent. Feuillage semblable à celui du *Pavia jaune*. Calices longs de 4 à 6 lignes, rougeâtres. Pétales de même forme et couleur que ceux du *Pavia livide*, mais un peu plus petits. Capsules comme celles du précédent.

Cette espèce se cultive dans beaucoup de jardins.

PAVIA A FLEURS CHANGEANTES. — *Pavia mutabilis* Spach, Monogr. ined.

Folioles lancéolées, ou lancéolées-oblongues, ou cunéiformes-lancéolées, longuement acuminées, légèrement pubescentes en dessous et cotonneuses à la côte ainsi qu'aux nervures. Panicules lâches. Calices tubuleux (tantôt obconiques, tantôt subcylindracés, tantôt bouffis au milieu). Onglets des pétales latéraux un peu plus longs que le calice, ou un peu plus courts. Étamines incluses, un peu plus courtes que les pétales latéraux.

Petit arbre, semblable par le port et le feuillage au *Pavia livide*. Folioles quelquefois longues de 8 à 10 pouces. Pédicelles 2 à 3 fois plus courts que le calice. Panicules lâches, cotonneuses, longues de 3 à 6 pouces. Calices longs de 5 à 6 lignes, rougeâtres. Pétales d'abord d'un jaune lavé de rouge, puis d'un violet livide; pétales latéraux longs d'environ 1 pouce : lame elliptique ou elliptique-oblongue, de la longueur de l'onglet; pétales supérieurs longs d'environ 15 lignes : lame petite, suborbiculaire. Capsule comme dans les deux espèces précédentes.

Ce *Pavia*, de même que les deux précédents, se cultive fréquemment dans les jardins.

Pavia versicolore. — *Pavia versicolor* Spach, Monogr. ined. — *Æsculus Pavia* Wats. Dendr. Brit. tab. 1643 (non Willd.)

Folioles lancéolées, ou lancéolées-obovales, ou lancéolées-elliptiques, acuminées, glabres excepté en dessous aux aisselles des nervures. Panicules un peu lâches. Calices campanulés ou tubuleux-campanulés. Onglets des pétales latéraux un peu plus longs que le calice. Étamines incluses, plus courtes que les pétales latéraux.

Arbre haut de 15 pieds ou plus. Tête pyramidale ou arrondie. Pétioles glabres, rougeâtres, longs de 3 à 4 pouces. Folioles longues de 3 à 6 pouces, luisantes et d'un vert sombre en dessus, pâles en dessous et légèrement barbues aux aisselles des nervures. Panicule pubescente, longue de $^1/_2$ pied ou moins : ramules pauciflores; pédicelles 1 à 2 fois plus courts que le calice. Fleurs de la grandeur de celles du *Pavia jaune*. Calice rougeâtre. Pétales lavés de rose, de vert et jaune; lame des pétales latéraux suborbiculaire ou ovale-orbiculaire; lame des pétales supérieurs obovale-orbiculaire, petite. Filets hérissés.

Cette espèce, qui, d'après la figure de Watson, paraît très-distincte, se cultive en Angleterre.

Pavia a folioles discolores. — *Pavia discolor* Pursh, Flor. Amer. Sept. — Bot. Reg. tab. 310.

Tiges basses, touffues. Folioles lancéolées-oblongues, ou lan-

céolées-obovales , ou cunéiformes-lancéolées, acuminées, finement dentelées , veloutées-blanchâtres en dessous et subferrugineuses à la côte ainsi qu'aux nervures. Panicules très-denses.
Calices tubuleux et bouffis au milieu , ou obconiques. Onglets des
pétales latéraux un peu plus longs que le calice. Étamines incluses , ou un peu plus longues que les pétales latéraux.

Buisson très-touffu , haut de 2 à 4 pieds. Pétioles longs de 2 à
4 pouces, glabres de même que les ramules. Folioles longues de 3
à 6 pouces, larges de 1 à 2 pouces, glabres, d'un vert foncé et luisantes en dessus , couvertes en dessous d'un duvet blanchâtre très-
serré , qui finit par disparaître plus ou moins. Panicules très-
denses, pulvérulentes (de même que les calices), longues de 3 à
5 pouces. Grappes subcorymbiformes, subsessiles. Pédicelles 1 à
2 fois plus courts que le calice. Calice pourpre , long d'environ
6 lignes. Pétales d'abord lavés de jaune et de pourpre, puis d'un
pourpre livide; pétales latéraux longs d'environ 15 lignes;
lame elliptique, de la longueur de l'onglet; pétales supérieurs
longs d'environ 18 lignes : onglets aussi longs que les pétales latéraux; lame suborbiculaire. Filets poilus. Capsule ellipsoïde,
ou obovée, haute de 15 à 18 lignes, scabre, d'un brun verdâtre.

Cette espèce, l'une des plus belles du genre, tant par son port
touffu, que par l'élégance de son feuillage et de son inflorescence , croît dans les montagnes du midi des États-Unis. On ne
la possède en Europe que depuis 1812, et elle n'est pas encore
très-répandue dans les jardins. Elle fleurit à la fin de mai, et ne
prospère que dans un bon terrain.

c) *Fleurs d'un pourpre plus ou moins vif. Panicules lâches : grappes
subcorymbiformes, pauciflores, subsessiles ou courtement pédonculées. Folioles un peu coriaces , luisantes en dessus.*

PAVIA POURPRE-NOIR.—*Pavia atropurpurea* Spach, Monogr.
ined. — *Æsculus Pavia* var. sublaciniata, Wats. Dendr. Brit.
tab. 120 (non *Æsculus Pavia* Willd.)

Folioles lancéolées, pointues, profondément dentelées (ou incisées-dentées), glabres aux deux faces. Panicules très-lâches ,

presque simples. Calice tubuleux, ou tubuleux-campanulé, un peu renflé au milieu. Onglets des pétales latéraux de la longueur du calice. Étamines 8, un peu plus longues que les pétales latéraux.

Arbrisseau haut de 3 à 4 pieds. Branches pendantes, faibles. Pétioles glabres, rougeâtres, longs d'environ 3 pouces; pétiolules courts. Folioles longues de 3 à 5 pouces, larges de 10 à 18 lignes, d'un vert foncé et luisantes en dessus, d'un vert jaunâtre en dessous. Panicules longues d'un demi-pied, pubescentes, rouges. Pédoncules subuniflores, presque aussi longs que le calice. Calices longs de 8 à 9 lignes, pubescents, d'un rouge foncé. Corolle d'un pourpre noirâtre: pétales latéraux longs d'environ 15 lignes: lame oblongue, obtuse, de la longueur de l'onglet; pétales supérieurs un peu plus longs: lame obovale. Filets velus inférieurement. Capsule petite, obovée, d'un brun olive.

Cette espèce, très-distincte du *Pavia de Willdenow*, et que nous ne connaissons que par la figure et la description de Watson, se cultive en Angleterre.

PAVIA DE LINDLEY. — *Pavia Lindleyana* Spach, Monogr. ined. — *Æsculus Pavia* var. *arguta* Lindl. in Bot. Reg. tab. 993.

Folioles lancéolées, ou lancéolées-oblongues, acuminées, finement dentelées, pubescentes en dessous. Calices subcampanulés ou tubuleux-campanulés. Onglets des pétales latéraux plus longs que le calice. Étamines incluses.

Petit arbre. Pétiole commun lisse, rougeâtre de même que les nervures. Axe de la panicule, pédoncules et pédicelles rouges, pubescents; pédicelles presque aussi longs que le calice. Lame des pétales latéraux oblongue; lame des pétales supérieurs obovale.

Cette espèce, qui ressemble beaucoup à la suivante, se cultive dans les jardins.

PAVIA DE WILLDENOW. — *Pavia Willdenowiana* Spach, Monogr. ined. — *Æsculus Pavia* Willd. Enum. — Guimp. et Hayn. Fremd. Holz. tab. 21. (non Michx. Flor. Am. Bor.)

Folioles lancéolées-oblongues, ou oblongues-lancéolées, ou lancéolées-elliptiques, acuminées, glabres. Calices obconiques, bouffis vers le sommet. Onglets des pétales latéraux aussi longs que le calice; lames suborbiculaires. Étamines incluses, presque aussi longues que les pétales latéraux.

Petit arbre à tête arrondie et touffue. Folioles luisantes en dessus, longues de 2 à 4 pouces, finement dentelées. Panicules courtes. Pédicelles plus courts que le calice. Calice d'un rouge foncé, long de 6 à 7 lignes. Pétales d'un rose vif, veinés de pourpre; pétales latéraux longs de 1 pouce : lame large, obovale-orbiculaire; pétales supérieurs un peu plus longs : lame orbiculaire. Capsule globuleuse, d'un pouce de diamètre.

Cette espèce, qui a souvent été confondue avec les suivantes, ne nous est connue que par la figure et la description des auteurs cités plus haut. La forme de ses fleurs se rapproche beaucoup de celle du *Pavia jaune*.

PAVIA NAIN. — *Pavia (Æsculus) humilis* Lindl. in Bot. Reg. tab. 1018.

Tiges décombantes. Folioles lancéolées, pubescentes en dessous. Calices subcylindracés : dents triangulaires, un peu pointues. Étamines incluses, un peu plus longues que le calice.

Arbrisseau décombant, haut de 2 à 3 pieds. Rameaux ascendants, cylindriques, rougeâtres, glabres. Folioles longues d'environ 4 pouces, membranacées, profondément dentelées, d'un vert sombre en dessus, pâles en dessous. Panicules très-lâches, légèrement pubescentes; fascicules subtriflores. Corolle 2 fois plus longue que le calice, d'un pourpre noirâtre. Capsule pubescente, obovée, mucronée, très - inéquilatérale, d'un brun verdâtre.

Cette espèce, remarquable par sa stature naine et ses tiges décombantes, se cultive dans les jardins.

PAVIA LUISANT. — *Pavia lucida* Spach, Monogr. ined.

Folioles lancéolées, ou lancéolées - obovales, ou lancéolées-elliptiques, ou lancéolées-oblongues, acuminées, légèrement pubescentes en dessous et cotonneuses aux aisselles des nervures.

Calice tubuleux ou subcampanulé, bouffi au milieu. Onglets des pétales latéraux de moitié plus longs que le calice; lames elliptiques. Étamines incluses, plus courtes que les pétales latéraux.

Petit arbre à tête touffue. Pétioles longs de 3 à 4 pouces, rougeâtres et glabres de même que les ramules. Folioles d'un vert très-foncé et luisantes en dessus, pâles en dessous, longues de 4 à 7 pouces, larges de 1 à 3 ¹/₂ pouces. Panicules veloutées, longues de 3 à 5 pouces; pédicelles très-courts. Fleurs pourpres. Calices longs de 4 à 5 lignes. Pétales latéraux longs d'environ 1 pouce : lame de la longueur de l'onglet; pétales supérieurs un peu plus longs : lame obovale-orbiculaire. Filets poilus.

Cette espèce, qui se distingue facilement de la précédente et des suivantes à son feuillage beaucoup plus ample, est cultivée dans les jardins.

PAVIA INTERMÉDIAIRE. — *Pavia intermedia* Spach, Monogr. ined.

Folioles lancéolées, ou cunéiformes-lancéolées, ou oblongues-lancéolées, ou lancéolées-oblongues, longuement acuminées, cuspidées, glabres excepté en dessous aux aisselles des nervures. Calices obconiques ou subcylindracés, bouffis au milieu. Onglets des pétales latéraux aussi longs que le calice; lames elliptiques ou ovales-elliptiques. Étamines un peu saillantes, à peu près aussi longues que les pétales latéraux.

Petit arbre à tête arrondie et touffue. Pétioles longs de 2 à 5 pouces, très-glabres de même que les ramules. Folioles longues de 3 à 6 pouces, larges de 1 à 2 pouces, un peu luisantes et d'un vert gai en dessus, pâles en dessous et légèrement barbues aux aisselles des nervures. Panicules lâches, veloutées, longues de 3 à 5 pouces : grappes 3-6-flores. Pédicelles 2 à 3 fois plus courts que le calice. Fleurs pourpres. Calices longs de ¹/₂ pouce. Pétales latéraux longs de 1 pouce : lame elliptique, ou ovale-elliptique, aussi longue que l'onglet. Pétales supérieurs à lame obovale, ou elliptique-obovale.

Ce *Pavia* n'est pas rare dans les jardins.

PAVIA DE MICHAUX. — *Pavia Michauxii* Spach, Monogr.

ined. — *Æsculus Pavia* Michx. Flor. Am. Bor. (nou Willd.)
— *Pavia rubra* Lamk. — Duham. Arb. ed. nov. vol. 3, tab.
19. — Turp. in Dict. des Scienc. Nat. Ic.

Folioles lancéolées, ou lancéolées-obovales, ou lancéolées-oblongues, ou cunéiformes-oblongues, pointues, ou courtement acuminées, glabres excepté en dessous aux aisselles des nervures. Calice obconique, ou subcylindracé, bouffi au milieu, un peu plus long que les onglets des pétales latéraux. Étamines saillantes, en partie plus longues que les pétales supérieurs.

Petit arbre ou arbrisseau. Tête arrondie, déprimée, ou presque en parasol. Pétioles longs de 2 à 4 pouces, glabres et rougeâtres de même que les ramules. Pétiolules pulvérulents, longs de 1 à 3 lignes.. Folioles longues de 1 à 6 pouces, larges de 8 lignes à 2 pouces, luisantes et d'un vert foncé en dessus, pâles en dessous et légèrement barbues aux aisselles des nervures. Panicules longues de 3 à 6 pouces, lâches : axe, pédoncules et pédicelles d'un pourpre noirâtre, couverts d'un velouté subferrugineux. Grappes 2-6-flores. Pédicelles presque aussi longs que le calice. Fleurs d'un pourpre noirâtre. Calices longs de 7 à 9 lignes. Pétales latéraux longs de 1 pouce, ou un peu plus : lame elliptique, ou elliptique-obovale, un peu plus courte que l'onglet; pétales supérieurs longs de 15 à 16 lignes : lame obovale, ou suborbiculaire. Filets velus inférieurement. Capsule petite, subglobuleuse.

Cette espèce se cultive fréquemment dans les jardins. De même que les deux précédentes, elle fleurit une quinzaine de jours plus tard que les *Pavia* à fleurs jaunes ou livides.

Genre MACROTHYRSE. — *Macrothyrsus* Spach.

Calice tubuleux et subcylindracé, ou obconique, 5-lobé. Pétales 4 ou 5, inégaux mais conformes, dressés, divergents, longuement onguiculés, spatulés : les 2 supérieurs plus longs; onglets planes, non-cohérents. Étamines 6 ou 7, très-longues, dressées, divergentes. Capsule subglobuleuse, inerme.

Arbrisseaux. Folioles quinées ou septenées, pétiolulées,

presque également dentelées. Thyrses très-longs, coniques-pyramidaux, composés de cimules horizontales, subverticillées, 3-5-flores, bifides, courtement pédonculées. Corolle blanche. Filets capillaires, blancs, glabres, arqués avant l'anthèse, puis rectilignes. Anthères rouges, glabres.

L'espèce suivante est la seule de ce genre.

MACROTHYRSE DISCOLORE. — *Macrothyrsus discolor* Spach, Monogr. ined.—*Æsculus macrostachya* Michx. Flor. Am. Bor. — Jacq. Ecl. 1, tab. 9. — Guimp. et Willd. Fremd. Holz. tab. 26. — Bot. Mag. tab. 2118. —*Æsculus parviflora* Walt. Flor. Carol. — Ait. Hort. Kew. — *Pavia macrostachya* De Cand. Prodr. — Herb. de l'Amat. tab. 212. — *Pavia edulis* Poit. Arb. Fruit. tab. 88.

Buisson très-touffu, haut de 3 à 4 pieds. Racine stolonifère. Tête arrondie, déprimée. Pétioles longs de 3 à 8 pouces, grêles, glabres, d'un pourpre noirâtre. Folioles longues de 3 à 8 pouces et quelquefois plus, larges de 1 à 3 pouces, lancéolées-obovales, ou oblongues-obovales, ou oblongues, ou lancéolées-oblongues, acuminées, arrondies ou pointues à la base, glabres et d'un vert très-foncé en dessus, couvertes en dessous d'un velouté blanchâtre : côte et nervures presque glabres; dentelures petites, très-rapprochées, subobtuses; pétiolules glabres : ceux des folioles basilaires très-courts ; ceux des folioles terminales longs de 4 à 8 lignes. Panicules atteignant très-souvent un pied de long et plus : axe d'un vert pâle, légèrement pulvérulent de même que les pédoncules, les pédicelles et les calices; pédicelles ordinairement plus longs que le calice. Calice d'un blanc sale ou jaunâtre, long de 3 à 4 lignes : lobes obtus, courts, inégaux. Pétales d'un blanc pur, veinés de jaune : onglets linéaires, glabres, plus longs que le calice; lames ovales, ou obovales, ou oblongues, obtuses ou échancrées. Pétales supérieurs longs d'environ 10 lignes : onglets 2 fois plus longs que le calice. Pétales inférieurs du tiers environ plus courts. Filets 2 à 3 fois plus longs que la corolle. Ovaire laineux. Style poilu inférieurement. Capsule obovée ou subglobuleuse, de la grosseur d'une petite Noix.

Cet arbrisseau, non moins remarquable par l'élégance de son port que par la rare beauté de son inflorescence, croît dans les montagnes des Carolines, et de la Géorgie. On le cultive fréquemment dans les jardins, en Europe, mais il ne prospère que dans un bon sol. Ses magnifiques panicules, qui ressemblent à de longs panaches, ne s'épanouissent qu'au mois de juillet. Les fruits ont le goût des Châtaignes, mais il en parvient un bien petit nombre à maturité, sous le climat du nord de la France. L'espèce se multiplie de drageons et de marcottes. Son port touffu et sa stature naine la rendent très-propre à décorer les pelouses et les grands parterres.

Genre CALOTHYRSE. — *Calothyrsus* Spach.

Calice subcampanulé, bilabié : lèvres presque égales, béantes : la supérieure tantôt entière et obtuse, tantôt tridentée ; l'inférieure tantôt bifide ou bidentée, tantôt entière. Pétales 4 (rarement 5), inégaux mais conformes, presque étalés : onglets involutés. Étamines 6, plus longues que la corolle ; filets arqués : les 3 supérieurs ascendants ; les 3 inférieurs déclinés. (Péricarpe inconnu.)

Folioles quinées, pétiolulées, également crénelées. Panicules très-denses : grappes pédonculées, multiflores, subcorymbiformes, souvent bifides. Corolle blanche. Filets et anthères glabres.

L'espèce suivante constitue à elle seule ce genre.

Calothyrse de Californie. — *Calothyrsus californica* Spach, Monogr. ined.

. Pétioles très-glabres de même que les ramules et la partie non-florifère du pédoncule commun. Folioles oblongues ou elliptiques-oblongues, presque arrondies à la base, acuminées, très-glabres, d'un vert foncé en dessus, d'un vert jaunâtre en dessous, longues de 2 à 4 pouces : crénelures petites, rapprochées : pétiolules longs de 3 à 7 lignes. Panicule longue d'environ 4 pouces, portée sur un pédoncule long de 2 pouces : axe, pédoncules, pédicelles et calices pulvérulents. Pédicelles grêles, ordinairement plus longs que le calice. Calice long de 3 à 4 lignes, blanchâtre, bifide jusqu'au milieu. Pétales blancs, presque isomètres, longs de 5 à 6 lignes : lames oblongues-obovales, ou obovales, obtuses, ondulées, pubescentes, larges de 1 $^{1}/_{2}$ à 2 lignes ; onglets linéaires, à peu près aussi longs que la lame, un peu plus longs que le calice, involutés et cotonneux aux bords. Filets longs de 7 à 9 lignes, capillaires, rougeâtres. Anthères oblongues, jaunes.

Cette espèce, qu'on ne possède pas encore vivante en Europe, a été trouvée en Californie, par le docteur Botta.

TRENTE-CINQUIÈME FAMILLE.

LES SAPINDACÉES. — *SAPINDACEÆ.*

(*Sapindi* Juss. Gen. — *Saponaceæ* Vent. Tabl. III, p. 125. — *Sapindaceæ* Juss. in Ann. du Mus. v. XVIII, p. 476. — De Cand. Prodr. v. I, p. 604. — Bartl. Ord. Nat. p. 362. — Cambessèdes, Mémoire sur les Sapindacées, et ejusdem *Sapindaceæ* in Flor. Brasil. Merid.)

Ce groupe très-naturel, qui tire son nom du *Sapindus* ou *Savonnier*, ne renferme que des végétaux exotiques. Il offre des espèces utiles dans l'économie domestique, ou fournissant des fruits excellents. D'autres se font remarquer par l'élégance de leur port ou de leurs fleurs. Quelques-unes enfin ont des propriétés narcotiques très-prononcées.

Le nombre total des *Sapindacées* bien connues se monte à environ deux cent cinquante. Elles appartiennent presque exclusivement aux régions équatoriales, et surtout au nouveau continent.

Voici la distribution numérique des espèces :

Amérique équatoriale : 167. Le plus grand nombre de ces espèces appartiennent au continent de l'Amérique méridionale.

Amérique septentrionale tempérée : 1.

Amérique australe : 6.

Asie équatoriale : 38.

Afrique équatoriale : 22.

Polynésie et Australasie : 12.

Chine et Japon : 2.

Caractères de la Famille.

Arbres, ou *arbrisseaux,* ou rarement *herbes.* Tiges souvent volubiles et cirrifères. Rameaux cylindriques. Sucs propres aqueux.

Feuilles alternes, pétiolées, composées (ternées, ou imparipennées, ou biternées), ou très-rarement simples, stipulées ou non-stipulées, souvent ponctuées ou rayées de lignes transparentes.

Fleurs polygames ou dioïques, ordinairement irrégulières, petites, blanches, ou roses, ou rarement jaunes, disposées en grappes simples ou paniculées. Pédoncules communs axillaires ou terminaux, quelquefois transformés en vrilles.

Calice inadhérent, 5-sépale (rarement 3-4- ou 6-sépale) : sépales le plus souvent inégaux, rarement soudés par la base : estivation imbricative.

Disque hypogyne, charnu, tantôt tapissant tout le fond du calice et formant un rebord saillant entre les pétales et les étamines, tantôt réduit à 2 ou 4 glandes situées à la base des pétales.[1]

Pétales (rarement nuls) interpositifs, insérés au disque ou sous le disque, en même nombre que les sépales (quelquefois en nombre moindre, par l'avortement de l'un ou de plusieurs des pétales supérieurs), tantôt inappendiculés, tantôt appendiculés antérieurement d'une écaille de forme variée : estivation subimbricative.

Étamines 10 (par exception 20), ou par avortement 9-5, unisériées, hypogynes, insérées au réceptacle ou au disque. Filets libres, ou monadelphes par la base, souvent velus. Anthères basifixes ou médifixes, mobiles, bivalves, déhiscentes longitudinalement aux bords ou à la face antérieure.

Pistil : Ovaire 3-loculaire (moins souvent 2- ou 4-loculaire) : loges (par exception multiovulées) contenant un seul ovule dressé, ou ascendant, ou très-rarement suspendu ; ou bien 2 ou 3 ovules superposés : les supérieurs suspendus, l'inférieur ascendant. Style indivisé, ou 2-3-fide supérieurement. Stigmates terminaux et subglobuleux, ou bien linéaires et couvrant la face interne des styles.

Péricarpe : Capsule 2- ou 3-valve, septicide, ou loculicide, 1-3-loculaire ; ou bien diérésile souvent ailé ; ou carcérule ; ou drupe ; ou baie.

Graines solitaires, ou géminées, attachées à l'angle interne, ascendantes, ou rarement suspendues, apérispermées, souvent arillées. Hile large. Test crustacé ou membranacé. Tégument interne pelliculaire, transparent. Embryon replié, ou spiralé, ou rarement rectiligne : radicule courte, appointante ; cotylédons quelquefois soudés, ordinairement courbés et incombants ; plumule diphylle.

« Les Sapindacées, dit M. Cambessèdes, dans son sa-
» vant Mémoire sur cette famille, sont liées de la ma-
» nière la plus intime aux Acérinées, par l'ensemble
» de leurs caractères, et surtout par la position parti-
» culière de leur disque ; elles ne se distinguent guère
» de ce groupe, que l'on a considéré avec raison comme
» intermédiaire entre elles et les Malpighiacées, que
» par leurs feuilles alternes et par leurs pétales pres-
» que toujours munis intérieurement d'un appendice.
» Les Ampélidées ont aussi de grands rapports avec la
» famille qui nous occupe, soit par l'insertion des par-
» ties de leurs fleurs, soit par leurs étamines en nom-
» bre déterminé, soit par leurs ovules dressés et insé-
» rés au fond des loges de l'ovaire, comme dans le plus
» grand nombre de Sapindacées, soit par l'analogie
» qui existe entre les tiges grimpantes des *Cissus* et
» celles des genres *Serjania*, *Paullinia*, etc. Enfin, je

» dois signaler encore la ressemblance qu'ont les Sa-
» pindacées par leur port, avec les Méliacées et les
» Térébinthacées, ressemblance telle, que plusieurs
» plantes de ces deux familles se trouvent confondues
» avec eux dans presque toutes les collections. »

M. Kunth, et à son exemple M. de Candolle, ont sous-divisé les Sapindacées en trois tribus, savoir : les *Paulliniées*, les *Sapindées* et les *Dodonéacées*. M. Cambessèdes, dont nous suivons ici le travail, n'admet que les deux tribus sous lesquelles nous allons énumérer les genres.

Ire TRIBU. **LES SAPINDÉES.** — *SAPINDEÆ* Cambess.

Ovaire à loges uniovulées. Embryon replié ou rarement rectiligne.

Cardiospermum Linn. — *Urvillea* Kunth. — *Serjania* Plum. — *Toulicia* Aubl. (Ponæa Schreb.) — *Paullinia* Linn. — *Irina* Blum. — *Prostea* Cambess. — *Lepisanthes* Blume. — *Schmidelia* Kunth. (Allophyllus Linn. Aporetica Forst. Pometia Forst. Ornitrophe Juss. Gemella Lour. Toxicodendron Gærtn.)—*Sapindus* Linn.— *Erioglossum* Blum. — *Moulinsia* Cambess. — *Cupania* (Plum.) Cambess. (Vouarana et Sapindi spec. Aubl. Trigonis Jacq. Cupania, Molinæa et Trigonis Juss. Gelonium Gærtn. (non Roxb.) Guioa Cavan. Stadmannia Lam. Blighia Kœn. Akeesia Tussac. Bonannia Rafin. Tina Rœm. et Schult. Cupania, Blighia, Tina, Stadmannia, Ratonia, et Sapindi spec. De Cand. Prodr. Dimereza et Cupania Labill. Tina et Mischocarpus Blume. — *Talisia* Aubl. — *Nephelium* Linn. (Euphoria Commers. Dimocarpus Lour. Scytalia Gærtn.)—*Thouinia* Poit. (Thyana Hamilt.) — *Hypelate* P. Browne. — *Melicocca* Linn. (Shleichera Willd.)

IIᵉ TRIBU. **LES DODONÉACÉES.** — *DODONÆACEÆ*
Cambess.

Ovaire à loges bi-ou triovulées. Embryon spiralé.

Kœlreuteria Laxm. — *Cossignia* Commers.—*Amirola*
Pers. (Llagunoa Ruiz et Pav.) — *Dodonæa* Linn.

GENRE ANOMALE A LOGES PLURIOVULÉES.

Magonia Aug. Saint-Hil. (Phæocarpus Martius.)

GENRES DOUTEUX OU INCOMPLÈTEMENT CONNUS.

Eustathos Lour. — *Enourea* Aubl. — *Matayba* Aubl.
(Ernstingia Neck. Ephielis Schreb.)—*Racaria* Aubl.—
Harpullia Roxb.—*Aphania* Blume.—*Alectryon* Gærtn.

Iʳᵉ TRIBU. **LES SAPINDÉES.** — *SAPINDEÆ* Cambess.

*Ovaire à loges uniovulées. Embryon replié, ou rarement
rectiligne.*

Genre CARDIOSPERME. — *Cardiospermum* Linn.

Calice 4-sépale ; les 2 sépales extérieurs plus petits. Pétales 4, munis au-dessus de leur base d'un appendice squamiforme ; la place du cinquième pétale vide. Deux glandules
arrondies ou linéaires, opposées aux pétales inférieurs. Étamines 8, excentrales. Pistil excentral. Ovaire triloculaire.
Ovules ascendants, attachés vers le milieu de l'angle interne.
Style trifide. Capsule trigone, vésiculeuse, triloculaire, locu-
licide-trivalve. Graines globuleuses, souvent munies d'un
petit arille bilobé. Test crustacé. Embryon replié. •

Herbes volubiles, cirrifères; ou bien sous-arbrisseaux non-
volubiles. Feuilles biternées ou surdécomposées, non-stipulées. Panicules composées de grappes simples spiciformes :
la première paire des pédoncules secondaires presque toujours transformée en vrilles.

Ce genre se compose aujourd'hui de quinze espèces, dont une habite la Guinée, et une la zone torride des deux continents : les treize autres appartiennent à l'Amérique intertropicale. Voici les espèces qui méritent d'être décrites ici :

CARDIOSPERME DES INDES. — *Cardiospermum Halicacabum* Linn. — Rumph. Amb. v. 6, tab. 24, fig. 2. — Lam. Ill. tab. 317. — Bot. Mag. tab. 1049.

Feuilles biternées; folioles inégales, lancéolées ou ovales-lancéolées, pétiolulées, incisées-dentées. Pédoncules filiformes, défléchis, solitaires, très-longs. Panicules pauciflores, lâches, cimeuses. Glandules du disque petites, globuleuses. Capsule triangulaire.

Herbe annuelle, presque glabre. Tiges faibles, grêles, très-rameuses, longues de 3 à 4 pieds. Fleurs très-petites, blanchâtres. Capsule brunâtre, grosse. Graines noires, de la grosseur d'un Pois. Arille cordiforme, blanc.

Cette plante, vulgairement nommée *Pois de Merveille* et *Cœur des Indes*, habite les deux Indes. On la cultive chez nous dans plusieurs jardins, à cause de la singularité de ses capsules vésiculeuses et de ses graines dont l'arille, en forme de cœur et de couleur blanche, contraste d'une manière bizarre avec le noir foncé du test. C'est de la forme de cet arille que viennent les noms de *Cardiosperme* ou *Graine à cœur*, et *Corindum* ou *Cœur des Indes*.

Rumphius dit que ce Cardiosperme est employé par les Malais pour favoriser l'éruption de la variole des enfans.

CARDIOSPERME ÉLÉGANT. — *Cardiospermum elegans* Kunth, in Humb. et Bonpl. Nov. Gen. et Spec. vol. 5, tab. 439.

Feuilles biternées; folioles ovales ou ovales-arrondies, dentelées, pétiolulées, inégales. Pédoncules solitaires, longs, défléchis. Panicules courtes, multiflores, à ramules étalés, rapprochés. Glandules du disque linéaires, allongées. Capsule elliptique-globuleuse.

Sous-arbrisseau grimpant. Tiges pubescentes. Fleurs blanches, de la grandeur de celles du Tilleul. Capsule verte, glabre.

Cette espèce, semblable à la précédente par le port, a été observée par MM. de Humboldt et Bonpland, au Pérou. Elle est remarquable par l'abondance de ses fleurs, et mériterait la culture.

Genre URVILLÉA. — *Urvillea* Kunth.

Calice persistant, coloré, 5-sépale : les 2 sépales extérieurs plus petits. Pétales 4, presque égaux, munis au-dessus de leur base d'un appendice squamiforme ; la place du cinquième pétale vide. Une glandule à la base de chaque pétale. Étamines 8, inégales, excentrales ; filets libres. Pistil excentral. Style trifide. Ovules ascendants, attachés vers le milieu de l'angle interne. Diérésile à 3 samares séparables, membraneuses, bordées d'une large aile dorsale. Graines globuleuses : arille petit, bilobé ; test crustacé ; cotylédons rectilignes ; radicule peu repliée.

Arbrisseaux volubiles, cirrifères. Feuilles pennées-trifoliolées. Grappes spiciformes, munies à leur base de deux vrilles. Fleurs blanchâtres.

Ce genre se compose de quatre espèces, toutes de l'Amérique méridionale. Nous nous bornerons à faire connaître la suivante, qu'on cultive dans les serres chaudes.

URVILLÉA FERRUGINEUX. — *Urvillea ferruginea* Lindl. in Bot. Reg. tab. 1077.

Rameaux trigones, hérissés. Folioles cordiformes-ovales, acuminées, irrégulièrement dentées, velues. Grappes solitaires, pendantes, extra-axillaires, de la longueur des feuilles. Diérésile pubescent.

Cet arbrisseau, indigène au Brésil, grimpe à la hauteur de vingt pieds. Ses fleurs sont peu apparentes ; mais on le recommande comme très-propre à garnir les parois des serres, par ses nombreux sarments hérissés de longs poils roux.

Genre SÉRIANIA. — *Serjania* Plum.

Calice persistant, à 4 ou 5 sépales · les 2 extérieurs plus

petits. Pétales 4, squamulifères au-dessus de la base ; la place d'un cinquième pétale vide. Une glandule à la base de chaque pétale, ou seulement à la base des 2 pétales inférieurs. Étamines 8, excentrales, insérées au réceptacle. Pistil excentral. Ovaire tricoque. Style trifide. Stigmates longitudinaux. Ovules ascendants. Diérésile à 3 carcérules renflés et monospermes au sommet, dilatés inférieurement en aile membraneuse. Graines munies d'un petit arille bilobé. Test crustacé. Embryon curviligne : radicule courte; cotylédons incombants, courbés.

Arbrisseaux volubiles, cirrifères. Feuilles ternées ou biternées, ou moins souvent triternées, ou imparipennées, stipulées. Panicules axillaires, composées de grappes spiciformes : les 2 basilaires souvent transformées en vrilles. Fleurs blanchâtres.

Ce genre est remarquable par la forme de son fruit, placé pour ainsi dire à rebours sur son pédoncule, parce que l'aile des coques se trouve au-dessous de la partie renflée qui contient la graine, et non au-dessus, comme il arrive ordinairement dans les péricarpes de cette nature. On connaît trente-huit espèces de *Sériania*, toutes indigènes, à l'exception d'une seule, dans les contrées intertropicales de l'Amérique méridionale. Plusieurs espèces se distinguent par l'élégance de leurs fleurs, dont l'extrême abondance supplée à la grandeur. Nous allons faire mention des espèces les plus notables.

SÉRIANIA PANICULÉ. — *Serjania paniculata* Kunth, in Humb. et Bonpl. Nov. Gen. et Spec. vol. 5, tab. 441.

Feuilles biternées. Folioles ovales-elliptiques, acuminées, légèrement crénelées, glabres, barbues en dessous aux aisselles des nervures. Panicules 2 fois plus longues que les feuilles : rameaux étalés. Diérésile pubescent au sommet, triptère, pyriforme.

Arbrisseau. Rameaux anguleux, pubescents. Folioles sessiles, membranacées, inégales, longues de 16 à 30 lignes. Panicule ample, non-cirrifère à la base. Calice cotonneux, 5-sépale. Pétales obovales-spatulés, onguiculés. Carcérules brunâtres, longs d'environ 1 pouce.

Cette espèce a été observée par MM. de Humboldt et Bonpland, dans la province de Caracas.

SÉRIANIA DE CARACAS. — *Serjania caracassana* Willd. — *Paullinia caracassana* Jacq. Hort. Schœnbr. v. 1, tab. 99.

Feuilles biternées, glabres. Folioles subsessiles, lancéolées ou oblongues, rétrécies aux deux bouts, sinuolées; pétioles non-ailés. Pédoncules cirrifères.

Cette espèce, voisine de la précédente, croît également dans la province de Caracas. Elle se cultive, comme plante d'agrément, dans les serres.

SÉRIANIA VELOUTÉ. — *Serjania velutina* Cambess. in Flor. Brasil. Merid. vol. 1, tab. 75.

Feuilles biternées; folioles sessiles, ovales-lancéolées, incisées-dentées, veloutées en dessus, cotonneuses-rougeâtres en dessous. Pédoncules cirrifères. Panicules de la longueur des feuilles. Calices pentasépales, 3 fois plus courts que les pétales. Carcérules elliptiques-ovales, échancrés aux deux bouts.

Rameaux cylindriques, couverts d'un duvet serré, brunâtre. Panicules longues de 3 à 6 pouces. Calice cotonneux. Carcérules longs de 1 pouce, sur 5 lignes de large.

Cette espèce, remarquable par la beauté de son feuillage, a été observée par M. Aug. de Saint-Hilaire, au Brésil, dans les montagnes de la province de Goyaz.

SÉRIANIA ÉLÉGANT. — *Serjania elegans* Cambess. l. c.

Feuilles biternées; folioles lancéolées ou lancéolées-oblongues, pointues, très-entières, scabres. Pédoncules cirrifères. Panicules plus longues que les feuilles. Calices pentasépales, 3 fois plus courts que la corolle. Diérésiles glabres, échancrés aux deux bouts.

Rameaux sillonnés, pubescents. Feuilles d'un vert **gai**. Panicules longues de 6 à 9 pouces. Pétales longs de près de 1 pouce. Carcérules longs de 5 lignes.

Cette espèce croît au Brésil, dans les montagnes de la province des Mines.

SÉRIANIA NUISIBLE. — *Serjania noxia* Cambess. l. c.

Feuilles biternées; folioles elliptiques-oblongues, rétrécies aux deux bouts, pointues, mucronulées, presque entières, glabres. Pédoncules cirrifères. Panicules plus longues que les feuilles. Calices pentasépales, de la longueur des pétales.

Rameaux cylindriques, striés, couverts d'un coton ferrugineux. Pédoncules communs, cotonneux, souvent stériles, longs de 3 à 4 pouces. Fleurs petites.

Cette espèce a été observée par M. Aug. de Saint-Hilaire, au Brésil, dans les montagnes de la province des Mines, où elle passe pour vénéneuse.

SÉRIANIA TRITERNÉ. — *Serjania triternata* Willd. — *Paullinia triternata* Linn.—Jacq. Amer. tab. 180, fig. 32; Obs. 3, tab. 61, fig. 10.

Feuilles triternées; folioles ovales, pointues, incisées-dentées, sessiles : les latérales arrondies; pétioles communs ailés. Pédoncules cirrifères. Calices pentasépales.

Rameaux cylindriques, glabres, sillonnés, grimpant à environ vingt pieds de haut. Panicules longues de 2 à 4 pouces. Fleurs petites. Pétales obovales, obtus, onguiculés, de la longueur du calice.

Cette espèce croît à Saint-Domingue, où elle porte le nom de *Liane à Persil*. Les Nègres l'emploient à étourdir le poisson, dans les eaux tranquilles.

SÉRIANIA VÉNÉNEUX. — *Serjania lethalis* Aug. Saint-Hil.

Feuilles biternées; folioles lancéolées-elliptiques, acuminées aux deux bouts, uni- ou bidentées, glabres; pétiole aptère. Grappes rameuses, pubescentes, cirrifères à la base, plus longues que les pétioles. Calices 5-sépales. Diérésile velu, pyriforme; ailes glabres.

Tige sarmenteuse, très-haute. Rameaux cylindriques, glabres, légèrement striés. Pédoncules communs longs de 1 à 2 pouces; folioles luisantes en dessus; longues de 1 à 3 pouces.

Cette espèce, indigène au Brésil, dans la province des Mines, possède, comme plusieurs autres de son genre, la propriété d'étourdir les poissons. On assure qu'elle est un poison dangereux pour le bétail.

Genre PAULLINIA. — *Paullinia* Linn.

Calice persistant, à 5 ou 4 sépales : les 2 extérieurs plus petits. Pétales 4, squamulifères au-dessus de la base; la place d'un cinquième pétale (supérieur) vide. Une glandule à la base de chaque pétale ou seulement à la base des 2 pétales inférieurs. Étamines 8, insérées au réceptacle, excentrales. Pistil excentral. Style trifide. Stigmates longitudinaux. Ovules ascendants, attachés vers la base de l'angle interne. Capsule pyriforme-trigone, souvent triptère au sommet, triloculaire, septicide-trivalve, trisperme. Graines à moitié recouvertes par un arille bilobé. Test crustacé. Embryon curviligne : radicule courte; cotylédons incombants.

Arbrisseaux volubiles, cirrifères. Feuilles ternées, ou biternées, ou triternées, ou pennées, ou bipennées, ou décomposées, stipulées. Fleurs blanches, en grappes rameuses spiciformes : les 2 rameaux inférieurs souvent transformés en vrilles.

On compte aujourd'hui quarante-sept espèces de *Paullinia*; de ce nombre, quarante-quatre sont propres à l'Amérique intertropicale; une seule vient au Brésil extra-tropical, une autre au Sénégal, et une enfin au Sénégal ainsi que dans l'Amérique équatoriale. Le port de ces plantes est semblable à celui des *Sérania*, dont elles ne diffèrent que par la structure du fruit.

Les espèces les plus remarquables sont les suivantes :

a) *Feuilles trifoliolées.*

PAULLINIA CURURU. — *Paullinià Cururu* Linn. — Plum. ed. Burm. tab. 111, fig. 2.

Folioles subsessiles, obtuses, dentelées vers le sommet, glabres, barbues en dessous aux aisselles des veines, rétrécies à la
base : les latérales elliptiques-oblongues; la terminale obovale-
oblongue; pétiole ailé. Grappes subsessiles, plus courtes que les
feuilles, non-cirrifères. Capsule stipitée, oblique, pyriforme-trigone, aptère.

Rameaux anguleux, glabres. Folioles luisantes, membranacées, longues de 2 à 3 pouces, sur 16 à 20 lignes de large.
Grappes longues d'environ 2 pouces.

Cette plante croît dans les Antilles et dans la Nouvelle-Andalousie. Les Espagnols de Cumana la nomment *Azucarito*, à
cause de la saveur sucrée de son arille, lequel est mangeable. Les
feuilles ont la propriété, commune à plusieurs autres Sapindacées,
d'étourdir le poisson.

b) Feuilles imparipennées.

Paullinia élégant.— *Paullinia elegans* Cambess. in Flor.
Brasil. Merid.

Feuilles quinquéfoliolées; folioles oblongues-lancéolées, subacuminées, dentées vers le sommet, glabres, subsessiles; pétioles
aptères. Grappes cirrifères à la base, de la longueur des feuilles.
Pétales oblongs, obtus, de la longueur des sépales. Capsule
aptère, pyriforme, subtrilobée.

Rameaux sillonnés, pubescents. Folioles luisantes, ponctuées,
réticulées, inégales, longues de 2 à 3 pouces. Grappes longues
de 3 à 6 pouces. Fleurs petites, très-nombreuses. Capsule rouge.

Cette espèce a été observée par M. Aug. de Saint-Hilaire, au
Brésil, dans les provinces des Missions et des Mines.

Paullinia grandiflore. — *Paullinia grandiflora* Cambess. l. c.

Feuilles 5-foliées; folioles glabres, largement dentées, subtrilobées, pointues : les latérales ovales, subsessiles; la terminale cunéiforme-elliptique. Grappes denses, plus courtes que
les feuilles, cirrifères à la base. Pétales égaux, obovales-oblongs,
un peu plus longs que le calice.

Rameaux cylindriques, glabres. Folioles coriaces, luisantes, réticulées, longues de 3 à 4 pouces. Grappes longues de 3 à 5 pouces. Pétales longs de 2 à 3 lignes.

Cette espèce a été observée par M. Aug. de Saint-Hilaire, au Brésil, dans la partie occidentale de la province des Mines.

PAULLINIA A FEUILLES D'AZÉDARAC. — *Paullinia meliæfolia* Juss. in Ann. du Mus. v. 4, tab. 66, fig. 1.—Hook. Exot. Flor. tab. 110.

Feuilles 7-foliolées; folioles subsessiles, oblongues-lancéolées, acuminées, rétrécies à la base, dentées vers le sommet, glabres en dessus, légèrement pubescentes en dessous : les inférieures triparties; pétiole nu; rhachis ailé. Grappes denses, plus courtes que les feuilles. Pétales égaux, oblongs, rétrécis aux 2 bouts, de la longueur du calice. Capsule pyriforme, triptère au sommet : ailes courtes, confluentes avec le style.

Tige sarmenteuse, haute de 6 à 7 pieds. Rameaux glabres ou légèrement pubescents. Folioles longues de 2 à 4 pouces. Fleurs petites. Calice pourpre.

Cette espèce, qui se cultive dans les serres, croît au Brésil.

PAULLINIA A FEUILLES PENNÉES. — *Paullinia pinnata* Linn. — Plum. ed. Burm. tab. 91.—Jacq. Obs. 3, tab. 62, fig. 12.

Feuilles 5-foliolées; folioles subsessiles, oblongues, acuminées, crénelées ou sinuolées, glabres; pétiole et rhachis ailés. Grappes longuement pédonculées, cirrifères à la base. Capsule pyriforme, aptère, tricorne au sommet.

Tiges sarmenteuses, triangulaires ou tétragones. Folioles luisantes, coriaces, longues de 3 à 4 pouces. Capsules d'un rouge écarlate.

Cette espèce, qui se rencontre souvent dans les serres, croît au Mexique, aux Antilles, à la Guiane, au Brésil et dans la Sénégambie. De même que plusieurs autres Sapindacées, on l'emploie à étourdir le poisson.

PAULLINIA CUPANA.— *Paullinia Cupana* Kunth, in Humb. et Bonpl. Nov. Gen. et Spec.

Feuilles 5-foliolées; folioles pétiolulées, ovales-oblongues, acu-

minées, largement crénelées, glabres : les latérales à base arrôn-
die ; la terminale à base cunéiforme ; pétiole et rhachis aptères.
Capsule ovoïde, pointue.

Ramules subpentagones, couverts d'un duvet brunâtre. Folioles coriaces, longues de 4 à 6 pouces, sur 2 à 3 pouces de
large. Grappes multiflores, cotonneuses-brunâtres.

Cette plante a été observée par MM. de Humboldt et Bonpland
sur les bords de l'Orénoque. Les naturels de ces contrées ont coutume d'en préparer une espèce de boisson, en faisant macérer
dans de l'eau les graines concassées et mêlées avec de la Cassave ;
lorsque l'infusion commence à entrer en fermentation, ils décan-
tent le liquide, lequel est de couleur orange et d'une saveur
amère.

c) Feuilles surdécomposées.

Paullinia austral. — *Paullinia australis* Aug. Saint-Hil.
Plantes Rem. du Brés. p. 236, tab. 24, B.

Feuilles à 2-6 paires de pennules ternées ou biternées : les supérieures trifoliolées ou simples. Folioles cunéiformes à la base,
incisées-dentées, inégales : les latérales obovales ou oblongues,
mucronulées ; la terminale oblongue, acuminée ; rhachis aptère.
Panicules simples ou rameuses, latérales, pubescentes, pauciflores,
cirrifères à la base. Capsule pyriforme, pubescente.

Tiges grêles, rameuses, pubescentes, 6-angulaires. Feuilles
longues de 2 à 3 pouces. Pédoncule long de 2 à 3 pouces, plus
long que la panicule.

Cette plante croît au Paraguay, sur les bords du fleuve Uruguay. Elle passe pour vénéneuse.

Genre SCHMIDÉLIA. — Schmidelia Linn.

Calice 4-parti : sépales inégaux. Pétales 4, le plus souvent
appendiculés au-dessus de la base ; la place d'un cinquième
pétale (supérieur) vide. Une glandule à la base de chaque
pétale. Étamines 8, excentrales, insérées au réceptacle. Pistil excentral. Ovaire profondément bi- ou trilobé. Style bifide ou trifide, basilaire entre les lobes. Stigmates longitu-

dinaux. Cénobion à 2 ou 3 érèmes (ou à un seul par avortement) secs ou charnus , drupacés, uniloculaires, soudés inférieurement. Graines arillées ou non-arillées, dressées. Test membraneux. Embryon curviligne : radicule courte; cotylédons incombants, plissés transversalement.

Arbres, ou arbrisseaux non-cirrifères. Feuilles non-stipulées, trifoliolées, ou quelquefois unifoliolées. Fleurs blanches, agglomérées, disposées en grappes axillaires ordinairement rameuses.

Ce genre renferme vingt-neuf espèces, dont onze habitent l'Amérique équatoriale, une le Brésil extra-tropical, quatre l'Afrique équatoriale, douze les deux presqu'îles de l'Inde, et une la Nouvelle-Calédonie. Les fruits des *Schmidélia* deviennent écarlates à la maturité, et donnent à ces végétaux un aspect très-élégant.

Voici les espèces les plus intéressantes :

SCHMIDÉLIA DENTELÉ. — *Schmidelia serrata* De Cand. — *Ornitrophe serrata* Roxb. Corom. tab. 61.

Feuilles trifoliolées; folioles ovales, pointues, dentelées, lisses, souvent révolutées aux bords. Pétioles scabres. Grappes simples, denses, de la longueur des pétioles. Pétales barbus. Ovaire bilobé. Cénobion à 2 érèmes globuleux.

Petit arbre; ou arbrisseau très-rameux. Folioles pétiolulées, subinéquilatérales, luisantes, longues de 2 à 3 pouces, sur 12 à 18 lignes de large; pétiole de la longueur des folioles. Fleurs petites, d'un blanc jaunâtre. Érèmes de couleur écarlate, de la grosseur d'un Pois.

Cette plante est très-commune sur la côte de Coromandel, où les Télingas lui donnent le nom de *Tanatiky* , et en mangent les fruits. Elle fleurit durant la saison des pluies. La racine est astringente et s'emploie, dans l'Inde, contre les diarrhées.

SCHMIDÉLIA COBBÉ. — *Schmidelia Cobbe* De Cand. — *Ornitrophe Cobbe* Willd.—*Rhus Cobbe* Linn. — *Toxicodendron Cobbe* Gærtn.

Feuilles tri- ou 5-foliolées ; folioles pétiolulées, ovales, pointues, dentelées, pubescentes en dessous. Grappes simples, denses, multiflores, cotonneuses. Drupes solitaires, arrondis, de couleur noire.

Cet arbrisseau, qui passe pour vénéneux, croît dans l'Inde et à l'île de Ceylan.

Schmidélia glabre. — *Schmidelia glabrata* Kunth, in Humb. et Bonpl. Nov. Gen. et Spec.

Feuilles trifoliolées; folioles elliptiques, obtuses, mucronulées ou échancrées, rétrécies à la base, très-entières, glabres. Panicules plus courtes que les feuilles, composées de 3 grappes simples : la supérieure dressée; les 2 inférieures étalées. Pétales obovales, onguiculés, plus courts que le calice. Ovaire didyme. (Fruit inconnu.)

Arbre haut de 3o à 4o pieds. Rameaux verruqueux, glabres, brunâtres. Folioles membranacées, réticulées, d'un vert foncé, longues de 2 à 3 pouces. Fleurs petites, subfasciculées.

Cette espèce a été observée dans la Nouvelle-Grenade, par MM. de Humboldt et Bonpland.

Schmidélia de Cochinchine.—*Schmidelia cochinchinensis* De Cand. — *Allophyllus ternatus* Lour. Flor. Cochinch.

Feuilles trifoliolées, longuement pétiolées; folioles inégalement dentelées, grandes. Grappes longues, terminales. Fleurs petites. Pétales poilus, plus courts que les sépales. Ovaire didyme. Stigmate quadrifide.

Arbrisseau haut d'environ 5 pieds, indigène en Cochinchine, où on le trouve sur le bord des rivières. Loureiro vante ses feuilles, appliquées en cataplasmes, contre les contusions et les dislocations.

Willdenow présume que cette espèce est la même que le *Schmidélia Cobbé*.

Genre SAVONNIER. — *Sapindus* Linn.

Calice 5-parti. Pétales 4 ou 5, inappendiculés, ou squamulifères au-dessus de la base. Disque entier ou crénelé, annulaire. Étamines 8 ou 10, insérées au disque. Pistil central.

Ovaire bi- ou tricoque. Style indivisé. Stigmate bi- ou tri-lobé. Ovules dressés ou ascendants. Diérésile à 2 (rarement 3) drupes (ou un seul drupe, par avortement) monospermes, connivents : noyaux crustacés. Graines le plus souvent non-arillées. Test membranacé. Embryon curviligne ou rectiligne : radicule courte; cotylédons épais, charnus.

Arbres. Feuilles non-stipulées, paripennées, ou, par avortement, imparipennées; folioles opposées ou alternes. Fleurs blanchâtres, disposées en panicules terminales rameuses.

M. Cambessèdes rapporté à ce genre dix-huit espèces, dont trois habitent l'Amérique équatoriale, une la Géorgie et les Florides, une le Sénégal, une l'Amérique intertropicale et l'île de Bourbon, et huit les Indes orientales. On y range en outre plusieurs autres espèces peu connues.

Voici les espèces les plus remarquables :

a) *Pétiole commun ailé.*

Savonnier commun. — *Sapindus Saponaria* Linn. — Comm. Hort. 1, tab. 94.

Feuilles paripennées, 1-5-juguées; folioles subopposées, sessiles, oblongues ou ovales-oblongues, pointues, très-entières, glabres. Panicules terminales et axillaires, très-rameuses, oblongues : rameaux et ramules épars, étalés. Fleurs fasciculées, octandres. Pétales 5, onguiculés, ovales, obtus, velus, inappendiculés, de la longueur des sépales. Ovaire tricoque. Drupes globuleux, ordinairement solitaires.

Arbre plus ou moins élevé, quelquefois ramifié dès la base. Ramules cylindriques, verruqueux, blanchâtres, glabres. Gemmes petites, axillaires, obtuses, hérissées. Folioles rétrécies ou arrondies à la base, membranacées, luisantes, d'un vert gai, concolores, longues de 3 à 4 pouces, sur 14 à 20 lignes de large. Panicules pubescentes, longues d'environ ¼ pied. Fleurs blanchâtres, très-nombreuses, de la grandeur de celles du Sureau. Bractées petites, subulées. Drupe luisant, d'un roux jaunâtre; pulpe visqueuse, jaunâtre; noyau osseux, noirâtre.

Le *Savonnier commun* croît aux Antilles et dans l'Amérique

méridionale. Son bois est blanc, gommeux, d'une odeur et d'une saveur approchantes de celles de la Gomme Copal. Ses drupes contiennent une pulpe visqueuse, d'un goût amer, âcre et fort désagréable : cette pulpe se dissout facilement dans l'eau chaude, et lui communique les mêmes propriétés que le savon. Aux Antilles, on a généralement coutume de mettre ce procédé en usage pour le blanchissage du linge et des autres étoffes de substances végétales. Un très-petit nombre de fruits suffit pour rendre mousseux un volume considérable d'eau; une dissolution trop saturée devient caustique et détériore promptement les étoffes. Les noyaux des drupes, qui sont d'un noir luisant, s'emploient à faire des colliers et des rosaires. L'amande est mangeable et d'un goût de Noisette.

Brown remarque que toutes les parties du Savonnier, lorsqu'on les jette dans l'eau, produisent un effet étourdissant et même mortel sur les poissons.

Savonnier marginé.—*Sapindus marginatus* Willd. Enum. — *Sapindus Saponaria* Michx. Flor. Amer. Bor.

Feuilles paripénnées, 4-6-juguées, glabres; folioles alternes, lancéolées-falciformes, obliques, entières. Panicules terminales. Fleurs 6-8-andres. Pétales 4-6, lancéolés, barbus à la base. Drupes subglobuleux, glabres, souvent solitaires.

Petit arbre haut de 20 à 30 pieds. Branches glabres, paniculées. Pétioles longs de 6 à 10 pouces. Ovaire tricoque. Styles connivents en cone. Pulpe du drupe d'une odeur de Térébenthine.

Cette espèce croît aux environs de Savannah et sur la côte plus méridionale de la Géorgie. Ses fruits possèdent les mêmes propriétés que ceux du *Savonnier commun*. Il est probable que cet arbre pourrait se naturaliser dans l'Europe australe.

Savonnier comestible. — *Sapindus edulis* Aug. Saint-Hil., Juss. fil. et Cambess. Plant. Us. des Bras. tab. 68.

Feuilles paripennées, 2-4-juguées; folioles alternes ou opposées, glabres, oblongues-lancéolées, rétrécies aux 2 bouts, subéquilatérales. Grappes terminales, rameuses, spiciformes. Calice cotonneux. Pétales entiers, glabres, munis d'une écaille bifide, velue, aussi longue qu'eux.

Arbre à rameaux cylindriques, glabres, recouverts d'une écorce grisâtre et parsemée de petites glandes. Folioles longues de 2 à 4 pouces, larges de 12 à 18 lignes; pétiole commun long de 3 à 7 pouces. Grappes dressées, longues de ¹/₂ pied. Pétales blancs, longs de 2 lignes.

Cet arbre est indigène au Brésil, dans la province des Mines, où il porte le nom vulgaire de *Pittomba*. A ses fleurs, qui sont très-odorantes, succèdent des fruits mangeables et d'une saveur agréable.

SAVONNIER FERRUGINEUX. — *Sapindus rubiginosa* Roxb: Corom. v. 1, tab. 62.

Feuilles paripennées, 4-6-juguées; folioles oblongues ou oblongues-lancéolées, pointues, entières, inéquilatérales, glabres en dessus, cotonneuses en dessous. Panicules terminales, amples, composées de grappes spiciformes étalées. Pétales 4, inappendiculés, glabres. Cénobion à 1-3 drupes ovoïdes-oblongs.

Grand arbre à tronc épais, très-élevé. Branches nombreuses, ascendantes, pétiolulées. Folioles opposées, longues d'environ 3 pouces, sur 6 lignes de large. Feuilles longues d'environ 1 pied. Panicules de la longueur des feuilles. Fleurs petites, blanchâtres. Pétales plus longs que les sépales, oblongs, rétrécis aux deux bouts, inéquilatéraux. Drupes petits, brunâtres.

Cet arbre croît dans les montagnes de l'Inde. Il fleurit au commencement de la saison chaude. Son bois, d'un brun de chocolat au centre, est très-estimé dans le pays, à cause de sa grande solidité.

b) *Pétiole aptère.*

SAVONNIER A FEUILLES DE LAURIER. — *Sapindus laurifolius* Vahl. — Hort. Mal. v. 4, tab. 19. — *Sapindus trifoliata* Linn.

Feuilles paripennées, subtrijuguées; folioles subopposées, ovales-oblongues, obtuses, entières, glabres. Panicules lâches, touffues, pubescentes. Pétales 5, oblongs, onguiculés, cotonneux aux bords. Drupes petits, velus, globuleux.

Arbre à rameaux cylindriques, striés, légèrement pubescents au sommet. Folioles longues de 4 à 5 pouces, sur 2 pouces de large. Fleurs petites, blanches.

Cette espèce habite la côte de Malabar. Ses fruits servent aux mêmes usages que ceux du *Savonnier commun.*

SAVONNIER RARAK. — *Sapindus Rarak* De Cand. — *Rarak* Rumph. Amb. v. 2, p. 134.

Feuilles paripennées ou imparipennées, 8-12-juguées; folioles oblongues ou oblongues-lancéolées, acuminées, entières, alternes ou opposées. Drupes globuleux, glabres.

Arbre à tronc droit, grêle, très-élevé; écorce lisse. Rameaux formant une tête touffue. Folioles membranacées, d'un vert gai, semblables aux feuilles du Pêcher, longues de 4 à 6 pouces. Drupe rouge, du volume d'une grosse Cerise; pulpe jaunâtre, mucilagineuse, d'une saveur âcre et désagréable; noyau globuleux, noir, luisant, très-dur.

Cet arbre est commun dans les forêts des plaines de Java, où ses fruits sont communément employés en guise de savon. Rumphius dit que, de son temps, on en apportait de fortes cargaisons aux marchés d'Amboine, et que le végétal lui-même commençait à se naturaliser en beaucoup d'endroits des Moluques.

Loureiro décrit sous le nom de *Sapindus Saponaria* un arbre de la Cochinchine, qu'il croit être le même que le *Rarak* de Rumphius. On ignore jusqu'à quel point cette opinion est fondée. Quoi qu'il en soit, l'espèce de Loureiro produit des fruits qui sont généralement employés en Cochinchine au blanchissage des linges et étoffes. Son nom vulgaire est *Cay-Bon-Hon.* Voici la description qu'en donne Loureiro :

Grand arbre à rameaux étalés, inermes. Feuilles imparipennées, sub-10-juguées; folioles oblongues, pointues, subfalciformes, très-entières, glabres. Grappes composées, grandes, terminales. Fleurs campanulées, blanches. Corolle à 5 pétales plus longs que les sépales. Étamines 8, poilues. Ovaire trilobé. Drupes ternés, globuleux, connés, glabres, carénés d'un côté, monospermes. Graines (noyaux) globuleuses, noires.

Le *Sapindus abruptus* Lour., ou *Mu-Hoan-Xu* des Chinois, croît aux environs de Canton, et possède les mêmes propriétés que le précédent. Loureiro le décrit comme suit :

Grand arbre à rameaux étalés, inermes. Feuilles paripennées. Folioles lancéolées, très-entières, glabres. Fleurs blanchâtres, campanulées, en grappes amples subterminales. Calice et corolle à 4 folioles égales. Style trisulqué, à 3 stigmates. Trois baies connées, subglobuleuses, monospermes, rougeâtres.

Genre ÉRIOGLOSSE. — *Erioglossum* Blume.

Calice à 5 sépales : 2 intérieurs, plus petits. Pétales concaves, munis à la base d'une ligule bifide, velue. Étamines 8, inégales, velues. Ovaire tricoque. Style indivisé. Stigmate obtus. Diérésile à 3 carcérules (ou par avortement 1-2) charnus, connés par la base.

Arbrisseaux à feuilles paripennées, ou imparipennées, 3-4-juguées.

On ne connaît que deux espèces d'*Erioglosses*. L'une d'elles (*Erioglossum edule* Blume, Bydr.) croît à l'île de Java; ses fruits sont mangeables. L'autre a été découverte au Sénégal par MM. Perrottet et Leprieur.

Genre CUPANIA. — *Cupania* Plum. — Cambess.

Calice 5-parti, ou plus ou moins profondément 5-fide. Corolle (quelquefois nulle) à 5 pétales squamulifères au-dessus de l'onglet. Disque urcéolaire, entier, ou crénelé. Étamines 10, ou par avortement 9-5, insérées au bord du disque. Pistil central. Ovaire bi- ou triloculaire. Style bifide, ou trifide, ou indivisé. Capsule bi- ou triloculaire, bi- ou trivalve, loculide, couronnée par les restes du style. (Quelquefois étairion ou diérésile à 2 ou 3 coques bivalves, ou bien, par avortement, une seule coque.) Graines dressées, arillées. Test crustacé. Cotylédons très-épais, incombants.

Arbres ou arbrisseaux non-cirrifères. Feuilles paripennées, ou imparipennées par l'avortement d'une des folioles; folio-

les opposées ou alternes. Fleurs en grappes simples ou paniculées.

M. Cambessèdes réunit à ce genre une quinzaine d'autres,
fondés par différens auteurs sur des caractères de trop peu
de valeur dans cette famille. Ainsi composé, le genre *Cupania*
contient trente-trois espèces, dont neuf appartiennent aux
îles de France, de Bourbon et de Madagascar, trois à la Polynésie, quatre à l'Inde orientale, sept à l'Amérique équatoriale et une au Brésil extratropical.

Voici les espèces les plus remarquables :

CUPANIA COTONNEUX. — *Cupania tomentosa* Swartz, Flor.
Ind. Occ. — *Trigonis tomentosa* Jacq. Amer.

Feuilles 3-ou 4-juguées ; folioles alternes, oblongues-obovales,
échancrées, dentelées, glabres en dessus, cotonneuses en dessous.
Grappes simples, dressées, axillaires, courtement pédonculées,
plus courtes que les feuilles. Pétales triangulaires, planes, acuminés à la base, dressés, hérissés en dessus, de la longueur des
sépales. Étamines 8, deux fois plus longues que la corolle.

Arbrisseau haut d'environ 12 pieds. Pétioles communs longs
de ½ pied ; folioles terminales plus grandes que les inférieures,
atteignant ½ pied de long et plus. Fleurs petites, très-nombreuses, jaunâtres. Grappes longues de 6 à 7 pouces.

Cette espèce, qui se cultive dans les serres, habite les Antilles
et l'Amérique méridionale.

CUPANIA D'AMÉRIQUE. — *Cupania americana* Linn. —
Burm. Am. tab. 110.

Feuilles imparipennées, 3-4-juguées ; folioles alternes, oblongues, rétrécies à la base, dentelées, luisantes en dessus, veloutées en dessous. Grappes paniculées. Pétales cuculliformes.

Arbre à tronc droit, court, très-rameux ; bois mou, blanchâtre ; écorce ridée. Rameaux cylindriques, formant une tête fort
ample. Folioles grandes, multinervées. Fleurs petites, blanchâtres.

Cette espèce, nommée vulgairement *Châtaignier d'Amérique*,
est indigène à Saint-Domingue. Les botanistes ne la connaissent

qu'imparfaitement, et peut-être est-elle la même que la précédente. On mange ses amandes, lesquelles ont un goût de Châtaigne. Le bois sert à la charpente.

CUPANIA ÉLEVÉ. — *Cupania excelsa* Kunth, in Humb. et Bonpl. Nov. Gen. et Spec.

Feuilles imparipennées, 10-foliolées; folioles oblongues, obtuses, denticulées, inéquilatérales, glabres en dessus, pubescentes en dessous. Panicules très-rameuses. Pétales onguiculés, obovales, cuculliformes, égaux, velus, un peu plus courts que le calice. Étamines 8. Ovaire triloculaire.

Arbre de première grandeur. Feuilles longues d'environ 1 pied; folioles coriaces, luisantes, longues de 4 à 5 pouces, sur 2 pouces de large. Panicules cotonneuses, longues de 8 à 10 pouces. Fleurs blanches, subfasciculées, petites.

Cette espèce a été observée par MM. de Humboldt et Bonpland au Mexique, à environ 650 toises d'élevation.

CUPANIA BLANCHATRE. — *Cupania canescens* Pers. Ench. — *Molinœa canescens* Roxb. Corom. vol. 1, tab. 60.

Feuilles paripennées, subbijuguées; folioles opposées, entières, elliptiques-oblongues, pointues, glabres. Grappes rameuses ou paniculées, spiciformes, subfasciculées, terminales, ou latérales. Pétales inégaux, obovales, plus longs que les sépales. Capsule ovoïde-trigone, triloculaire.

Tronc très-haut. Écorce cendrée, scabre. Feuilles quelquefois ternées, longues de 6 à 8 pouces. Folioles coriaces, luisantes, longues de 5 à 6 pouces, sur 2 à 3 pouces de large. Fleurs petites, blanches. Les 4 pétales supérieurs égaux; l'inférieur très-petit. Capsule brune, longue de 1 pouce.

Cet arbre croît dans les montagnes de l'Inde.

CUPANIA BOIS DE FER. — *Cupania Sideroxylon* Cambess.— *Stadmannia Sideroxylon* De Cand. — *Stadmannia oppositifolia* Poir.

Feuilles 3-4-juguées, paripennées; folioles opposées, ovales-oblongues, échancrées, glabres. Grappes terminales, rameuses, spiciformes. Fleurs solitaires et fasciculées, octandres. Calice quinquédenté. Corolle nulle. Ovaire triloculaire. Baie sèche, globuleuse, par avortement monosperme, uniloculaire.

Arbre à tronc droit, très-élevé. Écorce cendrée. Rameaux étalés. Ramules pubescents. Folioles coriaces, luisantes, longues de 3 à 4 pouces, larges de 12 à 18 lignes. Fleurs très-petites. Fruit de la grosseur d'une Cerise.

Cet arbre croît à l'île-de-France, où les habitans le nomment *Bois de fer,* à cause de la grande dureté de son bois, lequel se recherche pour les constructions. On prépare avec les fruits, cueillis un peu avant la maturité, des confitures d'un goût agréable.

CUPANIA AKÉE.— *Cupania Akeesia* Cambess.— *Blighia sapida* Kœn. in Annal. Bot. 1806, 2, p. 66, tab. 16 et 17. — *Akeesia africana* Tussac, Flor. Antill. v. 1, tab. 3. — *Bonannia nitida* Rafin. Specch. 1814, p. 115.

Arbre haut d'une cinquantaine de pieds. Cime très-touffue, composée de rameaux diversement disposés. Feuilles grandes, 3-ou 4-juguées. Folioles opposées, ovales-lancéolées, pointues, entières, glabres, luisantes et d'un vert foncé en dessus; pétiole aptère. Grappes grandes, simples, axillaires, lâches. Sépales ovales, pointus, concaves, velus. Pétales lancéolés, velus. Capsule grosse, ovoïde, trigone, de couleur écarlate. Graines sphériques, noires, luisantes, enfoncées jusqu'au tiers ou jusqu'à la moitié dans un arille blanc et charnu.

Cet arbre, originaire de l'Afrique équatoriale, a été transporté aux Antilles par les nègres, qui le nomment *Akée.*

« J'engage beaucoup les habitants des Antilles, dit M. de Tus-
» sac, à multiplier cet arbre, qui augmentera leurs jouissances
» sous plusieurs rapports. Son bois, qui a de la consistance,
» peut être employé avec avantage : l'ombrage agréable qu'il pro-
» cure, et le bel effet qu'il produit quand il est couvert de ses
» fruits rouges qui ressortent merveilleusement parmi son feuil-
» lage, le rendent propre à faire de belles avenues. La pulpe qui
» enveloppe une partie de la graine ressemble, en quelque façon,

» à des ris de veau , et se mange de même , cuite dans des fri-
» cassées ou autrement. L'on vend ce fruit, qui commence à de-
» venir commun dans tous les marchés de la Jamaïque. — On
» peut greffer cet arbre sur le *Cupany* (*Cupania*) ou *Châtai-*
» *gnier des Antilles ;* il fleurit dans le même temps , en mai et
» juin , et ses fruits mûrissent, comme ceux de ce dernier, en
» août et septembre. »

Genre LITCHI. — *Nephelium* (Linn.) Cambess.

Calice 5-6-denté. Pétales 5 ou 6 (par exception nuls),
inappendiculés , réfléchis, barbus en dessus. Étamines 8 ou
10 (rarement 6), courtes , insérées à un disque annulaire.
Pistil central. Ovaire didyme-obcordiforme , biloculaire.
Style indivisé. Stigmate bilobé ou bifide. Ovules dressés. Diérésile tuberculeux ou muriqué (rarement lisse), à 2
carcérules dont l'un ordinairement abortif. Graines grosses,
enveloppées d'un arille charnu. Embryon rectiligne : radicule courte ; cotylédons soudés.

Arbres. Feuilles paripennées, non-stipulées ; folioles opposées ou alternes. Fleurs petites, en grappes paniculées.

Les *Litchi* sont fort intéressants à cause des fruits délicieux
qu'ils produisent, et dont la partie mangeable consiste dans le
gros arille charnu qui enveloppe les graines. Ce genre comprend le *Pometia* Forst. , les *Euphoria* et *Nephelium* Juss.,
ainsi que le *Dimocarpus* Lour. On en connaît sept espèces ,
dont une croît aux Nouvelles-Hébrides ; les autres sont indigènes de l'Inde, de la Cochinchine et de la Chine méridionale.
Nous allons traiter des espèces bien connues.

LITCHI PONCEAU.—*Nephelium Litchi* Cambess.—*Euphoria
Litchi* Desfont. Cat. Hort. Par. — Turp. in Dict. des Sciences
Nat. Ic. — *Euphoria punicea* Lamk. — *Litchi chinensis*
Sonnerat, Voy. tab. 129.—*Scytalia chinensis* Gærtn. Fr. tab.
42, fig. 3. — *Dimocarpus Lychi* Loureir. Flor. Cochinch.

Feuilles 2-4-juguées ; folioles lancéolées, uninervées, glabres, glauques en dessous, entières. Grappes terminales, oblongues, lâches. Carcérules cordiformes, écailleux.

Arbre haut de 15 à 20 pieds. Branches étalées. Fruit long de 1 pouce : écorce mince, verte d'un côté, couleur ponceau de l'autre; pulpe blanche. Graine brune, luisante, ovoïde.

Cette espèce, la plus renommée pour la bonté de ses fruits, se cultive abondamment dans les provinces australes de l'empire chinois et dans celles du nord de la Cochinchine : les chaleurs excessives, dit Loureiro, ne lui conviennent pas mieux qu'un climat froid. Elle prospère cependant dans les îles de France et de Bourbon, ainsi qu'aux Antilles. La saveur des fruits du *Litchi* se rapproche de celle des Raisins muscats. Les Chinois les regardent comme le meilleur des fruits, et l'on fait venir tous les ans des transports d'arbres vivants, de Canton jusqu'à Pékin, afin d'en avoir dans toute leur perfection à l'usage de l'empereur. Séchés au four, ces fruits font un article de commerce important pour le pays.

La multiplication du Litchi se fait de graines, ou plus promptement de marcottes; car les individus obtenus par la première voie ne fructifient qu'au bout de huit à dix ans. Les branches qu'on met en terre prennent racine dans le courant d'un été, et reproduisent des fruits après quelques années. Les racines sont également susceptibles de propager l'espèce.

LITCHI LONGAN. — *Nephelium Longana* Cambess. — *Euphoria Longana* Lamk. — Buchoz, Ic. col. tab. 99. — Turp. in Dict. des Scienc. Nat. Ic. — *Dimocarpus Longan* Loureir. Flor. Cochinch.

Feuilles trijuguées; folioles ovales-oblongues, glabres en dessus, pubescentes en dessous, penninervées, tantôt opposées, tantôt alternes. Panicules amples, terminales. Carcérules globuleux, presque lisses.

Arbre plus grand que le *Litchi ponceau*, et d'un port élégant. Bois très-dur. Rameaux étalés. Pédoncules veloutés. Fleurs petites, blanchâtres, 8-10-andres. Carcérules presque lisses, d'un demi-pouce de diamètre, de couleur rougeâtre. Graine globuleuse, luisante, d'un brun roux.

Le *Longan* se cultive en Chine, où on le nomme *Lum-Yem*, ainsi qu'en Cochinchine, où il est appelé *Cay-Nhon* et *Loang-Nhan*. On l'a également naturalisé aux Antilles et dans d'autres colonies européennes. La pulpe de ses fruits est d'une saveur vineuse très-douce, mais moins recherchée que celle du *Litchi ponceau*.

LITCHI INFORME. — *Nephelium informe* Cambess. — *Euphoria informis* De Cand. — *Dimocarpus informis* Loureir. Flor. Cochinch.

Grappes terminales, pauciflores. Carcérules tuberculeux, informes.

Arbre de hauteur médiocre. Rameaux étalés. Feuilles et fleurs presque comme dans le *Nephelium Longana*.

Cette espèce croît dans les forêts de la Cochinchine. La pulpe de ses fruits est ferme, astringente, non-mangeable; mais le bois de l'arbre, de couleur rousse, est remarquable par sa grande dureté et sa pesanteur.

LITCHI RAMPOSTAN. — *Nephelium lappaceum* Linn. — *Euphoria Nephelium* De Cand. — *Dimocarpus crinita* Lour. — Bont. Jav. fig. 109. — Gærtn. Fr. tab. 140. — Marsd. Sumatr. Ic.

Folioles alternes, lancéolées, glabres. Grappes terminales, denses. Fleurs monoïques, pentandres : les mâles apétales. Carcérules souvent géminés, ovoïdes, hérissés.

Arbre de taille médiocre. Rameaux étalés. Folioles d'un vert rougeâtre, longues de 3 à 4 pouces. Carcérules rouges, longs de 1 pouce, hérissés de longues soies molles et colorées; pulpe fortement adhérente à la graine, d'une saveur acidule douceâtre. Graine allongée.

Cette espèce, nommée vulgairement *Ramboutan* ou *Rampostan*, croît dans les forêts de Java et de la Cochinchine. Ses fruits sont rafraîchissants et d'une saveur agréable.

LITCHI POMÉTIA. — *Nephelium pinnatum* Cambess. — *Euphoria Pometia* Poir. — *Pometia pinnata* Forst. Prodr.; Gen.

tab. 55.—*Aporetica pinnata* De Cand.—Rumph. Amb. v. 3, tab. 65.

Feuilles imparipennées, 3-4-juguées; folioles ovales-lancéo-lées, glabres. Grappes terminales, paniculées, subdécomposées. Fleurs monoïques ou polygames, 6-8-andres. Carcérules ovoïdes.

Grand arbrisseau à tiges tortueuses. Folioles luisantes, très-rapprochées, d'un vert foncé. Fleurs blanches.

On trouve cette espèce aux Moluques et dans les îles de la mer du Sud. Sa tige, qui s'élève très-droite, est propre à faire des pieux destinés à servir dans des localités humides ou sub-mergées; son bois est compacte, fort durable et de couleur rouge. Les fleurs sont recherchées par les Malais, à cause du parfum délicieux qu'elles répandent.

Genre HYPÉLATE. — *Hypelate* P. Brown. — Cambess.

Calice 5-parti. Corolle nulle ou à 5 pétales inappendiculés. Étamines 8 ou 10, insérées à un disque entier ou lobé. Pistil central. Ovaire à 2 ou 3 loges bi- ou triovulées. Style indi-visé, très-court. Stigmate bi- ou trilobé. Drupe par avorte-ment à 1 ou 2 loges monospermes. Graines pendantes. Test coriace. Radicule courte. Cotylédons courbés, incombants.

Arbres. Feuilles pennées-trifoliolées ou paripennées, non-stipulées. Folioles opposées ou alternes. Fleurs en gloméru-les, ou en panicules courtes.

Ce genre se compose de quatre espèces, dont deux appar-tiennent à l'Amérique intertropicale; et deux aux îles de France et de Bourbon. Voici celle qui mérite d'être dé-crite ici :

Hypélate hétérophylle. — *Hypelate diversifolia* Camb. — *Melicocca diversifolia* Juss. in Mém. du Mus. v. 3, tab. 7. — *Melicocca apetala* Poir.

Feuilles simples ou 1-9-juguées; folioles entières, glabres, de forme très-variable. Fleurs axillaires, agglomérées, apétales. Drupes sphériques, dispermes.

Arbre de grandeur médiocre. Feuilles luisantes, coriaces, tantôt simples, grandes, lancéolées, ou ovales-lancéolées, ou ovales, ou obovales, cunéiformes à la base; tantôt composées de 1-9 folioles plus ou moins petites, de forme variable. Fleurs petites, jaunâtres.

Cet arbre,remarquable par l'extrême variabilité de ses feuilles, croît à l'Ile-de-France. « Ses dernières ramifications, dit M. Poi-
» ret, sont droites, minces, très-longues, propres à faire des
» gaules ou gaulettes (d'où lui est venu son nom de *Bois de gau-*
» *lettes*), des cannes, des toises, des lignes de pêcheur, des ba-
» guettes de fusil, des manches de cognée, des arcs, etc. Les
» charpentiers s'en servent aussi pour cheviller leurs pièces d'as-
» semblage; on en fait encore des pieux, des échelles, parce qu'il
» est dur et qu'il subsiste assez long-temps avant de se décom-
» poser. »

Genre MÉLICOQUE. — *Melicocca* Linn.

Calice 4- ou 5-parti. Pétales nuls ou isomères, inappendi-culés. Étamines 6-10, insérées à un disque entier ou lobé. Pistil central. Ovaire à 2 ou 3 loges uniovulées. Style indivisé. Stigmate bi- ou trilobé. Drupe presque sec, par avortement 1- ou 2-loculaire, 1- ou 2-sperme. Graines dressées, enve-loppées d'un arille charnu. Test coriace. Embryon rectili-gne : radicule courte; cotylédons épais, soudés.

Arbres. Feuilles paripennées, non-stipulées. Folioles sub-opposées. Fleurs en grappes spiciformes.

Ce genre renferme deux espèces de l'Amérique équato-riale, et une de l'Inde. Nous allons faire mention des plus intéressantes :

MÉLICOQUE TRIJUGUÉ. — *Melicocca trijuga* Juss. in Mém. du Mus. v. 3, tab. 8. — *Schleichera trijuga* Willd. — *Scy-talia trijuga* Roxb.

Feuilles trijuguées; folioles ovales-oblongues, obtuses, entiè-res, glabres. Grappes axillaires et terminales, filiformes, lâches. Fleurs apétales, 6-9-andres. Calices 5-partis. Drupes sphériques, 2-3-loculaires.

Grand arbre. Rameaux cylindriques, pubescents dans leur jeunesse. Folioles luisantes en dessus, réticulées en dessous, assez
grandes. Fleurs très-petites.

Cet arbre habite l'Inde, où on le connaît sous le nom de *Con-
ghos*. Son fruit est bon à manger.

MÉLICOQUE BIJUGUÉ. — *Melicocca bijuga* Linn. — Jacq.
Amer. tab. 72. — *Melicocca carpodea* Juss. in Mém. du Mus.
v. 3, tab. 4.

Feuilles bijuguées; folioles ovales ou ovales-oblongues, pointues, glabres, entières; pétiole commun ailé. Grappes simples ou
paniculées, terminales. Fleurs tétrapétales, octandres. Drupes
ovoïdes-globuleux, ordinairement monospermes.

Arbre élevé, d'un port élégant. Tête touffue. Feuilles courtement pétiolées; folioles coriaces, luisantes, réticulées en dessous,
longues de 15 à 30 lignes. Grappes longues d'environ 3 pouces.
Fleurs blanches, odorantes, de la grandeur de celles du Groseil-
ler. Pétales oblongs, obtus, réfléchis. Drupes verdâtres, lisses,
du volume et de la forme d'une grosse Prune, au nombre d'une
trentaine par grappe. Pulpe (arille) fondante, jaune, gélatineuse.

Cette espèce, nommée vulgairement *Knépier*, et par les Espagnols *Monos*, croît aux environs de Carthagène. On la cultive
comme arbre fruitier dans les jardins, à Curaçao, ainsi que çà et
là en Jamaïque. L'arille pulpeux qui enveloppe ses graines ne
contracte aucune adhérence avec le péricarpe; il a la consistance,
la couleur et le volume d'un jaune d'œuf; sa saveur est douce,
avec une légère acidité. A Curaçao, on mange aussi ses graines
torréfiées, en guise de Châtaignes.

IIᵉ TRIBU. **LES DODONÉACÉES.** — *DODONÆACEÆ*
Kunth. — Cambess.

Ovaire à loges bi- ou tri-ovulées. Embryon spiralé.

Genre KOELREUTÉRIA. — *Kœlreuteria* Laxm.

Calice 5-parti. Corolle à 3 ou 4 pétales munis au-dessus de

leur onglet d'une squamule bipartie. Étamines 8 (ou par avortement 5, ou 6, ou 7), (déclinées dans les fleurs mâles), insérées avec les pétales sur un disque charnu et crénelé. Pistil central. Ovaire stipité, à 3 loges biovulées. Style indivisé, tronqué au sommet. Ovules attachés vers le milieu de l'angle interne. Capsule vésiculeuse, triloculaire, loculide - trivalve. Graines non-arillées : test crustacé.

Ce genre ne renferme que l'espèce dont nous allons traiter.

KOELREUTÉRIA PANICULÉ. — *Kœlreuteria paniculata* Laxm. Nov. Comm. Petr. v. 16, tab. 18.—Duham. ed. Nov. tab. 36. — Bot. Reg. tab. 320. — *Sapindus chinensis* Linn. fil. — *Kœlreuteria paullinioides*. L'her. Sert. tab. 19.

Feuilles imparipennées, multijuguées, non-stipulées. Folioles alternes ou opposées, ovales, ou ovales-lancéolées, pointues, profondément dentées, ou subpennatifides, glabres. Panicules terminales, décomposées : pédicelles disposés en corymbes 3-7 flores, bractéolés, courtement pédonculés, épars.

Arbre haut d'une vingtaine de pieds. Tête touffue, étalée. Feuilles grandes, non-persistantes; folioles d'un vert foncé, luisantes, un peu coriaces. Panicules très-amples : grappes étalées, lâches, spiciformes. Fleurs petites. Pétales jaunes avec une tache rouge, linéaires-oblongs, dressés, recourbés au sommet, plus longs que les sépales. Capsules ovoïdes, pointues, rougeâtres, pendantes.

Le *Kœlreutéria*, originaire de la Chine, est la seule Sapindacée qui résiste en plein air, et sans abri, aux hivers du nord de la France, où il fleurit et fructifie comme dans son pays natal. On le plante fréquemment dans les bosquets, qu'il orne par son feuillage élégant, semblable à celui du Sumac, et par ses nombreuses capsules vésiculeuses, panachées de pourpre, ou rougeâtres; les jeunes feuilles sont également teintes de rouge et elles reprennent cette couleur à l'approche de l'automne. L'espèce se multiplie de graines, de drageons, et de boutures. Les individus jeunes ont besoin d'être abrités pendant l'hiver.

Genre DODONÉA. — *Dodonæa* Linn.

Calice 3-4- ou, moins souvent, 5-parti. Corolle nulle. Étamines 8 (moins souvent 9 ou 10), insérées à un disque ou, en son absence, au réceptacle. Pistil central. Ovaire bi- ou triangulaire, à 2 ou 3 loges (rarement à 4 loges et à 4 angles) biovulées. Ovules attachés vers le milieu de l'angle interne. Capsule membranacée, bi- tri- ou tétraquètre, bi- tri- ou tétraptère, 2-4-loculaire, 2-4-valve, septicide. Graines non-arillées. Test crustacé. Cotylédons linéaires. Radicule extraire.

Arbres ou arbrisseaux. Feuilles non-stipulées, simples, coriaces, souvent visqueuses.

Les *Dodonéa* se font remarquer par un feuillage élégant et aromatique. On en connaît treize espèces, dont trois croissent dans l'Amérique équatoriale, deux dans l'Inde, deux dans l'Afrique intertropicale, deux aux îles Sandwich, et cinq dans la Nouvelle-Hollande.

Voici les espèces cultivées comme plantes d'agrément.

DODONÉA VISQUEUX. — *Dodonæa viscosa* Linn. — Plum. ed. Burm. tab. 247, fig. 2. — Sloan. Hist. 2, tab. 162, fig. 3.

Feuilles lancéolées, ou oblongues, pointues, ou acuminées, ou obtuses, cunéiformes à la base. Grappes rameuses, terminales, corymbiformes. Calices 3-5-partis. Capsules arrondies, 2-3-ptères, échancrées aux deux bouts.

Arbrisseau rameux, visqueux, haut d'environ 5 pieds. Ramules anguleux. Feuilles subsessiles, glabres, ponctuées, longues de 2 à 4 pouces : les jeunes dentelées; les adultes très-entières. Fleurs petites, verdâtres, longuement pédicellées.

Cette espèce, remarquable par la variabilité de ses feuilles, croît aux Antilles et dans l'Amérique méridionale.

DODONÉA DE JAMAÏQUE. — *Dodonæa jamaicensis* De Cand. Prodr. — Brown. Jam. tab. 18, fig. 1. — *Dodonæa angusti-*

folia Swartz, Obs. — *Dodonæa viscosa* Cavan. Ic. tab. 327. (non Linn.)

Feuilles oblongues-lancéolées, rétrécies aux deux bouts, sub-révolutées aux bords, légèrement visqueuses. Fleurs en grappes courtes. Fruits plus courts que leur pédicelle.

Cette espèce habite les montagnes de la Jamaïque.

DODONÉA DE BURMANN. — *Dodonæa Burmanniana* De Cand. Prodr. — Burm. Flor. Zeylan. tab. 23. — *Dodonæa angustifolia* Roxb. Cat. Hort. Calcutt.

Feuilles oblongues, cunéiformes à la base, légèrement pointues, ou obtuses, visqueuses. Fleurs en grappe. Fruits plus longs que leur pédicelle. — Capsule longue d'environ 6 lignes, sur 9 lignes de large.

Cette espèce croît dans l'Inde, ainsi qu'à Timor et à Ceylan.

DODONÉA A FEUILLES DE SAULE. — *Dodonæa salicifolia* De Cand. — *Dodonæa angustifolia* Lamk.

Feuilles oblongues-linéaires, rétrécies aux deux bouts, acuminées. Fleurs en grappe.

Cette espèce est cultivée dans les orangeries sous le nom de *Bois de Reinette*, à cause de l'odeur qu'exhalent ses feuilles. On la présume originaire de l'Inde ou de la Nouvelle-Hollande.

DODONÉA A FEUILLES OBLONGUES. — *Dodonæa oblongifolia* Link, Enum. — Bot. Reg. tab. 1051.

Feuilles oblongues, ou obovales, obtuses, mucronulées, rétrécies à la base, entières ou dentées, légèrement pubescentes. Grappes latérales ou axillaires, pauciflores.

Arbrisseau semblable à une Épine-vinette. Fleurs petites, verdâtres. Anthères purpurines.

Cette espèce est indigène dans la Nouvelle-Hollande.

DODONÉA TRIQUÈTRE.—*Dodonæa triquetra* Andr. Bot. Rep. tab. 230.

Ramules triquètres. Feuilles lancéolées, rétrécies aux 2 bouts. Fleurs dioïques, en grappes. Capsules plus courtes que les pédicelles : ailes étroites.

DODONÉA A FEUILLES CUNÉIFORMES. — *Dodonæa cuneata* Smith, in Rees. — Rudg. in Linn. Trans. Lond. **v. 11**, tab. 19.

Feuilles cunéiformes-oblongues, acuminées ou tridentées au sommet. Ramules presque cylindriques. Fleurs subsessiles.

Cette espèce habite la Nouvelle-Hollande.

DODONÉA A FEUILLES DE DORADILLE. — *Dodonæa aspleniifolia* Rudg. l. c. tab. 20.

Ramules triquètres. Feuilles lancéolées-oblongues, rétrécies à la base, tridentées au sommet. Fleurs en grappes.

Cette espèce est originaire de la Nouvelle-Hollande.

DODONÉA DISCOLORE. — *Dodonæa discolor* Desfont. Cat. Hort. Par.

Feuilles lancéolées, ou lancéolées-oblongues, obtuses, très-entières, cotonneuses-blanchâtres en dessous. Pédoncules courts, axillaires, 1-3-flores.

Cette espèce, très-distincte par son feuillage, se cultive en serre chaude. On ignore son origine.

DODONÉA A FEUILLES FILIFORMES. — *Dodonæa filiformis* Link, Enum.

Feuilles linéaires, très-étroites, denticulées, glabres. Pédoncules très-courts, 1-3-flores, dressés. Sépales réfléchis.

Arbuscule très-rameux, ayant le port d'une Bruyère. Feuilles longues de 6 à 18 lignes, larges à peine d'un quart de ligne. Fleurs petites, peu nombreuses. Anthères d'un pourpre noirâtre.

Cette espèce, qui probablement est originaire de la Nouvelle-Hollande, se cultive en serre tempérée.

DODONÉA A FEUILLES TRÈS-ÉTROITES. — *Dodonæa angustissima* De Cand. Prodr.

Feuilles linéaires, 10 fois plus longues que larges, ponctuées en dessous. (Fleurs et fruits inconnus.)

La patrie de cette espèce est inconnue.

GENRE ANOMALE A LOGES MULTIOVULÉES.

Genre MAGONIA. — *Magonia* Aug. St.-Hil.

Calice 5-parti. Sépales inégaux. Pétales 5, inappendiculés. Disque urcéolaire, irrégulièrement lobé. Étamines 8, insérées au disque. Pistil excentral. Ovaire à 5 loges pluriovulées. Ovules horizontaux. Style arqué. Stigmate subtrilobé. Capsule grosse, ligneuse, trivalve, polysperme. Graines grosses, comprimées, bordées d'une large aile. Embryon rectiligne : cotylédons grands, suborbiculaires ; radicule courte.

Arbres à écorce subéreuse. Feuilles non-stipulées, paripennées ; folioles sessiles, très-entières, opposées. Fleurs en panicule simple ou composée, racémiforme.

Ce genre se compose de deux espèces, que les habitans du Brésil méridional connaissent sous le nom de *Tinguy*, et qui passent pour vénéneuses : leurs feuilles sont employées à étourdir les poissons ; leur écorce sert à guérir les ulcères des bestiaux. Par l'incinération, ces arbres fournissent beaucoup de potasse.

MAGONIA PUBESCENT. — *Magonia pubescens* Aug. Saint-Hil. Plant. rem. du Brés. p. 239, tab. 23, et tab. 24, A.

Ramules pubescents. Feuilles 2-4-juguées : folioles elliptiques, ou obovales, ou oblongues-obovales, échancrées, pubescentes. Panicules terminales, sessiles, ou pédonculées, simples, lâches. Pétales spatulés, obtus.

Arbre de moyenne grandeur, très-rameux, ayant le port du Pommier. Feuilles pétiolées, longues de 2 à 4 pouces : folioles longues d'environ 1 pouce. Panicule pubescente, longue de 9 à 16 pouces : ramules un peu écartés, subtriflores. Sépales très-petits, elliptiques, obtus, réfléchis. Pétales étalés, glabres et d'un pourpre noirâtre en dessus, pubescents et verdâtres en dessous ainsi qu'aux bords, longs de $^1/_2$ pouce, sur 1 à 1 $^1/_2$ ligne de large. Étamines déclinées dans les fleurs mâles, dressées et très-courtes dans les fleurs hermaphrodites. Capsule globuleuse, ombiliquée, subtrigone, rougeâtre, de 2 à 3 pouces de diamètre. Graines à aile transversalement elliptique, subtrilobée au sommet, de 1 à 2 pouces de diamètre.

M. Aug. de Saint-Hilaire a observé cet arbre au Brésil, dans les contrées inhabitées de l'ouest de la province des Mines.

MAGONIA GLABRE. — *Magonia glabrata* Aug. Saint-Hil. l. c. p. 241.

Ramules glabres. Feuilles 4-5-juguées : folioles elliptiques-oblongues, échancrées, mucronulées, presque glabres. Panicules terminales, sessiles, rameuses ou simples, lâches. Pétales linéaires, pointus.

Arbre de hauteur médiocre, ayant le port du précédent. Folioles longues de 15 à 20 lignes, sur 6 à 9 lignes de large. Panicule pubescente, longue d'environ 7 pouces, simple ou divisée presque dès la base en deux branches racémiformes ; ramules pauciflores. Sépales très-petits, linéaires, réfléchis, rougeâtres. Pétales glabres et d'un pourpre noirâtre en dessus, verdâtres et pubescents aux bords et en dessous, longs de 3 à 4 lignes, sur 1 ligne de large. Étamines des fleurs mâles déclinées, longues d'environ 4 lignes. Étamines des fleurs femelles courtes, dressées. Fruit inconnu.

Cette espèce croit dans les mêmes localités que la précédente.

LES ERYTHROXYLÉES. — *ERYTHRO-XYLEÆ*.

(*Erythroxyleæ* Kunth, in Humb. et Bonpl. Nov. Gen. et Spec. v. V,
p. 175. — De Cand. Prod. vol. I, p. 573. — Bartl. Ord. Nat. p. 361.
— Cambess. in Flor. Brasil. Merid. v. II.)

Les deux genres, peu distincts les uns des autres, que renferme ce groupe, furent placés par le célèbre auteur du *Genera* dans les Malpighiacées. Les *Érythroxylées* diffèrent de ces dernières par un port très-particulier, par des pétales appendiculés, par des fruits monospermes par avortement, ainsi que par la structure des ovaires.

Caractères de la Famille.

Arbres, ou *arbrisseaux*, ou *sous-arbrisseaux*. Ramules alternes, comprimés au sommet, souvent tuberculeux.

Feuilles simples, alternes (par exception opposées), penninervées ou triplinervées, entières, coriaces, glabres, courtement pétiolées, munies d'une stipule axillaire concave.

Fleurs hermaphrodites, petites, régulières, blanchâtres ou jaunâtres. Pédoncules pentagones, dilatés au sommet, 1-bractéolés à la base, solitaires, ou géminés, ou fasciculés, axillaires et terminaux.

Calice 5-parti, ou 5-fide, inadhérent, persistant.

Disque inapparent.

Corolle pentapétale, hypogyne. Pétales interpositifs,

squammulifères antérieurement au-dessus de la base, se recouvrant par leurs bords avant la floraison.

Étamines 10, unisériées, hypogynes. Filets soudés en godet par la base. Anthères mobiles, basifixes, à 2 bourses parallèles, latéralement déhiscentes.

Pistil : Ovaire triloculaire : l'une des loges contenant un seul ovule suspendu; les 2 autres le plus souvent vides et presque oblitérées. Styles 3, libres ou plus ou moins soudés. Stigmates 3, terminaux, globuleux.

Péricarpe : Drupe uniloculaire, quelquefois 2-3-loculaire, monosperme, ou quelquefois 2-4-sperme.

Graines oblongues, anguleuses; hile apicilaire; chalaze basilaire. Périsperme épais et corné, ou pelliculaire. Embryon rectiligne, central, presque aussi long que le périsperme: radicule petite, conique; cotylédons linéaires ou oblongs, planes, foliacés.

Voici les deux genres qui constituent cette famille :
Erythroxylum Linn. — *Sethia* Kunth.

Genre ÉRYTHROXYLE. — *Erythroxylum*. Linn.

Calice cupuliforme, ou campanulé, 5-parti, ou 5-fide. Pétales 5, squammulifères à la base. Étamines 10, monadelphes à la base : filets capillaires; anthères ovales. Styles 3 (quelquefois soudés en un seul). Stigmates 3, globuleux. Drupe monosperme. Graine anguleuse.

On connaît environ quarante espèces de ce genre. Elles appartiennent à l'Amérique équatoriale, à l'exception de six qui croissent aux îles de France et de Bourbon, ou à Madagascar. Quelques *Erythroxyles* fournissent des bois ou des écorces de teinture, d'où vient le nom du genre, qui signifie *Bois rouge*.

Voici les espèces les plus notables :

a) *Feuilles sans nervures longitudinales autres que la côte.*

ÉRYTHROXYLE SUBÉREUX. — *Erythroxylum suberosum* Cambess. in Plant. us. des Bras. tab. 69.

Écorce subéreuse. Feuilles elliptiques, obtuses, entières, courtement pétiolées. Fleurs fasciculées, axillaires, blanches, petites. Pétales oblongs, obtus : appendices lobés. Étamines plus longues que le style.

Petit arbre à tige rabougrie et tortueuse. Rameaux étalés.

M. Aug. de Saint-Hilaire a observé cette espèce au Brésil, dans la province des Mines, où l'écorce en est employée pour teindre en rouge.

ÉRYTHROXYLE A FEUILLES DE MILLEPERTUIS. — *Erythroxylum hypericifolium* Lamk. — Cavan. Diss. 8, tab. 230.

Feuilles alternes, obovales, obtuses, souvent échancrées, discolores, glabres. Pédicelles solitaires, de la longueur des feuilles, étalés ou pendants. Calice turbiné, 5-fide. Pétales oblongs : appendices tronqués. Fruit triloculaire.

Arbre de moyenne grandeur, d'un port élégant. Feuilles petites, très-rapprochées, semblables à celles du *Spiræa hypericifolia*. Fleurs blanches, odorantes. Étamines de la longueur des pétales.

Cette espèce croît aux îles de France et de Bourbon, où elle porte les noms de *Bois d'huile* et *Bois des Dames*.

ÉRYTHROXYLE A FEUILLES DE BUIS. — *Erythroxylum buxifolium* Lamk. — Cav. Diss. 8, tab. 231.

Feuilles subrévolutées, lancéolées-obovales, apiculées, glauques en dessous. Pédoncules solitaires, axillaires, de la longueur des pétioles, presque dressés. Drupe ovoïde, monosperme. Calice 5-parti. Pétales oblongs.

Arbrisseau à rameaux dressés. Feuilles longues de 1 à 2 pouces, sur 3 à 6 lignes de large. Stipules lancéolées, rougeâtres, semi-amplexicaules.

Cette espèce a été trouvée par Commerson à Madagascar.

ERYTHROXYLE A GRANDES FEUILLES.—*Erythroxylum macro-phyllum* Lamk.—Cavan. Diss. 8, tab. 227.

Feuilles lancéolées, pointues. Pédoncules axillaires et latéraux, fasciculés, dressés ou étalés, plus longs que le pétiole. Calice campanulé, semi-5-parti. Drupe ovoïde, trisperme.

Arbrisseau : bois blanchâtre, mou. Écorce blanche. Feuilles longues jusqu'à 8 pouces, sur 1 à 2 pouces de large. Stipules ovales-lancéolées, acuminées, striées, amplexicaules. Androphore à 5 crénelures.

Cette espèce, fort distincte par la grandeur de ses feuilles et de ses stipules, est indigène dans la Guiane.

ÉRYTHROXYLE FAUX SIDÉROXYLE. — *Erythroxylum side-roxyloides* Lamk. — Cavan. Diss. 8, tab. 228.

Feuilles ovales, ou ovales-elliptiques, ou obovales. Pédoncules solitaires, ou géminés, ou ternés, axillaires, dressés, un peu plus longs que les pétioles. Calice cupuliforme, 5-denté. Pétales ovales-elliptiques. Drupe oblong, monosperme.

Tige arborescente, haute d'environ 15 pieds. Feuilles longues de 1 à 3 pouces, sur 6 à 12 lignes de large. Stipules petites, lancéolées-subulées.

Cette espèce croît à l'île de Bourbon.

ÉRYTHROXYLE ÉLÉGANT. — *Erythroxylum pulchrum* Cambess. in Flor. Brasil. Merid.

Feuilles oblongues, courtement acuminées. Fleurs axillaires, fasciculées. Sépales minimes, triangulaires, pointus. Pétales oblongs, obtus, 2 à 3 fois plus longs que le calice. Étamines 2 à 3 fois plus longues que le pistil.

Arbrisseau très-glabre. Feuilles coriaces, longues de 2 à 4 pouces, larges de 1 à 2 pouces. Stipules carénées, tricuspidées. Fascicules 7-13-flores.

Cette espèce a été trouvée par M. Aug. de Saint-Hilaire aux environs de Rio-Janeiro.

ÉRYTHROXYLE A PETITES FEUILLES. — *Erythroxylum mi-crophyllum* Cambess. in Flor. Bras. Merid. v. 2, tab. 103.

Feuilles oblongues, ou lancéolées-oblongues, obtuses, mucronulées. Fleurs rares, axillaires : ramules très-courts. Sépales
ovales, pointus. Pétales oblongs-obovales, obtus, 3 fois plus
longs que le calice. Pistil plus long que les étamines.

Sous-arbrisseau très-rameux, glabre sur toutes ses parties.
Feuilles nombreuses, très-petites. Fleurs d'un blanc verdâtre.

Cette espèce croît dans le midi du Brésil.

ÉRYTHROXYLE A FEUILLES DE LAURIER. — *Erythroxylum
laurifolium* Lamk. — Cav. Diss. 8, tab. 226.

Feuilles lancéolées, ou ovales-lancéolées, ou obovales, subobtuses. Fleurs latérales et terminales, fasciculées, presque en ombelle. Calice cupuliforme, 5-denté. Pétales oblongs-obovales.
Drupe ovoïde-oblong.

Arbre haut de 18 à 20 pieds. Rameaux blancs, cylindriques.
Stipules courtes, concaves, ovales-triangulaires, pointues. Feuilles subsessiles, longues de 3 à 8 pouces, sur 1 à 2 pouces de
large. Fleurs blanches, de 3 à 4 lignes de diamètre.

Cette espèce croît à l'Ile-de-France, où on l'appelle vulgairement *Bois de Ronde* ou *Bois de Rongle*.

b) *Feuilles trinervées : nervures latérales fines, rapprochées
de la côte.*

ÉRYTHROXYLE COCA. — *Erythroxylum Coca* Lamk. — Cavan. Diss. 8, tab. 229.

Feuilles alternes, subsessiles, ovales, ou obovales, ou lancéolées-obovales, pointues, membranacées. Pédoncules latéraux,
courts, ternés, étalés. Calice cupuliforme, 5-denté. Pétales
oblongs : appendice bilobé. Drupe ovoïde, 1-loculaire.

Arbrisseau très-rameux, haut de 3 à 4 pieds. Ramules tuberculeux. Feuilles longues de 1 à 2 pouces, sur 1 pouce de large.
Stipules lancéolées, petites, marcescentes. Fleurs petites, nombreuses. Drupe rouge.

Cet arbrisseau habite le Pérou, où on le cultive sous le nom
de *Coca*. Il est pour les naturels de quelques contrées, et surtout
pour les mineurs, un objet non moins nécessaire que le Bétel

pour les Malais, ou le Tabac pour les marins. Ils en mâchent continuellement les feuilles mêlées avec des cendres du *Chenopodium Quinoa*. On prétend que le *Coca* rend les individus qui en font usage plus alertes au travail.

ÉRYTHROXYLE DE HONDA. — *Erythroxylum hondense* Kunth, in Humb. et Bonpl. Nov. Gen. et Spec.

Feuilles obovales-elliptiques, rétuses, mucronulées, membranacées, glauques en dessous. Stipules pointues, de la longueur du pétiole. Fleurs solitaires ou géminées, axillaires.

Arbrisseau haut d'une dizaine de pieds. Feuilles rapprochées, longues de 12 à 15 lignes, sur 7 à 8 lignes de large. Pétales blancs, oblongs, obtus : écaille bilobée, plissée.

Cette espèce est cultivée au Pérou comme le *Coca*; M. Kunth pense que plusieurs autres espèces servent au même usage.

TRENTE-SEPTIÈME FAMILLE.

LES CORIARIÉES. — *CORIARIEÆ.*

(*Coriarieæ* De Cand. Prodr. vol. I, p. 739. — Bartl. Ord. Nat. p. 364.)

Le genre *Coriaria* constitue à lui seul ce petit groupe, que M. de Candolle place après les Ochnacées, à la fin de sa série des Polypétales à étamines hypogynes. M. de Jussieu avait mis ce genre à la suite des Malpighiacées.

CARACTÈRES DE LA FAMILLE.

Arbrisseaux. Rameaux tétragones, opposés. Sucs propres aqueux.

Feuilles opposées, simples, 3-5-nervées, entières. Stipules nulles. Gemmes écailleuses.

Fleurs régulières, hermaphrodites, ou, par avortement, unisexuelles, disposées en grappes terminales ou latérales, ou axillaires. Pédicelles opposés (les supérieurs épars), unibractéolés à la base, et le plus souvent dibractéolés au milieu.

Calice inadhérent, persistant, accrescent, campanulé, 10-fide : les 5 lobes extérieurs plus grands, ovales : les 5 intérieurs calleux.

Corolle nulle. (Quelques auteurs envisagent comme une corolle les 5 divisions intérieures du calice.)

Étamines 10, hypogynes, antépositives, libres. Filets filiformes. Anthères oblongues, à 2 bourses.

Pistil : Ovaire 5-loculaire, pentagone : angles opposés aux divisions extérieures du calice. Style nul. Stigmates 5, apicilaires, sessiles, longs, subulés, fimbriés.

Péricarpe : Étairion à 5 carcérules presque libres, mo-

nospermes, recouverts par les divisions calicinales intérieures devenues charnues.

Graines suspendues. Périsperme nul. Embryon rectiligne ; radicule supère ; cotylédons charnus.

Genre CORIARIA. — *Coriaria* Linn.

Fleurs polygames. Calice accrescent, campanulé, 10-fide :
5 des lobes extérieurs, plus grands ; 5 intérieurs, calleux.
Corolle nulle. Étamines 10. Ovaire 5-loculaire, pentagone.
Stigmates 5, subulés, sessiles. Étairion à 5 carcérules presque libres, monospermes, recouverts par le calice devenu
charnu.

On connaît sept espèces de *Coriaria* : l'une d'elles croît
dans l'Europe australe ; une autre dans la Nouvelle-Zélande ; cinq ont été observées sur les plateaux de l'Amérique équatoriale. Voici les deux espèces les plus intéressantes :

Coriaria a feuilles de Myrte.—*Coriaria myrtifolia* Linn.
—Duham. Arb. 1, tab. 73.—Turp. in Dict. des Sciences Nat.
Ic. — Schk. Handb. tab. 334.

Feuilles ovales-lancéolées, ou oblongues-lancéolées, pointues,
glabres, trinervées, subsessiles. Grappes courtes, dressées, latérales : les mâles denses ; les femelles lâches.

Buisson très-rameux, haut de 3 à 6 pieds. Feuilles persistantes, rapprochées, d'un vert gai, semblables à celles du Myrte.
Grappes tantôt aphylles, tantôt feuillées à la base, très-nombreuses le long des branches, longues de 1 à 3 pouces. Fleurs petites.
Calice verdâtre. Étamines à anthères rougeâtres, saillantes. Fruits
bacciformes, noirs, luisants, subglobuleux.

Cette espèce, nommée vulgairement *Redou*, *Redoul* ou *Re-
doux*, croît dans le midi de l'Europe, ainsi qu'en Barbarie. Au
Languedoc ainsi qu'en Espagne, on emploie ses rameaux et ses
feuilles au tannage des cuirs. Les fruits ont une saveur douceâtre,
mais ils possèdent des propriétés vénéneuses : M. Loiseleur rap-

porte que plusieurs militaires français en ayant mangé en Espagne, deux d'entre eux périrent dans les premières vingt-quatre heures, avant d'avoir pu recevoir des secours; les autres furent sauvés en leur administrant de l'émétique. Ces fruits servent à teindre en noir.

Le *Coriaria à feuilles de Myrte* se cultive comme arbuste d'ornement, à cause de l'élégance de son feuillage. Ses fleurs, peu apparentes, s'épanouissent au printemps. Il aime les bonnes terres, et se multiplie facilement, soit de drageons, soit de graines ; mais les fortes gelées lui sont nuisibles.

CORIARIA SARMENTEUX.—*Coriaria sarmentosa* Forst. Prodr. — Bot. Mag. tab. 2470.

Tiges procombantes. Feuilles cordiformes-ovales ou elliptiques, acuminées, très-entières, 5-nervées, courtement pétiolées. Grappes axillaires, aphylles, allongées, nutantes.

Sous-arbrisseau. Tiges longues, effilées, à 4 angles obtus. Feuilles longues de 2 à 3 pouces. Grappes longues de $\frac{1}{2}$ pied. Pédicelles capillaires, étalés, rapprochés. Sépales arrondis.

Espèce très-élégante, originaire de la Nouvelle Zélande, et cultivée comme plante d'ornement, en orangerie. Le climat du midi de la France est probablement assez doux pour que cette plante y prospère en plein air.

TRENTE-HUITIÈME FAMILLE.

LES ACERINEES. — *ACERINEÆ*.

(*Acerum* sect. II , Juss. Gen., et in Ann. du Mus. v. XVIII, p. 477.—
Acerineæ De Cand. Théor. Élém. ed. 2, p. 244, et Prodr. v. I ,
p. 593. — Bartl. Ord. Nat. p. 360.)

Les *Acérinées*, ou *Érables* de M. de Jussieu, forment
un groupe propre à la zone tempérée de l'hémisphère
septentrional , et composé seulement de deux genres ,
très-voisins les uns des autres. Toutes les espèces sont
d'un grand intérêt : plusieurs croissent dans les forêts
de la France , d'autres décorent les jardins paysagers ,
les parcs ou les promenades publiques. Leur bois sert à
de nombreux usages ; leur feuillage, en général, est précoce , élégant et touffu. La sève de plusieurs Érables
d'Amérique contient assez de principes sucrés pour être
exploitée en grand par les habitans des contrées où ces
arbres abondent. Du reste , les Acérinées ne paraissent
douées d'aucune propriété médicinale.

Caractères de la Famille.

Arbres ou *arbrisseaux*. Ramules opposés, noueux, cylindriques. Suc propre quelquefois laiteux.

Feuilles opposées, longuement pétiolées, simples
(par exception imparipennées), palmatinervées et le
plus souvent palmatifides. Stipules nulles. Gemmes
axillaires, écailleuses, ordinairement à la fois foliifères
et florifères.

Fleurs par avortement unisexuelles ou polygames
(monoïques ou dioïques), verdâtres , ou jaunâtres ,

moins souvent blanchâtres ou rougeâtres, petites, régulières, quelquefois apétales. Inflorescence terminale, ou rarement latérale, corymbiforme, ou thyrsiforme, ou racémiforme, souvent très-composée, rarement simple et fasciculaire. Pédoncules secondaires ordinairement opposés. Pédicelles épars, inarticulés, dilatés au sommet, munis d'une bractéole basilaire, très-petite, caduque.

Calice inadhérent, caduc, coloré, non-glanduleux, à 5 (par exception à 4, ou 6-12) sépales libres ou par exception soudés : estivation imbricative.

Disque hypogyne, annulaire, inadhérent. Réceptacle disciforme.

Pétales (par exception nuls) en même nombre que les sépales et alternes avec eux, insérés au pourtour du disque, libres, courtement onguiculés, égaux.

Étamines 8 (rarement 4-7, ou 9-12), insérées au disque. Filets libres. Anthères oblongues, incombantes (non-pollinifères et incluses dans les fleurs femelles), à 2 bourses contiguës, parallèles, chacune déhiscente antérieurement par une fente longitudinale.

Pistil : Ovaires 2, uni- ou biovulés, comprimés latéralement, accolés inférieurement contre l'axe central. Styles 2 (quelquefois presque nuls), soudés en un seul axile. Stigmates 2, linéaires, arqués en dehors ou divergents. Ovules collatéraux, appendants. (Par exception, 3 ovaires et 3 stigmates.)

Péricarpe : Diérésile à 2 (par exception 3) samares uniloculaires, monospermes, prolongées supérieurement en aile membraneuse, réticulée et épaissie postérieurement en rebord nerveux.

Graines comprimées ou subtrigones, axifixes, sessiles, ascendantes, inarillées, apérispermées. Test crustacé. Périsperme pelliculaire. Embryon curviligne : radicule petite, descendante, appointante; cotylédons foliacés, verts, incombants, irrégulièrement condupliqués et plissés.

Voici les genres qui constituent cette famille :

Acer Linn.— *Negundo* Mœnch. (Negundium Rafin.)

GENRE NON CLASSÉ, AYANT DE L'AFFINITÉ AVEC LES ACÉRINÉES :

Dobinea Hamilt.

Genre ÉRABLE. — *Acer* Linn.

Fleurs polygames-monoïques, ou rarement dioïques. Sépales 5 (par exception 4, ou 6-12), colorés, dressés, libres ou par exception soudés. Pétales en même nombre que les sépales (par exception nuls) et concolores, courtement onguiculés, dressés. Étamines (incluses et à anthères indéhiscentes dans les fleurs femelles) 8 (par exception 4-7, ou 9-12). Ovaire didyme. Style court (quelquefois nul). Stigmates 2. Diérésile non-stipité, à 2 samares ailées, monospermes.

Feuilles simples. Inflorescence variée, le plus souvent terminale.

Les *Érables* prospèrent en général partout, excepté dans les sols glaiseux. Leur multiplication se fait de graines, qu'on sème en automne, dès leur maturité. Quand on ne confie ces graines à la terre qu'au printemps suivant, elles ne lèvent que la seconde année, à moins qu'on ait eu soin de les tenir stratifiées pendant l'hiver. Le jeune plant se met en pépinière au bout de la seconde année. On peut aussi propager les espèces rares de greffes en fente, soit sur le Sycomore, soit sur le Plane ou sur l'Érable champêtre. Dumont Courset assure qu'aucun Érable ne prend racine de boutures. Le même auteur conseille de choisir des individus encore très-jeunes, pour les transplantations à demeure.

On connaît aujourd'hui au moins trente-cinq espèces d'Érables. Plusieurs d'entre elles ne sont décrites qu'imparfai-

tement, ou n'existent pas encore vivantes en Europe; mais
toutes offrent assez d'intérêt pour que nous en traitions ici
avec quelques détails.

SECTION Ire.

Floraison plus tardive que le développement des feuilles,
ou ayant lieu simultanément. Inflorescence racémiforme,
ou thyrsiforme, ou corymbiforme, plus ou moins composée, terminale. Fleurs jaunâtres, ou verdâtres, ou
blanchâtres, polygames-monoïques.

A. *Grappes un peu rameuses à la base, ou très-simples, lâches, pédonculées. Fleurs campanulées. Pétales d'un
jaune pâle. Étamines des fleurs mâles incluses.*

a) *Grappes très-simples, pendantes, presque aussi longues que les
feuilles. Pétales obovales, plus grands que les sépales.*

ÉRABLE JASPÉ. — *Acer striatum* Lamk. — Mich. fil. Arb. 2,
tab. 17.—Watson, Dendr. Brit. tab. 70. —*Acer pensylvanicum* Linn. — Tratt. Arch. 1, tab. 11. — *Acer canadense*
Duham. Arb. 1, tab. 12.

Feuilles cordiformes ou arrondies à la base, trilobées au sommet, doublement dentelées tout autour, glabres, non-persistantes; lobes ordinairement presque égaux, courts, triangulaires,
longuement acuminés; dentelures très-inégales, pointues, rapprochées. Diérésile presque semi-luné, glabre; ailes courtes,
peu dilatées, redressées, convergentes.

Petit arbre s'élevant rarement à plus de 10 pieds. Écorce
lisse, verte, rayée longitudinalement de noir et de blanc. Feuilles
membranacées, ayant 4 à 6 pouces de diamètre en tout sens (rarement plus longues que larges, ou plus larges que longues); pétiole 2 à 4 fois plus court que la lame. Fleurs d'un jaune
verdâtre, écartées, de la grandeur de celles du Muguet; pédicelles filiformes, longs de 6 à 12 lignes. Sépales oblongs, obtus.
Ailes du fruit longues de 5 à 9 lignes, sur 2 lignes de large.

L'*Érable jaspé* est très-facile à reconnaître à son écorce d'un
vert luisant et marquée de lignes longitudinales noirâtres ou

blanches. Il abonde au Canada jusque vers le 49ᵉ degré de latitude, ainsi que dans le nord des États-Unis. A la faveur des expositions abritées que lui offrent les Alléghany's, il pénètre jusqu'en Géorgie. Les Anglo-Américains le nomment *Moose Wood* (Bois d'Élan), parce que, selon M. A. Michaux, les premiers habitants observèrent que l'Élan, devenu aujourd'hui très-rare dans ces contrées, vivait pendant l'hiver de son écorce, et aux approches du printemps de ses jeunes feuilles. « Le peu d'éleva-
» tion et de diamètre auquel parvient l'*Érable jaspé* s'oppose,
» dit M. Michaux, à ce qu'on puisse faire usage de son bois dans
» aucun genre de construction. Cependant, comme il est très-
» blanc et que le grain en est très-fin, les ébénistes, à Halifax,
» l'emploient en place de Houx, qui ne croît pas si avant vers le
» Nord, pour former les lignes blanches dont ils incrustent les
» meubles d'Acajou. Mais l'avantage le plus marqué qu'il pré-
» sente aux habitants des contrées, où j'ai dit qu'il croissait en
» si grande abondance, est de fournir à ceux qui ont négligé de
» s'aprovisionner de fourrages pour l'hiver, les moyens de nour-
» rir leurs bestiaux jusqu'à ce que la saison, devenue moins ri-
» goureuse, ait permis à l'herbe nouvelle de végéter. Ils lâchent
» donc leurs bestiaux dans les bois dès que la sève commence à
» faire enfler les bourgeons, et ces animaux en broutent avec avi-
» dité toutes les jeunes pousses jusqu'au vieux bois. »

Cette espèce est très-recherchée pour la décoration des jardins paysagers, à cause de l'aspect pittoresque de son tronc et de son ample feuillage.

b) *Grappes très-simples et spiciformes, ou rameuses à la base et subthyr-siformes (sur le même individu), dressées, plus courtes que les feuilles : pédoncules secondaires opposés, 1-3-flores. (Quelquefois toute l'inflorescence est réduite à un long pédoncule 1-3-flore au sommet.) Pétales oblongs-obovales, de la longueur des sépales.*

ÉRABLE DE BOSC. — *Acer Boscii* Spach, Monogr. ined. —
Acer lobatum Bosc, ex traditione hortulanorum.

Feuilles presque coriaces, cordiformes à la base, plus ou moins profondément trilobées (les supérieures souvent ovales-oblongues et indivisées), inégalement dentelées tout autour : les jeunes poilues en dessous ainsi qu'au pétiole ; les adultes presque glabres ; lobes égaux ou inégaux, pointus ou arrondis ; dentelures pointues ou obtuses, grosses. Samares glabrés de même que les ovaires : ailes dressées, distantes, convergentes.

Petit arbre ou buisson. Branches rugueuses, rougeâtres. Feuilles longues de 2 à 3 pouces, presque aussi larges ou plus souvent de moitié moins larges que longues, de forme très-variable sur le même individu, quelquefois semblables à celles de l'*Érable de Tartarie*. Pétiole 1 à 3 fois plus court que la lame, d'abord fortement poilu de même que les jeunes ramules, puis très-glabre. Fleurs écartées, longues de 2 à 3 lignes. Pédicelles 1 à 2 fois plus longs que les fleurs. Sépales oblongs, obtus. Ailes dilatées au sommet, longues de 5 à 7 lignes, sur 3 lignes de large.

Cette espèce, qui paraît originaire de l'Amérique septentrionale, se cultive assez souvent comme arbuste d'agrément.

B. *Inflorescence racémiforme ou thyrsiforme, décomposée. Sépales et pétales dressés. Étamines des fleurs mâles saillantes.*

a) *Épis dressés, longuement pédonculés, composés de cymules dichotomes ou de corymbes : pédoncules secondaires courts ou presque nuls, épars. Fleurs très-petites, d'un jaune verdâtre. Feuilles non-lobées, ou trilobées au sommet.*

ÉRABLE A ÉPIS. — *Acer spicatum* Lamk. — *Acer montanum* Ait. — Tratt. Arch. 1, tab. 13. — Guimp. et Hayn. Fremd. Holz. tab. 48. — *Acer pensylvanicum* Duroi, Harb. tab. 2.

Feuilles cordiformes, ou cordiformes-suborbiculaires, inégalement dentelées ou incisées-dentées, indivisées ou trilobées, pubescentes en dessous ; lobes acuminés ou cuspidés : les 2 latéraux très-courts ; dentelures mucronées. Calice pubescent. Pétales lancéolés, plus longs que les sépales. Samares glabres : ailes divergentes.

Arbre haut de 18 à 30 pieds. Branches verdâtres ou rougeâtres, très-lisses. Feuilles membranacées, 5-ou 7-nervées, longues de 2 à 4 pouces, ordinairement presque aussi larges que longues; pétiole le plus souvent presque aussi long que la lame. Épis, y compris le pédoncule, longs de 3 à 6 pouces, grêles, subcylindracés. Pédicelles capillaires, plus longs que les fleurs. Ailes du fruit dilatées au sommet, longues de 6 à 8 lignes, sur 3 lignes de large au sommet.

Cette espèce, qui est l'une des plus tardives à fleurir, habite le Canada et les Alleghany's. Elle se plante fréquemment dans les bosquets.

b) *Thyrse racémiforme, pendant, pédonculé, composé de corymbes simples ou subdichotomes, subsessiles ou courtement pédonculés, épars. Fleurs petites, d'un jaune verdâtre. Feuilles profondément tri- ou quinqué- ou rarement septem-fides, non-persistantes.*

ÉRABLE HYBRIDE. — *Acer hybridum* Bosc, in Dict. d'Agr. (non Thuil. Flor. Paris.)

Feuilles cordiformes, ou cordiformes-orbiculaires, trifides, inégalement dentées, presque coriaces, glabres excepté en dessous aux aisselles des nervures : lobes presque égaux, rétrécis en courte pointe obtuse; dents profondes, obtuses, très-écartées. Thyrses courts. Pétales et sépales oblongs, obtus, presque égaux. Ovaires laineux. Samares poilues : ailes dressées ou conniventes, fortement élargies au sommet.

Arbre haut de 20 à 30 pieds, et peut-être plus. Rameaux tuberculeux, brunâtres. Feuilles non-persistantes mais très-fermes, luisantes et d'un vert sombre en dessus, presque glauques en dessous, longues de 1 ¹/₂ à 3 ¹/₂ pouces, ordinairement aussi larges que longues; lobes triangulaires ou oblongs-triangulaires : les latéraux un peu plus courts que le terminal, tantôt dressés, tantôt divariqués; pétiole des feuilles inférieures souvent plus long que la lame. Thyrses longs d'environ 2 pouces. Pédicelles filiformes, 2 à 4 fois plus longs que les fleurs. Ailes du fruit longues de 8 à 10 lignes, sur 4 à 5 lignes de large au sommet, rougeâtres avant leur parfaite maturité.

Cette espèce, dont on ignore l'origine, se cultive dans les bosquets.

ÉRABLE SYCOMORE.—*Acer Pseudo-Platanus* Linn.—Duham. Arb. 1, tab. 36. — Tratt. Arch. 1, tab. 2. — Engl. Bot. tab. 303. — Guimp. et Hayn. Holz. tab. 210. — Flor. Dan. tab. 1575. — Schmidt, Arb. tab. 12.

Feuilles cordiformes-arrondies, inégalement 5-ou 7-lobées (rarement 3-lobées), incisées-dentées, opaques en dessus : les jeunes plus ou moins floconneuses en dessous; les adultes glauques, glabres excepté aux nervures; lobes pointus, ou acuminés, ou obtus : les deux basilaires très-courts. Thyrses pubescents, allongés. Pétales et sépales oblongs, obtus, presque égaux. Ovaires poilus. Samares presque glabres : ailes presque dressées, ou convergentes, ou plus ou moins divergentes.

— α : Grappes fructifères longues d'environ ¹/₂ pied. Ailes divergentes presque horizontalement, longues de 15 à 18 pouces, fortement élargies vers le sommet. Fruit mesurant près de 3 pouces entre les deux ailes.

— β : Grappes fructifères longues de 2 à 4 pouces. Ailes beaucoup moins divergentes et de moitié plus petites que dans la variété précédente.—*Acer Pseudo platanus* var. *macroptera* Hayn. Dendrol. — Guimp. et Hayn. l. c. tab. 210.

— γ : Grappes fructifères longues de 2 à 3 pouces. Ailes petites, convergentes, souvent conniventes au sommet.

Les trois variétés que nous venons de signaler sont constantes sur les mêmes individus; elles paraissent être en rapport avec certains états de la polygamie de l'espèce.

Arbre haut de 60 à 100 pieds. Tronc de 2 à 4 pieds de diamètre. Écorce lisse, grisâtre. Feuilles ordinairement longues de 3 à 4 pouces, sur 3 ¹/₂ à 6 pouces de large, fermes, d'un vert foncé en dessus, glauques en dessous; dents ou crénelures obtuses ou pointues; lobes ovales, ou ovales-oblongs, ou ovales-triangulaires, séparés par des sinus obtus ou pointus; pétiole aussi long ou plus long que la lame, ou plus court, souvent rougeâtre. Thyrses longs de 2 à 5 pouces : axe pubescent; pédicelles glabres, filiformes. Samares à loges ovales, ou ovales-globuleuses, nerveuses, légèrement comprimées : ailes de direction et de grandeur variables.

Le *Sycomore*, ou *Érable blanc de montagne*, est un des plus beaux arbres forestiers de l'Europe. Il croît dans le Midi, ainsi que fort avant vers le Nord, et se plaît surtout à l'ombre des grandes forêts, ou dans les expositions septentrionales des montagnes. Un sol frais et fertile est nécessaire à son parfait développement. On estime sa durée à environ deux cents ans. Ses fleurs s'épanouissent au mois d'avril, presque à la même époque que les feuilles.

Le port touffu et élégant de cet arbre, ainsi que sa croissance assez rapide, lui font souvent trouver place dans les avenues, et on le recherche en général pour toutes les plantations d'agrément. Son bois, blanc, marbré, d'un tissu dense, et susceptible d'un beau poli, sert à de nombreux usages dans les arts et les métiers. Les ébénistes, les menuisiers, les tourneurs, les marquetiers, les luthiers et les armuriers en tirent grand parti. Étant sec, il pèse, par pied cube, environ vingt-cinq kilogrammes. Comme bois de chauffage, celui du Sycomore l'emporte sur tous les autres bois indigènes, sans en excepter le Hêtre.

Nous devons faire remarquer que le nom de Sycomore, qui s'applique vulgairement à cet Érable, n'a aucun rapport avec le Sycomore des anciens, lequel est une espèce de Figuier (*Ficus Sycomorus* Linn.), indigène en Syrie et en Arabie.

Érable a grandes feuilles. — *Acer macrophyllum* Pursh. Flor. Amer. Sept. — Hook. Flor. Bor. Amer. tab. 38.

Feuilles adultes glabres, cordiformes à la base, à cinq lobes profonds, oblongs ou subcunéiformes, obtus, incisés-sinués. Thyrses pubescents, allongés. Pétales obovales. Ovaires hérissés. Samares pubescentes ou glabres : ailes subdivergentes.

Arbre s'élevant jusqu'à 90 pieds. Tronc de 6 à 16 pieds de circonférence. Rameaux étalés. Feuilles amples, longuement pétiolées, quelquefois larges d'un pied, presque coriaces : les naissantes fortement pubescentes ; les adultes garnies en dessous de quelques poils aux aisselles des nervures. Sépales glabres, ovales, plus courts que les pétales.

Cette espèce croît dans les forêts de la côte nord-ouest de l'A-
mérique, où elle abonde entre les 40ᵉ et 50ᵉ degrés de latitude.
Elle n'existe point dans l'intérieur du pays. Selon M. Douglas,
à qui l'on doit son introduction en Europe, c'est un arbre d'un
aspect magnifique et dont la sève abonde en principes sucrés ;
mais on n'en tire aucun parti dans le pays. Le bois, peu dur,
offre des marbrures magnifiques. Les fleurs sont très-odorantes.

L'*Érable à grandes feuilles* est encore fort rare dans les collections, en Europe ; mais il occupera sans doute sous peu le
premier rang parmi les arbres d'ornement.

c) *Thyrse dressé, pédonculé, composé de corymbes dichotomes :
pédoncules secondaires opposés, allongés. Feuilles non-persistantes,
ou persistantes, lobées, ou indivisées.*

ÉRABLE A FEUILLES OBLONGUES. — *Acer oblongum* Wall.
Plant. Asiat. Rar. — De Cand. Prodr.

Feuilles non-lobées, oblongues-lancéolées, ou ovales-lancéolées, acuminées, cuspidées, très-entières, coriaces, glauques en
dessous. Thyrses racémiformes. Diérésile glabre : ailes presque
dressées.

Cette espèce, commune au Népaul ainsi que dans toutes les
chaînes inférieures de l'Himalaya, est très-caractérisée par ses
feuilles indivisées et atteignant jusqu'à un demi-pied de long. On
la cultive en plein air au Jardin de Montpellier, où elle a déjà
fructifié ; mais sous le climat de Paris, elle résiste difficilement
aux hivers un peu rigoureux.

ÉRABLE LISSE. — *Acer lœvigatum* Wall. Plant. Asiat. Rar.
tab. 104.

Feuilles subsessiles, coriaces, glabres, non-lobées, lancéolées
ou elliptiques-lancéolées, longuement acuminées ou cuspidées,
dentelées. Thyrses ovales-elliptiques, obtus. Sépales ovales-lancéolés. Pétales obovales-cunéiformes. Diérésile à ailes divergentes,
cultriformes, obtuses.

Grand arbre. Tronc haut de 30 à 40 pieds, sur 3 à 4 pieds de
diamètre. Ramules effilés, penchés, luisants. Feuilles longues
d'environ 5 pouces. Pétioles, pédoncules et calices rougeâtres.

Thyrse assez dense, long d'environ 4 pouces. Corolle blanche, de la longueur du calice. Étamines 10. Samares lisses, longues d'environ 1 pouce.

L'*Érable lisse* croît dans les hautes montagnes du Népaul et dans les Alpes du Sirmor. Il est probable qu'on pourrait le cultiver en plein air dans toute la France.

« Ce bel arbre forestier, dit M. Wallich, atteint une taille gi-
» gantesque. Son bois est employé par les habitants du Népaul
» aux constructions de tout genre. Sa croissance est très-lente.
» L'*Acer oblongum* diffère de cette espèce par ses feuilles entiè-
» res, glauques, opaques, et par sa taille moins élevée. »

ÉRABLE DE TARTARIE.—*Acer tataricum* Linn.—Pall. Flor. Ross. tab. 3. — Tratt. Arch. 1, tab. 1. — Duham. ed. nov. vol. 4, tab. 9. — Guimp. et Hayn. Fremd. Holz. tab. 97. — Schmidt, Arb. tab. 9. — Wats. Dendr. Brit. tab. 160. — *Acer cordifolium* Borkh.

Feuilles cordiformes, ou cordiformes-ovales, ou cordiformes-elliptiques, non-lobées, souvent anguleuses, doublement dentelées, membranacées, pubescentes en dessous aux nervures. Thyrses assez denses. Sépales elliptiques, obtus. Pétales lancéolés-elliptiques (blancs), de la longueur du calice. Ovaires poilus. Diérésile glabre : loges aplaties, réticulées, membranacées; ailes presque dressées, souvent conniventes au sommet.

Arbre haut de 25 à 30 pieds, sur 1 pied de diamètre; ou buisson haut de 15 à 20 pieds. Écorce grisâtre ou brunâtre, lisse. Feuilles longues de 2 à 4 pouces, sur 1 ½ à 3 pouces de large, d'un vert gai en dessus, presque concolores en dessous; dentelures profondes, rapprochées, pointues. Pétiole plus long ou plus court que la lame. Thyrses plus courts que les feuilles : les fructifères presque corymbiformes. Pédicelles filiformes, plus courts que les fleurs. Étamines un peu plus longues que les pétales. Samares longues de 1 pouce : ailes fortement élargies vers leur sommet, rougeâtres avant la maturité.

Cet Érable, qui abonde dans la Russie méridionale, jusqu'au Caucase, ainsi que dans la Mongolie, se cultive dans tous les bosquets. Il est d'un fort bel effet par son feuillage, ainsi que par l'abondance de ses fleurs et par la couleur rouge que prennent ses jeunes fruits. Le bois, moins compacte que celui de l'*Érable champêtre*, peut néanmoins servir aux mêmes usages.

Pallas assure que les feuilles de l'*Érable de Tartarie* conviennent aux vers à soie, comme les feuilles du *Mûrier blanc*. Les Kalmouks récoltent avec soin les graines, dont ils prennent l'infusion en guise de Thé.

ÉRABLE CHAMPÊTRE. — *Acer campestre* Linn. — Engl. Bot. tab. 304. —Tratt. Arch. tab. 6 et 7.—Guimp. Holz. tab. 213. — Reitt. et Abel, tab. 25. — Svensk. Bot. tab. 409.

Feuilles orbiculaires ou suborbiculaires, cordiformes à la base, fermes, luisantes et glabres en dessus, pubescentes ou veloutées en dessous, profondément 5- (rarement 3- ou 7-) lobées. Thyrses lâches, paniculés ou subcorymbiformes. Pétales linéaires-spathulés ou oblongs-spathulés, distants, presque aussi longs que les étamines. Diérésile à loges glabres ou cotonneuses, coriaces, rugueuses, aplaties : ailes divariquées.

— α : Lobes supérieurs des feuilles trilobés, ou profondément tridentés.

— β : Lobes des feuilles presque entiers. — *Acer austriacum* Tratt. Arch. tab. 6. — Guimp. Holz. tab. 212.

La variété α est beaucoup plus commune que la variété β. Chacune d'elles se rencontre à feuilles plus ou moins grandes, plus ou moins profondément lobées, et à pétioles tantôt glabres, tantôt pubescents ou veloutés. On peut distinguer en outre trois variétés très-marquées de l'*Érable champêtre*, indépendantes de la forme des feuilles, savoir :

—À GRANDS FRUITS. (*Acer campestre macrocarpum*).—Diérésile mesurant 2 ¼ à 3 pouces d'une extrémité à l'autre; loges cotonneuses.

—À FRUITS COURTS. (*Acer campestre hebecarpum*).—Diérésile mesurant 2 pouces, ou moins ; loges cotonneuses.

—A FRUITS GLABRES. (*Acer campestre collinum, s. leiocarpum*).—Diérésile glabre.

Arbre haut de 30 à 40 pieds, sur 1 pied de diamètre, à tronc peu élevé; ou buisson. Tête étalée, arrondie au sommet. Écorce rimeuse. Jeunes branches rougeâtres, subéreuses, ou rarement lisses et grisâtres. Gemmes petites, ovales, obtuses. Feuilles ordinairement larges d'environ 2 pouces (larges de 4 pouces dans certaines variétés), d'un vert foncé et un peu luisantes en dessus, d'un vert pâle en dessous: les naissantes veloutées; les adultes légèrement pubescentes en dessous et veloutées seulement aux nervures; lobes oblongs, ou oblongs-triangulaires, ou ovales-triangulaires, obtus, ou arrondis, ou tronqués, ou un peu pointus, inégaux: les deux basilaires fort courts, très·entiers; les supérieurs entiers ou dentés. Pétioles longs de 2 à 4 pouces, grêles, pubescents, ou veloutés, ou rarement glabres. Thyrses pubescents ou veloutés, débordant les feuilles. Pédicelles filiformes, plus longs ou plus courts que les fleurs. Fleurs petites, d'un jaune verdâtre, pubescentes. Sépales linéaires, obtus, de la longueur des pétales. Disque d'un pourpre noir. Ailes du fruit cultriformes, ou presque oblongues, ou fortement rétrécies à la base.

L'*Érable champêtre* croît dans toute l'Europe, excepté dans les contrées arctiques. On le trouve également au Caucase, ainsi que dans la Mongolie et dans la Sibérie méridionale. Les terrains calcaires lui conviennent le mieux; mais du reste il prospère en toute espèce de sol fertile. Ses fleurs s'épanouissent en mai, après le complet développement des feuilles. Le suc propre des feuilles et des jeunes pousses est laiteux comme celui de l'*Érable Plane*.

Le bois de cet Érable est d'un jaune blanchâtre, noirâtre au centre, très-tenace, compacte, d'un grain fin et serré. Le pied cube, à l'état sec, pèse environ vingt-cinq kilogrammes. Les ébénistes, les tourneurs, les layetiers l'emploient à toutes sortes·d'ouvrages. En Allemagne il s'en fait une grande consommation pour les manches à fouets. Comme bois de chauffage, on l'estime autant que le bois d'Orme. Les jeunes tiges se débitent en tuyaux de pipes.

L'*Érable champêtre* supportant très-bien le ciseau, on en forme de bonnes haies vives, dont les rejetons fournissent une nourriture excellente pour le bétail. La sève contient beaucoup de principes sucrés.

C. *Fleurs en corymbes simples ou rameux, ou en ombelles simples.*

a) *Corymbes courtement pédonculés, dressés, subtrichotomes. Étamines des fleurs mâles peu saillantes. Diérésile à loges aplaties, coriaces, réticulées. Feuilles profondément lobées, non-persistantes.*

ÉRABLE PLANE. — *Acer platanoides* Linn. — Duham. Arb. 1, tab. 10, fig. 1. — Tratt. Arch. 1, tab. 4. — Guimp. Holz. tab. 211. — Reitt. et Ab. tab. 14. — Svensk Bot. tab. 86. — Schk. Handb. tab. 351.

Feuilles orbiculaires ou suborbiculaires, cordiformes à la base, 5- (ou rarement 3- ou 7-) lobées, sinuées, glabres exepté en dessous aux aisselles des nervures : lobes et dents acuminés, très-acérés ; sinus larges, arrondis. Corymbes presque fastigiés. Pétales obovales, de la longueur des sépales. Samares glabres: ailes très-divergentes ou étalées horizontalement.

— β : A FEUILLES DÉCHIQUETÉES OU CRÉPUES. — *Acer laciniatum* Ait. Hort. Kew. — Du Roi, in Act. Natur. Scrutat. Berol. vol. 5, p. 216, tab. 4. — *Acer crispum* Willd.

Feuilles profondément 5-fides, cunéiformes à la base: lobes oblongs ou cunéiformes-oblongs, laciniés ou crépus. Corymbes lâches. Pétales étroits, distants, spatulés.

— γ : A FEUILLES PALMATIPARTIES. — *Acer platanoides dissectum* Jacq. fil. in Hort. Vindob. — *Acer palmatifidum* Tausch.

Feuilles 3- ou 5-parties, ou comme pédalées : lobes cunéiformes, subtrifides, ou sinnués-pennatifides.

— δ : A GRANDS FRUITS. — *Acer platanoides macrocarpum.*

Diérésile très-grand : ailes divergentes mais non horizontales, longues de près de 2 pouces, sur 10 lignes de large au milieu.

Arbre haut de 60 à 80 pieds, sur 2 pieds de diamètre. Écorce d'un gris tirant sur le roux, rimeuse. Branches lisses, ponctuées, striées de brun et de jaunâtre. Suc propre laiteux. Tête touffue, arrondie. Feuilles d'un vert gai, pâles en dessous, larges de 4 à 6 pouces : lobes larges, inégaux, oblongs, ou ovales-oblongs, ou subtriangulaires. Corymbes multiflores, assez denses : pédoncules et pédicelles glabres, roides, dressés. Sépales ovales-elliptiques, obtus. Disque rougeâtre. Diérésiles mesurant environ 3 pouces dans leur plus grande étendue : ailes ordinairement cultriformes, divariquées, presque horizontales, ou arquées en arrière.

L'*Érable Plane* croît dans toute l'Europe, jusque vers le 60ᵉ degré de latitude. Il se plaît dans les expositions fraîches des montagnes, et dans un sol fertile. Sa durée ne va guère à plus de cent cinquante ans. Ses fleurs s'épanouissent vers la fin d'avril ou en mai, en même temps que les feuilles.

Le bois de cette espèce, d'un blanc sale, ou jaunâtre dans les vieux troncs, est plus pesant et plus compacte que celui de l'*Érable Sycomore*. Il se travaille facilement et s'emploie à de nombreux usages dans la menuiserie, le charronnage, etc. Le bois des racines, qui offre de très-belles marbrures, sert à des ouvrages de tour et de marqueterie.

Les jeunes feuilles ont une saveur douceâtre agréable : on peut les manger en salade ou en guise d'herbes potagères. Les jeunes branches ainsi que les feuilles adultes, teignent en jaune citron les draps de laine préparés avec de l'alun ; cette teinture devient d'un brun-noirâtre, si, au lieu d'alun, on emploie le sulfate de fer.

La sève de l'*Érable Plane* est plus abondante et plus sucrée que celle de tout autre Érable indigène. Elle fournit, à la suite d'une cuisson prolongée, environ la vingt-quatrième partie en volume d'un sirop, semblable au meilleur sirop de mélasse.

Très-fréquemment aussi on plante l'*Érable Plane* en avenues, ainsi que dans les parcs et les bosquets. Il donne beaucoup d'ombre et la verdure de son feuillage est très-gaie, surtout au printemps. Ses fleurs fournissent aux abeilles une nourriture dont elles sont très-friandes.

Outre les variétés que nous avons signalées plus haut, on en cultive d'autres, dans les jardins, à feuilles panachées de vert et de blanc, ou bien de jaune et de blanc.

ÉRABLE DE LOBEL. — *Acer Lobelii* Tenor. Syllog. — *Acer major Cordi* Lobel. Icon. II, 190.— *Acer hederræfolio* Tournef. Herb.

Feuilles orbiculaires, ou suborbiculaires, subcordiformes à la base, glabres excepté en dessous aux aisselles des nervures, sinuées-5-lobées : lobes triangulaires ou ovales-triangulaires, longuement acuminés, cuspidés, très-entiers, ou rarement sinués-dentés au sommet, ou sinuolés. Corymbes subthyrsiformes. Pétales étroits, spatulés. Samares glabres : ailes divergentes ou divariquées.

Arbre ayant le port du précédent. Tronc lisse et strié comme celui de l'*Érable jaspé*. Jeunes branches très-lisses, vertes ou glauques, striées de rouge. Feuilles presque semblables à celles de l'*Érable à sucre*, d'un vert gai, membranacées, larges de 3 à 6 pouces. Pétioles longs de 2 à 4 pouces. Fleurs d'un vert jaunâtre. Samares comme celles de l'*Érable Plane*.

Cette espèce élégante, que Tournefort avait déjà observée en Orient, a été retrouvée par M. Tenore dans les montagnes de la Calabre. Elle est encore assez rare dans les jardins.

b) Corymbes ou ombelles simples, longuement pédonculés.

ÉRABLE FLABELLINERVÉ. — *Acer circinnatum* Pursh, Flor. Am. Sept. — Hook. Flor. Bor. Am. tab. 39.

Feuilles flabelliformes, 7 ou 9-lobées, pubescentes en dessous, flabellinervées, inégalement dentelées : lobes et dentelures très-acérés; aisselles des nervures hispides. Corymbes pédonculés, pauciflores, penchés. Pétales ovales ou linéaires, plus courts que le calice. Ovaire très-glabre. Ailes du péricarpe horizontales.

Petit arbre haut de 20 à 40 pieds. Feuilles de la longueur du doigt, plus larges que longues. Écorce lisse, verte sur les jeunes branches, blanchâtre sur le tronc. Branches pendantes.

Cette espèce, déjà signalée par Pursh, sur les échantillons receuillis par Menzies, il y a environ cinquante ans, aux environs des grands rapides du Colombia, a été retrouvée récemment par MM. Scouler et Douglas sur toute la côte nord-ouest de l'Amérique, entre les 43ᵉ et 49ᵉ degrés de latitude, et introduite par leurs soins dans le jardin de la société horticulturale de Londres. Ses branches, inclinées jusqu'à terre, s'enracinent et forment ainsi des fourrés impénétrables au milieu des vastes forêts de Pins qui couvrent ces contrées. Le bois de l'arbre est blanc, d'un grain serré, très-tenace et susceptible d'un beau poli.

ÉRABLE A AILES CULTRIFORMES. — *Acer cultratum* Wallich, Plant. Asiat. Rar.

Feuilles cordiformes, 7-lobées, glabres en dessus, velues en dessous aux aisselles des nervures : lobes acuminés, cuspidés, très-entiers. Corymbes pédonculés, glabres. Pétales cunéiformes. Diérésile à ailes très-divergentes, semi-lunées, cultriformes.

Cet arbre, qui parvient à une hauteur considérable, croît dans les montagnes inférieures de l'Himalaya.

ÉRABLE DÉCHIQUETÉ. — *Acer dissectum* Thunb. Flor. Jap. — Tratt. Arch. 1, tab. 18.

Feuilles 5- ou 7-parties : lobes oblongs, acuminés, incisés-dentés ou pennatifides. Ombelles 4-6-flores.

ÉRABLE DU JAPON. — *Acer japonicum* Thunb. l. c. — Tratt. l. c. tab. 16.

Feuilles orbiculaires, velues, palmatifides : lobes 11-13, acuminés, dentelés. Ombelles multiflores.

ÉRABLE PALMÉ. — *Acer palmatum* Thunb. l. c. — Tratt. l. c. tab. 17.

Feuilles glabres, profondément 5- ou 7-fides : lobes oblongs, acuminés, dentelés. Ombelles 5-7-flores.

Érable septemlobé. — *Acer septemlobum* Thunb. l. c.
Feuilles glabres, 7-lobées ; lobes acuminés, dentelés : dentelures égales, pointues.
Érable a feuilles marbrées. — *Acer pictum* Thunb. l. c.
— Tratt. l. c. tab. 15.
Feuilles glabres, 7-lobées (marbrées) : lobes acuminés, entiers.
— Rameaux grisâtres.

Érable trifide. — *Acer trifidum* Thunb. l. c.
Feuilles trifides ou indivisées, non-dentées.
Cette espèce ainsi que les cinq précédentes ont été trouvées au Japon, par Thunberg. Elles ne sont connues que par les courtes définitions de cet auteur, et on ne les possède pas vivantes en Europe.

c) *Corymbes sessiles, ou courtement pédonculés, penchés, rameux; pédoncules secondaires 1-3-flores, filiformes, pendants, très-longs.
Loges des samares réticulées, coriaces, à faces fortement convexes. Étamines des fleurs mâles très-saillantes. Feuilles profondément lobées, non-persistantes.*

Érable a sucre. — *Acer saccharinum* Michx. fil. Arb. 2, tab. 15. — Tratt. Arch. 1, tab. 3. — Duham. ed. nov. 3, tab. 8. — Wangenh. Amer. 26, tab. 11, fig. 26.
Feuilles orbiculaires, ou suborbiculaires, profondément cordiformes à la base, glauques en dessous et glabres excepté aux aisselles des nervures, profondément 5-lobées : sinus arrondis ; lobes longuement acuminés ou cuspidés, sinués-dentés : dents pointues ou acuminées. Pédicelles hérissés. Ovaires légèrement poilus. Diérésile glabre : ailes presque dressées, ou divergentes, ou convergentes.
Très-bel arbre ayant le port de l'*Érable Plane*, et s'élevant jusqu'à 80 pieds, sur 2 à 3 pieds de diamètre. Écorce blanchâtre. Ramules tuberculeux, brunâtres. Feuilles larges de 3 à 7 pouces, un peu luisantes, d'un vert jaunâtre en dessus (rouges en automne), fermes ; lobes cunéiformes, ou cunéiformes-oblongs, ou triangulaires-oblongs, inégaux : le terminal souvent sinué-trilobé ; les basilaires courts, indivisés. Pétioles grêles, rougeâtres,

longs de 2 à 4 pouces. Corymbes comme paniculés. Pédicelles des fleurs mâles longs de 2 pouces et plus ; ceux des fleurs femelles plus courts. Sépales et pétales de longueur presque égale, elliptiques, obtus, ciliés au sommet. Étamines 2 fois plus longues que les fleurs. Ailes cultriformes, ou arquées et fortement rétrécies dans leur moitié inférieure, ou oblongues et presque rectilignes, longues de 6 à 12 lignes.

— β ? Jeunes feuilles veloutées en dessous ; feuilles adultes pubescentes en dessous et cotonneuses aux nervures. Fleurs tout-à-fait semblables à celles du type de l'espèce. Fruits..... — L'*Acer saccharinum* Willd., paraît se rapporter à cette variété.

Cette espèce intéressante croît dans l'Amérique septentrionale, depuis la Géorgie jusqu'au 48ᵉ degré de latitude ; mais nulle part, selon M. A. Michaux, elle n'est plus commune qu'entre les 43ᵉ et 46ᵉ degrés, intervalle qui comprend le Canada, les provinces de la Nouvelle-Brunswick et de la Nouvelle-Écosse, les États de Vermont, de New-Hampshire, et le Maine. Dans ces diverses contrées elle entre en forte proportion dans la composition des *forêts*, tandis que plus au sud elle abonde seulement dans le Génessée et dans la haute Pensylvanie. Elle se plaît dans les situations froides et humides, dont le sol est fertile et montueux. On la désigne indistinctement, dans les États Unis, par les noms de *Rock-Maple* (Érable de roche), *Hard Maple* (Érable dur) et *Sugar-Maple* (Érable à sucre).

Le bois de l'*Érable à sucre*, d'abord blanc, prend une couleur rosée après avoir été exposé pendant quelque temps à l'action de la lumière ; son grain, serré et très-fin, prend un superbe poli ; cependant il est inférieur en durée à celui du Chêne ou du Châtaignier, surtout étant soumis aux alternatives de la sécheresse et de l'humidité. En Amérique, on en tire parti pour le charronnage et la charpente des maisons rustiques. Dans le Maine, on le préfère au Hêtre pour en faire la quille des vaisseaux, parce qu'on trouve des arbres d'une plus grande dimension ; il sert aussi à former la charpente inférieure des navires, attendu que cette partie reste constamment submergée. «L'É-

» *rable à sucre*, dit M. Michaux, offre dans son bois deux alté-
» rations, dont les ébénistes savent tirer parti pour faire de beaux
» meubles : la première de ces altérations consiste, comme dans
» l'*Érable rouge*, dans les ondulations des fibres ligneuses ; la
» deuxième paraît être le résultat de la torsion des fibres ligneu-
» ses, qui a lieu de l'extérieur à l'intérieur; cette disposition, qui
» ne se rencontre que dans les vieux arbres, présente des petites
» taches tout au plus de la largeur d'une demi-ligne, qui quel-
» quefois sont contiguës les unes aux autres, et quelquefois aussi
» sont distantes de plusieurs lignes : plus elles sont multipliées,
» plus les morceaux qui en sont parsemés se recherchent pour
» l'ébénisterie ; on les débite en feuilles très-minces, qu'on pla-
» que sur l'Acajou. Les meubles de cette nature se vendent très-
» cher. Pour obtenir les plus beaux effets, on doit débiter les ar-
» bres dans lesquels ces accidents se trouvent parallèlement aux
» couches concentriques. On donne à cette variété d'Érable le
» nom de *Bird-eyes Maple* (Érable à œil d'oiseau). »

Le bois de cette espèce est l'un des combustibles les plus es-
timés des États-Unis, soit en nature, soit comme charbon. Les
cendres sont très-riches en principes alcalins, et M. Michaux assure qu'elles fournissent les quatre cinquièmes de toute la potasse importée de Boston et de New-York en Europe.

Nous puisons encore dans l'excellent ouvrage de M. A. Michaux,
sur les arbres forestiers de l'Amérique septentrionale, les
détails relatifs à la fabrication du sucre qu'on retire en si grande
quantité de la sève de cet Érable, partout où l'arbre abonde
dans les États-Unis. C'est ordinairement dans le courant de février, ou dès les premiers jours de mars, qu'on commence à
s'occuper de cet objet. A cette époque, la sève de l'*Érable à sucre* entre en mouvement, quoique la terre soit encore couverte de
neige, que le froid soit très-rigoureux, et qu'il s'écoule presque
deux mois avant que les arbres ne poussent des feuilles. Après
avoir choisi un endroit central, eu égard aux arbres qui doivent
fournir la sève, on élève un appentis, désigné sous le nom de *su-
gar camp* (camp à sucre), dans le but de garantir des injures
du temps les chaudières dans lesquelles se fait l'opération et les

personnes qui la dirigent. Une ou plusieurs tarières d'environ trois quarts de pouce de diamètre, de petits augets destinés à recevoir la sève, des tuyaux de Sureau ou de Sumac de 8 à 10 pouces, ouverts sur les deux tiers de leur longueur et proportionnés à la grosseur des tarières, des sceaux pour vider les augets et transporter la sève au *camp*, des chaudières de la contenance de 15 ou 16 gallons (60 à 64 litres), des moules propres à recevoir le sirop arrivé au point d'épaississement convenable pour être transformé en pains, enfin des haches pour couper et fendre le combustible, sont les principaux ustensiles nécessaires à ce travail.

Les arbres sont perforés obliquement de bas en haut, à 18 ou 20 pouces de terre, de trous, faits parallèlement, à 4 ou 5 pouces de distance les uns des autres; il faut avoir soin que la tarière ne pénètre que d'un demi-pouce dans l'aubier, l'observation ayant appris qu'il y avait un plus grand écoulement de sève, à cette profondeur, que plus ou moins avant. On recommande encore, et on est dans l'usage, de percer les arbres dans la partie du tronc qui correspond au midi. Un auget est placé à terre au pied de chaque arbre, pour recevoir la sève qui découle par les deux tuyaux introduits dans les trous faits avec la tarière; cette sève est recueillie chaque jour, portée au camp, et déposée provisoirement dans des tonneaux, d'où on la tire pour emplir les chaudières. Dans tous les cas on doit la faire bouillir dans le cours des deux ou trois premiers jours qui suivent son extraction de l'arbre, étant susceptible d'entrer promptement en fermentation, surtout si la température devient plus douce. On procède à l'évaporation par un feu actif; on écume avec soin pendant l'ébullition, et on ajoute de nouvelles quantités de sève, jusqu'à ce que la liqueur ait pris une consistance sirupeuse; alors on la passe, après qu'elle est refroidie, à travers une couverture ou toute autre étoffe de laine, pour en séparer les impuretés dont elle pourrait être chargée.

Quelques personnes recommandent de ne procéder au dernier degré de cuisson qu'au bout de douze heures; d'autres au contraire pensent qu'on peut s'en occuper immédiatement. Dans l'un et l'autre cas, on verse la liqueur sirupeuse dans une chaudière qu'on n'emplit qu'aux trois quarts, et par un feu vif et soutenu, on l'amène promptement au degré de consistance requis pour être versée dans des moules ou baquets destinés à la recevoir. On reconnaît qu'elle est arrivée à ce point, lorsqu'en en prenant quelques gouttes entre les doigts, on sent de petits grains. Si, dans le cours de cette dernière cuite, la liqueur s'emporte, on jette dans la chaudière un petit morceau de lard ou de beurre, ce qui la fait baisser sur-le-champ. La mélasse s'étant écoulée des moules, ce sucre n'est plus déliquescent comme le sucre brut de Canne.

Le sucre d'Érable, obtenu de cette manière, est d'autant moins foncé en couleur, qu'on a apporté plus de soins à l'opération et que la liqueur a été rapprochée convenablement. Alors, il est supérieur au sucre brut des colonies, au moins si on le compare à celui dont on se sert dans la plupart des maisons des États-Unis; sa saveur est aussi agréable, et il sucre également bien; raffiné, il est aussi beau et aussi bon que celui que nous obtenons dans nos raffineries en Europe.

L'espace de temps pendant lequel la sève exsude des arbres, est limité à environ six semaines. Sur la fin elle est moins abondante et moins sucrée, et se refuse quelquefois à la cristallisation; on la conserve alors comme mélasse, qui passe pour supérieure à celle du commerce. La sève exposée plusieurs jours au soleil éprouve une fermentation acide qui la convertit en vinaigre.

En mettant dans 16 litres d'eau bouillante un litre de mélasse d'Érable, avec un peu de levain pour exciter la fermentation, et une cuillerée d'essence de Spruce, on obtient une bière très-agréable.

Différentes circonstances contribuent à rendre la récolte du sucre plus ou moins abondante : ainsi un hiver très-froid et très-sec est plus productif que lorsque cette saison a été variable et très-humide. On observe encore que lorsque pendant la nuit il a gelé très-fort, et que dans la journée qui la suit, l'air est très-sec, et qu'il fait un beau soleil, la sève coule avec une grande abondance, et qu'alors un arbre donne quelquefois huit à douze litres en vingt-quatre heures. On estime que trois personnes peuvent exploiter deux cent cinquante arbres, qui donnent mille livres de sucre, ou environ quatre livres par arbre, ce qui cependant n'a pas lieu toujours, car quelquefois le produit par arbre n'est que de deux livres. On exploite pendant de longues suites d'années les mêmes arbres, sans que la vigueur de leur végétation en souffre.

L'*Érable à sucre* n'est pas rare en Europe, comme arbre d'alignement ou d'ornement. Jusqu'aujourd'hui on ne s'en est point occupé en grand, pour l'extraction du sucre. On ignore si les résultats offriraient les mêmes avantages que dans le nouveau continent, et il paraît douteux que cette culture puisse rivaliser avec les produits de la Betterave.

ÉRABLE NOIR. — *Acer nigrum* Michx. fil. Arb. 2, tab. 16.

Feuilles orbiculaires, ou suborbiculaires, sinuées-5-lobées, cordiformes-bilobées à la base, presque concolores aux deux faces, pubescentes en dessous et hérissées aux nervures : lobes acuminés ou cuspidés, sinués-dentés, ou sinués ; sinus très-larges, arrondis. Pédicelles hérissés. Diérésile glabre : ailes larges, divergentes, redressées.

Arbre ayant le port et la taille du précédent. Feuilles d'un vert foncé, larges de 4 à 8 pouces, souvent moins longues que larges. Pétiole grêle, long de 3 à 5 pouces.

Cet Érable croît dans les États de l'Union situés à l'ouest des Alleghany's ; la rivière Connecticut, près de Windsor, dans l'État de Vermont, est, d'après M. Michaux, sa ligne d'arrêt au nord. Elliot l'a observé dans les montagnes de la Géorgie. Il couvre en grande partie les vallons fertiles de l'Ohio et de ses affluens. Les habitants du Génessée le confondent le plus souvent avec l'espèce précédente sous les dénominations de *Rock-Maple* et *Sugar-Maple* ; dans les autres états de l'Ouest on l'appelle ordinairement *Black sugar-tree* (Sucrier noir).

Le bois de l'*Érable noir* possède à peu près les mêmes qualités que celui de l'*Érable à sucre*, excepté que son grain est plus grossier, et paraît moins lustré, étant travaillé. Sa sève contient également beaucoup de sucre, qu'on en retire par les mêmes procédés que nous venons d'exposer plus haut.

« J'ai remarqué, dit M. A. Michaux, que lorsque l'*Acer nigrum* se trouve dans un endroit isolé, il prend de lui-même une forme agréable et très-régulière; son feuillage, d'une teinte très-foncée, est plus touffu que celui d'aucune autre espèce d'Érable que je connaisse, ce qui le rend très-propre à former des allées dans des parcs et des jardins où l'on veut avoir de beaux couverts, et à être planté dans toutes les situations que l'on voudra garantir des ardeurs du soleil par un ombrage épais. »

L'*Érable noir* se rencontre assez fréquemment dans les plantations d'agrément. On le distingue sans peine du précédent à ses feuilles non-glauques et pubescentes en dessous, même à l'état très-adulte.

ÉRABLE A FEUILLES VELOUTÉES. — *Acer obtusatum* Kitaib. in Willd. Spec. — Tratt. Arch. tab. 14. — *Acer neapolitanum* Tenor. in Act. Acad. Neapol. 1819, 1, p. 121, Ic.

Feuilles orbiculaires, ou suborbiculaires, ou rarement presque ovales, cordiformes à la base, 3- ou 5-lobées, cotonneuses-grisâtres en dessous : lobes semi-orbiculaires, ou triangulaires, ou triangulaires-oblongs, courtement acuminés, ou pointus, ou très-obtus, sinuolés ou dentés. Corymbes subsessiles, ou courtement pédonculés, penchés. Pédicelles hérissés. Diérésile à loges bosselées : ailes divergentes ou presque dressées.

M. Reichenbach a réuni cette espèce à la suivante, et ce n'est peut-être pas à tort, car elle n'en diffère absolument que par le velouté de la face inférieure des feuilles, et par ses pédicelles hérissés. Les feuilles ainsi que les fruits sont tout aussi variables, quant à leur forme et à leur grandeur, que ceux de l'*Érable Opale*.

L'*Érable à feuilles veloutées* a été observé dans le royaume de Naples, par M. Tenore, et dans la Croatie ainsi que dans la Hongrie, par Kitaibel. On le cultive dans les bosquets.

ÉRABLE OPALE. — *Acer Opalus* Ait. Hort. Kew. — Wats.

Dendr. Brit. tab. 171 (forma parvifolia). — L'hérit. Stirp. 2,
tab. 98. — *Acer opulifolium* Villars, Flor. Delph. — Tratt.
Arch. 1, tab. 13. — *Acer hispanicum* Pourr. — *Acer vernum*
Reyn. — *Acer rotundifolium* Lamk. — *Acer italum* Lauth.

Feuilles orbiculaires, ou suborbiculaires, ou rarement ovales-
orbiculaires, cordiformes à la base, 3- (ou moins souvent 5-)
lobées, glauques en dessous et glabres excepté aux aisselles des
nervures (les naissantes veloutées en dessous) : lobes semi-orbiculaires, ou triangulaires-ovales, ou triangulaires-oblongs, ou
rarement oblongs, pointus, ou courtement acuminés, ou très-
obtus, sinuolés ou inégalement dentés. Corymbes sessiles et penchés, ou courtement pédonculés et pendants, lâches : pédicelles
glabres. Pétales spatulés, un peu plus longs que les sépales.
Ovaires glabres ou plus ou moins poilus. Diérésile poilu ou glabre : loges bosselées ; ailes divergentes ou presque dressées.

— α: A COURTES AILES. — Diérésile à ailes très-divergentes, longues de 8 à 10 lignes, sur 5 à 6 lignes de large.

— β: A GRANDES AILES. — Diérésile à ailes très-divergentes,
longues de 15 à 18 lignes, sur 6 à 7 lignes de large.

— γ: A AILES ÉTROITES. — Diérésile à ailes peu divergentes ou
presque dressées, longues d'environ 12 lignes, sur 3 à 4 lignes
de large.

— δ: A PETITS FRUITS. — Diérésile à loges 2 ou 3 fois moins
grosses que dans les variétés précédentes ; ailes longues de 5 à
6 lignes, sur 3 à 4 lignes de large, plus ou moins divergentes.
— Pédoncules fructifères à peine plus longs que les ailes.

Ces quatre formes de fruits, constantes sur les mêmes individus, sont indépendantes des variations des feuilles.

Petit arbre haut de 20 à 30 pieds (quelquefois buisson). Tête
arrondie, très-touffue. Écorce grisâtre ; rimeuse. Branches rougeâtres, ponctuées. Feuilles larges de 2 à 5 pouces, le plus souvent moins longues que larges, ou aussi longues que larges, rarement longues d'environ 4 pouces, sur 3 pouces de large, d'un
vert gai et un peu luisantes en dessus, glauques en dessous : les

trois lobes supérieurs presque égaux ou inégaux ; les deux lobes basilaires très-courts ou souvent presque nuls ; dents obtuses ou pointues, plus ou moins profondes. Pétioles longs de 2 à 5 pouces, souvent rougeâtres. Corymbes multiflores ; pédicelles longs de 1 à 3 pouces. Fleurs d'un jaune pâle, longues de 3 à 4 lignes. Sépales elliptiques ou oblongs, obtus. Ailes du fruit cultriformes ou presque oblongues, souvent rougeâtres avant la maturité.

Cette espèce, extrêmement variable dans la forme et dans la grandeur de ses feuilles et de ses fruits, abonde dans plusieurs parties de la France, et surtout dans le midi, où on la désigne sous les noms d'*Érable Duret* et *Érable à feuilles d'Obier*. Elle se retrouve dans beaucoup d'autres contrées de l'Europe méridionale. Son feuillage très-précoce et d'un vert fort gai, ainsi que sa belle tête arrondie, la rendent éminemment propre à la décoration des bosquets. Ses fleurs s'épanouissent en avril, et quelquefois dès la fin de mars, à la même époque que les feuilles. Son bois est jaunâtre, veiné, d'un tissu fin, serré et susceptible de recevoir un beau poli. Le pied cube sec pèse de vingt-cinq à vingt-six kilogrammes. Dans le Dauphiné on l'emploie au charronnage ; il est excellent pour les ouvrages de tour, de menuiserie et d'ébénisterie ; en Italie on en fait des montures de fusils, des tabatières, etc. On recherche particulièrement les racines, ainsi que les tiges qui ont été souvent émondées, parce qu'elles sont noueuses, très-dures et marbrées.

d) *Corymbes courtement pédonculés ou sessiles, penchés, rameux : pédoncules secondaires 1-5-flores, pendants. Étamines des fleurs mâles très-saillantes. Loges des samares réticulées, coriaces, à faces fortement convexes. Feuilles coriaces (quelquefois persistantes), trilobées.*

Érable polymorphe. — *Acer polymorphum* Spach, Monogr. ined. — *Acer creticum* Tratt. Arch. 1, tab. 19 (non Tournef.) — *Acer coriaceum* Loddig. Cat. (forma grandifolia).

Feuilles orbiculaires, ou ovales-orbiculaires, ou ovales, ou subcunéiformes, non-persistantes, trilobées : les naissantes pubescentes en dessous ; les adultes très-glabres ou légèrement barbues aux aisselles des nervures ; lobes inégalement dentelés ou sinués, semi-orbiculaires, ou ovales-orbiculaires, ou ovales-triangulaires, ou ovales, ou oblongs, pointus ou obtus. (Feuilles des nouvelles poussés terminales souvent subhastiformes, profondément crénelées.) Ovaires poilus. Diérésile glabre : ailes plus ou moins dressées ou divergentes.

— A. A GRANDES FEUILLES ET A GRANDES AILES. — *Acer polymorphum major* Spach, ined. — *Acer coriaceum* Lodd. Cat. (var. foliis maximis : lobis semiorbicularibus).—Feuilles larges de 2 à 4 pouces et plus. Diérésile à ailes longues de 12 à 15 lignes.

α : *A ailes étroites.*—Ailes larges de 4 à 5 lignes, dressées, convergentes au sommet, ou se recouvrant par leurs bords.

β : *A ailes larges.*—Ailes cultriformes ou subdolabriformes, larges d'environ 6 lignes, plus ou moins divergentes.

— B. A PETITES FEUILLES ET A PETITES AILES. — *Acer polymorphum minor* Spach, ined. — *Acer creticum* Tratt. l. c. (non Tourn.) — Feuilles larges de 1 à 2 pouces. Ailes longues de 5 à 7 lignes, sur 3 à 5 lignes de large.

α : *A ailes étroites.* — Ailes dressées ou presque dressées, cultriformes, larges d'environ 3 lignes.

β : *A ailes larges.* — Ailes plus ou moins divergentes, presque aussi larges que longues, ordinairement rétrécies à la base.

Les variétés que nous venons d'énumérer sont fort distinctes et assez constantes, mais elles offrent de nombreux intermédiaires qui ne permettent point de les séparer spécifiquement.

Petit arbre, ou plus souvent buisson. Branches très-rameuses touffues, brunâtres, disposées en tête arrondie. Feuilles restant vertes et persistant (sous le climat de Paris) jusque vers la fin de l'année, luisantes et d'un vert gai en dessus, d'un vert pâle ou glauques en dessous, de forme et de grandeur extrêmement variables, tantôt semblables à celles des *Érables de Montpellier* ou *de Candie*, tantôt offrant presque toutes les variations des feuilles de l'*Érable Opale*. Pétioles glabres, longs de 1 à 4 pouces. Corymbes sessiles ou courtement pédonculés, lâches, comme

paniculés, plus courts que les feuilles; pédicelles glabres ou légèrement pubescents, longs de 6 à 18 lignes. Fleurs campanulées,
d'un jaune pâle, longues d'environ 3 lignes. Sépales elliptiques
ou obovales. Pétales obovales-spatulés, aussi longs ou un peu
plus longs que les sépales, d'un tiers plus courts que les étamines. Ailes du péricarpe rouges après la floraison.

Cet Érable, dont l'origine n'est pas certaine, se cultive assez
souvent dans les jardins. Les nombreuses formes sous lesquelles
il se présente sont peut-être autant d'hybrides de l'*Opale* et de
l'une ou de l'autre des deux espèces suivantes. Aussi le confond-
on souvent soit avec l'*Opale*, soit avec les *Acer monspessulanum*
et *creticum*, selon qu'il se rapproche plus ou moins de l'un ou de
l'autre. Ses fleurs et ses feuilles s'épanouissent ensemble en avril, à
la même époque que celles de l'*Érable de Montpellier.* Son
feuillage d'un vert charmant et ses fruits rouges en font un arbuste
précieux pour l'ornement des bosquets.

Érable de Montpellier. — *Acer monspessulanum* Linn.
— Tratt. Arch. 1, tab. 20. — Schmidt, Arb. tab. 14. — *Acer
trifolia* Duham. Arb. 1, tab. 10, fig. 8. — *Acer ibericum*
Marsch. Flor. Taur. Cauc. — *Acer illyricum* Jacq. Fil.
(var.)

Feuilles orbiculaires, ou suborbiculaires, ou subcunéiformes,
arrondies ou cordiformes à la base, non-persistantes, trilobées :
les jeunes légèrement cotonneuses en dessous; les adultes glabres
excepté aux aisselles des nervures; lobes semi-orbiculaires, ou
oblongs, ou triangulaires, ou triangulaires-lancéolés, très-obtus, ou pointus, très-entiers ou bordés de quelques dentelures
écartées. Pétioles et pédoncules pubescents. Ovaires poilus. Diérésile glabre: ailes dressées, ou convergentes, ou plus ou moins
divergentes.

Arbre haut de 30 à 40 pieds, sur un pied et plus de diamètre;
ou plus souvent buisson à branches étalées. Écorce grisâtre, rimeuse. Branches et rameaux d'un brun roux, ponctués. Feuilles
larges de 1 à 3 pouces, rarement aussi longues que larges, luisantes et d'un vert gai en dessus, tantôt glauques, tantôt d'un

vert pâle en dessous : lobes de forme et de grandeur très-variables (ordinairement sur les mêmes individus), égaux ou inégaux, divariqués ou plus ou moins divergents ; dents petites (le plus souvent nulles), arrondies sur les feuilles des ramules florifères. Pétioles très-glabres, longs de $^1/_2$ à 2 pouces. Corymbes sessiles, ou courtement pédonculés, penchés, rarement à plus de 12 fleurs; pédicelles filiformes, ordinairement pubescents, longs de 3 à 8 lignes. Fleurs d'un jaune pâle, longues d'environ 3 lignes. Sépales oblongs, ou oblongs - obovales, ou obovales. Pétales obovales-spatulés, un peu plus courts que les sépales, ou un peu plus longs. Samares longues de 8 à 15 lignes : ailes larges de 3 à 5 lignes, cultriformes, ou subdolabriformes, ou quelquefois rétrécies à la base.

Les fruits de cette espèce ne varient pas moins que ceux de la précédente, mais leur forme et leur grandeur sont assez constantes sur les mêmes individus.

L'*Érable de Montpellier* croît non-seulement dans le midi de la France, mais dans toute l'Europe australe, ainsi que dans l'Asie mineure. Le vert gai de son feuillage élégant et touffu orne les bosquets dès les premiers jours du printemps, lorsque la plupart des autres arbres commencent à peine à donner signe de vie. Les fleurs s'épanouissent en même temps que les feuilles. Les jeunes fruits se teignent d'un pourpre vif, couleur qui se conserve jusque vers la maturité. Les feuilles ne tombent qu'au commencement de l'hiver, et il en persiste même jusqu'à la fin de cette saison, lorsqu'elle n'est pas très-rigoureuse. L'arbre prospère dans les terrains les plus arides : son bois est blanc, pesant, très-tenace, et peut servir aux mêmes usages que celui de l'*Érable champêtre*.

ÉRABLE DE CANDIE. — *Acer creticum* (Tournef.) Linn. — *Acer sempervirens* Linn. (var.)— *Acer heterophyllum* Willd. — *Acer obtusilobum* Sibth. et Smith, Flor. Græc. tab. 361. (var.)

Feuilles orbiculaires, ou suborbiculaires, ou ovales-orbiculaires, ou ovales, ou cunéiformes, persistantes, cordiformes ou arrondies à la base, courtement pétiolées, très-glabres dès leur naissance, trilobées : lobes semi-orbiculaires, ou ovales, ou oblongs, ou triangulaires, obtus ou pointus, inégalement dentelés ou crénelés. (Feuilles des rejetons souvent indivisées.) Pétioles et pédoncules glabres. Ovaires poilus. Diérésile glabre : ailes dressées ou plus ou moins divergentes.

— α : A FEUILLES LOBÉES SUBORBICULAIRES. — *Acer cretica* Tournef. Coroll. — Feuilles orbiculaires, ou suborbiculaires, larges de 6 à 15 lignes ; lobes dentelés. Ailes dressées, se recouvrant par les bords, longues de 5 à 6 lignes, sur presque autant de large.

— β : A FEUILLES LOBÉES SUBCUNÉIFORMES. — *Acer cretica cuneifolia* Spach, ined. — Feuilles longues de 1 à 2 pouces, un peu moins longues que larges, cunéiformes, trifides : lobes très-finement crénelés, inégaux : les deux latéraux fort courts, semi-elliptiques, ou semi-orbiculaires, ou ovales-triangulaires. Ailes un peu divergentes, subdolabriformes, longues de 3 à 6 lignes, sur 3 à 4 lignes de large.

— γ : A FEUILLES INDIVISÉES. — *Acer obtusilobum* Sibth. et Smith, l. c. — Feuilles larges de ½ pouce à 1 pouce, orbiculaires, ou ovales-orbiculaires, non-dentelées ni lobées, ou à lobes très-arrondis et presque inapparents. Ailes dressées, distantes, longues d'environ 6 lignes, sur 3 lignes de large.

Ces trois formes de feuilles et de fruits sont assez constantes sur les mêmes individus, mais on en trouve néanmoins de nombreuses transitions.

Arbre haut de 20 à 30 pieds, tortueux, rameux presque dès la base. Branches étalées, très-longues. Écorce des vieux troncs noirâtre ou grisâtre. Rameaux brunâtres, ponctués, touffus, formant une tête arrondie. Feuilles d'un vert gai et luisantes en dessus, pâles et non glauques en dessous, plus fermes que celles de l'*Érable de Montpellier*, persistant jusqu'à la fin de l'année (sous le climat de Paris), ou plus long-temps, si la saison n'est pas très-froide. Feuilles des rejetons et des nouvelles pousses termi-

nales souvent indivisées , ovales, ou elliptiques, ou oblongues ,
très-obtuses, subsessiles , légèrement crénelées (c'est sur un ra-
meau de cette nature que Linné a établi son *Acer sempervirens*),
ou bien subhastiformes, ou deltoïdes, ou anguleuses comme celles
du Lierre, ou subrhomboïdales, inégalement dentelées, ou sinuolées. Pétioles des feuilles des ramules florifères longs de 1 à 6 lignes. Corymbes sessiles ou courtement pédonculés , petits , penchés, 7-12-flores. Pédicelles longs de 3 à 6 lignes. Fleurs d'un
jaune pâle , longues de 2 à 3 lignes. Sépales elliptiques, ou obovales, ou oblongs, un peu moins longs ou aussi longs que les pétales. Pétales obovales-spatulés , plus courts (dans les fleurs mâles) que les étamines. Ailes cultriformes ou subdolabriformes,
rougeâtres ou pourpres avant la maturité.

Cet Érable croît à l'île de Candie, et probablement dans d'autres contrées de la région méditerranéenne. Ses fleurs et ses
feuilles ne paraissent qu'au commencement de mai, trois ou quatre semaines plus tard que celles de l'*Érable de Montpellier* ,
avec lequel d'ailleurs il a été souvent confondu. Il en existe quelques individus très-gros au labyrinthe du Jardin des Plantes, lesquels proviennent sans doute du voyage de Tournefort.

L'*Érable de Candie* est à recommander comme arbre d'ornement, à cause de son port touffu , et de son feuillage qui persiste
presque jusqu'au printemps. Il prospère en outre dans les terrains les plus ingrats.

SECTION II.

Floraison beaucoup plus précoce que le développement des
feuilles. Bourgeons florifères aphylles, latéraux , ordinairement opposés ou fasciculés. Fleurs par avortement
dioïques, disposées en ombelles simples, sessiles. Pétales
(quelquefois nuls) rougeâtres. — *Fleurs mâles* courtement pédicellées, comme glomérulées. Filets très-longs,
saillants, capillaires. Pistil presque inapparent. — *Fleurs
femelles* (à l'époque de l'épanouissement) courtement pédicellées, ou subsessiles et comme glomérulées. Pédicelles
fructifères très-allongés.

a) *Pétales et sépales des fleurs femelles ordinairement en nombre quaternaire. Pétales et sépales des fleurs mâles ordinairement en nombre quinaire. Étamines 5-8. Ovaires glabres. Pédicelles fructifères
très-longs, filiformes, pendants.*

ÉRABLE ROUGE. — *Acer rubrum* Michx. Flor. Bor. Amer.
— Michx. fil. Arb. 2, tab. 14. (non Wats. Dendr. Brit.)—
Desfont. in Annal. du Mus. vol. 7, p. 413, tab. 25. — Tratt.
Arch. 1, tab. 9.

Feuilles profondément 5-fides , cordiformes ou tronquées à la
base : les naissantes floconneuses en dessous; les adultes glabres
et glauques en dessous ; lobes triangulaires-lancéolés , très-pointus , incisés-dentés, ou pennatifides et dentés ; sinus pointus. Pédicelles des fleurs femelles 1 à 2 fois plus longs que les écailles
gemmaires. Sépales obovales , ou obovales-oblongs , très-obtus.
Pétales lancéolés-spatulés. Diérésile à loges aplaties , membranacées ; ailes convergentes, fortement arquées.

Arbre atteignant jusqu'à 70 pieds de haut, sur 3 à 4 pieds de
diamètre. Feuilles membranacées , non-persistantes, un peu luisantes et d'un vert gai en dessus, glauques en dessous, larges de
3 à 5 pouces, sur une longueur à peu près égale. Pétioles grêles ,
longs de 2 à 3 pouces. Écailles des gemmes florales elliptiques ,
ou suborbiculaires, rougeâtres en dessous, cotonneuses aux bords et
en dessus. Pédicelles rougeâtres, d'abord dressés, puis pendants :
les fructifères longs de 2 à 3 pouces. — *Fleurs femelles :* Sépales longs d'environ 2 lignes , sur 3/4 de ligne de large, trinervés, arrondis au sommet, ou subtrilobés, d'un rouge pâle. Pétales un peu plus longs que les sépales, 3 à 4 fois plus étroits et
de même couleur que ceux-ci. Étamines abortives , plus courtes
que les sépales. Samares longues de 12 à 18 lignes , rougeâtres :
ailes dressées ou convergentes, plus ou moins élargies vers leur
sommet, quelquefois semi-lunées.

Cette espèce croît depuis l'extrémité de la Floride et de la
Louisiane, jusqu'au 48e degré de latitude, au Canada ; c'est l'un
des arbres les plus multipliés dans les états du centre et du midi
de l'Union, partout où le sol est constamment vaseux ou exposé
à de fréquentes inondations. D'après les observations de M. Mi-

chaux, elle prospère surtout dans la Pensylvanie et le New-Jersey, où l'on trouve de vastes marais qui en sont exclusivement couverts, et auxquels on donne le nom de *Maple-swamps* (marais d'Érables). Malgré la prédilection marquée de l'*Érable rouge* pour les localités aqueuses, il vient également dans les terrains élevés, mais sans parvenir à des dimensions aussi fortes. Les noms vulgaires sous lesquels on le connaît dans les états à l'est des Alleghany's, sont ceux de *Red-flowering Maple*, *Swamp-Maple* et *Soft Maple;* à l'ouest des montagnes, on l'appelle simplement Érable (*Maple*, ou *Maple-tree*).

Les fleurs de l'*Érable rouge* annoncent le retour du printemps : elles paraissent une quinzaine de jours avant la moindre trace des feuilles, et les fruits sont déjà près de leur maturité avant le complet développement de celles-ci. « Les sommités de cet Érable, » dit M. Michaux, présentent un aspect assez remarquable, » lorsqu'ils sont couverts de fleurs et de fruits d'un rouge foncé, » dans un moment où la végétation est généralement encore suspendue. »

« Le bois de l'*Érable rouge*, poursuit M. Michaux, est d'un » grain très-fin et serré; il prend un beau poli, d'un aspect » soyeux. Il est particulièrement propre au tour et à l'ébénisterie. Quelquefois il arrive que, dans les arbres très-vieux, les » fibres ligneuses, au lieu de s'élever perpendiculairement, décrivent des zigzags ou des ondulations plus ou moins prononcées. Cette altération dans les fibres rend le bois très-difficile » à fendre et même à travailler : mais lorsqu'il est mis en œuvre » par un bon ouvrier, il présente des effets de lumière magnifiques. Avant que l'Acajou fût devenu de mode dans tous les » États-Unis, comme il l'est actuellement en Europe, les plus » beaux meubles étaient faits de bois d'*Érable rouge;* et encore » actuellement on en fabrique des montants de bois de lits, qui » sont certainement plus éclatants et plus riches que s'ils étaient » faits du plus bel Acajou. L'usage le plus général qu'on fasse de » ce bois est pour les montures de fusils de chasse. Il est peu estimé comme combustible, et résiste trop peu à l'action de l'humidité pour servir aux constructions.

» L'écorce de cet Érable, rouge intérieurement, donne par la
» décoction une teinture purpurine, laquelle passe au bleu foncé
» et même noir lorsqu'on y ajoute du sulfate de fer ou de l'alun;
» on s'en sert dans les campagnes pour teindre en noir les laines. »

Au Canada, on extrait du sucre de la sève de l'*Érable rouge*,
en suivant les mêmes procédés que ceux qui ont été exposés plus
haut au sujet de l'*Érable à sucre*. La sève de celui-ci est cependant beaucoup plus riche en matière saccharine.

L'*Érable rouge* orne souvent les plantations d'agrément, et il
serait très-utile de le multiplier dans les landes marécageuses de
l'ouest de la France. Aux approches de l'automne, ses feuilles
prennent une belle teinte rouge.

ÉRABLE A FLEURS COULEUR DE SANG. — *Acer sanguineum*
Spach, Monogr. ined. — *Acer rubrum* Wats. Dendrol. Brit.
tab. 169 (non Michx. Flor. Am. Bor.) — *Acer coccineum*, et
Acer glaucum Hortul.

Feuilles suborbiculaires, ou ovales, ou cunéiformes, trifides,
arrondies ou tronquées à la base (rarement cordiformes sub-5-lo-
bées), glauques et presque glabres en dessous (les naissantes veloutées ou floconneuses en dessous): lobes triangulaires ou ovales-
triangulaires, acuminés, inégalement dentés ou dentelés, ou
incisés-dentés, presque divariqués. Pédicelles des fleurs femelles
à peine plus longs que les écailles gemmaires. Sépales oblongs,
ou lancéolés-oblongs, pointus ou tridentés. Pétales lancéolés-linéaires, ou linéaires-spatulés. Diérésile à loges membranacées,
aplaties : ailes dressées, ou un peu divergentes, ou convergentes.

Arbre. Rameaux rougeâtres ou grisâtres, ponctués, touffus,
formant une tête ovale ou arrondie. Feuilles longues de 2 $^1/_2$ à
4 pouces, larges de 2 ¹⁄₂ à 5 pouces (tantôt plus longues que larges, tantôt plus larges que longues), membranacées, non-persistantes, un peu luisantes et d'un vert gai en dessus, glauques en
dessous (les naissantes couvertes d'un duvet roussâtre ou blanchâtre); lobes égaux ou inégaux, plus ou moins divergents ou
rofonds. Pétioles grêles, rougeâtres, longs de 1 à 3 pouces.
Écailles des gemmes florales elliptiques, ou suborbiculaires,

glabres et rouges en dehors, cotonneuses aux bords et en dedans. Fleurs d'un pourpre plus ou moins vif. — *Fleurs mâles :* Calice et corolle très-petits. Sépales 5, oblongs, obtus, trinervés. Pétales 5, linéaires-spatulés, obtus, très-étroits. Étamines 5 ou 6. Pédicelles inclus. — *Fleurs femelles :* Sépales 4, longs d'environ 1 ligne, sur $^1/_2$ ligne de large. Pétales 2 fois plus étroits que les sépales, à peu près aussi longs qu'eux. Pédicelles fructifères longs de 1 $^1/_2$ à 2 pouces, d'un pourpre noir. Samares rouges, moins grandes que celles de l'espèce précédente.

Cette espèce, qui n'est pas rare dans les jardins, paraît avoir été confondue, par la plupart des auteurs, avec l'*Érable rouge.*

b) *Corolle nulle. Sépales 5, soudés en un périanthe turbiné dans les fleurs mâles, cyathiforme dans les fleurs femelles, 5-lobé au sommet. Étamines 5-8. Ovaires laineux. Pédicelles fructifères assez roides, vagues, à peine plus longs que les ailes.*

ÉRABLE A FRUIT COTONNEUX. — *Acer eriocarpum* Michx. Flor. Am. Bor. — Desfont. in Annal. du Mus. v. 7, pag. 413, tab. 25.—Michx. fil. Arb. 2, tab. 13.—Tratt. Arch. 1, tab. 8. — *Acer dasycarpum* Ehrh. Beitr. —Willd. — *Acer rubrum* β *pallidum* Ait. Hort. Kew.

Feuilles profondément 5-fides, cordiformes à la base, glauques en dessous (les naissantes veloutées) : lobes acuminés ou très-pointus, inégalement incisés-dentés ou presque sinués : le lobe terminal souvent trifide. Gemmes florales glomérulées, pauciflores. Fleurs subsessiles : les mâles à périanthe minime. Diérésile à loges cotonneuses, aplaties, membranacées ; ailes conniventes ou distantes, arquées.

Grand arbre. Tronc atteignant jusqu'à 15 pieds de circonférence. Rameaux rougeâtres, ponctués. Feuilles de la forme et de la grandeur de celles du Platane, non-persistantes, d'un vert gai et un peu luisantes en dessus; lobes tronqués ou cunéiformes à la base; sinus pointus ou arrondis. Pétioles grêles, longs de 1 à 4 pouces. Écailles des gemmes florales semi-orbiculaires, d'un brun de châtaigne, cotonneuses aux bords. Fleurs presque incluses : les mâles brunâtres, très-petites ; les femelles jaunâtres, plus grandes. Stigmates longs, très-saillants. Pédicelles fructifères longs de 10 à 15 lignes, dressés, ou étalés, ou penchés. Samares longues d'environ 1 pouce : loges légèrement cotonneuses, ellipsoïdes, striées de plusieurs nervures longitudinales; ailes larges de 1 à 5 lignes, rétrécies à la base.

Cette espèce, qu'on nomme vulgairement *Érable blanc*, croît sur les bords des rivières, depuis la Géorgie jusqu'au Canada. Elle abonde surtout le long du cours de l'Ohio et de ses affluents. « Là, dit M. Michaux, tantôt seul, tantôt mêlé avec le Saule, » qui toujours en occupe les rives, cet arbre contribue singuliè-» rement à les embellir par son feuillage magnifique, dont la » blancheur éclatante en dessous offre un contraste frappant avec » le vert brillant de la face supérieure. On ne le trouve que » sur le bord des rivières dont les eaux sont limpides et qui » coulent sur un fond de gravier, et jamais dans les marais ou au-» tres lieux humides qui sont enclavés dans les forêts, et où le » sol est noir et bourbeux. »

Comme dans l'*Érable rouge*, les fleurs de l'espèce dont nous parlons naissent long-temps avant le développement des feuilles, dès les premières approches du printemps (quelquefois en février), et les fruits sont également mûrs avant que les feuilles ne soient parfaitement formées.

Le bois de l'*Érable blanc*, uni et élastique, est plus tendre que celui de tous ses congénères ; mais il peut servir aux menuisiers et aux ébénistes. Sur les bords de l'Ohio, on extrait du sucre de sa sève, en employant les procédés que nous avons fait connaître au sujet de l'*Érable à sucre ;* mais il faut le double de sève pour obtenir la même quantité de sucre, qui d'ailleurs est plus blanc et plus agréable au goût.

Cette espèce est commune dans les plantations, en Europe. La rapidité de sa croissance, ainsi que sa prédilection pour les terrains sujets aux inondations, en font un arbre très-utile.

ESPÈCES INCOMPLÈTEMENT CONNUES.

ÉRABLE VELU. — *Acer villosum* Wallich, in Plant. Asiat. Rar.

Feuilles cordiformes, 5-lobées, velues en dessous et aux pétioles ; lobes ovales, pointus : les latéraux très-entiers ; le terminal un peu dentelé. Pétales barbus au sommet. Diérésile à ailes cultriformes, crénelées, presque dressées.

Cette espèce croît dans les hautes régions de l'Himalaya. C'est un arbre d'une hauteur considérable, dont les fleurs paraissent en novembre, lorsque les fruits de l'été précédent approchent de leur maturité.

Érable barbu. — *Acer barbatum* Michx. Flor. Bor. Amer.
Feuilles cordiformes-ovales, courtement trilobées, dentelées, glauques en dessous et pubescentes aux nervures. Pédoncules poilus : ceux des fleurs mâles rameux ; ceux des fleurs femelles très-simples. Calices barbus intérieurement. Diérésile à ailes dressées.

Petit arbre. Feuilles petites. Fleurs petites, d'un vert pâle, polygames-monoïques.

Cette espèce croît dans les marais des États-Unis, depuis la Caroline jusqu'au New-Jersey.

Érable Faux Sterculia. — *Acer sterculiaceum* Wallich, Plant. Asiat. Rar. tab. 105.
Feuilles cordiformes à la base, 5-lobées-palmées, pubérules en dessous ; lobes ovales-acuminés : les trois terminaux divariqués, fortement dentelés ; les deux inférieurs fort courts, très-entiers. Grappes latérales, penchées, spiciformes, lâches, subsessiles, pauciflores. Sépales et pétales obovales-oblongs, obtus.

Grand arbre, à tronc de 3 pieds de diamètre. Écorce grisâtre. Ramules rougeâtres. Feuilles larges de 6 à 10 pouces, membranacées, luisantes, velues étant jeunes ; pétiole long de 6 à 10 pouces. Grappes longues d'environ 2 pouces. Fleurs (mâles) petites, blanches, velues, pédicellées, larges d'environ 3 lignes.

Cet arbre, remarquable par un feuillage magnifique, habite les montagnes du Népaul.

Genre NÉGUNDO. — *Negundo* Mœnch.

Fleurs dioïques. Calice minime, à 4 ou 5 dents inégales. Corolle nulle. Étamines *4* ou *5* (nulles dans les fleurs femelles); anthères sessiles, linéaires, apiculées. Style nul. Stigmates 2. Diérésile courtement stipité, à 2 samares ailées, monospermes.

Inflorescence latérale. — *Fleurs mâles* fasciculées, naissant de gemmes aphylles; pédicelles très-longs, capillaires, pendants.—*Fleurs femelles* : grappes simples, pendantes, très-lâches, munies à leur base d'une paire de petites feuilles simples. — Feuilles imparipennées (3- ou 5-foliolées).

Outre l'espèce que nous allons décrire, ce genre en renferme une autre fort imparfaitement connue, et qui croît au Mexique.

NÉGUNDO A FEUILLES DE FRÊNE. — *Negundo fraxinifolium* Nuttal, Gen. — *Acer Negundo* Linn. — Mich. fil. Arb. 2, tab. 16.—Tratt. Arch. 1, tab. 10.—Duham. ed. nov. vol. 3, tab. 7. — Guimp. et Hayn. Fremd. Holz. tab. 95. — Wats. Dendr. Brit. tab. 172. — *Negundo aceroides* Mœnch.

Arbre haut de 50 à 60 pieds, sur 2 à 3 pieds de diamètre, très-rameux. Rameaux luisants, très-lisses, d'un vert gai. Tête arrondie, touffue. Branches inférieures pendantes. Feuilles 3-ou 5-foliolées, longuement pétiolées; pétiole commun glabre, long dé 2 à 4 pouces; folioles ovales-lancéolées, cuspidées ou acuminées, inégalement dentelées ou incisées-dentées, cunéiformes à la base, d'un vert gai aux deux faces, luisantes en dessus, légèrement pubescentes en dessous et barbues aux aisselles des nervures : la foliole terminale longue de 2 à 4 pouces, souvent trifide, ou tripartie, ou irrégulièrement lobée, longuement pétiolulée; les folioles latérales plus petites que la terminale, subsessiles. Pédicelles des fleurs mâles rougeâtres, longs de 1 à 2 pouces. Anthères rouges. Grappes femelles 7-12-flores : les fructifères longues de 6 à 8 pouces; pédicelles pubescents, longs de 4 à 12 lignes. Samares glabres : loges divergentes, aplaties, elliptiques, trinervées à chaque face : ailes convergentes, plus ou moins distantes, à peine plus longues que les loges.

Le *Négundo*, aussi appelé *Érable à feuilles de Frêne*, abonde aux États-Unis, dans toutes les contrées situées à l'ouest des Alléghany's, où on le connaît généralement sous le nom de *Box-Elder* (Aune-Buis). Les Français des Illinois l'appellent *Érable à Giguières*. M. Michaux remarque que, de toutes les Acérinées d'Amérique, c'est celle qui s'avance le moins vers le nord. Dans les états atlantiques, on ne le trouve guère au-delà de Philadelphie. Le sol qui lui convient le mieux est un terrain profond, frais, très-meuble, et exposé aux inondations : aussi le trouve-t-on ordinairement dans les bas-fonds le long des rivières.

Le *Négundo* se recommande pour l'ornement des jardins paysagers, par la beauté de son port et de son feuillage, ainsi que par la rapidité de sa croissance, qui s'accomplit au bout d'une vingtaine d'années. Ses jeunes branches fournissent d'excellents échalas, et M. Michaux pense qu'il serait très-profitable de l'exploiter en grand pour cet objet.

Contrairement à ce qui s'observe dans tous les vrais Érables, le *Négundo* se multiplie facilement de boutures et de marcottes. Le bois, un peu tendre, d'un grain fin, de couleur safranée et veiné de rose ou de violet, s'emploie à des ouvrages de marqueterie et de menuiserie; mais il est moins estimé que celui de plusieurs Érables, et trop sujet à s'altérer par l'action de l'humidité pour servir aux constructions. L'écorce, lorsqu'on la froisse, exhale une odeur désagréable. C'est à tort qu'il a été avancé qu'on retirait en Amérique du sucre de la sève du *Négundo*.

LES MALPIGHIACÉES. — *MALPI-GHIACEÆ*.

(*Malpighiæ* Juss. Gen. — *Malpighiacearum* sect. II , Vent. Tabl. III,
p. 131. — *Malpighiaceæ* Juss. in Annal du Mus. v. XVIII , p. 479.
— De Cand. Prodr. I , p. 577. — Aug. Saint-Hil. in Mém. du Mus.
v. X , p. 162 et 368. — Juss. fil. in Flor. Brasil. Merid. v. III. —
Bartl. Ord. Nat. p. 358.)

Les régions les plus chaudes du globe produisent
une foule de végétaux de cette belle famille, qui n'offre que de rares transfuges dans les contrées situées
en dehors des tropiques. Les *Malpighiacées* abondent
surtout dans les vastes et épaisses forêts de l'Amérique méridionale , dont elles font une des plus magnifiques parures. Beaucoup d'espèces, munies de longues
tiges volubiles, forment des berceaux naturels entre les
cimes des arbres, d'où leurs sarments retombent en fes-
tons couverts de fleurs éclatantes. Très-souvent, leur
feuillage se fait remarquer par un lustre argenté ou couleur de bronze ; d'autres fois , il est hérissé de poils roides, qui se détachent au moindre attouchement et occa-
sionnent des piqûres douloureuses, en s'enfonçant sous la
peau. Les *Malpighia* ou *Moureillers* produisent des baies
mangeables, et leur bois, d'un rouge foncé comme celui des Érythroxylées , peut servir dans la teinture ou
dans l'ébénisterie. Les propriétés médicales des Malpighiacées paraissent être peu énergiques : on attribue cependant à quelques-unes des écorces fébrifuges.

La plupart des Malpighiacées mériteraient d'orner
les serres ; mais on n'en possède qu'un petit nombre
dans les collections de plantes vivantes.

CARACTÈRES DE LA FAMILLE.

Arbres, ou *arbrisseaux* souvent volubiles ou sarmenteux. Rameaux presque toujours noueux.

Feuilles opposées (par exception alternes), simples, indivisées et très-entières ou rarement dentées ou lobées, penninervées, non-ponctuées, pétiolées. Stipules (quelquefois nulles) petites, entières, libres. Poils médifixes ; ou bien pubescence satinée.

Fleurs hermaphrodites, rosacées (par exception irrégulières), jaunes ou rouges, moins souvent blanches ou bleues, axillaires et terminales, quelquefois solitaires, plus souvent disposées en grappes, ou en corymbes, ou en ombelles simples, ou en panicules. Pédicelles très-souvent articulés et dibractéolés au milieu, quelquefois munis d'une bractéole basilaire.

Calice inadhérent, persistant (rarement non-persistant), 5-parti : estivation imbricative ; sépales souvent munis en dehors de 2 glandules basilaires.

Disque annulaire, hypogyne, inadhérent, ou rarement adhérent.

Pétales 5 (très-rarement nuls), interpositifs, insérés sous le disque, onguiculés, caducs : estivation imbricative.

Étamines 10 (rarement moins de 10 ; par exception, une seule), insérées au disque. Filets libres, ou courtement monadelphes par leur base. Anthères suborbiculaires ou oblongues, incombantes, à 2 bourses déhiscentes chacune antérieurement par une fente longitudinale ; connectif inapparent ou terminé en mamelon apicilaire.

Pistil : Ovaires 3 (rarement 2), plus ou moins libres ou soudés. Ovules solitaires (par exception ascendants

du fond de la loge), redressés : funicule pendant. Styles
3, libres, terminaux, ou axiles, ou soudés en un seul
gynobasique. Stigmates libres ou soudés, capitellés, ou
tronqués, ou subulés, ou laminaires.

Péricarpe : Drupe à 3 (ou par avortement à 1 ou 2)
noyaux monospermes, ou à un seul noyau 3-loculaire
et 3-sperme ; ou bien diérésile à 3 samares (souvent par
avortement 2 ou une seule) plus ou moins soudées, diversement ailées, 1-loculaires, monospermes ; rarement
capsule bi- ou tricoque.

Graines solitaires, suspendues, axiles, inarillées, apérispermées. Embryon curviligne ou rectiligne ; radicule
courte, supère, appointante ; cotylédons foliacés ou
épais.

La famille des Malpighiacées vient d'être traitée par
M. Adrien de Jussieu, dans le troisième volume de la
flore du Brésil méridional, avec la sagacité qui distingue tous les travaux de ce savant. On doit à cette pu-
blication l'établissement de plusieurs genres nouveaux,
ainsi que la réforme des caractères de tous les anciens
genres, et les descriptions détaillées de près de cent
espèces nouvelles.

Le nombre des Malpighiacées connues aujourd'hui
s'élève à environ trois cent soixante-dix. On en a observé sept dans l'Asie équatoriale, six dans l'Afrique
équatoriale et une au cap de Bonne-Espérance. Toutes
les autres appartiennent à l'Amérique équatoriale.

Voici les genres qui composent cette famille :

Iʳᵉ Section.

Péricarpe charnu, drupacé.

(*Malpighineæ* De Cand. Prodr.)

Malpighia Linn.—*Byrsonima* Rich.—*Bunchosia* Juss.

IIe SECTION.

Péricarpe sec, indéhiscent (par exception capsulaire).

(*Hiptageæ* et *Banisterieæ* De Cand. Prodr.)

Galphimia Cavan. (Thryallis Linn.) — *Caucanthus* Forsk.—*Camarea* Aug. St.-Hil.—*Gaudichaudia* Kunth. —*Aspicarpa* Rich. (Acosmus Desv.) — *Tristellateia* Pet. Thou. (Zymum Noronh.) — *Hiptage* Gærtn. (Gærtnera Schreb. Molina Cavan.) — *Hiræa* Jacq. (Mascagnia Berter.) — *Triopteris* Linn. — *Tetrapteris* Cavan. — *Vargasia* Berter. — *Banisteria* Linn. — *Heteropteris* Kunth. — *Stigmatophyllum* Juss. fil. — *Peioxotoa* Juss. fil. — *Fimbriaria* Juss. fil.—*Acridocarpus* Guillem. et Perrott.

GENRE DONT LE PÉRICARPE EST INCONNU.

Pterandra Juss. fil.

Ire SECTION.

Péricarpe drupacé, charnu.

(*Malpigineæ* De Cand. Prodr.)

Genre MOUREILLER. — *Malpighia* (Linn.) Rich.

Calice 5-parti, muni en dehors de 8 ou 10 glandules basilaires. Pétales inégaux, étalés : lame orbiculaire-réniforme. Étamines 10, toutes fertiles, courtement monadelphes à la base. Styles 5, libres. Stigmates tronqués ou suboncinés. Drupe à 3 noyaux monospermes.

Pédoncules uniflores ou ombellifères, axillaires. Feuilles souvent couvertes de soies roides, piquantes, médifixes, horizontales. Fleurs roses.

Ce genre contient une vingtaine d'espèces, toutes indigènes dans l'Amérique équatoriale. Plusieurs produisent des fruits mangeables. Les plus remarquables sont les suivantes :

a) *Feuilles munies de soies piquantes.*

MOUREILLER BRULANT. — *Malpighia urens* Linn. — Cavan.
Diss. 8, tab. 235, fig. 1. — Mill. Ic. tab. 181, fig. 1. — Bot.
Reg. tab. 96.

Ramules velus. Feuilles oblongues, ou oblongues-lancéolées,
acuminées-obtuses, courtement pétiolées, hispides. Pédoncules
1-flores, fasciculés, filiformes, plus courts que les feuilles. Drupes subglobuleux.

Arbrisseau haut de 4 à 5 pieds. Rameaux divariqués. Feuilles
coriaces, luisantes, longues de 2 à 4 pouces, sur 6 à 15 lignes de
large. Fleurs nombreuses, d'un rose vif, d'un demi-pouce de diamètre. Drupe rouge, du volume d'une petite Cerise.

Cette espèce, qu'on cultive très-fréquemment dans les serres,
croît aux Antilles, où on la désigne sous le nom de *Bois de Ca-
pitaine*. Ses fruits ont une saveur agréable.

MOUREILLER A GRANDES FEUILLES. — *Malpighia macrophylla* Desfont. Cat. Hort. Par.—Colla, Hort. Ripul. tab. 11.—
Malpighia fucata Bot. Reg. tab. 189.

Feuilles elliptiques, ou elliptiques-oblongues, arrondies aux
deux bouts, glabres en dessus, hispides en dessous. Ombelles
axillaires, sessiles : pédicelles grêles, 3 fois plus courts que les
feuilles.

Petit arbre. Feuilles longues de 4 à 5 pouces, sur 1 à 2 pouces
de large. Fleurs petites, roses.

Cette espèce se cultive souvent dans les collections de serre
chaude. Elle croît aux Antilles, où l'on mange son fruit, qui atteint le volume d'un œuf, et dont la saveur est très-agréable.

MOUREILLER A FEUILLES ÉTROITES. — *Malpighia angustifolia* Linn. — Cavan. Diss. 8, tab. 236, fig. 1. — Loddig. Bot.
Cab. tab. 321.

Feuilles subsessiles, linéaires-lancéolées, pointues, très-entières. Pédoncules axillaires, ombellifères, très-courts.

Arbrisseau. Rameaux noueux. Feuilles longues de 1 à 3 pouces, larges de 2 à 4 lignes. Stipules dentiformes. Ombelles sub-5-flores. Fleurs d'environ 4 lignes de diamètre.

Cette espèce, indigène aux Antilles, n'est pas rare dans les serres chaudes.

MOUREILLER A FEUILLES DE HOUX. — *Malpighia aquifolia* Linn. — Plum. ed. Burm. tab. 168, fig. 1. — Cavan. Diss. 8, tab. 236, fig. 2. — Lodd. Bot. Cab. tab. 1079.

Feuilles subsessiles, oblongues-lancéolées, pointues, sinuo-lées-denticulées : dentelures spinescentes, sétacées. Pédoncules uniflores ou biflores, solitaires ou fasciculés, filiformes, plus courts que les feuilles. Drupe sphérique, tricoque.

Arbrisseau. Rameaux grêles. Feuilles longues de 2 à 3 pouces, sur 2 à 4 lignes de large. Stipules dentiformes. Pédoncules fruc-tifères pendants, longs de 1 pouce ou plus. Fleurs roses, de 5 à 6 lignes de diamètre.

Cette espèce, très-caractérisée par les spinules sétiformes qui bordent ses feuilles, croît aux Antilles, et se cultive dans les serres chaudes comme plante d'agrément.

MOUREILLER DE LA MARTINIQUE.—*Malpighia martinicensis* Jacq. — *Malpighia setosa* Bertero. — De Cand. Prodr.

Rameaux glabres. Feuilles ovales-oblongues, glabres en des-sus, séteuses en dessous. Pédoncules axillaires, uniflores, pres-que aussi longs que les feuilles.

Arbrisseau indigène aux Antilles, très-semblable au *Moureil-ler glabre*, mais différent en ce que les soies de ses feuilles sont plus piquantes que celles de toutes ses congénères. Le fruit est également mangeable.

b) *Feuilles glabres ou munies de poils ni piquants, ni médi-fixes.*

MOUREILLER A FEUILLES D'YEUSE. — *Malpighia coccifera* Linn.—Jacq. Ic. Rar. vol. 3, tab. 470.—Cavan. Diss. tab. 235, fig. 2. — Loisel. Herb. de l'Amat. tab. 215. — Bot. Reg. tab. 568.

Feuilles glabres, subsessiles, ovales-orbiculaires, ou ovales-elliptiques, ou elliptiques, obtuses, sinuolées-denticulées (rarement très-entières): dentelures spinescentes. Pédoncules solitaires ou géminés, axillaires, 1-flores, plus longs que les feuilles. Drupe ovoïde.

Arbrisseau haut de 3 à 4 pieds. Feuilles coriaces, luisantes, longues d'environ 6 pouces. Fleurs roses. Drupe rouge, de la grosseur d'une petite Cerise.

Cette espèce, dont le fruit se mange aux Antilles, n'est pas rare dans les serres. Ses feuilles ressemblent à celles du *Chêne au Kermès*.

MOUREILLER GLABRE. — *Malpighia glabra* Linn. — Mill. Ic. tab. 181, fig. 2. — Cavan. Diss. 8, tab. 234, fig. 1. — Sloane, Hist. 2, tab. 207, fig. 2. — Bot. Mag. tab. 813.

Feuilles subsessiles, ovales-elliptiques, rétrécies aux 2 bouts, entières, glabres. Pédoncules ombellifères, solitaires, plus courts que les feuilles. Drupe globuleux.

Arbrisseau haut d'une vingtaine de pieds. Feuilles longues de 1 à 2 pouces, sur 6 à 12 lignes de large. Stipules lancéolées, pointues. Fleurs purpurines, d'un demi-pouce de diamètre. Drupe rouge.

Cette espèce, qu'on cultive dans les collections de serre, croît aux Antilles et dans l'Amérique méridionale. On la nomme vulgairement *Cerisier des Antilles*, à cause de la ressemblance de son drupe avec une Cerise. Ce fruit est d'une saveur acidule particulière; on le mange rarement cru, mais on en prépare d'excellentes confitures.

MOUREILLER A FEUILLES DE GRENADIER. — *Malpighia punicifolia* Linn. — Plum. ed. Burm. tab. 166, fig. 2.

Feuilles subsessiles, oblongues-lancéolées, pointues, entières. Pédoncules solitaires, biflores, presque aussi longs que les feuilles. Drupe sphérique, trisulqué.

Arbrisseau haut de 10 à 12 pieds. Feuilles longues de 1 à 2 pouces, sur 4 à 8 lignes de large. Corolle d'un rose pâle, d'un demi-pouce de diamètre.

On trouve cette espèce dans l'Amérique méridionale. Elle se cultive également dans les serres. Son fruit, de la grosseur d'une Cerise, est d'une saveur acidule fort agréable, et l'on en fait d'excellentes confitures.

Genre BYRSONIMA. — *Byrsonima* Rich.

Calice 5-parti, muni en dehors de 8 ou 10 glandules basilaires. Pétales étalés, onguiculés, inégaux : lame réniforme-orbiculaire, entière ou denticulée. Étamines 10, toutes fertiles, courtement monadelphes à leur base; androphore hispide. Styles 3, libres. Stigmates subulés. Drupe à un seul noyau triloculaire, trisperme.

Feuilles opposées, très-entières; stipules connées. Grappes simples ou rameuses, spiciformes, terminales. Fleurs jaunes ou rarement blanches.

Ce genre se compose d'environ quarante espèces, toutes indigènes dans l'Amérique équatoriale. Les suivantes méritent d'être citées pour la beauté de leurs fleurs.

BYRSONIMA NAIN.—*Byrsonima verbascifolia* De Cand. Prodr. — *Malpighia verbascifolia* Linn. — Aubl. Guian. tab. 184.— Cavan. Diss. 8, tab. 240.

Souche courte, tortueuse. Feuilles lancéolées-obovales, ou cunéiformes-obovales, courtement acuminées, rétrécies en pétiole, ou sessiles, cotonneuses. Grappes simples, de la longueur des feuilles. Ovaire glabre ou velu.

Rameaux courts, épais, partant d'une souche horizontale ligneuse, noueuse. Écorce noirâtre, rugueuse. Bois rougeâtre. Feuilles terminales, rapprochées, longues de près de 1 pied, parsemées, outre le duvet qui les recouvre, de poils médifixes. Fleurs jaunes, d'un demi-pouce de diamètre. Drupe verdâtre, velu. Grappes longues de près d'un pied.

Cette espèce, remarquable par son port rabougri, habite les savanes de la Guiane. Les naturels du pays la nomment *Moureila*. La décoction des racines et des souches passe pour un bon remède détersif et vulnéraire.

Byrsonima a feuilles de Bumélia. — *Byrsonima bume-liæfolia* Juss. fil. in Flor. Brasil. Merid.

Feuilles ovales-lancéolées, très-entières, réticulées en dessus, cotonneuses (ferrugineuses ou grisâtres) en dessous. Grappes simples, pubescentes. Anthères ovales, glabres de même que l'ovaire.

Arbrisseau multicaule, haut de 3 à 4 pieds. Jeunes rameaux cotonneux. Feuilles longues de 2 à 3 pouces, larges de ¹/₂ pouce, coriaces, courtement pétiolées. Grappes longues de 1 pouce à 2 à 3 pouces, denses, multiflores. Pédicelles longs de près de 1 pouce. Sépales longs de 1 ¹/₂ ligne, cotonneux, ovales. Pétales réfléchis, blancs ou d'un rose pâle, 2 fois plus longs que le calice. Drupe ovoïde, pointu, presque sec, de la grosseur d'un Pois.

· Cette espèce a été trouvée par M. Aug. de Saint-Hilaire au Brésil, dans la province des Mines.

Byrsonima ferrugineux. — *Byrsonima ferruginea* Kunth in Humb. et Bonpl. Nov. Gen. et Spec. v. 5, tab. 446.

Feuilles cunéiformes-obovales, courtement acuminées, pubescentes en dessus, cotonneuses-ferrugineuses en dessous. Grappes simples.

Ramules ferrugineux, anguleux. Feuilles longues de 3 à 4 pouces, sur 2 à 3 pouces de large. Fleurs jaunes, grandes, rapprochées. Pétales à lame ondulée.

Cette espèce, trouvée par MM. de Humboldt et Bonpland sur les bords de l'Orénoque, se fait remarquer par ses fleurs de la grandeur de celles du Prunier, et formant des grappes de près d'un demi-pied de long.

Byrsonima chrysophylle. — *Byrsonima chrysophylla* Kunth, l. c.

Feuilles oblongues, courtement acuminées, rétrécies à la base, légèrement ondulées et révolutées aux bords, glabres en dessus, satinées-dorées en dessous. Grappes simples. Calices non-glanduliferes.

Arbre à ramules cylindriques, satinés de même que la face inférieure des feuilles. Feuilles longues de 4 à 5 pouces, sur 2 pouces de large. Grappes longues de près d'un demi-pied. Pétales jaunes, irrégulièrement fimbriés. Drupe ovoïde.

On trouve cet arbre dans les mêmes contrées que le précédent, ainsi qu'au Brésil. Son feuillage, bronzé en dessous, est d'une rare élégance.

BYRSONIMA A FEUILLES DE FUSTET. — *Byrsonima cotinifolia* Kunth, l. c. vol. 5, tab. 447.

Feuilles elliptiques, ou obovales-elliptiques, arrondies au sommet, souvent rétuses, cunéiformes à la base, légèrement pubescentes. Grappes simples. Calices glandulifères.

Petit arbre très-élégant. Ramules satinés, brunâtres. Feuilles longues de 2 à 3 pouces, sur 15 à 20 lignes de large. Grappes longues de 3 pouces. Pétales ondulés, de couleur orange.

Cette espèce, remarquable par la couleur orange de ses fleurs, a été observée par MM. de Humboldt et Bonpland, sur les plages des environs d'Acapulco.

BYRSONIMA GIGANTESQUE. — *Byrsonima altissima* De Cand. Prodr. — *Malpighia altissima* Aubl. Guian. tab. 181.

Feuilles ovales-oblongues, pointues, rétrécies à la base, longuement pétiolées, vertes et poilues en dessus, cotonneuses-ferrugineuses en dessous. Grappes simples, ferrugineuses.

Tronc très-rameux au sommet, haut de 60 à 80 pieds, sur près de 3 pieds de diamètre. Écorce épaisse, roussâtre, ridée. Bois rouge, dur et compacte. Branches vagues. Feuilles longues d'environ un demi-pied, sur 2 à 3 $\frac{1}{2}$ pouces de large. Fleurs blanches, de la grandeur de celles du Prunier. Drupe rougeâtre, globuleux.

Cette espèce, remarquable par sa haute stature, croît dans les forêts de la Guiane. Les naturels du pays l'appellent *Moureila*, comme toutes ses congénères.

BYRSONIMA A FEUILLES ÉPAISSES. — *Byrsonima crassifolia*

De Cand. Prodr.—*Malpighia crassifolia* Aubl. Guian. tab. 182. — *Malpighia Moureila* Aubl. tab. 183. (var.)

Feuilles ovales-oblongues ou obovales, obtuses ou courtement acuminées, cunéiformes à la base, glabres en dessus, cotonneuses-ferrugineuses en dessous. Grappes simples, allongées, veloutées.

Tronc haut de 6 à 20 pieds. Bois et écorce rougeâtres. Feuilles longues de 4 pouces ou plus, sur 2 à 3 pouces de diamètre. Épis plus longs que les feuilles. Fleurs jaunes, de la grandeur de celles du Prunier. Drupe verdâtre, subglobuleux.

Cet arbre croît à la Guiane. Son écorce, tonique et astringente, passe dans le pays pour un bon remède fébrifuge.

Genre BUNCHOSIA. — *Bunchosia* Juss.

Calice 5-parti, muni en dehors de 8 ou 10 glandules basilaires. Pétales inégaux, étalés, courtement onguiculés : lame réniforme-orbiculaire. Étamines 10, toutes fertiles, monadelphes à leur base; anthères glabres, ou poilues. Styles 2, libres au sommet, ou soudés. Drupe à 2 noyaux (ou à un seul noyau biloculaire) planes d'un côté, convexes de l'autre.

Feuilles opposées, très-entières, glandulifères. Stipules minimes. Grappes axillaires, lâches, quelquefois paniculées. Fleurs jaunes ou blanches.

De même que la plupart des Malpighiacées, les *Bunchosia* intéressent par la beauté de leurs fleurs et de leur feuillage. On connaît une quinzaine d'espèces de ce genre, toutes indigènes dans l'Amérique méridionale.

Voici les espèces les plus notables, ou cultivées pour l'ornement des serres :

a) *Feuilles, pétioles ou pédicelles glanduleux.*

Bunchosia glanduleux.—*Bunchosia glandulosa* De Cand. Prodr. — *Malpighia glandulosa* Cavan. Diss. 8, tab. 239, fig. 2.

Feuilles ovales-elliptiques, acuminées, glabres : pétiole biglanduleux au sommet. Grappes simples, plus courtes que les feuilles. Fleurs jaunes.

Cette espèce est originaire des Antilles.

BUNCHOSIA GLANDULIFÈRE.—*Bunchosia glandulifera* Kunth, in Humb. et Bonpl. Nov. Gen. et Spec. — Jacq. Ic. Rar. 3, tab. 469. — Jacq. Coll. 5, fig. 3.

Feuilles courtement pétiolées, elliptiques-lancéolées, acuminées, ondulées, pubescentes, biglanduleuses à la base. Grappes solitaires ou géminées, simples. Pédicelles uniglanduleux. Drupe ovoïde, mucronulé, cotonneux.

Arbre haut d'une vingtaine de pieds. Ramules tuberculeux, satinés. Grappes longues de 2 à 3 pouces. Fleurs jaunes.

Cette espèce croît aux Antilles et dans l'Amérique méridionale.

BUNCHOSIA A FEUILLES DE CORNOUILLER. — *Bunchosia cornifolia* Kunth, l. c.

Feuilles elliptiques, acuminées, rétrécies à la base, satinées (argentées) aux 2 faces de même que les ramules, biglanduleuses à la base. Grappes simples. Pédicelles uniglanduleux.

Fleurs blanches. Drupe jaune.

MM. de Humboldt et Bonpland ont trouvé cette espèce dans la Nouvelle-Grenade.

BUNCHOSIA A ÉPIS NOMBREUX. — *Bunchosia polystachya* De Cand. Prodr. — *Malpighia polystachya* Andr. Bot. Rep. tab. 604.

Feuilles oblongues, pointues, glabres, luisantes, biglanduleuses en dessous à leur base. Grappes subpaniculées. Pédicelles uniglanduleux. — Fleurs jaunes.

Ce *Bunchosia* croît aux Antilles.

BUNCHOSIA TUBERCULEUX. — *Bunchosia tuberculata* De Cand. Prodr.—*Malpighia tuberculata* Jacq. Hort. Schœnbr. 1, tab. 104.

Ramules tuberculeux. Feuilles ovales-lancéolées, acuminées,

très-entières, poilues. Grappes pauciflores, 3 fois plus courtes que les feuilles. Pédicelles uniglanduleux vers leur base.

Arbrisseau haut d'environ 6 pieds. Corolle jaune. Drupe globuleux, rougeâtre, de la grosseur d'une petite Cerise.

Cette espèce croît aux environs de Caracas. Jacquin remarque que la pulpe de son drupe est mangeable et d'une saveur douceâtre.

BUNCHOSIA ARGENTÉ.—*Bunchosia argentea* De Cand. Prodr. — *Malpighia argentea* Jacq. Fragm. tab. 83.

Feuilles lancéolées, ou oblongues-lancéolées, acuminées, très-entières, luisantes et pubescentes en dessus, argentées en dessous, courtement pétiolées. Grappes simples, axillaires, multiflores, dressées, plus courtes que les feuilles. Pédicelles uniglanduleux.

Petit arbre. Ramules argentés de même que les grappes et la face inférieure des feuilles. Grappes longues de 3 à 4 pouces. Corolle jaune.

Cette espèce est originaire de Caracas.

b) *Feuilles, pétioles et pédicelles non-glanduleux.*

BUNCHOSIA LUISANT. — *Bunchosia nitida* De Cand. Prodr. — *Malpighia nitida* Linn.—Cavan. Diss. 8, tab. 239, fig. 1.

Feuilles oblongues-lancéolées, cuspidées, subobtuses, glabres. Grappes simples, dressées, multiflores, presque aussi longues que les feuilles. Styles soudés.

Petit arbre. Rameaux ponctués. Feuilles molles, luisantes aux deux faces, longues de $\frac{1}{2}$ pied, sur 1 à 2 pouces de large. Fleurs de $\frac{1}{2}$ pouce de diamètre, d'un jaune clair.

Cette espèce habite les Antilles et l'Amérique méridionale.

BUNCHOSIA ABRICOTIER. — *Bunchosia Armeniaca* De Cand. Prodr. — *Malpighia Armeniaca* Cavan. Diss. 8, tab. 238.

Feuilles ovales-oblongues, pointues, glabres. Grappes solitaires ou géminées, multiflores, dressées, presque aussi longues que les feuilles. Styles 2 ou 3, libres ou soudés. Drupe obové, velu.

Petit arbre. Feuilles coriaces, longues de 4 à 6 pouces, sur 1 à 2 pouces de large. Fleurs jaunes, d'environ 1 pouce de diamètre. Drupe jaunâtre, de la grosseur d'un Abricot.

Cette espèce croît au Pérou, dans la province de Chanca, où les Espagnols désignent son fruit sous le nom de *Cirhuela de Frayle*, c'est-à-dire Prune de Moine ou Abricot. Selon Dombey, l'amande de ce fruit est vénéneuse. Du reste, le *Bunchosia Abricotier* se fait remarquer par un feuillage et des fleurs d'une rare beauté.

BUNCHOSIA A BRACTÉES. — *Bunchosia bracteosa* Juss. fil. in Flor. Brasil. Merid. v. 3, tab. 77.

Feuilles ovales, acuminées, glabres, pétiolées. Grappes pédonculées, souvent corymbiformes, pauciflores. Bractées grandes, ovales. Styles libres au sommet.

Arbrisseau grimpant. Rameaux satinés. Feuilles longues de 2 à 4 pouces, larges de 1 à 2 pouces, glabres et luisantes en dessus; les jeunes légèrement satinées en dessous. Pétiole long de $^1/_2$ pouce. Pédoncules un peu plus longs que les pétioles. Sépales longs de 2 lignes, ovales, pointus, satinés. Pétales 2 fois plus longs que le calice, réfléchis.

Cette espèce croît au Brésil, dans la province des Mines.

IIe SECTION.

Péricarpe sec, indéhiscent (par exception déhiscent).

(*Hiptageæ* et *Banisterieæ* De Cand. Prodr.)

Genre GALPHIMIA. — *Galphimia* Cavan.

Calice 5-parti, non-glandulifère. Pétales onguiculés, étalés, égaux : lame ovale ou oblongue. Étamines 10, toutes fertiles; filets presque libres; anthères glabres. Styles 3, libres, subulés. Diérésile à 3 coques monospermes, bivalves, déhiscentes par la suture dorsale.

Feuilles opposées, entières. Pétioles biglanduleux. Stipules quelquefois connées. Grappes solitaires, terminales, bractéolées. Pétales jaunes ou couleur orange.

Ce genre se compose de six espèces de l'Amérique équatoriale. Les trois suivantes se cultivent dans les serres chaudes, à cause de la beauté de leurs fleurs.

GALPHIMIA GLANDULEUX. — *Galphimia glandulosa* Cavan. Ic. 6, tab. 563. — Kunth, in Humb. et Bonpl. Nov. Gen. et Spec. v. 5, tab. 452.

Feuilles cunéiformes-oblongues, obtuses, glabres; pétiole biglanduleux. Grappes courtement pédonculées, multiflores : pédicelles filiformes. Pétales ovales-oblongs, obtus, égaux.

Arbrisseau rameux, haut de 3 à 4 pieds. Feuilles longues de '/₂ pouce. Grappes très-denses, longues de près de '/₂ pied. Corolle de 1 pouce de diamètre.

Cette espèce croît au Mexique.

GALPHIMIA GLAUQUE. — *Galphimia glauca* Cavan. Ic. 5, tab. 489.

Feuilles ovales, obtuses, glabres, unidentées de chaque côté vers leur base, vertes en dessus, glauques en dessous; pétiole non-glanduleux. Pétales ovales : le supérieur plus grand.

Arbrisseau rameux, haut d'environ 6 pieds. Pétales souvent rougeâtres au sommet. Grappes longues de '/₂ pied et plus.

Cette espèce croît au Mexique.

GALPHIMIA HÉRISSÉ. — *Galphimia hirsuta* Cavan.

Cette espèce diffère de la précédente par ses feuilles pointues aux deux bouts, et hérissées de poils de même que les ramules.

GALPHIMIA DU BRÉSIL. — *Galphimia brasiliensis* Juss. fil. in Flor. Brasil. Merid. vol. 3, tab. 178. — *Thryallis brasiliensis* Linn.

Feuilles ovales ou lancéolées, quelquefois glanduliffères aux bords, très-glabres, glauques en dessous, courtement pétiolées : pétiole non-glanduleux. Pétales à peine plus longs que le calice, oblongs-obovales.

Arbuscule à tiges ascendantes, ayant le port d'un Hélianthème. Rameaux ordinairement glabres. Feuilles opposées ou rarement verticillées-ternées, longues de 1 à 2 pouces, larges de 2 à 10 lignes, quelquefois bidentées à la base; pétiole long de 1 à 3 lignes. Grappes longues de 1 ¹/₂ pied ou moins; pédicelles glabres, allongés. Bractées minimes, rougeâtres. Sépales linéaires, longs de 2 lignes. Pétales d'abord jaunes, puis d'un orange tirant sur le rouge. Capsule de la grosseur d'un petit Pois.

Cette plante est commune dans les provinces méridionales du Brésil.

Genre CAMARÉA. — *Camarea* Aug. Saint-Hil.

Calice 5-parti; 4 des lanières biglanduleuses à leur base. Pétales 5, onguiculés, presque entiers. Étamines 6 (dont 5 placées devant les sépales); filets inégalement monadelphes : 3 soudés presque jusqu'au sommet, et 3 seulement à leur base; anthères : 4 fertiles, suborbiculaires; 2 stériles, pétaloïdes. Ovaires 3 ou 4, libres, accolés contre un réceptacle conique. Style gynobasique, indivisé. Stigmate simple. Cénobion à 3 ou 4 (ou moins par avortement) carcérules munis postérieurement de plusieurs crêtes spinelleuses ou lappulacées.

Sous-arbrisseaux. Feuilles opposées, ou rarement subalternes, très-entières. Stipules inapparentes. Pédicelles solitaires et axillaires, ou bien en grappes ou en corymbes terminaux. Fleurs jaunes. Poils médifixes.

Souvent on trouve, aux aisselles des feuilles inférieures, des fleurs anomales, très-petites, incolores, et conformées comme suit : Calice 5-parti, non-glanduleux. Corolle nulle. Une seule anthère, abortive, subsessile. Ovaires 2. Style et stigmate nuls. Péricarpe à 2 carcérules contenants chacun une graine fertile.

Les *Camaréa* ont un port très-élégant, semblable à celui des *Bruyères* ou des *Millepertuis*..Le genre se compose des six espèces suivantes:

CAMARÉA HÉRISSÉ.—*Camarea hirsuta* Aug. Saint-Hil. Plant. rem. du Brés.; et in. Mém. du Mus. v. 10, p. 369.

Hérissé. Feuilles lancéolées, ou ovales-lancéolées, ou oblongues-lancéolées, satinées aux bords. Fleurs en ombelle. Pédoncules velus ou hérissés.

Tige suffrutescente, longue de 3 à 8 pouces, simple, dressée, grêle. Feuilles longues de 10 à 16 lignes. Ombelles 3-ou 4-flores. Pédoncules longs de 8 à 12 lignes. Pétales d'un jaune vif, un peu inégaux : lame suborbiculaire.

Cette espèce a été trouvée par M. Aug. de Saint-Hilaire au Brésil, dans les provinces de Saint-Paul et des Mines.

CAMARÉA VOISIN. — *Camarea affinis* Aug. Saint-Hil. l. c.

Hérissé. Feuilles ovales-lancéolées, pointues, non-satinées. Fleurs en grappe ou en ombelle. Pédoncules glabres.

Tige suffrutescente, longue de 7 à 10 pouces, simple, dressée, hérissée. Feuilles rapprochées, apprimées, longues de 7 à 10 lignes. Poils roux. L'un des pétales beaucoup plus court que les 4 autres.

Cette espèce croît dans les mêmes localités que la précédente.

CAMARÉA SATINÉ. — *Camarea sericea* Aug. Saint-Hil. l. c.

Feuilles linéaires-lancéolées, pointues, étroites, satinées, luisantes. Fleurs en ombelle.

Tige suffrutescente, satinée, longue d'environ 4 pouces. Feuilles longues de 10 à 14 lignes. Poils jaunâtres. Pétales dentés.

M. Aug. de Saint-Hilaire a trouvé cette plante au Brésil, dans la province de Goyaz.

CAMARÉA A FLEURS AXILLAIRES. — *Camarea axillaris* Aug. Saint-Hil. in Bull. Philom. 1823, p. 133; et Plant. rem. Brés. 1, p. 158. — Juss. fil. in Flor. Brasil. Merid. v. 3, tab. 175.

Feuilles lancéolées, pointues, cordiformes à la base, velues, étalées. Fleurs solitaires, axillaires.

Tiges suffrutescentes, ascendantes, longues d'environ 15 pouces, velues, rameuses. Feuilles longues de 4 à 5 lignes. Pédoncules plus longs que les feuilles. Pétales dentés.

Cette espèce a été trouvée par M. Aug. de Saint-Hilaire au Brésil, dans la province des Mines,

CAMARÉA FAUSSE BRUYÈRE.—*Camarea ericoides* Aug. Saint-Hil. l. c. tab. 7.

Feuilles petites, linéaires, étroites, rapprochées. Fleurs en ombelle.

Racine épaisse, ligneuse. Tige suffrutescente, longue au plus de ¹/₂ pied, dressée ou ascendante, rameuse, glabre ou velue. Feuilles longues de 3 à 6 lignes, à peine larges de 1 ¹/₂ ligne, satinées ou presque glabres. Pédoncules axillaires ou terminaux, grêles, glabres ou velus, longs de 10 à 18 lignes. Pétales suborbiculaires, crénelés, d'un jaune vif. Carcérules longs de 3 à 4 lignes.

Cette espèce a été observée au Brésil, par M. Aug. de Saint-Hilaire, dans les montagnes de la province des Mines, à 3530 pieds au-dessus du niveau de la mer.

CAMARÉA A FEUILLES LINÉAIRES. — *Camarea linearifolia* Aug. Saint-Hil. l. c.

Feuilles linéaires, un peu écartées. Fleurs en ombelle.

Racine épaisse, ligneuse. Tiges longues d'environ 1 pied, nombreuses, étalées, rameuses, velues. Feuilles longues de 6 à 12 lignes. Ombelles 3-5-flores, souvent involucrées. Pédoncules longs de 1 ¹/₂ pouce. Pétales elliptiques-orbiculaires, dentés. Carcérules ovales, pointus, comprimés, munis de plusieurs crêtes dorsales.

Cette espèce a été trouvée par M. Aug. de Saint-Hilaire dans la province de Goyaz.

Genre HIPTAGE. — *Hiptage* Gærtn.

Calice 5-parti, 5-glanduleux à la base. Pétales inégaux, déjetés ; onglets courts ; lame oblongue ou orbiculaire, fimbriée. Étamines 10 ; filets ascendants : le plus inférieur 2 fois plus long que les autres. Ovaire trilobé. Style indivisé. Stigmate onciné. Péricarpe : 1 à 3 samares globuleuses, tétraptères : ailes inégales, obtuses, carénées.

Feuilles opposées, très-entières, glabres, luisantes. Fleurs irrégulières, jaunâtres, disposées en grappes axillaires et terminales ; pédicelles articulés, 3-bractéolés.

Ce genre, propre à l'Asie équatoriale, se compose de deux espèces, dont la suivante mérite d'être décrite.

HIPTAGE A GRAPPES.—*Hiptage Madablota* Gærtn. Fruct. 2, tab. 116. — *Molina racemosa* Cavan. Diss. 9, tab. 263. — *Gærtnera racemosa* Roxb. Cor. 1, tab. 18. — *Madablota* Sonn. Voy. 2, p. 238, tab. 235. — *Banisteria bengalensis* Linn. — *Banisteria unicapsularis* Lamk.

Feuilles courtement pétiolées, lancéolées ou oblongues-lancéolées, pointues, légèrement ondulées. Grappes denses, multiflores, axillaires et terminales.

Grand arbrisseau grimpant. Feuilles longues de 4 à 6 pouces, sur 2 pouces de large. Grappes d'environ un demi-pied de long. Calice d'un brun rougeâtre. Fleurs très-odorantes, à peu près semblables à celles du *Marronier d'Inde*. Pétales fimbriés, blanchâtres, très-inégaux : le supérieur plus grand, lavé de jaune.

Cette plante croît dans les montagnes de l'Inde. On la cultive généralement dans les jardins sur toute la côte de Coromandel, à cause de la beauté de ses fleurs et du parfum qu'elles répandent.

Genre HIRÉA. — *Hiræa* (Jacq.) Kunth.

Calice 5-parti ; 4 des lanières biglanduleuses à la base. Pétales 5, onguiculés, réfléchis : lame suborbiculaire. Étamines 10, toutes fertiles, submonadelphes à leur base, alternativement plus longues et plus courtes. Styles 3. Stigmates tronqués. Diérésile à 3 samares profondément échancrées aux 2 bouts, munies postérieurement d'une crête membraneuse, et bordées d'une large aile orbiculaire.

Arbrisseaux sarmenteux ou volubiles. Feuilles opposées, très-entières. Inflorescence axillaire et terminale. Pédicelles en grappe ou en ombelle. Fleurs jaunes ou rouges.

On connaît aujourd'hui une trentaine de Hiréa. Plusieurs

sont imparfaitement décrits et appartiennent peut-être à d'autres genres. Voici les espèces les plus curieuses.

HIRÉA ARGENTÉ.—*Hiræa argentea* Juss. fil. in Flor. Brasil. Merid. v. 3, tab. 163.

Feuilles lancéolées, pubérules en dessus, satinées (argentées) en dessous, subsessiles. Grappes terminales, simples. Calice 8-glanduleux. Pétales glabres, jaunes. Samares glabres, suborbiculaires, profondément échancrées aux 2 bouts : crête conforme aux ailes.

Sous-arbrisseau. Feuilles opposées ou verticillées-ternées (les inférieures alternes), longues de 1 ½ à 2 pouces, sur ½ à 1 pouce de large. Grappes courtes, un peu lâches, dressées. Fleurs petites, jaunes.

Cette espèce a été trouvée par M. Aug. de Saint-Hilaire au Brésil, dans les provinces de Goyaz et des Mines.   •

HIRÉA A BRANCHES TOMBANTES. — *Hiræa reclinata* Jacq. Amer. tab. 176, fig. 42.

Feuilles oblongues-obovales, arrondies aux deux bouts, pubescentes en dessus, glabres en dessous. Panicules axillaires et terminales, très-nombreuses. Pédicelles allongés. Fleurs jaunes, inodores, d'un pouce de diamètre. Samares subglobuleuses.

Cette plante a été observée par Jacquin aux environs de Carthagène; elle forme un arbrisseau d'une quinzaine de pieds de haut. Ses rameaux sarmenteux et réclinés sont tout couverts de fleurs d'un aspect magnifique.

HIRÉA ODORANT.—*Hiræa odorata* Willd. Spec.—De Cand. Prodr.

Feuilles ovales, pointues, glabres en dessus, cotonneuses en dessous. Calice non-glanduleux. Samares subglobuleuses.

Cette espèce est originaire de la Guinée.

HIRÉA D'INDE.—*Hiræa indica* De Cand. Prodr.—*Triopteris indica* Willd. — Roxb. Corom. 2, tab. 160.

Feuilles ovales, ou elliptiques, ou ovales-elliptiques, acuminées aux deux bouts, glabres. Panicules axillaires, thyrsiformes, plus courtes que les feuilles. Calices non-glanduleux, pubescents. Samares aplaties, oblongues.

Grand arbuste grimpant. Feuilles luisantes, longues de 3 à 4 pouces, sur 2 pouces de large. Bractées petites, ferrugineuses. Fleurs très-nombreuses, blanches, petites. Pétales oblongs, concaves, subsessiles.

Cette espèce croît dans les montagnes de la côte de Coromandel.

Genre TRIOPTERIS. — *Triopteris*.

Calice 5-parti : segments biglanduleux à la base. Pétales onguiculés : lame suborbiculaire. Étamines 10, submonadelphes à leur base, alternativement plus longues et plus courtes. Stigmates obtus. Péricarpe à 3 samares soudées par la base, bordées chacune de 3 ailes dont 2 supérieures et 1 inférieure.

Arbrisseaux volubiles. Feuilles opposées, très-entières. Fleurs jaunes ou bleues, disposées en grappes simples ou composées, axillaires et terminales.

On connaît huit espèces de ce genre, toutes indigènes dans l'Amérique équatoriale; les trois suivantes se cultivent en Europe dans les serres.

TRIOPTÉRIS LUISANT. — *Triopteris lucida* Kunth, in Humb. et Bonpl. v. 5, tab. 451.

Feuilles elliptiques-arrondies, échancrées ou apiculées, rétrécies à la base, coriaces, glabres, luisantes. Panicules solitaires, pédonculées, composées de grappes simples étalées.

Feuilles longues de 15 à 17 lignes, sur 9 à 12 lignes de large. Panicules longues de 3 à 4 pouces. Fleurs jaunâtres, très-nombreuses, de la grandeur de celles du Merisier.

Cette espèce a été trouvée par MM. de Humboldt et Bonpland dans l'île de Cuba.

TRIOPTÉRIS OVALE. — *Triopteris ovata* Cavan. Diss. 9, tab. 259.

Feuilles cordiformes-ovales, obtuses, glabres, biglanduleuses à la base. Panicules terminales, pyramidales, composées de grappes simples ou rameuses, lâches, multiflores.

Arbrisseau. Feuilles coriaces, longues de 1 à 2 pouces, sur 8 à 18 lignes de large ; pétiole 4 fois plus court que la lame. Stipules dentiformes. Panicules longues de 3 à 4 pouces. Pédicelles capillaires. Fleurs petites, très-nombreuses, jaunâtres. Ailes oblongues, obtuses, longues de ¹/₂ pouce.

Cette espèce croît à Saint-Domingue.

Genre TÉTRAPTÉRIS. — *Tetrapteris* Cavan.

Calice 5-parti ; 4 des lobes biglandulifères à leur base. Pétales longuement onguiculés : lame orbiculaire, concave, fimbriée. Étamines 10, toutes fertiles, monadelphes à leur base, alternativement plus longues et plus courtes ; anthères glabres ou poilues. Styles libres. Diérésile à 3 coques carénées, bivalves, monospermes, chacune bordée de 4 ailes croisées. Axe pyramidal, trigone. Graines subtriquètres.

Arbrisseaux ayant le port des *Triaptéris*. Pétioles non-glandulifères.

Les *Tétraptéris* sont remarquables par les douze expansions aliformes qu'offre leur péricarpe, ce qui donne à ce fruit un aspect très-particulier. Du reste, ils ne brillent pas moins par leur feuillage et leurs fleurs que la plupart des autres Malpighiacées. Les dix-huit espèces connues de ce genre appartiennent à l'Amérique équatoriale. En voici les plus notables :

TÉTRAPTÉRIS A FEUILLES RONDES.—*Tetrapteris rotundifolia* Juss. fil. in Flor. Bras. Merid. v. 3, tab. 161. -

Feuilles obovales ou orbiculaires, glabres et d'un vert glauque en dessus, veloutées en dessous, coriaces, pétiolées. Panicules terminales, feuillées à la base : ramifications opposées. Calice à 8 glandes.

Arbrisseau grimpant. Rameaux cotonneux. Feuilles longues de 1 ¹/₂ à 3 pouces, larges de 1 à 1 ¹/₂ pouce, couvertes en des-

sous d'un velouté roussâtre. Pédicelles en ombelles subquadriflo-
res, cotonneux (blanchâtres) de même que les pédoncules et
l'axe. Fleurs larges d'environ 5 lignes. Pétales d'un orange tirant sur le rouge.

M. Aug. de Saint-Hilaire a découvert cette espèce dans le Brésil
méridional.

TÉTRAPTÉRIS A AILES INÉGALES. — *Tetrapteris inæqualis*
Cavan. Diss. 9, tab. 260.

Feuilles subcordiformes-ovales, pointues, glabres. Ombelles
axillaires et terminales, pauciflores, courtement pédonculées.
Coques lisses, ovoïdes; ailes oblongues, inégales : les deux inférieures beaucoup plus petites.

Arbrisseau volubile. Feuilles longues de 1 à 3 pouces et plus,
larges de 6 à 18 lignes. Pétiole court. Pédoncule un peu plus
long que le pétiole. Ombelles sub-5-flores. Fleurs jaunes, d'un
demi-pouce de diamètre. Ovaire velu. Ailes majeures longues de
1 pouce, larges de 3 à 4 lignes.

Cette espèce croît à Saint-Domingue.

TÉTRAPTÉRIS A FEUILLES POINTUES. — *Tetrapteris acutifolia*
Cavan. l. c. tab. 261.

Feuilles ovales-lancéolées, acuminées, glabres. Panicules terminales, pyramidales, composées de grappes rameuses. Coques
crénelées aux bords : ailes lancéolées-oblongues, ondulées, égales.

Feuilles longues de 3 à 4 pouces; pétiole court. Fleurs jaunes,
de 3 à 4 lignes de diamètre. Fruits disposés en thyrse dense,
longs de 3 pouces. Ailes longues d'environ 8 lignes.

Cette espèce croît à Cayenne.

TÉTRAPTÉRIS MUCRONÉ.— *Tetrapteris mucronata* Cavan. l. c.
tab. 262, fig. 2.

Feuilles oblongues ou oblongues-obovales, brusquement terminées en pointe mousse. Ombelles axillaires et terminales, longuement pédonculées. Coques à 3 appendices subulés; ailes oblongues-obovales ; les 2 inférieures un peu plus petites que les
supérieures.

Feuilles coriaces, glauques, longues de 1 à 3 pouces; pétiole court. Ramules florifères axillaires, presque nus. Ombelles sub-5-flores, disposées presque en corymbe. Ailes longues d'un demi-pouce.

TÉTRAPTÉRIS A FEUILLES DE BUIS. — *Tetrapteris buxifolia* Cavan. l. c. tab. 262, fig. 1.

Feuilles ovales ou elliptiques, subsessiles, glabres. Ombelles terminales, pauciflores. Coques à 3 appendices subulés. Ailes oblongues; les 2 inférieures un peu plus petites que les supérieures.

Feuilles petites, semblables à celles du Buis. Ailes longues de 4 lignes, sur 10 à 12 lignes de large.

Cette espèce croît aux Antilles.

Genre BANISTÉRIA. — *Banisteria* (Linn.) Juss. fil.

Calice 5-parti; 4 des lanières biglandulifères à leur base. Pétales 5, onguiculés : lame réniforme - orbiculaire, fimbriée. Étamines 10, toutes fertiles, alternativement plus longues et plus courtes, monadelphes inférieurement; anthères glabres ou poilues; connectif épais, glanduliforme. Ovaire tricéphale. Styles 3, courts. Stigmates lamelliformes. Diérésile à 3 samares (quelquefois, par avortement, 2 samares, ou une seule), prolongées chacune en une seule aile épaissie au bord supérieur (antérieur).

Arbrisseaux sarmenteux ou volubiles. Stipules minimes, caduques. Feuilles opposées, quelquefois glandulifères ou sinuées-lobées. Pétioles souvent glanduleux. Inflorescence axillaire et terminale, paniculée. Pédicelles en corymbe ou en ombelle. Fleurs jaunes ou rarement roses.

On connaît plus de soixante espèces de ce genre; elles croissent dans l'Amérique équatoriale, à l'exception de deux espèces des Moluques et d'une espèce de Siérra-Léoné. Tous les *Banistéria* sont dignes de décorer les serres; mais on n'en possède qu'un petit nombre dans les collections de plantes vivantes. Nous allons faire connaître les espèces les plus curieuses.

a) *Feuilles lobées ou anguleuses, cordiformes à la base.*

BANISTÉRIA PALMÉ. — *Banisteria palmata* Cavan. Diss. 9, tab. 257, fig. 2.

Feuilles palmatifides, cotonneuses en dessous; lobes acuminés; pétiole biglanduleux au sommet.

Cette espèce croît aux Antilles.

BANISTÉRIA ANGULEUX. — *Banisteria angulosa* Linn. — Cavan. Diss. 9, tab. 252.

Feuilles longuement pétiolées, glabres en dessus, pubescentes en dessous, cordiformes-anguleuses, 5-7-lobées : lobes oblongs, obtus, mucronulés; pétiole biglanduleux au sommet. Pédoncules communs axillaires, plus longs que les feuilles. Ombelles pauciflores. Ailes presque verticales, oblongues-obovales.

Sous-arbrisseau à tiges volubiles, hautes de 10 pieds et plus. Racine formée de tubercules charnus, blanchâtres, de la grosseur d'une Noix à celle du poing. Feuilles atteignant 2 à 3 pouces de large. Ailes longues d'un pouce et demi, larges de 6 lignes.

Cette espèce croît aux Antilles et à la Guiane. On la cultive dans les collections de serre.

b) *Feuilles cordiformes, indivisées.*

BANISTÉRIA BRILLANT. — *Banisteria splendens* De Cand. — Sloan. Hist. 2, tab. 162, fig. 2. — *Banisteria fulgens* Lamk. — Cav. Diss. 9, tab. 253.

Feuilles longuement pétiolées, réniformes-orbiculaires, ou cordiformes, entières, glabres en dessus, soyeuses en dessous; pétiole biglanduleux au sommet. Panicules terminales, dichotomes, divariquées, composées d'ombelles simples, pédonculées, pauciflores, bractéolées à leur base. Ailes oblongues-obovales, divergentes.

Arbrisseau. Tiges longues, volubiles. Feuilles de 2 à 3 pouces de large, 5-nervées à la base : les inférieures à pétiole aussi long que la lame; les supérieures non-échancrées à la base, subsessiles. Ombelles-axillaires et terminales, subsexflores. Ailes longues d'environ 18 lignes.

Cette espèce croît dans l'Amérique méridionale.

BANISTÉRIA DICHOTOME. — *Banisteria dichotoma* Linn. — Plum. ed. Burm. tab. 13. — *Banisteria convolulifolia* Cavan. Diss. 9, tab. 256.

Feuilles cordiformes ou subovales, acuminées, glabres aux deux faces. Pétioles biglanduleux au sommet. Panicules axillaires, dichotomes, divariquées, plus longues que les feuilles.

Cette espèce habite l'Amérique méridionale.

BANISTÉRIA ÉCHANCRÉ.—*Banisteria emarginata* Cavan. Diss. 9, tab. 249.

Feuilles courtement pétiolées, biglanduleuses, elliptiques, cotonneuses en dessous, cordiformes ou arrondies à la base, échancrées et apiculées au sommet. Ramules florifères axillaires et terminaux, dichotomes; fleurs en corymbes subsessiles. Ailes obovales-rhomboïdales, divergentes.

Rameaux grêles, rougeâtres. Feuilles inéquilatérales, luisantes en dessus, ferrugineuses en dessous, longues de 1 à 3 pouces, sur 6 à 18 lignes de large. Fleurs jaunes, d'un pouce de diamétre. Ailes petites.

On trouve ce *Banistéria* dans l'Amérique méridionale.

c) *Feuilles ovales ou oblongues.*

BANISTÉRIA DES SAVANES. — *Banisteria campestris* Juss. fil. in Flor. Brasil. Merid. v. 3, tab. 168.

Feuilles ovales ou obovales, apiculées, rugueuses, cotonneuses-blanchâtres en dessous et réticulées-nerveuses, biglanduleuses à la base. Fleurs roses. Anthères glabres. Samares pubescentes, rugueuses.

Tige simple ou peu rameuse, haute de 1 ¹/₂ à 2 ¹/₂ pieds. Feuilles longues de 1 ¹/₂ à 2 ¹/₂ pouces, sur 9 à 18 lignes de large, opposées ou verticillées-ternées. Panicule ample, terminale, feuillée à la base : pédicelles en ombelle. Sépales ovales, pubescents, longs de 2 lignes. Pétales 2 fois plus longs que le calice.

Cette espèce a été trouvée par M. Aug. de Saint-Hilaire au Brésil, dans la province des Mines.

BANISTÉRIA A PÉTALES PUBESCENTS. — *Banisteria pubipetala* Juss. fil. in Flor. Brasil. Merid. v. 3, tab. 169.

Feuilles obovales, rétrécies à la base, brusquement acuminées, très-glabres, glanduleuses en dessous vers leur bord, courtement pétiolées. Pétales jaunes, pubescents en dessous. Anthères pubescentes. Samares glabres, prolongées postérieurement en une longue aile, et latéralement en plusieurs crêtes.

Arbrisseau haut de 4 à 5 pieds. Tige faible. Rameaux subancipités, glabres. Feuilles longues de 2 à 3 pouces, sur 1 1|2 à 2 pouces de large, coriaces ; pétioles longs d'environ 3 lignes. Corymbes axillaires et terminaux, sessiles, composés d'ombellules quadriflores. Sépales suborbiculaires, pubescents, longs de 1 1/2 ligne. Pétales longs de près d'un demi-pouce : lames obovales, fimbriées.

M. Aug. de Saint-Hilaire a trouvé ce Banistéria dans les provinces méridionales du Brésil.

BANISTÉRIA SATINÉ. — *Banisteria sericea* Cavan. Diss. 9, tab. 258.

Feuilles ovales, ou ovales-elliptiques, obtuses, mucronées, cotonneuses en dessous. Pétioles biglanduleux au milieu. Rameaux ancipités. Grappes axillaires et terminales, rameuses. Duvet des feuilles bronzé.

Cette espèce croît au Brésil.

BANISTÉRIA COTONNEUX. — *Banisteria tomentosa* Desfont. Cat. Hort. Par. — De Cand. Prodr.

Feuilles ovales, obtuses, mucronées, cotonneuses en dessous : pubescence rameuse. Pétioles biglanduleux au sommet. Corymbes rameux. Fleurs jaunes.

Cette espèce, qu'on possède dans les collections de serre, croît aux Antilles.

BANISTÉRIA A FEUILLES DE TILLEUL. — *Banisteria tiliæfolia* Vent. Choix, tab. 5o.

Feuilles orbiculaires, acuminées, cotonneuses en dessous. Pétioles biglanduleux au sommet. Ombelles axillaires, pédonculées, composées. Pétales (pourpres) subsessiles.

Cette espèce croît à Java.

BANISTÉRIA QUAPARA. — *Banisteria Quapara* Aubl. Guian. tab. 186.

Feuilles ovales, pointues, entières, cotonneuses-roussâtres en dessous, parsemées en dessus de poils médifixes. Pédoncules axillaires, ombellifères, plus courts que les feuilles. Ailes ovales-oblongues, dressées.

Arbrisseau sarmenteux à tronc haut de 5 à 6 pieds. Feuilles longues jusqu'à 7 pouces, sur 3 pouces de large. Fleurs jaunes. Ailes longues de 18 lignes.

Cette espèce croît à la Guiane, où les naturels du pays l'appellent *Quapara*.

BANISTÉRIA FERRUGINEUX. — *Banisteria ferruginea* Cavan. Diss. 9, tab. 248.

Feuilles ovales, acuminées, glabres et luisantes en dessus, pubescentes-ferrugineuses (ainsi que les pétioles) en dessous, glandulifères à la base. Grappes paniculées. Ailes dressées; loges pubescentes.

Cette espèce croît au Brésil.

BANISTÉRIA A FEUILLES DE LAURIER. — *Banisteria laurifolia* Linn. — Bot. Reg. tab. 937.

Feuilles ovales-oblongues, ou obovales, pointues, coriaces, glabres; rétrécies en pétiole. Grappes terminales et axillaires, simples ou rameuses, de la longueur des feuilles.
Cette espèce, qu'on cultive dans les serres, habite l'Amérique méridionale.

BANISTÉRIA ÉCLATANT. — *Banisteria fulgens* Linn. (non Cavan.)

Feuilles ovales, acuminées, biglanduleuses en dessous à la base, glabres en dessus, satinées en dessous ainsi qu'aux pétioles. Rameaux dichotomes. Fleurs en corymbes composés d'ombelles. Diérésile pubescent : ailes appendiculées antérieurement.

Cette espèce croît à la Guadeloupe.

BANISTÉRIA PANACHÉ. — *Banisteria picta* Kunth , in Humb. et Bonpl. Nov. Gen. et Spec.

Feuilles oblongues , pointues , arrondies à la base , rétrécies au sommet, glabres en dessus, pubescentes en dessous, biglanduleuses à la base. Fleurs terminales, subternées.

Arbrisseau sarmenteux. Feuilles longues de 3 à 4 pouces, sur un pouce de large. Fleurs de la grandeur de celles du Prunier. Pétales jaunes, panachés de rouge. Samares ovales-oblongues.

Cette espèce a été observée dans la Nouvelle-Espagne , par MM. de Humboldt et Bonpland.

Genre HÉTÉROPTÉRIS. — *Heteropteris* Kunth.

Calice 5-parti, muni en dehors de 8 ou 10 glandules basilaires. Pétales 5 , onguiculés : lame réniforme - orbiculaire , souvent carénée. Étamines 10, toutes fertiles , alternativement plus longues et plus courtes, monadelphes à leur base; anthères glabres. Ovaire tricéphale. Styles 5, courts. Stigmates lamelliformes. Diérésile à 3 samares (quelquefois par avortement à une seule ou à 2) terminées chacune en aile épaissie au bord postérieur.

Les *Hétéroptéris* ne diffèrent des Banistéria que par leurs samares à ailes épaissies postérieurement, comme dans les Érables, et non antérieurement. On connaît une trentaine d'espèces de ce genre. Nous allons en faire connaître les plus intéressantes.

HÉTÉROPTÉRIS BICOLORE. — *Heteropteris bicolor* Juss. fil. in Flor. Brasil Merid. v. 3, p. 23.

Feuilles lancéolées, ou ovales-lancéolées, souvent inéquilatérales , très-glabres, ou légèrement pubérules en dessus, 2-6-

glandulifères en dessous, membranacées, courtement pétiolées. Ombelles terminales et latérales, 4-6-flores. Calice 8-glandulifère. Quatre des pétales blancs ; le cinquième pourpre.

Arbrisseau haut de 2 à 3 pieds. Tige grêle. Feuilles longues de 1 1/2 à 2 1/2 pouces, larges de 6 à 10 lignes. Sépales ovales, longs de 1 ligne. Pétales réfléchis, 3 fois plus longs que le calice : lame ovale-cordiforme, presque entière.

Cette espèce, remarquable par sa corolle bicolore, croît au Brésil, dans la province des Mines, où elle a été trouvée par M. Aug. de Saint-Hilaire.

HÉTÉROPTÉRIS A OMBELLES. — *Heteropteris umbellata* Juss. fil. in Flor. Brasil. Merid. vol. 3, tab. 166.

Feuilles ovales-lancéolées, glabres, biglandulifères en dessous à leur base, courtement pétiolées. Ombelles simples ou en corymbes multiflores, longuement pédonculées, axillaires et terminales. Calice à 8 glandes. Pétales d'un jaune pâle. Samares petites, légèrement pubérules.

Ramules grêles, flexibles. Feuilles longues de 12 à 15 lignes, larges de 4 à 8 lignes. Fleurs très-petites. Sépales ovales, pubescents, longs de 1/2 ligne. Pétales réfléchis, obovales, 4 fois plus longs que le calice. Samares à loges obcordiformes, de la grosseur d'un petit Pois ; ailes cultriformes, longues d'environ 6 lignes, sur 3 lignes de large.

Cette espèce a été observée par M. Aug. de Saint-Hilaire au Brésil, dans les savanes de la province des Mines.

HÉTÉROPTÉRIS POURPRE. — *Heteropteris purpurea* Kunth, in Humb. et Bonpl. — *Banisteria purpurea* Linn. — Cavan. Diss. 9, tab. 246, fig. 1.

Feuilles ovales, ou elliptiques, obtuses ou échancrées, glabres, membranacées. Pétioles biglanduleux. Grappes axillaires et terminales, pauciflores, presque en corymbe. Calices poilus. Ailes oblongues-obovales, dressées, un peu divergentes.

Petit arbre très-rameux, haut d'environ 12 pieds. Feuilles longues de 15 à 16 lignes, sur 8 lignes de large. Pédicelles allongés. Fleurs pourpres, d'un demi-pouce de diamètre.

Cette espèce, indigène aux Antilles, se cultive pour l'ornement des serres.

HÉTÉROPTÉRIS A PÉTALES AILÉS. — *Heteropteris pteropetala*
Juss. fil. in Flor. Bras. Merid. vol. 3, tab. 167.

Feuilles ovales-elliptiques, obtuses, cotonneuses en dessous et
4-6-glandulifères à leur base, subsessiles. Panicule terminale,
feuillée à la base, composée de thyrses corymbifères. Calice à 8
glandes. Pétales roses, à carène dorsale, aliforme.

Rameaux cotonneux. Feuilles longues de 3 à 4 pouces, larges
de 2 à 3 pouces. Panicule ample, cotonneuse : ramifications opposées ; pédicelles en corymbe. Sépales ovales, pointus, pubescents-ferrugineux, longs de 1 1[2 ligne. Pétales 8 fois plus longs
que le calice : lame obovale.

Cette espèce croît au Brésil, dans la province des Mines.

HÉTÉROPTÉRIS A PETITES FEUILLES. — *Heteropteris parvifolia* De Cand. Prodr. — *Banisteria parvifolia* Vent. Choix,
tab. 51.

Feuilles suborbiculaires, roides, pubescentes. Pétioles non-
glanduleux. Corymbes pauciflores, terminaux. Diérésiles pubescents. — Fleurs jaunes.

Cette espèce, indigène aux Antilles, se rencontre aussi dans
les serres.

HÉTÉROPTÉRIS A FEUILLES ARGENTÉES. — *Heteropteris argentea* Kunth, in Humb. et Bonpl. Nov. Gen. et Spec. vol. 5,
tab. 450.

Feuilles elliptiques-oblongues, acuminées, rétrécies à la base,
membranacées, pubescentes en dessus, satinées en dessous. Panicules axillaires et terminales, composées de grappes multiflores.

Cette espèce, remarquable par son feuillage argenté et par de
magnifiques panicules de fleurs roses, a été trouvée dans la Nouvelle-Grenade par MM. de Humboldt et Bonpland.

HÉTÉROPTÉRIS A FEUILLES DORÉES. — *Heteropteris chrysophylla* Kunth, in Humb. et Bonpl. Nov. Gen. et Spec.— *Banis-*

teria chrysophylla Lamk.—Jacq. Hort. Schœnbr. 1, tab. 105. — Cavan. Diss. 9, tab. 245.

Feuilles oblongues, ou ovales-oblongues, presque obtuses, sinuolées vers leur sommet, glabres en dessus, satinées en dessous. Pétioles très-courts, biglanduleux à la base. Panicules terminales, feuillées, composées de cimes pauciflores.

Arbrisseau à rameaux volubiles. Feuilles longues de 3 à 4 pouces, larges de 15 à 20 lignes : face inférieure couverte d'un duvet bronzé. Fleurs petites, d'un jaune orange tirant sur le rouge. Ailes longues de plus de 2 pouces.

Cette espèce, indigène au Brésil et dans la Nouvelle-Grenade, n'est pas rare dans les serres.

HÉTÉROPTÉRIS A FLEURS BLEUES. — *Heteropteris cœrulea* Kunth, in Humb. et Bonpl. Nov. Gen. et Spec. — *Banisteria cœrulea* Lamk. — Cavan. Diss. 9, tab 243.—Plum. ed. Burm. tab. 14.

Feuilles oblongues-lancéolées, pointues, glauques, courtement pétiolées, non-glandulifères. Panicules terminales, brachiées, feuillées à la base, composées de grappes multiflores. Ailes oblongues-obovales, divariquées.

Arbrisseau volubile; rameaux tuberculeux. Feuilles longues de 3 à 4 pouces, sur 12 à 18 lignes de large. Grappes plus courtes que les feuilles; pédicelles courts, opposés. Corolle bleue, d'un demi-pouce de diamètre. Ailes jaunâtres, longues d'environ 15 lignes.

Cette espèce habite les Antilles.

HÉTÉROPTÉRIS LUISANT. — *Heteropteris nitida* Kunth, l. c. — *Banisteria nitida* Lamk. — Cavan. Diss. 9, tab. 244.

Feuilles non-glandulifères, courtement pétiolées, oblongues, ou ovales-oblongues, brusquement rétrécies en pointe obtuse, glabres en dessus, satinées en dessous. Panicules axillaires et terminales, brachiées. Ailes oblongues-obovales, distantes, presque dressées.

Tiges très-longues. Feuilles argentées en dessous, longues de 3 à 5 pouces, sur 1 à 2 pouces de large. Panicule ample, longue

de près d'un demi-pied. Fleurs pourpres. Ailes longues de près
de 2 pouces.

Cette espèce, indigène au Brésil, se cultive dans les serres.

Genre STIGMATOPHYLLE.— *Stigmatophyllum* Juss. fil.

Calice 5-parti : 4 des lanières biglanduleuses à la base. Pétales 5, onguiculés, inégaux : lame ordinairement denticulée. Étamines 10, inégales et dissemblables : 4 intérieures
(placées devant les sépales glandulifères) stériles ou plus courtes; 6 un peu plus externes, toujours fertiles, alternativement plus longues et plus épaisses; filets monadelphes à leur
base; connectif épais, glanduliforme. Styles 3, divariqués,
aplatis et dilatés ou cuculliformes et foliacés au sommet.
Stigmates petits, mammelonaires, faciaux, discolores. Diérésile à 3 samares (ou par avortement à moins de 3) mono-
ptères au sommet : aile épaissie au bord antérieur.

Arbrisseaux grimpants. Feuilles opposées, ou verticillées-
ternées, ou alternes (souvent sur le même individu), très-entières, ou dentées, ou lobées, quelquefois ciliées. Pétiole plus
ou moins allongé, biglanduleux. Stipules minimes, caduques. Ombelles axillaires et terminales, simples, sessiles, ou
pédonculées. Pédicelles ordinairement penchés avant l'anthèse, dilatés supérieurement. Fleurs jaunes.

Ce genre, fondé très-récemment par M. Adrien de Jussieu,
renferme seize espèces, dont quelques-unes faisaient partie
du genre Banistéria. Il est probable qu'en outre un certain
nombre de Banistéria des auteurs doivent être classés parmi
les *Stigmatophyllum*.

Voici quelques-unes des espèces les plus élégantes :

STIGMATOPHYLLE AURICULÉ. — *Stigmatophyllum auriculatum* Juss. fil. in Flor. Brasil. Merid. v. 3, tab. 171, B. — *Banisteria auriculata* Cavan. Diss. 9, tab. 255.

Feuilles sagittées-cordiformes, légèrement acuminées, membranacées, très-glabres, très-entières. Pétioles biglanduleux au
sommet. Samares glabres : ailes longues, obliques.

Cette espèce, indigène au Brésil, se cultive dans les serres.

STIGMATOPHYLLE CILIÉ. — *Stigmatophyllum ciliatum* Juss. fil. l. c. v. 3, p. 49. — *Banisteria ciliata* Lamk. — Cavan. Diss. 9, tab. 254.

Feuilles cordiformes-suborbiculaires, bilobées à la base, entières, ciliées, glabres, longuement pétiolées : pétioles biglanduleux au sommet. Samares glabres, bordées d'une courte aile triangulaire.

Feuilles longues de 1 '/, à 2 '/, pouces, à peu près aussi larges que longues. Ombelles pédonculées, 4-6-flores. Sépales ovales, obtus, presque glabres, longs de 2 lignes. Pétales environ 4 fois plus longs que le calice : lame grande, ovale.

Cette espèce croît au Brésil. On la possède aussi dans les collections de serre.

STIGMATOPHYLLE A FEUILLES DE JATROPHA. — *Stigmatophyllum jatrophæfolium* Juss. fil. l. c. tab. 70.

Feuilles 5-7-fides, ou 5-7-parties, palmées, pointues, denticulées-ciliées, cordiformes-bilobées à la base, glabres ; pétioles biglanduleux au sommet. Ombelles longuement pédonculées, 6-12-flores.

Tiges diffuses. Rameaux sarmenteux, grêles, flexueux. Feuilles longues de 1 à 2 pouces, larges de 2 à 3 pouces. Sépales ovales, obtus, longs de 1 ligne. Pétales trois fois plus longs que le calice.

Cette espèce a été trouvée par M. Auguste de Saint-Hilaire au Brésil, dans la province de Rio-Grande.

STIGMATOPHYLLE COTONNEUX. — *Stigmatophyllum tomentosum* Juss. fil. l. c. tab. 71, B.

Feuilles ovales, très-entières, fortement cotonneuses (blanchâtres) en dessous. Pétioles biglanduleux au-dessous du sommet. Rameaux subdichotomes. Ombelles dichotoméaires sessiles, et terminales longuement pédonculées.

Feuilles longues de 4 à 6 pouces, larges de 3 à 4 pouces. Pétioles longs de 1 '/, pouce. Ombelles multiflores. Sépales longs de 1 '/, ligne, ovales, hérissés. Pétales 4 fois plus longs que le calice.

Cette espèce croît au Brésil, dans la province des Mines,

Genre PÉIOXOTOA. — *Peioxotoa* Juss. fil.

Calice 5-parti : 4 des segments biglanduleux à la base. Pétales 5, onguiculés, inégaux : lame denticulée-ciliée. Étamines 10 : 5 stériles (placées devant les sépales), à anthères difformes; filets monadelphes à leur base. Styles 3. Stigmates capitellés. Diérésile à 3 samares (ou, par avortement, 1-2), triptères postérieurement : ailes latérales courtes; aile intermédiaire épaissie au bord antérieur.

Arbrisseaux volubiles. Feuilles opposées, entières, larges, biglandulifères en dessous à leur base. Stipules grandes, connées (interpétiolaires). Inflorescence : ombelles 4-flores, disposées (par l'avortement des feuilles supérieures) en grandes panicules terminales ou latérales, bractéolées.

M. Adrien de Jussieu a décrit trois espèces de ce genre. La plus remarquable est la suivante :

Péioxotoa glabre. — *Peioxotoa glabra* Juss. fil. in Flor. Brasil. Merid. vol. 3, tab. 172.

Rameaux glabres, lisses, d'un pourpre noirâtre. Feuilles longues de 2 à 4 pouces, larges de 1 à 2 pouces, ovales-lancéolées, subcordiformes à la base, très-entières, très-glabres, coriaces, luisantes en dessus, réticulées en dessous, courtement pétiolées. Stipules longues de 6 à 9 lignes, larges de 4 à 6 lignes, semiamplexicaules, cordiformes, souvent bifides. Panicule terminale, lâche, plusieurs fois dichotome. Pédicelles hispides. Sépales longs de 2 ½ lignes, ovales-lancéolés, cotonneux en dehors. Pétales réfléchis, 3 fois plus longs que le calice. Samares pubescentes, de la grosseur d'un Pois; ailes rougeâtres : les plus grandes longues d'environ 6 lignes, sur 5 lignes de large.

Cette espèce croît au Brésil, dans la province des Mines.

Genre FIMBRIARIA. — *Fimbriaria* Juss. fil.

Calice 5-parti : 4 des segments biglanduleux à la base. Pétales 5, onguiculés : lame fimbriée. Étamines 6 (5 placées devant les sépales), toutes fertiles; filets soudés en tube irrégulier; anthères orbiculaires, velues postérieurement. Ovaires 5, libres. Style indivisé, gynobasique. Gynophore prismatique, trigone. Stigmate capitellé. Péricarpe à 5 samares dilatées supérieurement en aile épaissie au bord antérieur.

Arbrisseaux grimpants. Feuilles opposées, très-entières. Stipules presque imperceptibles. Inflorescence : ombelles 4-flores, axillaires et terminales, disposées en panicule feuillée, multiflore. Fleurs rouges, très-apparentes.

L'espèce suivante constitue à elle seule ce genre :

Fimbriaria élégant. — *Fimbriaria elegans* Juss. fil. in Flor. Brasil. Merid. v. 3, tab. 73.

Jeunes ramules cotonneux. Feuilles ovales, courtement acuminées, très-entières, glabres en dessus, fortement pubescentes en dessous, longues de 2 à 4 pouces, larges de 1 $^1/_2$ à 2 pouces. Pétioles cotonneux, longs de 1 $^1/_2$ pouce, munis au sommet de 2 ou 3 paires de glandules orbiculaires. Panicule pyramidale, densiflore, longue de $^1/_2$ pied et plus, cotonneuse : poils bipartis. Sépales longs de 2 lignes, ovales, connivents, satinés en dehors. Pétales 2 fois plus longs que le calice : lame suborbiculaire, élégamment fimbriée. Ailes des samares dressées, longues de $^1/_2$ pouce, larges de 4 lignes.

Cette espèce, très-remarquable par la beauté de ses fleurs, a été découverte par M. Aug. de Saint-Hilaire, au Brésil, dans la province des Mines.

Genre ACRIDOCARPE. — *Acridocarpus* Guillem. et Perrott.

Calice 5-parti : un seul des segments biglandulifère à la base. Pétales 5, onguiculés : lame obovale, concave. Étamines 10, toutes fertiles, courtement monadelphes à leur base. Styles 2, très-longs, oncinés au sommet. Diérésile à 2 (rarement à 3) samares prolongées en longue aile épaissie au bord supérieur.

Feuilles alternes, glanduleuses. Fleurs jaunes, en grappes ou en corymbes axillaires et terminaux.

Ce genre se compose de trois espèces indigènes dans l'Afrique équatoriale. En voici la plus remarquable :

ACRIDOCARPE PLAGIOPTÈRE. — *Acridocarpus plagiopterus* Guillem. et Perrott. in Flor. Senegamb. vol. 1, tab. 29.

Arbrisseau rameux, roide. Rameaux pubescents, ferrugineux, cylindriques. Feuilles obovales ou cunéiformes-obovales, glanduleuses en dessous aux bords, échancrées ou rétuses, submucronulées, très-entières, glabres, coriaces, longues de 3 à 4 pouces, larges de 2 à 3 pouces; pétiole court, pubescent, canaliculé en dessus. Grappes axillaires et terminales, simples, pédonculées, longues de 2 à 3 pouces. Calice ferrugineux. Pétales longs de 3 à 4 lignes, d'un jaune orange. Samares horizontales, glabres : ailes roussâtres, longues d'environ 18 lignes, larges de 4 à 5 lignes.

Cette espèce a été trouvée par M. Leprieur en Sénégambie, sur les bords de la Casamance. Ses fruits ressemblent, en quelque sorte, à une grande sauterelle ayant les ailes déployées. C'est à cet aspect particulier que fait allusion le nom du genre.

Genre PTÉRANDRE. — *Pterandra* Juss. fil.

Calice 5-parti : lanières biglanduleuses à la base, ou non-glanduleuses. Pétales 5, courtement onguiculés : lame presque entière, ondulée. Étamines 10, toutes fertiles; filets libres; anthères glabres : l'une des valves de chaque bourse (ou rarement les deux valves) prolongée en crête aliforme. Ovaires 3, presque libres. Styles axiles, presque basilaires, libres, filiformes. Stigmates pointus. Ovules presque horizontaux. Péricarpe inconnu.

Feuilles opposées, très-entières, subsessiles. Stipules connées, interpétiolaires. Pédicelles fasciculés, axillaires, ou comme latéraux par la chute des feuilles. Fleurs roses.

Ce genre ne renferme que les deux espèces dont nous allons parler ; elles sont remarquables par l'élégance de leur feuillage et de leurs fleurs.

PTÉRANDRA A FEUILLES DE GOYAVIER. — *Pterandra psidiæfolia* Juss. fil. in Flor. Brasil. Merid. vol. 3, tab. 179, A.

Feuilles ovales ou elliptiques-obovales, ou obovales, mucronulées, subcordiformes à la base, pubescentes en dessous. Calice non-glanduleux.

Ramules cotonneux, subhexagones. Feuilles longues de 2 à 3 pouces, larges de 1 ¹/₂ à 2 pouces, grisâtres en dessous, coriaces. Stipules amplexicaules, triangulaires, longues de 2 lignes. Fascicules 4-flores. Pédicelles longs de 4 à 5 lignes. Sépales longs de 2 lignes, ovales, cotonneux. Pétales 2 fois plus longs que le calice, suborbiculaires. Ovaire cotonneux.

Cette espèce a été trouvée par M. Aug. de Saint-Hilaire au Brésil, dans la province des Mines.

PTÉRANDRA A FEUILLES DE POIRIER. — *Pterandra pyroidea* Juss. fil. l. c. tab. 179, B.

Feuilles obovales ou elliptiques-obovales, courtement acuminées, arrondies à la base, pubescentes (subferrugineuses) en dessous. Calice 10-glandulifère.

Sous-arbrisseau haut de ¹/₂ à 1 ¹/₂ pied. Ramules jeunes cotonneux. Feuilles longues de 4 à 5 pouces, sur 2 ¹/₂ à 3 pouces de large. Stipules courtes, triangulaires, cotonneuses. Fascicules multiflores. Pédicelles longs de 6 à 9 lignes, satinés. Sépales ovales, satinés, longs de 2 lignes. Pétales obovales, 2 fois plus longs que le calice. Ovaire cotonneux.

Cette espèce a été observée par M. Aug. de Saint-Hilaire dans les savanes du nord de la province des Mines.

CINQUIÈME CLASSE.

LES AMPÉLIDÉES.

AMPELIDEÆ Bartl.

CARACTÈRES.

Arbres ou *arbrisseaux*. Tiges quelquefois grimpantes et munies de vrilles. Rameaux cylindriques ou irrégulièrement anguleux. Suc propre aqueux.

Feuilles opposées ou alternes, ordinairement pétiolées, simples ou diversement composées, non-ponctuées, stipulées ou non-stipulées.

Fleurs régulières, ordinairement hermaphrodites, souvent disposées en cime ou en panicule.

Calice inadhérent, petit, indivisé, ou bien 4- 5-fide. Estivation imbricative ou distante.

Disque inapparent, ou urcéolé et hypogyne.

Pétales 4 ou 5, hypogynes, interpositifs, caducs, sessiles, quelquefois soudés par leur base. Estivation valvaire.

Étamines hypogynes, tantôt en même nombre que les pétales, et interpositifs ou antépositifs, tantôt en nombre double, ou triple, ou quadruple des pétales. Filets soudés par leur base ou dans toute leur longueur, ou très-rarement libres. Anthères incombantes ou adnées à la paroi interne du tube staminifère, à 2 bourses déhiscentes chacune antérieurement par une fente longitudinale.

Pistil : Ovaire 2-5-loculaire. Ovules axiles, en nombre défini ou indéfini. Style indivisé ou nul. Stigmates en même nombre que les loges de l'ovaire, souvent libres.

Péricarpe 2-5-loculaire (rarement uniloculaire par avortement) : tantôt capsule à 3-5 valves septifères ; tantôt drupe ou baie.

Graines souvent solitaires, ou en petit nombre, ordinairement arillées. Périsperme nul ou charnu. Embryon rectiligne ou curviligne : cotylédons foliacés ou charnus.

Les *Ampélidées* se rapprochent des Araliacées et des Sapindacées par le port, et des Styracinées par la structure des fleurs. Enfin elles offrent plusieurs points de contact avec les Aurantiacées et les Géraniacées.

Cette classe comprend les *Cédrélées*, les *Méliacées*, les *Leéacées* et les *Sarmentacées*.

QUARANTIÈME FAMILLE.

LES CÉDRELACÉES. — *CEDRELACEÆ*.

(*Genera Meliis affinia* Juss. Gen. — *Cedreleœ* R. Brown , Gen. Rem.
in Flind. Voy. II , pag. 595.—Bartl. Ord. Nat. p. 356.—*Cedrelaceœ*
Juss. fil. Diss. de Méliac. in Mém. du Mus. vol. 19, pag. 247.)

Ce groupe , presque exclusivement propre à la zone
équatoriale , ne se compose que de quatorze espèces ;
mais il renferme l'*Acajou* ou *Mahagoni*, et plusieurs autres arbres importants par les bois qu'ils fournissent aux
arts ou aux métiers. Les propriétés médicales des *Cédrélacées* sont fort prononcées : leurs écorces , ordinairement astringentes et amères, offrent à la thérapeutique
d'excellents remèdes fébrifuges et toniques ; leur bois et
leurs parties vertes exhalent une odeur tantôt aromatique , tantôt fétide.

M. Adrien de Jussieu , en reconstituant cette famille
sur de nouvelles bases , y réunit plusieurs genres compris autrefois dans les Méliacées. C'est d'après son excellent travail que nous allons exposer les caractères de la
famille, ainsi que ceux des genres.

CARACTÈRES DE LA FAMILLE.

Arbres à bois ordinairement dense, odorant et de couleur rougeâtre.

Feuilles alternes, non-stipulées, pennées ; folioles alternes, ou plus souvent opposées par paires.

Fleurs régulières, polygames par l'avortement partiel
des organes de l'un des sexes , disposées en panicules
amples et terminales , ou subterminales , ou rarement
axillaires.

Calice inadhérent, tantôt à 4 ou 5 sépales imbriqués, tantôt 4- ou 5-fide.

Pétales 4 ou 5, interpositifs, libres, plus longs que le calice, quelquefois onguiculés : estivation contortive ou convolutive.

Étamines plus courtes que la corolle, en nombre double des pétales : les antépositives quelquefois privées d'anthères, ou nulles, toujours plus courtes que les interpositives. Filets insérés avec la corolle à un disque hypogyne, tantôt larges, aplatis, et soudés par la partie inférieure en un androphore tubuleux, anthérifère en dedans; tantôt subulés, libres, chacun anthérifère au sommet. Anthères supra-basifixes ou médifixes, introrses ou versatiles, à deux bourses parallèles, contiguës, longitudinalement déhiscentes. Pollen subglobuleux, lisse, marqué à la circonférence de 4 ou 5 cercles transparents.

Disque stipitiforme, ou annulaire et adhérent à la base de l'ovaire, ou allongé en tube engaînant.

Pistil : Ovaire à loges en même nombre que les pétales ou rarement en nombre moindre. Ovules au nombre de 4-8-12 ou plus dans chaque loge, bisériés, attachés à des placentaires axiles. Style simple. Stigmate pelté ou tronqué, à lobes ou angles en même nombre que les loges de l'ovaire.

Péricarpe : Capsule ligneuse, 3-5-loculaire, 3-5-valve; axe épais, ligneux, persistant, à 5 ailes formées par les cloisons; valves interpositives.

Graines bisériées, axiles, inarillées, planes, imbriquées, suspendues, ou ascendantes. Test fongueux, dilaté supérieurement ou inférieurement en aile membraneuse. Tegmen membranacé. Embryon rectiligne, ou oblique, ou transverse, tantôt renfermé dans un périsperme mince et charnu, souvent adhérent, tantôt apérispermé : cotylédons foliacés, collatéraux ; radicule minime.

M. Adrien de Jussieu classe les genres des Cédrélacées comme suit :

Iʳᵉ TRIBU. **LES SWIETÉNIÉES.** — *SWIETENIEÆ* Juss. fil.

Filets soudés en tube. Hile apicilaire. Pétales contournés en préfloraison.

Swietenia Linn. (Maagoni Adans. Roia Scop.) — *Khaya* Juss. fil.—*Soymida* Juss. fil.—*Chukrasia* Juss. fil.

IIᵉ TRIBU. **LES CÉDRÉLÉES.** — *CEDRELEÆ* Juss. fil.

Filets libres. Hile situé à l'extrémité embryonifère de la graine. Pétales convolutés ou contournés en préfloraison.

Chloroxylon De Cand. — *Flindersia* R. Br. — *Cedrela* Linn.

GENRE DONT LES AFFINITÉS NE SONT PAS ASSEZ CONNUES.

Odontandra Kunth.

Iʳᵉ TRIBU. **LES SWIETÉNIÉES.** — *SWIETENIEÆ* Juss. fil.

Filets soudés en tube. Hile situé à l'extrémité de l'aile de la graine. Pétales contournés en préfloraison.

Genre ACAJOU. — *Swietenia* Linn.

Calice court, à 5 lobes obtus. Pétales 5, réfléchis. Androphore subcampanulé, 10-denté. Anthères 10, incluses, médifixes, apiculées, alternes avec les dents de l'androphore. Disque annulaire. Ovaire à 5 loges pluriovulées. Style court. Stigmate discoïde, 5-radié. Capsule ovoïde, 5-loculaire,

septifrage de bas en haut, 5-valve; sarcocarpe ligneux, très-
épais, se séparant de l'endocarpe; axe pentagone supérieurement, pentaptère inférieurement. Graines subapicilaires,
pendantes, imbriquées - bisériées , presque planes. Épisperme épais, spongieux, dilaté supérieurement en aile oblongue. Embryon transverse; radicule papilliforme, poin-
tant vers le côté de la loge; cotylédons soudés entre eux et
au périsperme.

Arbres : bois dur, d'un brun roux. Feuilles paripennées.
Folioles opposées, petites, très - inéquilatérales. Panicules
axillaires ou subterminales, lâches.

L'espèce dont nous allons traiter est la seule qu'admettent
les botanistes. Il est probable néanmoins que le bois d'Acajou du commerce provient de plusieurs espèces distinctes.
Nous devons encore faire remarquer que le nom d'*Acajou*
s'applique vulgairement à quelques végétaux de genres et
même de familles différents, tels que l'*Anacarde* ou *Cassu-
vium*, qu'on appelle aussi *Acajou à pommes* et qui produit
les fruits nommés improprement *Noix d'Acajou*; le *Cédréla à bois odorant* ou *Acajou à planches*; l'*Acajou bâtard*
des Antilles (*Swietenia senegalensis*, Descourtils, Flore
Méd. des Antilles), qui peut-être est un vrai *Swietenia*.

Acajou Mahogon. — *Swietenia Mahogoni* Linn. — Jacq.
Amer. — Catesb. Carol. 2, tab. 20.—Cavan. Diss. 7, tab. 209.
— Turpin in Dict. des Sciences Nat. Ic. (mala quoad fruct.) —
Tussac, Flor. Antill. 4, tab. 23.—Hooker, in Bot. Miscell. vol.
1 , pag. 21 , tab. 16 et 17. — Juss. fil. Diss. de Meliac. in
Mém. du Mus. vol. 19, p. 248, tab. 11, n° 25.

Arbre de première grandeur et d'un port très-élégant. Tronc
élancé, couronné par une tête ample et rameuse. Bois dur , compacte, d'un brun rougeâtre. Écorce cendrée, tuberculeuse. Rameaux tuberculeux, d'un gris tirant sur le brun. Feuilles à 3 ou
5 paires de folioles opposées, écartées, ovales-lancéolées, obliques, subcoriaces, nerveuses, glabres, veineuses en dessous,
très-entières, un peu acuminées, rétrécies en pétiolule court. Pa-

nicules longues de 3 à 4 pouces, pendantes, très-rameuses, glabres, beaucoup plus courtes que les feuilles. Fleurs petites, d'un jaune verdâtre. Sépales arrondis. Pétales ovales-oblongs, concaves. Androphore plus court que les pétales. Disque écarlate. Capsule ovoïde, ligneuse, de la grosseur d'un œuf d'oie, légèrement tuberculeuse, d'un brun roux. Graines orbiculaires, brunâtres.

Cet arbre, nommé vulgairement *Acajou à meubles, Mahagoni* ou *Mahagon,* croît aux îles de Bahama, ainsi qu'aux Antilles. Son bois, d'un grain très-fin et serré est, comme l'on sait, l'un des plus recherchés pour l'ébénisterie, en raison de sa longue durée, de sa belle couleur et du poli dont il est susceptible. Dans les contrées où l'*Acajou* est indigène, on l'emploie fréquemment à la charpente et à la menuiserie. Les Espagnols s'en servaient pour la construction des navires, parce qu'il résiste au boulet, dont il reçoit le coup sans se fendre, et que les vers l'attaquent rarement.

« Le *Mahogon,* dit M. de Tussac, est un des plus gros et
» des plus grands arbres qui existent sous la zone torride; on en
» trouve dont le tronc peut fournir des madriers de cinq à
» six pieds de diamètre, même plus, et dont la cime est si éten-
.» due, qu'elle peut garantir des rayons du soleil plus de
» cent personnes. On distingue plusieurs espèces de *Maho-*
» *gon* ou Acajou, qui ne sont peut-être que des variétés : l'*Aca-*
» *jou franc,* l'*Acajou bâtard,* l'*Acajou mouchete* et l'*A-*
» *cajou ronceux.* L'*Acajou franc* est l'espèce dont le tronc
» acquiert la plus grande dimension, mais dont le bois est moins
» dur, se fend plus facilement, et est moins foncé en couleur.
» C'est particulièrement celui que l'on emploie pour faire des pi-
» rogues ou canots d'une seule pièce, pour passer les rivières; on
» en construit d'assez grands pour contenir vingt-cinq à trente
» personnes. L'Acajou franc ne croît que dans les plaines où il y
» a un fond de terre suffisant pour que ses énormes racines puis-
» sent s'étendre; on ne le trouve jamais dans les hautes monta-
» gnes; il croît très-promptement. A l'âge de vingt-cinq à trente
» ans on peut tirer de son tronc des madriers de vingt-cinq à
» trente pouces de large : le bois d'Acajou franc est celui qui,

» dans le commerce, a la moindre valeur; on ne l'emploie jamais
» pour faire des meubles, mais on le choisit de préférence pour
» la construction des maisons, parce qu'il est plus commun et
» moins cher. L'*Acajou bâtard*, qui est celui dont le bois est
» le plus généralement répandu dans le commerce, est employé
» dans le pays pour faire des meubles, que l'on établit toujours
» en bois plein; le placage, tel qu'on le pratique en France, ne
» résisterait pas à l'alternative de la grande chaleur et de l'hu-
» midité qui existe dans les zones torrides. Cette espèce d'Acajou
» croît dans les montagnes inférieures; son tronc n'acquiert ja-
» mais la même grosseur que celui de l'*Acajou franc*; on en
» trouve cependant qui peuvent être équarris à la largeur de qua-
» tre et cinq pieds. C'est surtout dans la partie espagnole de Saint-
» Domingue et dans les îles de la Tortue et de la Gonave, que
» l'on trouve la plus grande quantité de beaux Acajous. Le bois
» d'*Acajou moucheté* se vend beaucoup plus cher que le précé-
» dent; il est plus beau; il est aussi plus rare; l'arbre qui le
» produit croît dans les mornes arides; il est de médiocre gros-
» seur, souvent rabougri. Outre que ce bois se fait remarquer
» par une grande quantité de mouchetures de différentes formes,
» sa couleur est plus foncée que dans les autres espèces d'Acajou,
» et il est plus dur et plus susceptible de prendre un beau poli.
» Il existe une autre espèce de bois d'Acajou, qu'on nomme
» ondé, parce qu'on y remarque des veines d'une couleur plus
» foncée que le fond, qui forment différentes ondulations; quel-
» quefois aussi, on trouve sur le bois d'Acajou des représenta-
» tions informes de Palmiers, qui font sur les meubles un très-
» bel effet: les artistes français nomment cette sorte de bois
» *Acajou ronceux*. Avant de faire débiter ou travailler un ar-
» bre d'Acajou que l'on a fait abattre, on en fait enlever l'écorce,
» que l'on vend aux tanneurs; elle contient abondamment du tan-
» nin et de l'acide gallique. On peut même, en cas de besoin,
» employer les feuilles.
» Le bois de Mahogon se conserve parfaitement dans l'eau, il
» a l'avantage, sur beaucoup d'espèces de bois, de n'être point
» attaqué par les vers. Les perroquets sont très-avides des grai-

» nes de cet arbre; mais quand ils en font leur nourriture, leur
» chair devient très-amère, et l'on peut à peine la manger. »

L'Acajou commence à devenir rare aux Antilles. D'après des
détails très-intéressants, publiés récemment par M. Hooker (*Bot.
Miscellan.* 1 p. 21-32), presque tout le bois d'Acajou que le
commerce importe aujourd'hui en Angleterre, s'exploite dans la
province de Honduras, où l'arbre qui le produit est très-abon-
dant; mais il n'est pas certain que cette espèce soit identique avec
le *Swietenia Mahagoni.*

Genre KHAYA. — *Khaya* Juss. fil.

Calice à 4 sépales bisériés, imbriqués. Pétales 4, étalés. Androphore tubuleux, renflé à la base, 8-denté au sommet :
dents imbriquées par leurs bords. Anthères 8, incluses, su-
pra-médifixes, alternes avec les dents de l'androphore. Disque annulaire. Ovaire oblong, à 4 loges 16-ovulées. Style
court, épais. Stigmate discoïde, 4-radié. Capsule globuleuse, grosse, 4-loculaire, septifrage de haut en bas, à 4 valves
épaisses, ligneuses; axe tétraptère. Graines au nombre de
16 dans chaque loge, suborbiculaires, courbées, marginées,
bisériées mais imbriquées sur un seul rang, pendantes. Périsperme mince, charnu. Embryon oblique ; radicule papilliforme, fort courte, regardant le côté de la loge ; cotylédons
soudés entre eux et au périsperme.

Feuilles paripennées, paucifoliolées. Panicules agrégées
au sommet de ramules aphylles.

L'espèce suivante constitue à elle seule ce genre

KHAYA DU SÉNÉGAL. — *Khaya senegalensis* Juss. fil. Diss.
de Meliac. in Mém. du Mus. v. 19, pag. 251, tab. 19, n° 24. —
Guillem. et Perrott. in Flor. Senegamb. vol. 1, tab. 52. —
Swietenia senegalensis Desrouss. in Lamk. Encycl. (non Des-
court. Fl. Méd. des Antilles).

Arbre très-rameux, haut de 80 à 100 pieds. Tronc fort gros,
droit. Écorce d'un gris roussâtre. Rameaux très-longs, étalés,
cylindriques, glabres. Feuilles à 3-6 paires de folioles oppo-

sées ou alternes, longues de 2 à 6 pouces, larges de 1 à 2 pouces, ovales-oblongues ou lancéolées, subinéquilatérales, courtement pétiolées, très-entières, ondulées, coriaces, glabres aux 2 faces, luisantes en dessus, pâles en dessous. Pétiole commun long de 5 à 12 pouces. Panicules terminales et axillaires, lâches; pédicelles subtriflores. Fleurs petites. Pétales ovales, obtus, concaves, blanchâtres. Capsule globuleuse, de la grosseur d'une Pêche. Graines grandes, très-larges, suborbiculaires.

« Cet arbre, disent MM. Guillemin et Perrottet, est un des » plus grands et des plus beaux parmi ceux qui ornent les bords » de la Gambie et les bas fonds de la presqu'île du Cap-Vert, où » il est tellement abondant qu'il forme en quelque sorte l'essence » des forêts de ce pays. Son tronc, qui atteint jusqu'à trois pieds » et plus de diamètre, est très-droit, susceptible de se débiter » en belles planches, dans lesquelles on n'aperçoit aucune trace » de nodosité, et qui, par conséquent, donnent un bois très-pré- » cieux pour la menuiserie et même l'ébénisterie. Il est presque » aussi rouge que le véritable Acajou, mais un peu plus tendre, » d'un grain moins serré, et il a l'inconvénient de se fendre faci- » lement par la dessiccation. Lorsque le commerce de la gomme » n'est pas florissant, les navires français vont sur la Gambie en » faire des chargements qu'ils importent en Europe; mais la quan- » tité de cette marchandise a été si considérable en ces derniers » temps, qu'elle a nui à sa valeur commerciale. Les habitants du » pays en font des meubles, et surtout des embarcations d'une » grande solidité. Son écorce est brune, grisâtre, crevassée, » d'une grande amertume, et jouit de propriétés fébrifuges. Elle » est employée sous ce rapport par les nègres, qui la prennent » sous forme d'infusion et de décoction, et non en poudre, comme » l'assurent les auteurs de la *Flore médicale*. Nous ferons re- » marquer que ces auteurs se sont tous trompés sur la plante qui » fournit le *Caïl Cédra* en l'attribuant au *Cedrela odorata*.

Genre SOYMIDA. — *Soymida* Juss. fil.

Calice à 5 sépales imbriqués. Pétales 5, étalés, courtement onguiculés. Androphore court , cupuliforme, à 10 lobes bifides au sommet. Anthères 10, presque incluses, supramédifixes , obovales, insérées entre les dents des lobes de l'androphore. Disque large, adné au fond de l'androphore. Ovaire à 5 loges 12-ovulées. Style court, prismatique. Stigmate pelté, 5-gone. Capsule oblongue-obovale , 5-loculaire, septifrage de haut en bas en 5 valves; sarcocarpe ligneux, se séparant de l'endocarpe. Axe ample. Graines apicilaires, suspendues , imbriquées, planes, marginées, ailées aux 2 bouts. Embryon subrectiligne, apérispermé; cotylédons foliacés , biauriculés au sommet; radicule supère, conique, incluse.

Feuilles paripennées ; folioles opposées. Panicules terminales et axillaires-subterminales, amples.

L'espèce dont nous allons faire mention, constitue à elle seule le genre.

Soymida fébrifuge. — *Soymida febrifuga* Juss. fil. Meliac. in Mém. du Mus. vol. 19, p. 251, tab. 11, n° 26.—*Swietenia febrifuga* Roxb. Corom. 1, tab. 17.

Arbre de première grandeur. Tronc très-gros. Bois dense, d'un brun roux. Écorce grisâtre, scabre , rimeuse. Branches nombreuses, formant une tête très-ample et touffue : les inférieures étalées; les supérieures ascendantes. Feuilles longues d'environ un pied, composées de 3 ou 4 paires de folioles pétiolulées, elliptiques , obtuses, inéquilatérales, glabres, luisantes, longues de 3 à 5 pouces, sur 2 à 3 pouces de large. Panicules très-amples, diffuses ; les ramifications inférieures accompagnées d'une feuille paucifoliolée. Pédoncules et pédicelles lisses; bractéoles minimes. Fleurs petites, blanches, inodores. Sépales ovales. Pétales obovales, obtus , concaves.

Cet arbre, nommé *Soymida* par les Télinga's , croît dans les montagnes de la côte de Coromandel. Son bois, d'un rouge foncé, est d'une dureté et d'une pesanteur extraordinaires. Les Hindous le regardent comme le plus dur de tous les bois du pays , et par cette raison ils l'emploient généralement dans les constructions de leurs temples, ainsi qu'à une multitude d'autres usages. L'intérieur de l'écorce est d'un rouge clair et donne une teinture de couleur brune. Sa saveur est astringente et fortement amère, sans aucun arrière-goût désagréable. Roxburgh recommande cette écorce comme un excellent remède fébrifuge.

Genre CHUKRASIA. — *Chukrasia* Juss. fil.

Calice court, 5-denté. Pétales 5, dressés. Androphore tubuleux, 10-crénelé. Anthères 10, dressées, apicilaires, insérées aux crénelures. Disque court, stipitiforme. Ovaire oblong, à 5 loges multiovulées. Style court, épais, continu avec l'ovaire. Stigmate capitellé, souvent trilobé. (Péricarpe inconnu.)

Feuilles pennées; folioles subopposées. Panicules terminales.

Ce genre ne renferme que l'espèce dont nous allons parler.

CHUKRASIA TABULAIRE.—*Chukrasia tabularis* Juss. fil. Diss. de Meliac. 1. c. p. 251 et 293, tab. 11, n° 27. — *Swietenia Chickrassa* Roxb. Cat. Hort. Calcutt. — *Chickrassa* Flem. in Asiat. Res. 2, p. 180.

Feuilles à 5-8 paires de folioles oblongues, ou ovales-oblongues, obliques, inéquilatérales, acuminées-obtuses, très-entières, poilues en dessous aux aisselles des nervures.

Arbre de première grandeur. Jeunes ramules pulvérulents, un peu anguleux, d'un pourpre noirâtre et glabres à l'état adulte. Folioles accrescentes: les supérieures longues de 4 pouces; pétiole commun long d'un demi-pied à un pied, coloré comme les ramules. Panicule pyramidale, moins longue que les feuilles. Pétales subspatulés, longs d'un demi-pouce; poilus au sommet et aux bords.

Cet arbre croît dans l'Inde, où il est connu sous le nom de *Chickrassa*. Il fournit un bois de construction très-estimé dans le pays,

IIᵉ TRIBU. **LES CÉDRÉLÉES.** — *CEDRELEÆ*
Juss. fil.

Filets libres. Hile situé à l'extrémité embryonifère de la graine. Pétales convolutés ou contournés en préfloraison.

Genre CHLOROXYLE. — *Chloroxylum* De Cand.

Calice court, 5-parti. Pétales 5, courtement onguiculés, étalés. Étamines 10, toutes fertiles ; filets grêles, subulés au sommet ; anthères mobiles, médifixes, cordiformes, apiculées. Disque à 10 sinus staminifères, alternativement plus longs et plus courts. Ovaire à moitié recouvert par le disque, 5-sulqué, à 5 loges 8-ovulées. Ovules ascendants. Style court, trisulqué. Stigmate subtrilobé. Capsule oblongue, trivalve de haut en bas, à 5 loges 4-spermes. Graines ailées supérieurement.

Bois dense, jaunâtre. Feuilles paripennées. Folioles nombreuses, alternes ou opposées, petites, très-inéquilatérales, finement ponctuées. Panicules terminales, amples, rameuses.

L'espèce suivante constitue à elle seule le genre.

CHLOROXYLE ACAJOU. — *Chloroxylon Swietenia* De Cand. Prodr. — *Swietenia Chloroxylon* Roxb. Corom. 1, p. 46, tab. 64. — Juss. fil. Diss. de Meliac. l. c. tab. 12, nº 28.

Arbre. Tronc assez droit, terminé par une ample tête touffue, étalée, toujours verte. Écorce très-lisse, ferrugineuse. Feuilles rapprochées vers l'extrémité des ramules, longues d'un demi-pied. Folioles au nombre de 20 à 40, subsessiles, ovales-obliques, obtuses, lisses, entières, longues d'un pouce ; la moitié supérieure 2 fois plus large que la moitié inférieure. Pétiole rond, lisse. Panicules très-amples, subpyramidales : les dernières ramifications à cimules subtriflores. Fleurs petites, jaunâtres. Pétales obovales, beaucoup plus longs que le calice. Capsule brunâtre, longue de 1 pouce, sur ¹/₂ pouce de diamètre.

Cet arbre, nommé *Billou* par les Tellinga's, a été observé par Roxburgh dans les montagnes de la côte de Coromandel, et par M. Léchenault dans les parties plus méridionales de la Péninsule en deçà du Gange. Selon Roxburgh, le Chloroxyle ne s'élève pas très-haut; mais M. Léchenault assure que c'est un arbre de première grandeur. Son bois, d'un jaune très-foncé, est pesant, durable et d'un grain extrêmement serré. On l'emploie dans l'Inde à une infinité d'usages.

Genre FLINDERSIA. — *Flindersia* R. Br.

Calice court, 5-fide. Pétales 5, sessiles, étalés; filets 10, insérés au disque : 5 stériles, placés devant les pétales; les 5 interpositives anthérifères; anthères conniventes, juxta-basifixes, ovales-cordiformes, acuminées. Disque cyathiforme, crénelé, plissé, pétalifère en dehors à la base, staminifère un peu plus haut. Ovaire à 5 loges 4-ovulées. Ovules bisériés, enfoncés dans les placentaires. Style simple, pentagone. Stigmate pelté, 5-lobé. Capsule ligneuse, hérissée de pointes coniques, septicide en 5 valves cymbiformes; axe pentaptère, se séparant en 5 lames spongieuses, opposées aux valves, dispermes de chaque côté. Graines ascendantes, imbriquées, terminées en aile membraneuse. Test épais, spongieux. Périsperme nul. Embryon transverse : cotylédons subfoliacés; radicule très-courte, pointante vers l'axe du péricarpe.

Arbres à jeunes pousses gummifères. Feuilles imparipennées, pauci- ou plurifoliolées. Folioles ponctuées. Panicules terminales.

Ce genre ne renferme que les deux espèces suivantes :

FLINDERSIA AUSTRAL. — *Flindersia australis* R. Brown, Gen. Rem. p. 63, tab. 1.

Feuilles à 3-7 folioles glabres, elliptiques ou lancéolées. Fleurs en panicule. Capsule ovoïde, très-obtuse aux deux bouts.

Arbre assez élevé. Cime irrégulière, composée de branches étalées. Rameaux cylindriques. Folioles pétiolulées, très-entières, longues de 2 à 3 pouces, sur 1 pouce de large. Fleurs petites, blanchâtres, légèrement odorantes, accompagnées de bractéoles subulées. Panicules amples, denses. Capsule longue de 3 pouces, de la grosseur d'un œuf de pigeon.

Cet arbre a été découvert par M. R. Brown sur la côte orientale de la Nouvelle-Hollande. L'écorce, les feuilles et les fruits ont une odeur analogue à celle de l'Asa fœtida; mais le bois est odorant.

FLINDERSIA DES MOLUQUES. — *Flindersia amboinensis* Poir. Encycl. Suppl. — *Arbor radulifera* Rumph. Amb. vol. 3, tab. 129.

Feuilles à 3-7 paires de folioles subopposées, lancéolées, pointues, glabres. Fleurs en grappes pendantes. Capsule ovale-oblongue, subpentagone.

Grand arbre. Folioles longues de 3 à 4 pouces, sur 2 pouces de large; fleurs odorantes. Capsule longue d'un demi-pied.

Ce *Flindersia* croît à Amboine. On construit des palissades avec son bois. L'écorce de ses capsules sert en guise de râpe.

Genre CÉDRÉLA. — *Cedrela* Linn.

Calice court, 5-fide. Pétales 5, dressés, munis en dedans d'un pli longitudinal. Organes sexuels stipités. Disque adné au stipe, glanduleux, 5-costé, 5-lobé au sommet. Filets 10, insérés au sommet du disque : 5 très-courts, stériles (ou plus souvent nuls), placés devant les pétales; 5 autres, anthérifères, subulés, interpositifs. Anthères submédifixes, versatiles, cordiformes. Ovaire à 5 loges 8-12-ovulées. Style court, pentagone, caduc. Stigmate subpentagone, rayonnant, pelté. Capsule septicide de haut en bas, 5-valve : axe 5-angulaire. Graines suspendues, apicilaires, prolongées inférieurement en aile. Périsperme charnu, mince, inadhérent à l'épisperme. Embryon presque dressé : cotylédons foliacés; radicule plus courte que les cotylédons, saillante, supère.

Arbres. Feuilles paripennées ou imparipennées. Folioles

opposées ou subopposées, nombreuses, inéquilatérales. Panicules terminales, amples, pyramidales.

Les *Cedrela* intéressent par l'élégance de leur port et par les vertus médicinales de leurs écorces. Leur tronc atteint des dimensions gigantesques et fournit d'excellents bois de construction ou d'ébénisterie. Ces bois sont amers et aromatiques. M. Adrien de Jussieu énumère sept espèces bien reconnues de ce genre, et deux espèces douteuses. En voici les plus curieuses :

SECTION Ire.

Gynophore très-court. Loges de l'ovaire 8-ovulées.

(Les espèces de cette section appartiennent à l'Asie.)

CÉDRÉLA DE CHINE. — ***Cedrela sinensis*** Juss. fil. Meliac. in Mém. du Mus. v. 19, p. 294.

Feuilles imparipennées. Folioles oblongues ou ovales, acuminées, glabres, discolores, bordées de courtes dentelures écartées. Pétales ovales, glabres. Filets 10, alternativement fertiles et stériles.

Pétiole commun long de ½ pied; folioles accrescentes : les supérieures longues de 3 à 4 pouces. Panicule un peu plus longue que la feuille. Fleurs petites.

Ce *Cédréla*, indigène aux environs de Pékin, est la seule espèce du groupe qui ait été observée dans la zone tempérée de l'hémisphère septentrional. Sans aucun doute, ce végétal pourrait être naturalisée en France.

CÉDRÉLA TOUNA. — ***Cedrela Toona*** Roxb. Corom. v. 3, tab. 238.

Feuilles paripennées, 6-12-juguées; folioles opposées, ovales-lancéolées, ondulées, acuminées, glabres, glauques en dessous, courtement pétiolulées. Panicules lâches, pendantes, de la longueur des feuilles. Pétales oblongs, ciliés. Capsule oblongue-obovale.

Arbre de première grandeur. Tronc fort gros. Écorce lisse, de couleur cendrée. Tête ample, Feuilles longues de 12 à 18 pouces; folioles longues de 2 à 6 pouces. Fleurs petites, nombreuses, blanches, répandant une odeur de miel. Capsule de la grosseur d'une Fève de marais.

Cet arbre, nommé par les Hindous *Touna*, habite le Bengale et le Népaul. Il se dépouille de ses feuilles vers la fin de l'année, et en reproduit de nouvelles, simultanément avec les fleurs, en février. Il mûrit ses fruits en mai et en juin. Le bois du *Touna* est très-semblable à celui de l'Acajou, mais son grain est moins serré. On l'emploie fréquemment dans l'Inde aux constructions et à l'ébénisterie. Le principe amer dont il est imprégné le préserve de la piqûre des insectes. L'écorce est un puissant astringent sans aucune amertume, et Roxburgh assure qu'elle est un excellent remède contre les fièvres rémittentes et intermittentes; mais on ajoute à ce médicament une petite dose de poudre des graines du *Guilandina Bonducella*, lesquelles sont fortement amères.

CÉDRÉLA FÉBRIFUGE. — *Cedrela febrifuga* Blum. Bydr. 1, p. 180.

Folioles ovales-oblongues, obliques, concolores, très-entières.

Arbre haut de 160 pieds dans les localités favorables à sa croissance, ou haut seulement de 40 pieds sur les collines arides.

Ce *Cédréla* croît dans les montagnes de Java. Les habitants de l'île le nomment *Suren*. Le docteur Blume a reconnu à l'écorce de cet arbre des propriétés fébrifuges très-efficaces, et il donne de nombreux détails sur l'emploi de ce médicament. (Voy. *Bydrag. tot de Flor. van Nederl. Ind.* vol. 1, p. 199-211.)

SECTION II.

Gynophore allongé. Loges de l'ovaire 12-ovulées.

(Les espèces de cette section habitent l'Amérique équatoriale.)

CÉDRÉLA A FOLIOLES ÉTROITES. — *Cedrela angustifolia* De Cand. Prodr. — *Cedrela odorata* Ruiz et Pav. Flor. Peruv. (non Linn. ex Juss. fil. Meliac. in Mém. du Mus. vol. 19, p. 254.)

Folioles oblongues, acuminées, entières, longuement pétiolulées, concolores en dessous.

Cet arbre est indigène au Pérou et au Mexique. Ses jeunes pousses ont une odeur d'ail très-prononcée.

CÉDRÉLA DU BRÉSIL. — *Cedrela brasiliensis* Juss. fil. in Flor. Brasil. Merid. vol. 2, tab. 101.

Feuilles paripennées; folioles opposées, oblongues-lancéolées ou ovales-oblongues, acuminées, très-entières, glabres en dessus, pubérules en dessous. Périanthes cotonneux. Pétales linéaires-obovales, soudés jusqu'au milieu.

Ramules tuberculeux. Feuilles longues d'environ 1 pied, 14-20-foliolées; folioles longues de 3 à 4 pouces, larges de 12 à 15 lignes, courtement pétiolulées. Panicules pédonculées, longues d'un demi-pied : rameaux primaires défléchis, presque pendants; les inférieurs longs de 4 à 6 pouces; ramules étalés ; fleurs courtement pédicellées, couvertes d'un duvet blanchâtre et velouté, longues d'environ 3 lignes. Pistil et étamines subisomètres, inclus.

M. Aug. de Saint-Hilaire a découvert cet arbre au Brésil, dans les forêts de la province des Mines.

CÉDRÉLA DE LA GUIANE. — *Cedrela guianensis* Juss. fil. in Mém. du Mus. vol. 19, p. 295.

Feuilles paripennées; folioles oblongues, obliques, ovales, acuminées, très-entières, glabres, pâles en dessous. Pétales linéaires, pointus, cotonneux. Étamines 5, toutes anthérifères.

Ramules tuberculeux, d'un pourpre noirâtre. Pétiole commun long d'un pied et plus; folioles accrescentes : les supérieures longues de 3 pouces. Panicules un peu plus courtes que les feuilles.

Cette espèce croît en Guiane.

CÉDRÉLA A BOIS ODORANT. — *Cedrela odorata* Linn. — Sloan. Hist. 2, p. 220, fig. 2. — Brown. Jam. tab. 10, fig. 1.

Feuilles imparipennées; folioles ovales-lancéolées, entières, subsessiles, concolores en dessous. Pétales ovales-oblongs. Étamines 5, toutes fertiles.

Grand arbre. Feuilles longues d'un pied. Panicules fort amples, composées de grappes étalées. Fleurs petites, nombreuses, d'un blanc jaunâtre.

Cet arbre, nommé vulgairement *Cèdre Acajou* et *Acajou à planches*, croît aux Antilles. Son tronc devient assez gros pour en faire des pirogues d'une seule pièce. Le bois est de couleur brune et répand une odeur agréable. On l'emploie ordinairement à la construction des boiseries et des armoires, usages auxquels il est fort propre, à cause de son amertume, qui empêche les insectes de le ronger. Sloane rapporte que cette amertume se communique même aux aliments ou aux effets qu'on dépose dans les caisses fabriquées avec le bois du *Cédréla odorant*. L'écorce et les jeunes pousses de l'arbre exhalent une odeur alliacée désagréable.

QUARANTE-UNIÈME FAMILLE.

LES MÉLIACÉES. — *MELIACEÆ.*

(*Meliaceæ* Juss. fil. in Mém. du Mus. vol. XIX, p. 153. — *Meliarum* Genn. Juss. — *Meliaceæ* Juss. in Mém. du Mus. vol. III, p. 436. — De Cand. Prodr. 1, p. 619, excl. trib. III. — Bartl. Ord. Nat. p. 355, excl. genn. quibusd.)

La plupart des *Méliacées* habitent la zone torride des deux continents. De cent vingt espèces connues une seule croît dans l'Europe australe ; mais elle est d'origine exotique ; une autre croît au cap de Bonne-Espérance, et cinq ont été observées dans la Nouvelle-Hollande.

En général, les plantes de cette famille se distinguent par un port élégant et, souvent aussi, par le luxe de leur inflorescence. C'est par exception qu'on rencontre parmi les Méliacées des végétaux à fruits mangeables et rafraîchissants, tels que le *Lansa* et le *Sandoric d'Inde.* Beaucoup d'espèces, au contraire, contiennent des sucs purgatifs ou drastiques, souvent fétides et amers. Les graines de quelques Méliacées fournissent des huiles grasses.

Le groupe qui nous occupe vient d'être retravaillé à fond par M. Adrien de Jussieu. C'est à son savant Mémoire que nous empruntons les caractères de la famille ainsi que ceux des genres.

CARACTÈRES DE LA FAMILLE.

Arbres ou *arbrisseaux.*

Feuilles non-stipulées, alternes (par exception subopposées), quelquefois simples et très-entières, ou plus ou moins pennatilobées, ou bien bipennées, ou plus sou vent pennées avec ou sans impaire : folioles alternes ou opposées par paires.

Fleurs régulières, hermaphrodites, ou souvent polygames par l'avortement partiel des organes de l'un des sexes, terminales ou plus souvent solitaires, disposées en panicule, ou en corymbe, ou en grappe, ou en épi.

Calice inadhérent, tantôt 4- ou 5-sépale, imbriqué, tantôt 4- ou 5-parti.

Pétales 4 ou 5 (par exception 3), interpositifs, plus longs que le calice, libres ou très-rarement soudés par la base soit entre eux, soit à l'androphore : estivation valvaire ou imbricative.

Étamines insérées avec la corolle à un disque hypogyne, en nombre double des pétales : les antépositives un peu plus courtes que les interpositives. Filets aplatis, larges, bidentés ou bifides au sommet, soudés inférieurement en un androphore de forme variée. Anthères médifixes ou supra-basifixes, insérées entre les dents de chaque filet de l'androphore, tantôt plus courtes que les dents et incluses, tantôt plus longues qu'elles et saillantes, introrses, chacune à deux bourses parallèles, contiguës, longitudinalement déhiscentes. Pollen globuleux, lisse, marqué à la circonférence de 3 ou 5 cercles diaphanes.

Disque tantôt presque nul, tantôt annulaire, ou stipitiforme, ou bien prolongé en tube membraneux ou charnu et engaînant l'ovaire en tout ou en partie.

Pistil : Ovaire à loges en même nombre que les pétales, ou rarement en nombre moindre (par exception, en nombre multiple des pétales). Ovules ordinairement 2 dans chaque loge, collatéraux ou superposés, rarement solitaires, ou très-rarement 4, bisériés. Style simple, dressé, ordinairement continu avec le sommet de l'ovaire, inclus ou saillant. Stigmate capitellé ou en pyramide, ou plus souvent pelté, ordinairement à autant de lobes ou d'angles qu'il y a de loges dans l'ovaire.

Péricarpe : Baie, ou drupe, ou capsule à valves septifères ; loges ordinairement monospermes par avortement.

Graines arillées ou inarillées, de forme et de situation variées (mais jamais ailées). Périsperme charnu ou plus souvent nul. — *Embryon périspermé :* Cotylédons foliacés ; radicule saillante. — *Embryon apérispermé :* Cotylédons épais, quelquefois soudés ; radicule courte, tantôt incluse, tantôt supère, les cotylédons étant collatéraux ; tantôt centrale et dirigée vers l'axe, les cotylédons étant superposés, ou dorsale et pointante dans une direction contraire au hile.

M. Adrien de Jussieu classe les genres de cette famille comme suit :

Iʳᵉ TRIBU. **LES MÉLIÉES.** — *MELIEÆ* Juss. fil.

Graines périspermées. Cotylédons foliacés. Radicule saillante.

Quivisia Juss. — (Gilibertia Gmel.) — *Calodryum* Desv. — *Turræa* Linn. — *Melia* Linn. — *Azadirachta* Juss. fil. — *Mallea* Juss. fil. — *Cipadessa* Blum.

IIᵉ TRIBU. **LES TRICHILIÉES.** — *TRICHILIEÆ* Juss. fil.

Graines apérispermées. Cotylédons épais. Radicule courte, ordinairement incluse.

Nemedra Juss. fil. — *Aphanamixis* Blum. — *Disoxylum* Blum. — *Chisocheton* Blum. — *Synoum* Juss. fil. — *Hartighsea* Juss. fil. — *Epicharis* Blum. — *Cabralea* Juss. fil. — *Didymocheton* Blum. — *Goniocheton* Blum. — *Sandoricum* Cavan. — *Lansium* Blum. — *Ekebergia* Sparm.

— *Heynea* Roxb. — *Trichilia* Linn. — *Moschoxylum*
Juss. fil. — *Guarea* Linn. — *Carapa* Aubl. — *Xylocar-*
pus Kœn.

GENRES VOISINS DES TRICHILIÉES.

Calpandria Blum. — *Aglaia* Lour. — *Stemmatosiphum*
Pohl.

Ire TRIBU. LES MÉLIÉES — *MELIEÆ* Juss. fil.

Périsperme mince, charnu. Embryon à cotylédons foliacés;
radicule saillante. — Feuilles simples ou bipennées (ra-
rement une seule fois pennées); folioles ordinairement
dentées.

(Toutes les espèces de cette tribu sont indigènes dans l'ancien
continent.)

Genre CALODRYON. — *Calodryum* Desv.

Calice 5-fide. Pétales 5, diversement soudés par les bords.
Androphore à 10 lanières anthérifères. Anthères dressées,
terminales, appendiculées au sommet. Style filiforme. Stigmate capitellé, apiculé. Ovaire à 5 loges biovulées. Ovules
collatéraux, suspendus. — Péricarpe inconnu.

L'espèce que nous allons citer constitue à elle seule le
genre.

CALODRYON TUBIFLORE. — *Calodryum tubiflorum* Desv. in
Ann. des Sciences. Nat. 9 (1826), tab. 51. — *Turræa lan-*
ceólata Cavan. Diss. 7, tab. 51.

Arbrisseau à rameaux glabres et grêles. Feuilles lancéolées,
très-entières ou légèrement sinuées, subsessiles, glabres, luisantes,
longues de 2 à 3 pouces. Pédoncules axillaires, courts, bractéolés, 1-2-flores. Lanières calicinales subulées. Pétales linéaires,
jaunes, obtus, un peu plus courts que l'androphore.

Cette espèce, remarquable par la beauté de ses fleurs, croît à Madagascar.

Genre TURRÉA. — *Turræa* Linn.

Calice cupuliforme, 5-denté. Pétales 5, très-longs, liguliformes. Androphore fendu au sommet en 10 lanières simples ou bifides; anthères insérées entre les lanières de l'androphore, plus courtes qu'elles, prolongées au sommet en ligule simple ou double. Style filiforme, dilaté au sommet en un stigmate claviforme ou capitellé. Ovaire à 5, 10 ou 20 loges biovulées : ovules superposés. Péricarpe capsulaire.

Arbres ou arbrisseaux. Feuilles simples, très-entières ou rarement un peu lobées. Fleurs pédicellées, très-longues, naissant à la place qu'occupaient les anciennes feuilles, sur des ramules courts et couverts de bractées imbriquées.

Les *Turréa* sont remarquables par la longueur de leurs pétales. Le genre renferme sept espèces, dont trois croissent dans l'Afrique équatoriale, et quatre dans l'Inde orientale. Voici celles qui méritent d'être citées :

TURRÉA SATINÉ.— *Turræa sericea* Smith, Ic. ined. tab. 112. — *Turræa tomentosa* Cavan. Diss. 7, tab. 205, fig. 2.

Feuilles ovales, obtuses, cotonneuses aux deux faces. Pédoncules, calices et corolles velus. Ovaire multiloculaire.

Arbrisseau. Feuilles molles, pétiolées, longues de ½ pouce, larges de 1 pouce. Fleurs subsessiles, fasciculées.

Cette espèce croît à Madagascar.

TURRÉA TACHETÉ. — *Turræa maculata* Smith, Icon. ined. tab. 11. — *Turræa glabra* Cavan. Diss. 7, tab. 204.

Feuilles ovales, pointues, glabres. Calices ciliés. Pétales glabres. Ovaire 5-loculaire.

Arbrisseau. Feuilles tachetées, longues de 2 pouces. Pétales linéaires, obtus, longs de plus de 2 pouces. Capsule globuleuse. Androphore plus court que le tube.

Cette espèce croît à Madagascar.

TURRÉA VERT. — *Turræa virens* Linn. — Smith, ined. 1, tab. 10.

Feuilles elliptiques-lancéolées, acuminées, échancrées, très-glabres. Calices et capsules satinés.

Arbrisseau à rameaux satinés dans leur jeunesse. Fleurs fasciculées. Pétales jaunes, linéaires-lancéolés, obtus, glabres, de la longueur de l'androphore. Capsule un peu comprimée, 5-loculaire.

On trouve cette plante dans l'Inde orientale.

Genre AZÉDARAC. — *Melia* (Linn.) Juss. fil.

Calice 5-parti. Pétales 5, étalés. Androphore tubuleux, 10-fide au sommet : lanières 2- ou 3-parties ; anthères 10, oblongues, subapiculées, insérées à la gorge de l'androphore, placées devant les lanières et un peu plus courtes qu'elles. Disque court. Style columnaire. Stigmate terminal, 5-lobé. Ovaire à 5 loges biovulées. Ovules superposés. Drupe à noyau 5-loculaire : loges monospermes.

Arbres. Rameaux glabres, cicatrisés : les jeunes couverts d'une pubescence étoilée ou farineuse. Feuilles alternes, bipennées ; pennules imparipennées ; folioles dentelées, ordinairement acuminées, quelquefois confluentes par la base. Pédoncules axillaires, paniculés. (Les organes floraux sont quelquefois en nombre ternaire.)

M. Adrien de Jussieu énumère dix espèces de ce genre ; mais de ce nombre, trois sont douteuses. A l'exception d'une espèce qu'on croit indigène aux Antilles, les *Melia* habitent la zone équatoriale de l'ancien continent, ou, par exception, les régions chaudes de la zone tempérée. L'inflorescence et le port des *Azédaracs* ont beaucoup d'élégance, et plusieurs de ces végétaux possèdent des vertus médicinales. Voici les espèces les plus remarquables :

AZÉDARAC COMMUN. — *Melia Azedarach* Linn. — Cavan. Diss. 7, tab. 207. — Commel. Hort. 1, tab. 70. — Bot. Mag.

tab. 1066. — Turpin. in Dict. des Sciences Nat. Ic. — Duham. ed. nov. vol. 6, tab. 21.

Feuilles non-persistantes; pennules à 3 ou 5 folioles lisses, ovales ou ovales-lancéolées, acuminées.

Arbre haut de 40 à 50 pieds dans les pays chauds; arbrisseau de 8 à 10 pieds dans les jardins du nord de la France. Tronc droit, cylindrique. Feuilles amples, d'un vert gai. Panicules axillaires ou infra-axillaires, dressées, à peu près de la longueur du pétiole commun. Corolle couleur lilas. Androphore d'un violet noirâtre. Drupe ovale-globuleux, jaunâtre, de la grosseur d'une Olive.

La patrie de l'*Azédarac commun* n'est pas certaine. On le cultive, comme arbre d'agrément, dans l'Inde, en Perse, en Orient, dans l'Europe australe, aux Canaries et aux États-Unis. Cette Méliacée est même assez robuste pour résister à la plupart des hivers des environs de Paris; mais elle y gèle lorsque le froid est plus rigoureux que de coutume.

Le bois d'Azédarac est d'une couleur rougeâtre peu foncée, d'un grain serré assez fin, et susceptible d'un beau poli. En Caroline, on l'emploie à des ouvrages de menuiserie. Les fruits de cet arbre passent généralement pour vénéneux. Il paraît cependant, dit M. Adrien de Jussieu, qu'à des doses et avec des correctifs convenables, l'Azédarac pourrait rendre quelques services à la médecine. Loureiro, tout en avertissant qu'à très-haute dose il occasione des vertiges et des convulsions, en reconnaît l'utilité dans certains cas, surtout contre les vers. C'est ce que confirme M. Blume, au témoignage duquel l'Azédarac est employé à Java comme anthelmintique et comme tonique. L'écorce de sa racine, en décoction, sert de préservatif contre une maladie analogue au choléra. Les fruits aussi ont des propriétés fébrifuges, et les feuilles, qui écartent ou font périr les insectes, sont employées avec succès contre la teigne : usage auquel la pulpe de son péricarpe servirait en Perse, suivant M. Michaux. Dans l'Inde, on exprime une huile grasse de cette même pulpe.

AZÉDARAC TOUJOURS-VERT. — *Melia sempervirens* Swartz, Obs. — Bot. Reg. tab. 643.

Selon les auteurs cités, cette espèce diffère de l'*Azédarac commun* en ce qu'elle est plus petite dans toutes ses parties, et qu'elle fleurit souvent dès sa seconde année; que ses feuilles, plus long-temps persistantes, ne se composent le plus souvent que de 7 folioles un peu rugueuses, d'un vert plus gai, et plus inégalement dentées. Les lobes de l'androphore sont trifides.

Cet Azédarac passe pour originaire de l'Inde. Il est comme indigène dans plusieurs des Antilles, et cultivé en Europe dans les collections de serre tempérée.

AZÉDARAC D'AUSTRALASIE. — *Melia aust alasica* Juss. fil. in Mém. du Mus. vol. 19, p. 257.

Feuilles à pennules composées de 7 folioles ovales, courtement acuminées : dentelures obtuses. Androphore à lanières filamenteuses. Anthères glabres. Ramules et jeunes feuilles pulvérulents.

Feuilles longues de près d'un pied. Panicules plus courtes que les feuilles. Pétales oblongs, obovales, réfléchis.

Cet Azédarac croît dans la Nouvelle-Hollande extra-tropicale.

AZÉDARAC DE DE CANDOLLE. — *Melia Candollei* Juss. fil. l. c. p. 258. — *Melia composita* De Cand. Prodr. (non Willd.)

Feuilles à 4 paires de pennules 3-ou 5-foliolées; folioles ovales-lancéolées, longuement acuminées, obtuses, dentelées ou presque entières. Androphore glabre. Anthères velues. Jeunes feuilles et ramules pulvérulents-incanes.

Panicules presque aussi longues que les feuilles. Pétales linéaires-obovales, pubescents en dehors.

Cette espèce est indigène à Timor.

Genre AZADIRAC. — *Azadirachta* Juss. fil.

Calice 5-parti. Pétales 5, étalés. Androphore tubuleux, anthérifère à la gorge, fendu au sommet en 10 lobes courts et réfléchis. Anthères 10, oblongues, insérées devant les lobes de l'androphore et aussi longues qu'eux. Disque court. Ovaire à 3 loges biovulées. Ovules collatéraux, suspendus. Drupe par avortement uniloculaire, monosperme.

Arbre. Ramules glabres dès leur naissance. Feuilles alternes, une seule fois pennées (tantôt avec, tantôt sans impaire); folioles très-inéquilatérales, dentelées, glabres. Panicules axillaires. (Quelquefois les organes floraux sont en nombre quaternaire.)

Voici la seule espèce de ce genre :

AZADIRAC D'INDE. — *Azadirachta indica* Juss. fil. Meliac. in Mém. du Mus. vol. 19, p. 221, tab. 2, n° 5.—*Melia Azadirachta* Linn. — Cavan. Diss. 7, tab. 208. — Burm. Zeyl. tab. 15. — Hort. Malab. 4, tab. 52.

Arbre élevé. Tronc gros. Bois d'un blanc jaunâtre. Écorce noirâtre. Feuilles grandes, persistantes, à environ 13 folioles ovales-lancéolées, acuminées, profondément dentelées. Panicules nombreuses, plus courtes que les feuilles. Fleurs blanches, inodores. Drupe pourpre, ovale-globuleux, de la grosseur d'une Olive.

L'*Azadirac* croît dans l'Inde et à Ceylan. On exprime de la chair de ses drupes une huile grasse qui sert dans la peinture. L'onguent qu'on prépare avec cette même huile et des feuilles pulvérisées de la plante passe pour antispasmodique.

IIIe TRIBU. LES TRICHILIÉES. — *TRICHILIEÆ*
De Cand. — Juss. fil.

Graines apérispermées. Cotylédons épais. Radicule courte, ordinairement incluse. — Feuilles alternes, une seule fois pennées. Folioles très-entières.

(On trouve des *Trichiliées* dans les deux continents.)

Genre DISOXYLE. — *Disoxylum* (Blum.) Juss. fil.

Calice petit, 4- ou 5-fide. Pétales 4 ou 5, ovales-oblongs, étalés en roue. Androphore tubuleux, denticulé au sommet; anthères 8 ou 10. Disque annulaire. Ovaire à 3 ou 4 loges biovulées. Style filiforme. Stigmate subpelté. Capsule co-

riace, loculicide, 3- ou 4-loculaire, 3- ou 4-valve (ou par
avortement bivalve et 1- ou 2-loculaire). Graines solitaires,
axifixes, inarillées; hile large ; cotylédons très-gros, le plus
souvent obliquement incombants.

Grands arbres. Feuilles paripennées; folioles obliques à la
base. Pédoncules axillaires, solitaires, paniculés.

M. Adrien de Jussieu admet six espèces de *Disoxyles*, toutes indigènes à Java. Plusieurs de ces arbres sont remarquables par une odeur alliacée très-forte, que répandent leur
aubier, leur écorce, leurs feuilles, leurs fruits et surtout leurs
amandes. Les habitants des montagnes de Java emploient
ces dernières en guise d'ail, soit comme assaisonnement, soit
comme remède fébrifuge.

DISOXYLE ALLIACÉ. — *Disoxylum alliaeeum* Blum. Bydr. 1,
p. 172. — *Alliaria* Rumph, Amb. vol. 2, tab. 20.

Feuilles à 9 ou 11 folioles alternes ou opposées, elliptiques,
acuminées-obtuses, rétrécies à la base. Panicules denses, divariquées. Fleurs octandres.

Arbre haut de 60 à 80 pieds.

DISOXYLE A FEUILLES ACÉRÉES. — *Disoxylum acuminatissi-
mum* Blum. l. c.

Feuilles à 9-13 folioles alternes, elliptiques-oblongues, acuminées, très-acérées.

Arbre haut de 80 à 100 pieds. Capsules globuleuses, blanchâtres, trigones, 2-ou 3-loculaires.

DISOXYLE A LONGUES FEUILLES. — *Disoxylum longifolium*
Blum. l. c.

Feuilles à 11 ou 13 folioles alternes, oblongues, obtuses, rétrécies à la base. Panicules resserrées. Fleurs décandres.

DISOXYLE VOISIN. — *Disoxylum simile* Blum. l. c.

Feuilles à 9 folioles opposées, oblongues, obtuses, rétrécies à
la base.

Arbre haut de 80 pieds. Capsules globuleuses, ordinairement
didymes et biloculaires.

Disoxyle a fleurs laches. — *Disoxylum laxiflorum* Blum. l. c.

Feuilles à 11 ou 13 folioles alternes, oblongues, obtuses, acuminées, rétrécies à la base. Panicules axillaires, très-longues, divariquées.

Arbre haut de 60 pieds. Panicules un peu plus longues que les feuilles. Fleurs petites, très-odorantes. Pétales 4, ou rarement 5, oblongs, pointus.

Disoxyle a gros fruits. — *Disoxylum macrocarpum* Blum. l. c.

Feuilles à 11 ou 13 folioles alternes, oblongues, acuminées, non-rétrécies à la base ; pétiole commun anguleux.

Arbre haut de 80 à 120 pieds. Capsule très-grosse, écarlate, globuleuse, 4-loculaire.

Genre HARTIGHSÉA. — *Hartighsea* Juss. fil.

Calice 4- ou 5-parti, ou denté, ou presque entier. Pétales 4 ou 5, soudés à l'androphore par leur partie inférieure, ou rarement libres. Androphore tubuleux, cylindracé, muni au sommet de 8 ou 10 crénelures entières ou bifides. Anthères 8 ou 10, insérées à la gorge du tube, incluses, alternes avec les crénelures. Disque tubuleux, crénelé, engaînant l'ovaire. Ovaire à 3 ou 4 loges 1- ou 2-ovulées. Ovules géminés, collatéraux. Style filiforme. Stigmate discoïde, capitellé. Capsule à 3 ou 4 loges monospermes ou dispermes, loculicide, 3- ou 4-valve. Embryon tantôt à radicule supère et à cotylédons collatéraux, tantôt à radicule infère et à cotylédons superposés.

Arbres. Feuilles pari- ou rarement imparipennées ; folioles opposées. Panicules lâches ou racémiformes, axillaires.

M. Adrien de Jussieu énumère sept espèces de *Hartighséa*, qui croissent à Java, dans la Nouvelle-Calédonie et dans la Nouvelle-Hollande. Voici les espèces les plus remarquables :

Hartighséa de Forster. — *Hartighsea Forsteri* Juss. fil.

Diss. de Meliac. in Mém. du Mus. vol. 19, p. 228.—*Trichilia alliacea* Forst.

Feuilles à 7-9 paires de folioles ovales-lancéolées, pointues, fortement inéquilatérales. Panicules axillaires, très-rameuses.

Cette espèce a été découverte par Forster à l'île de Namoka. Toutes ses parties répandent une odeur d'ail très-forte.

HARTIGHSÉA ÉLÉGANT. — *Hartighsea spectabilis* Juss. fil. l. c. — *Trichilia spectabilis* Forst.

Folioles obovales. Panicules axillaires, racémiformes.

Cette espèce a été trouvée par Forster dans la Nouvelle-Zélande.

HARTIGHSÉA VELOUTÉ. — *Hartighsea mollissima* Juss. fil. l. c. — *Disoxylum mollissimum* Blum. Bydr. 2, p. 175.

Feuilles à 11-25 folioles subopposées, oblongues, obtuses, subéquilatérales et arrondies à la base, veloutées en dessous. Panicules divariquées, veloutées.

Arbre haut de 70 à 90 pieds. Écorce et fruits imprégnés d'une forte odeur d'ail. Fleurs octandres. Pétales linéaires-oblongs.

Cette espèce croît dans les montagnes de Java.

HARTIGHSÉA ÉLANCÉ.—*Hartighsea excelsa* Juss. fil. l. c.— *Disoxylum excelsum* Blum. l. c.

Feuilles à 9 folioles subopposées, ovales ou ovales-oblongues, acuminées, arrondies à la base. Panicules resserrées.

Arbre haut de 80 pieds. Fleurs octandres. Pétales linéaires-oblongs, satinés en dessous. Capsules subglobuleuses, 2-ou 3-loculaires.

Genre SANDORIC. —*Sandoricum* Cavan.

Calice à 5 lobes courts et obtus. Pétales 5, étalés, libres. Androphore tubuleux, cylindracé, 10-denté. Anthères 10, incluses, cordiformes, insérées devant les dents de l'androphore. Disque membranacé, tubuleux, engaînant l'ovaire et la base du style. Ovaire semi-inclus au fond du calice, à 5 loges biovulées. Ovules collatéraux, suspendus. Baie pomiforme, à 5 loges monospermes. Graines arillées. Cotylédons très-gros. Radicule supère, dorsale.

Arbres. Feuilles trifoliolées. Panicules axillaires, composées de glomérules courtement pédonculés, bractéolés.

Ce genre, propre à l'Asie équatoriale, se compose de deux espèces, très-remarquables en ce que leurs fruits sont mangeables, et non amers et styptiques, comme ceux de la plupart des autres Méliacées. L'espèce la plus intéressante est la suivante :

SANDORIC D'INDE. — *Sandoricum indicum* Lamk. Encycl. — Roxb. Corom. v. 3, tab. 261. — Cavan. Diss. 7, tab. 462 et 203. — *Sandoricum* Rumph. Amb. 1, tab. 64.

Grand arbre. Bois rouge au centre. Écorce grisâtre. Feuilles pennées-trifoliolées, longuement pétiolées. Folioles pétiolulées, grandes, ovales, acuminées, très-entières, veinées, glabres en dessus, cotonneuses-ferrugineuses en dessous ; pétioles cotonneux. Grappes axillaires, paniculées, un peu plus longues que les pétioles. Pétales linéaires-lancéolés. Baie de la grosseur d'une Orange, subglobuleuse, un peu plus large que haute, légèrement cotonneuse en dehors, contenant une pulpe blanche et fondante.

Le *Sandoric* ou *Hantol* est cultivé comme arbre fruitier dans différentes parties de l'Inde, ainsi qu'aux Moluques et aux îles de la Sonde. La pulpe de son fruit est rafraîchissante et d'une saveur acidule assez agréable.

Genre LANSA. — *Lansium* Blum.

Calice 5-sépale, imbriqué. Pétales 5, arrondis. Androphore subglobuleux. Anthères 10, incluses, subapicilaires. Disque annulaire. Ovaire à 2 loges biovulées. Style épais. Stigmate tronqué, rayonnant. Baie 5-loculaire (ou, par avortement, à moins de 5 loges), à écorce épaisse. Graines solitaires ou géminées et comme soudées, enveloppées dans un arille charnu. Cotylédons incombants, très-épais.

La seule espèce bien connue de ce genre est la suivante :

LANSA CULTIVÉ. — *Lansium domesticum* Blum. Bydr. 1,
p. 165. — Rumph, Amb. 1, tab. 54. — *Quinaria Lansium*
Lour. Flor. Cochinch. ?

Arbre assez élevé. Tronc profondément sillonné. Rameaux
dressés. Feuilles à 5-7 folioles alternes, subsessiles, longues
d'un demi-pied à un pied. Grappes latérales. Baie de la grosseur
d'un œuf de pigeon, jaunâtre en dehors, blanchâtre en dedans.

Cet arbre est généralement cultivé dans tout l'Archipel indien.
Aux Moluques, il porte les noms de *Lansa*, *Lansac*, *Lassa* et
Lassota. Les Javanais l'appellent *Béjettan*.

Le bois du *Lansa*, fort durable, est employé par les Malais
dans les constructions et à la fabrication de toutes sortes d'instru-
ments. Les fruits bien mûrs, d'une saveur douce et aigrelette,
sont salubres et rafraîchissants. On les mange soit frais, soit secs
ou confits. Leur noyau est très-amer, et la chair, avant la parfaite
maturité, acide et astringente.

Le *Quinaria Lansium* de Loureiro (Flor. Cochinch. 1,
p. 334), que cet auteur rapporte au *Lansium sylvestre* de Rumphius (Herb. Amb. 1, tab. 55), se cultive en Chine, aux environs de Canton, où l'on vend ses fruits aux marchés. Ce végétal, qui paraît être congénère du *Lansa* de l'Archipel indien, est
un arbre de moyenne taille, à rameaux étalés, à feuilles composées d'un grand nombre de folioles alternes, ovales-lancéolées,
ondulées, glabres, un peu dentelées. Les fleurs sont blanches,
disposées en amples panicules terminales. La baie est ovoïde,
d'un demi-pouce de diamètre, jaunâtre en dehors, remplie d'une
pulpe blanche douceâtre.

Genre ÉKÉBERGIA. — *Ekebergia* Sparrm.

Calice court, 5-fide. Pétales 5, libres. Androphore campanulé, 10-denté au sommet. Anthères 10, apicilaires, saillantes, dressées. Disque annulaire, tantôt libre, tantôt adhérent à l'ovaire. Ovaire à 4 ou 5 loges biovulées. Ovules
superposés. Style court, épais. Stigmate discoïde ou capi

tellé, 4-ou 5-lobé. Baie à 4 ou 5 (ou par avortement à moins de 4) loges monospermes. Graines non-arillées. Radicule supère. Cotylédons accombants.

Arbres. Feuilles imparipennées ; folioles opposées. Panicules axillaires. Fleurs petites, pubescentes, quelquefois polygames par avortement.

Ce genre ne renferme que les deux espèces dont nous allons faire mention.

ÉKÉBERGIA DU CAP. — *Ekebergia capensis* Sparrm. in Act. Holm. 1779, p. 282, tab. 9.—Juss. fil. Diss. de Meliac. tab. 6, n° 16.

Folioles glabres, oblongues, entières, acuminées, subrévolutées aux bords, inéquilatérales. Pétales 4, un peu plus longs que le calice. Ovaire 3-ou 4-loculaire.

Grand arbre. Écorce grisâtre. Bois dur. Rameaux noueux. Feuilles rapprochées aux extrémités des ramules. Fleurs petites, blanches.

Cette espèce, originaire du cap de Bonne-Espérance, et remarquable par l'élégance de son feuillage, n'est pas rare dans les collections de serre tempérée.

ÉKÉBERGIA DU SÉNÉGAL. — *Ekebergia senegalensis* Juss. fil. Diss. de Mel. — Guillem. et Perrott. Flor. Senegamb. tab. 31.

Folioles ovales-lancéolées, subacuminées, presque inéquilatérales, entières ou ondulées. Pétales 5, beaucoup plus longs que le calice. Ovaire 5-loculaire.

Arbre haut de 25 à 30 pieds. Tronc droit, cicatriqueux. Écorce grisâtre. Rameaux roides, divariqués. Feuilles à 2-6 paires de folioles. Fleurs petites, blanchâtres. Baie globuleuse. (Le nombre des organes floraux varie de 5 à 12.)

Cet *Ékébergia* a été découvert dans la Sénégambie, par MM. Le Prieur et Perrottet.

Genre HEYNÉA. — *Heynea* Roxb.

Calice court, 5-fide. Pétales 5, libres. Androphore tubu-

leux, 10-fide : lanières bifides; anthères 10, dressées, apiculées, insérées aux bifurcations des lanières de l'androphore.
Disque engaînant. Ovaire plus court que le disque, à 2 loges
biovulées. Ovules collatéraux, suspendus vers le sommet de
l'angle interne. Style court, claviforme. Stigmate discolore,
glanduleux, biapiculé. Capsule bivalve, par avortement 1-
loculaire et monosperme. Graines arillées. Cotylédons très-
épais. Radicule supère.

Arbres. Feuilles alternes, pennées, tri- ou plurifoliolées.
Pédoncules axillaires, plusieurs fois dichotomes ou trichotomes; fleurs en cime. (Les organes floraux sont quelquefois
en nombre quaternaire.)

Les *Heynea* habitent l'Asie équatoriale. Leur port est
très-élégant. Les espèces connues sont au nombre de cinq,
dont voici les plus notables :

Heynéa trifoliolé. — *Heynea trifolia* Juss. fil. Diss. de
Meliac. in Ann. du Mus. vol. 19, p. 274.

Feuilles à 3 folioles ovales ou obovales, un peu échancrées,
très-glabres. Ovaire velu.

Folioles inégales : la terminale longue de 2 à 3 pouces, large
de 8 à 15 lignes; les latérales plus petites.

Cette espèce croît dans l'Inde.

Heynéa multifoliolé. — *Heynea multijuga* Blum. Bydr.

Feuilles à environ 13 folioles subopposées, ovales, acuminées-
obtuses, rétrécies à la base, anisomètres. Grappes axillaires, solitaires.

Arbre haut d'environ 50 pieds. Fleurs petites. Pétales ovales-
oblongs. Anthères 8 ou 10.

Cette espèce a été découverte par M. Blume dans les montagnes de Java.

Heynéa trijugué. — *Heynea trijuga* Roxb. — Bot. Mag.
tab. 1738. — Juss. fil. Diss. de Meliac. tab. 7, nº 17.

Feuilles à 7 folioles amples, glabres, ovales, acuminées, entières, discolores. Cymes divariquées. Lanières de l'androphore
velues en dedans.

Grand arbre semblable au Noyer par le port. Corolle blanche. Cette espèce, indigène au Népaul, est cultivée dans quelques collections de serre. Il serait peut-être possible de la naturaliser dans le midi de la France.

Genre TRICHILIA. — *Trichilia* Linn.

Calice court, 4- ou 5-fide, ou denté. Pétales 4 ou 5, libres. Androphore tubuleux, 8- ou 10-fide; lanières ordinairement bidentées. Anthères 8 ou 10, dressées, saillantes, insérées entre les dents des lanières de l'androphore. Disque engaînant. Ovaire à 2 ou 3 loges biovulées. Ovules collatéraux et suspendus, ou superposés. Style rectiligne. Stigmate capitellé ou moins souvent lobé. Capsule loculicide, 2- ou 3-valve, 1-3-loculaire; loges 1- ou 2-spermes. Graines recouvertes en tout ou en partie d'un arille charnu. Radicule supère. Cotylédons collatéraux.

Arbres ou arbrisseaux. Feuilles imparipennées, tri- ou plurifoliolées; folioles alternes ou opposées. Panicules axillaires, de formes diverses.

M. Adrien de Jussieu énumère dix-huit espèces de ce genre. Deux d'entre elles croissent dans l'Afrique équatoriale; les autres habitent toutes l'Amérique intertropicale. Plusieurs *Trichilia* possèdent des vertus médicinales, et la plupart sont remarquables par l'élégance de leur feuillage ou de leur inflorescence. Voici les espèces qu'il convient de faire connaître :

SECTION I.

Organes floraux en nombre quinaire. Ovules collatéraux.
(*Trichilia* Cavan.)

TRICHILIA ÉMÉTIQUE. — *Trichilia emetica* Vahl, Symb. — Guill. et Perrott. Flor. Sénég. 1, p. 126. — *Elkaja* Forsk. Descr. p. 127.

Rameaux pubescents-roussâtres. Feuilles à 4 ou 5 paires de folioles oblongues, obtuses, rétrécies à la base, nerveuses, co-

tonneuses-ferrugineuses en dessous. Panicules densiflores. Androphore fendu jusqu'au milieu. Ovaire triloculaire.

Cet arbre, d'abord observé par Forskal dans les montagnes de
l'Yémen, a été retrouvé en Sénégambie par MM. Le Prieur et
Perrottet. Ses fleurs ont l'aspect et l'odeur de celles du Citronnier. Les fruits passent pour vomitifs chez les Arabes, qui les
mêlent aussi avec des substances aromatiques pour en faire un
cosmétique. Les nègres, au rapport des auteurs de la Flore de la
Sénégambie, ignorent ces propriétés.

TRICHILIA FAUX MOMBIN. — *Trichilia spondioides* Swartz,
Flor. Ind. Occid.—Jacq. Hort. Schœnbr. 1, tab. 102.—Sloan.
Hist. 2, tab. 210, fig. 2 et 3.

Feuilles à 7-10 paires de folioles ovales-lancéolées, pubescentes
aux bords. Panicules axillaires, peu rameuses. Étamines presque
libres,

Arbrisseau haut de 15 à 20 pieds. Tige lisse, peu rameuse.
Rameaux glabres, redressés. Feuilles longues d'un pied. Calice
fort petit. Pétales un peu redressés, obtus, d'un vert blanchâtre.
Capsule triloculaire, pubescente, de la grosseur d'une petite Cerise. Arille écarlate.

Cette espèce croît dans les montagnes de la Jamaïque.

TRICHILIA DE LA HAVANE. — *Trichilia havanensis* Jacq.
Amer. tab. 175, fig. 38. — *Trichilia glabra* Linn.

Feuilles à 2 ou 3 paires de folioles obovales, glabres : les supérieures plus grandes que les inférieures. Panicules axillaires,
agrégées, cimeuses, plus courtes que les pétioles.

Arbre fort élevé. Rameaux touffus. Pétiole commun long d'environ 5 pouces, légèrement ailé. Capsules globuleuses, verdâtres.
Organes floraux quelquefois en nombre quaternaire.

Ce *Trichilia* croît à la Havane et au Mexique. Toutes ses parties répandent au loin une odeur forte et désagréable.

TRICHILIA HÉRISSÉ.—*Trichilia hirta* Linn.—Sloan. Hist. 2,
tab. 220, fig. 1.

Feuilles à 3 ou 4 paires de folioles elliptiques, acuminées,
glabres. Grappes agrégées. Androphore presque indivisé.

Arbre à rameaux glabres, presque étalés. Calice fort petit, denté. Pétales oblongs, réfléchis, verdâtres. Capsule ovale ou arrondie, triloculaire.

Cette espèce croît à la Jamaïque.

TRICHILIA A FEUILLES DE PTÉLÉA. — *Trichilia pteleæfolia* Juss. fil. in Flor. Brasil. Merid. vol. 2, tab. 98.

Feuilles à 3 folioles lancéolées-obovales, courtement acuminées, sessiles, pubérules, membranacées. Panicules pédonculées, plus courtes que les pétioles, pauciflores, simples. Androphore 10-fide.

Folioles longues de 3 à 4 pouces; pétiole commun long de 18 à 30 lignes. Panicules à cimules étalées. Fleurs petites, blanchâtres. Calice cupuliforme, 5-denté. Pétales linéaires, dressés, infléchis au sommet.

M. Aug. de Saint-Hilaire a découvert ce *Trichilia* au Brésil, dans la province des Mines.

SECTION II.

Organes floraux en nombre quaternaire. Ovules superposés.
Anthères velues. — (*Portesia* Cavan.)

TRICHILIA A FEUILLES DIVERSES. — *Trichilia diversifolia* Juss. fil. Diss. de Meliac. in Mém. du Mus. vol. 19, p. 278.

Feuilles à 3 ou 5 folioles lancéolées ou obovales, acuminées, glabres. Panicules courtes, pauciflores. Androphore profondément divisé.

Arbre de moyenne taille. Foliole terminale longue d'un demi-pied et plus, sur 3 pouces de large. Calice court, quadrilobé. Pétales ovales, 3 fois plus longs que le calice.

Ce *Trichilia* a été observé en Guiane par Richard père.

TRICHILIA DE LA TRINITÉ. — *Trichilia trinitensis* Juss. fil. l. c. p. 279.

Feuilles à 6 ou 7 folioles opposées ou subopposées, lancéolées-obovales ou ovales, très-courtement acuminées, pubérules. Panicules très-courtes. Androphore profondément divisé.

Ramules cotonneux. Calice fort petit, hérissé. Pétales obovales-oblongs, pubérules. Fruit inconnu.

Cette espèce croît à la Trinité.

Genre MOSCHOXYLE. — *Moschoxylon* Juss. fil.

Calice court, 4- ou 5-fide, ou denté, ou rarement entier. Pétales 4 ou 5, soudés en corolle 4- ou 5-fide, ou rarement libres. Androphore court, tubuleux, à 8 ou 10 dents subulées. Anthères 8 ou 10, saillantes, dressées, insérées entre les dents de l'androphore. Disque annulaire ou engaînant. Ovaire à 3 loges biovulées. Ovules collatéraux, suspendus. Style court. Stigmate capitellé ou trilobé. Capsule trivalve, à 3 loges monospermes. Graines recouvertes d'un arille pulpeux.

Arbres ou arbrisseaux. Feuilles pennées. Folioles alternes ou opposées avec impaire. Panicules tantôt amples et terminales, tantôt courtes et axillaires. Fleurs petites, globuleuses.

Ce genre est un démembrement du *Trichilia*. M. Adrien de Jussieu en énumère neuf espèces. Ces végétaux sont remarquables par leur bois ou très-amer, ou pénétré d'une forte odeur de musc. Le nom de *Moschoxyle* fait allusion à cette dernière propriété. Voici les espèces les plus intéressantes :

A. *Pétales libres. Ovaire glabre.*

MOSCHOXYLE ÉLÉGANT. — *Moschoxylon elegans* Juss. fil. in Mém. du Mus. vol. 19, p. 239. — *Trichilia elegans* Juss. fil. in Flor. Brasil. Merid. vol. 2, tab. 98.

Feuilles à 3-7 folioles sessiles, lancéolées, obtuses, poilues en dessous aux nervures. Grappes pédonculées, lâches, presque simples, plus courtes que les feuilles. Calice 5-parti. Pétales presque dressés, oblongs.

Arbrisseau. Folioles longues de 1 à 2 pouces. Grappes longues de 2 à 3 pouces. Fleurs petites, d'un blanc verdâtre.

M. Aug. de Saint-Hilaire a découvert cette espèce au Brésil, dans la province de Saint-Paul.

B. *Pétales soudés. Ovaire velu.*

MOSCHOXYLE STIPULÉ.—*Moschoxylon pseudostipulare* Juss. fil. Meliac. in Mém. du Mus. vol. 19, p. 280.

Feuilles 5-foliolées ; folioles glabres : les 2 inférieures orbiculaires, minimes, simulant des stipules ; les 3 supérieures obovales, acuminées. Panicules axillaires, pauciflores. Corolle 4-partie, pubérule.

Jeunes ramules pubescents. Pédoncules 3-5-flores, très-courts. Pétales pointus, recourbés.

Cette espèce est indigène au Brésil.

MOSCHOXYLE CIPO. — *Moschoxylon Cipo* Juss. fil. l. c. p. 280.

Feuilles à 8 ou 9 folioles alternes, oblongues-lancéolées, acuminées, très-glabres. Panicules longues, terminales. Corolle 4-fide, pubérule.

Buisson haut de 9 à 15 pieds. Pétiole commun long de 3 à 6 pouces ; folioles accrescentes. Panicules longues d'un demi-pied et plus. Fleurs petites, d'un blanc verdâtre.

Feu le professeur Richard a trouvé ce *Moschoxyle* en Guiane où les Galipis lui donnent le nom de *Cipo*.

MOSCHOXYLE ODORANT.—*Moschoxylon odoratum* Juss. fil. l. c. p. 239. — *Trichilia odorata* Andr. Bot. Rep. tab. 637.

Folioles lancéolées, ondulées. Grappes axillaires. Corolle 4-fide.

Cette espèce croît aux Antilles.

MOSCHOXYLE MUSQUÉ. — *Moschoxylon Swartzii* Juss. fil. l. c. p. 239. — *Trichilia moschata* Swartz, Flor. Ind. Occid.

Folioles alternes, ovales, acuminées, glabres. Grappes axillaires, rameuses. Corolle 4-ou 5-fide.

Arbre d'environ 20 pieds de haut. Fleurs petites, blanchâtres. Capsule ovale. Arille écarlate.

Cette espèce habite la Jamaïque.

MOSCHOXYLE CATIGUA. — *Moschoxylon Catigua* Juss. fil. l. c. p. 239.

Feuilles à 7-9 foliôles ovales-lancéolées, acuminées, obtuses, pubérules aux nervures de la face inférieure. Panicules axillaires, 2 fois plus courtes que les feuilles. Corolle tubuleuse, 4-ou 5-fide.

Cette espèce a été trouvée au Brésil, par M. Aug. de Saint-Hilaire.

Genre GUARÉA. — *Guarea* Linn.

Calice court, 4-parti, ou 4-lobé, ou 4-denté. Pétales 4, libres. Androphore tubuleux, cylindrique, ou prismatique, sinué ou indivisé au sommet. Anthères 8, incluses, médifixes. Disque annulaire ou stipitiforme. Ovaire 4-loculaire. Ovules solitaires et ascendants, ou bien géminés et superposés. Style peu saillant. Stigmate discoïde. Capsule lisse, ou sillonnée, ou tuberculeuse, loculicide 4-valve, à 4 loges 1- ou 2-spermes. Graines adnées à l'angle interne. Radicule dorsale, inverse. Cotylédons superposés.

Arbres ou arbrisseaux. Feuilles pennées. Foliôles alternes ou plus souvent opposées. Panicules axillaires, ordinairement spiciformes ou racémiformes.

Les *Guaréa* habitent tous l'Amérique équatoriale. M. Adrien de Jussieu énumère vingt et une espèces, la plupart nouvelles. Nous allons faire connaître celles qui offrent le plus d'intérêt.

GUARÉA PURGATIF. — *Guarea purgans* Aug. Saint-Hil., Juss. fil. et Cambess. Plantes usuelles des Brasiliens, tab. 71. — Juss. fil. in Flor. Brasil. Merid. vol. 2, pag. 83.

Ramules à écorce rougeâtre. Feuilles opposées, composées de 5 à 9 foliôles oblongues-lancéolées, courtement acuminées, obtuses, glabres. Panicules racémiformes. Capsule pyriforme, glabre, lisse.

Cette plante, nommée vulgairement *Jito*, croît au Brésil. Son écorce est amère et employée comme purgatif dans la médecine domestique. Du reste, il paraît que le nom de *Jito* est appliqué par les Brésiliens à plusieurs autres Méliacées purgatives.

GUARÉA D'AUBLET. — *Guarea Aubletii* Juss. fil. Meliac. in Mém. du Mus. v. 19, p. 283. — *Trichilia Guarea* Aubl.

Pétioles et ramules lisses, d'un pourpre noirâtre. Feuilles à 6-10 paires de folioles oblongues, ou ovales, ou obovales, glabres. Panicules longues, denses. Ovaire velu. Fruit pyriforme, glabre, lisse.

Pétiole commun long d'un pied. Folioles longues d'un demi-pied et plus. Panicules quelquefois aussi longues que les pétioles. Pétales linéaires, roulés en dehors, pubescents à la face inférieure.

Cette plante est indigène en Guiane. Les habitants de Cayenne la nomment *Bois-balle*. Elle passe pour un violent purgatif et émétique.

GUARÉA PUBESCENT. — *Guarea pubescens* Juss. fil. l. c. p. 286.

Feuilles à 2-4 paires de folioles oblongues, ou lancéolées-obovales, ou ovales, acuminées-obtuses, membranacées, pubescentes aux nervures. Panicules courtes, divariquées. Ovaire velu.

Jeunes rameaux pubescents-ferrugineux. Folioles supérieures longues d'un demi-pied et plus. Panicules très-larges, de moitié plus courtes que les feuilles. Pétales elliptiques, réfléchis, pubescents en dehors.

Cette espèce croît en Guiane.

GUARÉA VELOUTÉ.—*Guarea velutina* Juss. fil. l. c. p. 288.

Ramules, pétioles, nervures et pédoncules veloutés. Feuilles à 1-6 paires de folioles ovales ou oblongues, courtement acuminées, obtuses, glabres et luisantes en dessus, pubescentes en dessous. Panicules courtes, densiflores. Ovaires velus.

Folioles longues de ½ pied; pétiole commun long de 1 pied et plus. Panicules beaucoup plus courtes que les feuilles. Pétales linéaires-elliptiques, pointus, pubescents en dehors.

Cette espèce habite le Brésil.

GUARÉA TUBERCULEUX. — *Guarea tuberculosa* Juss. fil. in Flor. Bras. Merid. 2, tab. 100.

Feuilles 3-12-foliolées; folioles lancéolées-oblongues, ou lancéolées-obovales, courtement acuminées, obtuses, glabres. Grappes lâches, plus courtes que les feuilles, spiciformes, presque simples. Calice 4-parti. Pétales linéaires, pointus, dressés, incourbés au sommet. Capsule glabre, tuberculeuse, pubérule, quadricostée, globuleuse.

Arbre. Écorce des ramules scabre, de couleur cendrée. Folioles longues de 3 à 4 pouces, larges d'environ 1 pouce; pétiole commun long de 2 à 4 pouces. Grappes longues de 2 à 3 pouces; fleurs petites, subsessiles, blanchâtres.

Cette espèce a été observée par M. Aug. de Saint-Hilaire dans les forêts vierges de la province de Rio-Janéiro.

GUARÉA FAUX TRICHILIA. — *Guarea trichilioides* Cavan. Diss. 7, tab. 210. — *Melia Guara* Jacq. Amer. tab. 176, fig. 37.

Feuilles à environ 11 folioles glabres, ovales-lancéolées, entières. Grappes axillaires, rameuses.

Arbre haut d'environ 25 pieds. Pétiole long de 1 pied. Fleurs petites, inodores. Grappes de moitié plus courtes que les feuilles. Pétales linéaires, 3 fois plus longs que le calice. •

On trouve ce *Guaréa* aux Antilles. Son bois est fortement musqué et amer, de même que l'écorce et les feuilles. Toutes ces parties passent pour un violent drastique.

GUARÉA A GRANDES FLEURS. — *Guarea megantha* Juss. fil. l. c. p. 292.

Ramules et pétioles veloutés. Feuilles à 6 paires de folioles grandes, oblongues, ou obovales, courtement acuminées, obtuses, coriaces, glabres en dessus, pubérules et nerveuses en dessous; pétiole commun profondément canaliculé en dessous. Panicules amples, pyramidales. Ovaire pubescent, 7-loculaire.

Ramules très-épais. Folioles longues de 8 à 10 pouces, sur

3 pouces de large; pétiole commun long de 1 pied. Panicules presque aussi longues que les feuilles. Pétales satinés en dessous, longs de ¹/₂ pouce.

Ce *Guarea*, remarquable par l'ampleur de ses fleurs et de son feuillage, croît à la Guiane.

Genre CARAPA. — *Carapa* Aubl.

Calice 4- ou 5-sépale, imbriqué. Pétales 4 ou 5, libres, réfléchis, obtus. Androphore tubuleux, à 8 ou 10 crénelures presque entières. Anthères 8 ou 10, épaisses, incluses, suprabasifixes, insérées entre les crénelures de l'androphore. Disque petit, concave. Ovaire à 4 ou 5 loges 4-ovulées. Ovules bisériés, superposés. Style court, épais. Stigmate piliforme, convexe. Capsule globuleuse, épaisse, ligneuse, 4-5-valve, 4-5-loculaire.

Feuilles imparipennées ou paripennées, multifoliolées; folioles coriaces. Panicules naissant vers l'extrémité de ramules aphylles et garnis de grandes bractées imbriquées, coriaces, glandulifères aux bords.

Les *Carapa* sont remarquables par l'élégance et par l'ampleur de leur feuillage, ainsi que par leurs graines huileuses et leur écorce fébrifuge. Les deux espèces dont nous allons faire mention sont les seules qu'on puisse rapporter avec certitude à ce genre.

CARAPA DE LA GUIANE. — *Carapa guianensis* Aubl. Guian. tab. 387.— Juss. fil. Meliac. tab. 9, n° 21.—*Persoonia guaroides* Willd.

Feuilles à 8 ou 10 paires de folioles alternes ou opposées, elliptiques-oblongues, acuminées. Panicules à rameaux courts. Organes floraux souvent en nombre quaternaire.

Tronc de soixante à quatre-vingts pieds de haut, sur 3 à 4 pieds de diamètre. Écorce épaisse, grisâtre. Bois blanchâtre. Branches horizontales ou dressées. Pétiole commun long de 3 pieds, nu dans sa partie inférieure. Folioles vertes, lisses, longues de 1 pied, sur 3 pouces de large. Fruits de 4 pouces de diamètre, disposés en grappe.

Cet arbre est commun dans les forêts de la Guiane. Les Galibis le nomment *Carapa* et les Garipons *Y-Andiroba*. On obtient de ses graines, soit en les faisant bouillir dans l'eau, soit par expression, une huile jaunâtre, tantôt solide, tantôt liquide, d'une saveur fortement amère. A raison de cette dernière qualité, elle n'est employée que pour l'éclairage et aux usages des arts. Les naturels du pays la mêlent au Rocou, et s'en enduisent le corps et les cheveux pour se préserver de la piqûre des moustiques. On s'en sert aussi pour garantir des insectes les meubles et les canots. L'amertume de cette huile est due, selon M. Boullay, à la présence d'un principe alcaloïde analogue à celui du Quinquina, principe que MM. Pétroz et Robinet (*Journ. de Pharm.* t. 7, p. 48) ont également découvert dans l'écorce de l'arbre, laquelle est fébrifuge. L'*huile de Carapa* ne doit pas être confondue avec celle de *Carapat* ou *Karapat*, qui n'est autre chose que l'huile de Ricin.

CARAPA TOULOUCOUNA. — *Carapa Touloucouna* Guill. et Perrott, in Flor. Senegamb. vol. 1, p. 128.—*Carapa guineensis* Juss. fil. Meliac, in Mém. du Mus. v. 19, p. 243.

Feuilles à 6-12 paires de folioles opposées, très-grandes, elliptiques-oblongues, courtement acuminées ou obtuses, luisantes en dessus. Organes floraux en nombre quinaire. Capsule subpentagone.

Arbre haut de 70 à 80 pieds. Tronc droit, fort gros. Écorce rimeuse, rugueuse. Rameaux divariqués, très-longs, réclinés, glabres. Folioles longues de 8 à 12 pouces ; pétiole commun long de 2 à 3 ½ pieds. Pétales ovales-oblongs, obtus, échancrés, concaves, coriaces, blanchâtres et maculés de noir. Axe des panicules long de 1 à 3 pieds : rameaux divariqués. Capsule grosse, tuberculeuse.

« Il est peu d'arbres, disent MM. Perrottet et Guillemin, aussi beaux que le *Carapa Touloucouna*, tant par la hauteur à laquelle son tronc s'élève, que par la cime excessivement large formée par ses branches, qui se divisent en rameaux flexibles et retombants presque jusqu'à terre. Ses énormes feuilles ont un rachis qui a souvent plus d'un mètre de longueur. Les fleurs forment des panicules lâches, qui naissent sur le tronc et les vieilles branches. Les fruits sont sphériques, de la grosseur d'un boulet à canon de six. On obtient, par expression, des amandes une huile fine, connue dans le pays sous le nom d'*huile de Touloucouna*, et qui est absolument semblable à l'huile de Carapa de la Guiane. »

Genre XYLOCARPE. — *Xylocarpus* Kœn.

Calice urcéolé, 4-fide. Pétales 4, libres, réfléchis. Androphore urcéolé, 8-denté : dents bifides. Anthères 8, incluses, dressées, insérées devant les dents de l'androphore. Disque cupuliforme. Ovaire à 4 loges 2-5-ovulées. Style court. Stigmate disciforme, convexe. Péricarpe 6-12-sperme, très-gros, charnu, 4-partible : valves opposées aux cloisons ; cloisons membraneuses, souvent oblitérées. Graines axiles, ascendantes, difformes, très-grosses. Test épais, spongieux. Embryon antitrope. Radicule courte, dorsale. Cotylédons très-épais, inégaux, comme soudés, oléagineux.

Arbres. Feuilles paripennées, paucifoliolées. Panicules axillaires ou subterminales, lâches ou pauciflores. Graines germant dans le péricarpe avant la chute de celui-ci.

Les deux espèces suivantes constituent à elles seules ce genre.

Xylocarpe a Grenades. — *Xylocarpus Granatum* Kœnig. — Juss. fil. Meliac. tab. 9, n° 23.—*Carapa moluccensis* Lamk. Dict. — *Carapa indica* Juss. in Dict. des Sciences Nat.— *Granatum littoreum* Rumph. Amb. 3, p. 92, tab. 61.

Feuilles à 3 paires de folioles opposées, ovales, pointues.

Arbre de moyenne taille, irrégulièrement ramifié. Écorce glabre, lisse, roussâtre ou grisâtre en dehors. Folioles longues de 4 à 5 pouces. Fleurs petites, inodores, jaunâtres, disposées en grappes lâches. Fruit de la grosseur d'une tête d'enfant : écorce d'un brun tirant sur le vert. Graines très-amères.

Cet arbre croît aux Moluques.

XYLOCARPE A FEUILLES OBOVALES. — *Xylocarpus obovatus* Juss. fil. Meliac. in Mém. du Mus. v. 19, p. 344. — *Carapa obovata* Blum. Bydr. 1, p. 179.

Feuilles à 1 ou 2 paires de folioles opposées, obovales, arrondies, coriaces, un peu convexes.

Cet arbre a été observé par M. Blume dans plusieurs petites îles voisines de Java.

QUARANTE-DEUXIÈME FAMILLE.

LES LEÉACEES. — *LEEACEÆ.*

(*Ampelidearum* tribus II, sive *Leeaceæ* De Cand. Prodr. I, p. 635.
— Bartl. Ord. Nat. p. 354.)

Les *Leéacées* tiennent le milieu entre les Sarmentacées et les Méliacées. Leur organisation n'est pas suffisamment connue. Il en est de même de leur histoire, qui semble n'offrir aucune particularité curieuse. Aussi nous bornerons-nous ici à exposer le caractère de la famille. Le nombre des espèces décrites est d'environ douze, indigènes dans les régions équatoriales.

Caractères de la Famille.

Arbrisseaux. Tiges non-grimpantes. Rameaux irrégulièrement anguleux.

Feuilles imparipennées ou bipennées : les inférieures opposées; les supérieures alternes, pétiolées; folioles dentelées. Vrilles nulles.

Fleurs régulières, hermaphrodites, disposées en cime ou en panicule. Pédoncules oppositifoliés.

Calice inadhérent, 5-denté, persistant.

Disque urcéolé.

Pétales 5, interpositifs, insérés au bord du disque, soudés par leur base, réfléchis au sommet : estivation valvaire.

Étamines 5, antépositives, ayant même insertion que la corolle. Anthères adnées, médifixes, cohérentes, à 2 bourses parallèles, contiguës, chacune déhiscente postérieurement par une fente longitudinale.

Pistil : Ovaire 4-6-loculaire : loges 1-ovulées. Style simple, filiforme. Stigmate capitellé.

Péricarpe : Baie à 4-6 loges, ou à moins par avortement.

Graines solitaires, ascendantes. Périsperme cartilagineux, 5-lobé. Embryon petit, basilaire : radicule conique, infère ; cotylédons ovales, subfoliacés.

Voici les genres qui constituent la famille :

Leea Linn. (Aquilicia Linn. Ottilis Gærtn.)— *Lasianthera* Pal. Beauv. — *Geruma* Forsk.

M. Blume ne sépare pas le genre *Leea* des Sarmentacées.

QUARANTE-TROISIÈME FAMILLE.

LES SARMENTACÉES.—*SARMENTACEÆ*.

(*Vites* Juss. Gen. — *Sarmentaceæ* Vent. Tabl. III, p. 467.—Bartl. Ord. Nat. p. 353. — *Viniferæ* Juss. in Mém. du Mus. vol. III, p. 144. — *Ampelideæ* Kunth, in Humb. et Bonpl. —De Cand. Prodr. I, p. 627.)

Quatre genres seulement, dont la Vigne peut être considérée comme le type, constituent cette famille assez pauvre en espèces en dehors des tropiques, mais offrant de nombreux représentants dans les contrées équatoriales.

Le Raisin n'est pas le seul fruit mangeable que produise ce groupe, quoiqu'il en soit le meilleur. Quelques Vignes sauvages de l'Amérique septentrionale portent des fruits très-savoureux. Il en est de même de plusieurs *Cissus* de l'Inde et de l'Amérique. Néanmoins les baies de la plupart des Sarmentacées sont ou amères, ou astringentes, et l'on en connaît aussi qui agissent d'une manière délétère sur l'économie animale.

Les *Sarmentacées* ne brillent guère par leurs fleurs; mais leur végétation vigoureuse, leur feuillage ou leurs fruits les rendent souvent pittoresques. Leurs tiges se cramponnent aux corps qui les avoisinent, et recouvrent de nombreux sarments les cimes des arbres les plus élevés. Beaucoup de ces Lianes qui opposent tant d'obstacles aux pas du voyageur, dans les forêts vierges des régions intertropicales, appartiennent à la famille des Sarmentacées.

CARACTÈRES DE LA FAMILLE.

Arbrisseaux. Tiges sarmenteuses, grimpantes.

Feuilles pétiolées, simples, ou palmées, ou imparipennées, ou rarement bipennées, stipulées : les inférieures opposées ; les supérieures alternes, opposées aux vrilles ou aux pédoncules.

Fleurs hermaphrodites, ou polygames par avortement, régulières, petites, verdâtres, disposées en grappe, ou en thyrse, ou en panicule cimeuse. Pédoncules et pédicelles quelquefois transformés en vrilles.

Calice inadhérent, minime, entier, ou 4-5-denté ; lobes écartés en préfloraison.

Disque le plus souvent peu apparent, hypogyne.

Pétales 4 ou 5, insérés au bord extérieur du disque, interpositifs, caducs, sessiles, libres par leur base, souvent cohérents ou infléchis au sommet, presque valvaires en préfloraison.

Étamines insérées entre le disque et la corolle, antépositives, en même nombre que les pétales. Filets libres ou légèrement monadelphes par la base. Anthères ovales, incombantes, mobiles, à 2 bourses parallèles, contiguës, chacune déhiscente antérieurement par une fente longitudinale.

Pistil : Ovaire subglobuleux, 2-4-loculaire. Ovules géminés dans chaque loge, collatéraux, ascendants, basilaires. Style très-court ou nul. Stigmate indivisé.

Péricarpe : Baie succulente, oligosperme, ordinairement uniloculaire par avortement.

Graines ascendantes, osseuses, attachées moyennant un court funicule à la base de l'axe central devenu libre. Embryon dressé, 2 fois plus court que le périsperme : radicule subcylindracée, infère, appointante ; cotylédons lancéolés, carénés d'un côté, planes de l'autre, foliacés en germination.

Les genres suivants constituent la famille :

Cissus Linn. (Sælanthus Forsk.) — *Pterisanthes* Blum.
— *Ampelopsis* Mich. — *Vitis* Linn.

Genre CISSUS. — *Cissus* Linn.

Calice à 4 dents minimes. Pétales 4, libres, réfléchis.
Étamines 4. Ovaire 4-loculaire. Baie 4-loculaire et 4-sperme,
ou plus souvent 3-1-loculaire, 3-1-sperme.

Arbustes sarmenteux. Feuilles simples, ou diversement
composées, ou décomposées. Fleurs petites, vertes, ou rouges,
ou roses.

Ce genre, nommé vulgairement *Achit*, renferme plus de
cent espèces, dont la plupart appartiennent aux contrées
intertropicales. Aucune n'est indigène en Europe.

Les tiges des *Cissus* grimpent jusqu'au sommet des plus
grands arbres, qu'elles recouvrent d'innombrables sarments
horizontaux et géniculés. Ces jets renvoient jusqu'à terre
d'autres tiges, qui à leur tour prennent racine et forment
avec le temps des troncs plus ou moins épais. Le voyageur qui
parcourt les immenses forêts de l'Amérique équatoriale, con-
temple avec étonnement ces remparts naturels, qu'on dirait
formés de cordages entrelacés, et souvent le regard le plus
exercé ne saurait atteindre jusqu'à la hauteur où sont suspendues les feuilles de ces Lianes.

Voici quelques-unes des espèces les plus notables :

a) *Feuilles simples.*

CISSUS ANTARCTIQUE. — *Cissus antarctica* Vent. Choix,
tab. 21.

Feuilles ovales, ou elliptiques, ou oblongues, subcordiformes
à la base, sinuolées-dentelées, presque glabres, glanduleuses en
dessous aux aisselles des nervures. Pétioles et ramules pubescents-ferrugineux. Cimes dichotomes, courtement pédonculées.

Cette espèce, originaire de la Nouvelle-Hollande, se cultive
dans les orangeries.

CISSUS DU CAP. — *Cissus capensis* Willd.

Feuilles subcordiformes, 5-angulaires, dentées, cotonneuses-ferrugineuses en dessous. Fleurs presque en capitule.

On cultive ce *Cissus* dans les Orangeries.

CISSE A FEUILLES RONDES.—*Cissus rotundifolia* Blum. Bydr. 1, pag. 180.

Feuilles cordiformes-arrondies, acuminées, réticulées, glabres, bordées de dentelures sétacées. Rameaux cylindriques, géniculés. Cimes un peu plus courtes que les pétioles.

Ramules glauques, noueux. Baies monospermes, de la grosseur d'une Cerise, de couleur écarlate.

Cette espèce a été observée par M. Blume dans les montagnes de Java. La pulpe de ses fruits est d'une saveur douceâtre.

CISSUS NOUEUX. — *Cissus nodosa* Blum. l. c. p. 182.

Feuilles glabres, ovales-oblongues, cuspidées, subcordiformes ou tronquées à la base, sinuolées et bordées de dentelures sétacées. Corymbes dichotomes, de la longueur des pétioles. Pédicelles en ombelle.

Tige herbacée, cylindrique, noueuse. Vrilles très-simples. Baie écarlate, de la grosseur d'une Cerise.

Cette espèce croît dans les montagnes de Java, où elle est nommée par les habitans *Kibaréra Lalakklé*. Ses fruits sont d'une fort belle apparence, mais ils contiennent une pulpe âcre et vénéneuse.

CISSUS FAUX SYCIOS. — *Cissus sycioides* Linn. — Jacq. Amer. tab. 15.

Ramules cylindriques. Feuilles ovales, ou oblongues, ou suborbiculaires, pointues, dentelées, glabres, luisantes, souvent cordiformes à la base; dentelures acérées, inclinées. Cimes oppositifoliées, dichotomes ou trichotomes, divariquées, simples ou composées.—Feuilles longues de 3 à 6 pouces. Fleurs jaunes, ou rougeâtres, ou verdâtres.

On trouve ce *Cissus* dans les forêts des Antilles et de la Nouvelle-Espagne.

CISSUS QUADRANGULAIRE. — *Cissus quadrangularis* Linn.
— *Sœlanthus quadragonus* Forsk. Descr. tab. 2. — Rumph,
Amb. 5, tab. 44, fig. 2. — Hort. Malab. 7, tab. 41.

Tige tétragone, ailée, glabre, articulée. Feuilles ovales-sub-
cordiformes, sublobées, dentelées, glabres, charnues. Baies (rouges) monospermes, pisiformes.

Cette espèce croît à Java, dans l'Inde, en Arabie et au Sénégal. Les nègres la nomment *Quieb Goloh* (Riz de Singe) ;
ils emploient avec succès ses tiges charnues, après les avoir réduites en pâte liquide, comme topique rafraîchissant, pour guérir
les brûlures. A Bakel, on en mange les fruits, auxquels les Européens donnent le nom de *Raisins de Galam*. Les Malais et les
Hindous mangent les jeunes poussés, après les avoir fait bouillir
ou macérer dans l'eau.

b) *Feuilles trifoliolées.*

CISSUS ACIDE. — *Cissus acida* Linn. — Jacq. Schœnbr. 1,
tab. 33.

Tiges cylindriques. Feuilles glabres, charnues; folioles cunéiformes-obovales, entières à la base, incisées-dentées supérieurement. Sépales courts, subulés. Pédoncules terminaux, oppositifoliés, plus longs que les pétioles. Cimes multiflores, presque en
ombelle. Pétales étalés, lancéolés.

Cette espèce croît aux Antilles et aux Moluques. Elle se cultive dans les collections de serre.

CISSUS HISPIDE. — *Cissus setosa* Roxb. Flor. Ind.

Feuilles 3-foliolées, ou rarement 5-foliolées, sessiles, charnues, glabres; folioles elliptiques, ondulées, inégalement dentelées : dentelures sétiformes. Stipules cordiformes. Tiges cylindriques, hérissées de poils glandulifères. Baie monosperme.

Cette espèce croît dans l'Inde. Ses fruits ainsi que ses racines
sont très-acides.

CISSUS SALUBRE. — *Cissus salutaris* Kunth, in Humb. et
Bonpl. Nov. Gen. et Spec. vol. 5, p. 225.

Folioles oblongues, finement dentelées, ponctuées, pubescentes
en dessus, cotonneuses-ferrugineuses en dessous. Rameaux cylindriques, striés et pubescents de même que les pédoncules.
Cette espèce croît dans la Nouvelle-Andalousie, où l'on emploie ses racines contre l'hydropisie.

CISSUS TUBERCULEUX — *Cissus tuberculata* Jacq. Schœnbr.
1, tab. 32.

Rameaux cylindriques, tuberculeux. Feuilles glabres; folioles
inégales, oblongues-lancéolées, dentelées vers leur sommet. Pédoncules terminaux, oppositifoliés, plus courts que les pétioles.
Cimes subtrichotomes, divariquées, multiflores. Pétales ovales,
acuminés.

Cette espèce, originaire de l'Amérique méridionale, se distingue par la couleur écarlate de ses pédicelles et de ses fleurs. On
la cultive dans les serres.

CISSUS CAUSTIQUE. — *Cissus caustica* Tussac, Flor. Antill.
vol. 1, tab. 16.

Folioles sessiles, ovales, obtuses, légèrement échancrées et crénelées, glabres. Cimes oppositifoliées.

Fleurs couleur de sang. Baie globuleuse, noire.

Cette espèce, observée par M. de Tussac à Saint-Domingue,
contient un suc fort caustique.

CISSUS CRÉNELÉ. — *Cissus crenata* Blum. Bydr. p. 186.

Feuilles velues; folioles ovales, obtuses, crénelées : les latérales inéquilatérales, lobées au bord extérieur; crénelures mucronulées.

Tige sillonnée, pubescente. Vrilles multifides. Corymbes dichotomes, striés. Baie globuleuse, biloculaire.

M. Blume a observé ce *Cissus* dans les montagnes de Java. Le
pulpe de ses baies est acide.

CISSUS THYRSIFLORE.— *Cissus thyrsiflora* Blum. l. c. p. 187.

Feuilles inférieures 3-foliolées; feuilles supérieures 5-foliolées.
Folioles pointues, denticulées, cotonneuses-ferrugineuses en des-

sous : les latérales ovales, obliques; les intermédiaires elliptiques, cunéiformes à la base. Thyrses cirriflores.

Tiges cylindriques. Vrilles longues, simples. Thyrses composés d'épis filiformes. Baie globuleuse, charnue, de la grosseur d'une Cerise, d'un rose pâle.

Cette espèce à été trouvée par M. Blume dans les montagnes de Java.

c) *Feuilles digitées, 5-foliolées.*

CISSUS QUINQUÉFOLIOLÉ. — *Cissus pentaphylla* Willd. — *Vitis pentaphylla* Thunb. Flor. Jap.

Feuilles glabres; folioles ovales, dentelées, acuminées.

Cette espèce, indigène au Japon, se cultive dans les orangeries.

CISSUS AURICULÉ. — *Cissus auriculata* Roxb. Flor. Ind.

Folioles pétiolées, oblongues, pointues, dentelées, lisses en dessus, velues en dessous. Stipules auriculiformes. Ramules cylindriques, velus.

Liane gigantesque. Baie globuleuse, monosperme, de la grosseur d'une Cerise.

Cette espèce, remarquable par la longueur prodigieuse de ses tiges, croît dans les forêts du Mysore.

d) *Feuilles bipennées.*

CISSE D'ORIENT. — *Cissus orientalis* Willd. Enum.—Wats. Dendrol. Brit. tab. 113.

Feuilles biternées, glabres; folioles ovales, ou obovales, ou oblongues, cunéiformes ou cordiformes à la base, incisées-dentées, ou incisées-anguleuses, glauques en dessous : les latérales sessiles; les terminales longuement pétiolulées. Panicules dichotomes, divariquées, cimeuses, courtement pédonculées.

Sous-arbrisseau haut de 2 à 4 pieds. Folioles fermes, longues de 1 à 3 pouces, larges de ½ à 2 pouces; pétiolules des folioles terminales quelquefois presque aussi longs que les folioles latérales; rachis long de 3 à 5 pouces. Fleurs petites, d'un jaune ver-

dâtre. Calice 4-lobé. Pétales satinés, ovales, concaves, 2 fois plus
longs que le calice.

Cette espèce se cultive en plein air, comme arbuste d'agré
ment.

Genre AMPÉLOPSIS. — *Ampelopsis* Mich.

Calice non-denté, presque cupuliforme. Pétales 5, ca
ducs, libres, réfléchis. Étamines 5. Ovaire non-enfoncé
dans le disque, 2-4-ovulé. Style court. Stigmate capitellé.
Baie 2-4-sperme.

Feuilles simples, ou diversement composées. Fleurs rou
geâtres, ou jaunâtres, ou verdâtres. Inflorescence en panicu
les dichotomes, divariquées, cimeuses.

Ce genre renferme neuf espèces, dont les suivantes sont
les plus remarquables :

a) *Feuilles simples.*

AMPÉLOPSIS A FEUILLES CORDIFORMES. — *Ampelopsis cordata* Michx. Flor. Am. Bor. — *Cissus Ampelopsis* Pers. Ench.
— *Vitis indivisa* Willd. Arb.

Feuilles cordiformes ou subdeltoïdes, inégalement dentées, ve
lues en dessous aux nervures, quelquefois trilobées.

Arbuste sarmenteux, haut de 5 à 6 pieds.

Cette espèce, qui croît aux États-Unis depuis la Caroline
jusqu'à la Pensylvanie, se cultive comme arbuste d'agrément.

AMPÉLOPSIS BOTRIA. — *Ampelopsis Botria* De Cand. Prodr.
v. 1, p. 633. — *Botria africana* Lour. Flor. Cochinch.

Feuilles cordiformes, crénelées, 3- ou 5-lobées, cotonneuses.
— Baie noire. Fleurs rougeâtres.

Cette espèce, qui croît dans l'Afrique équatoriale, sur la côte
de Zanquébar, produit des fruits mangeables.

AMPÉLOPSIS D'INDE. — *Ampelopsis indica* Blum. Bydr. 1,
p. 193.

Feuilles cordiformes-arrondies, tricuspidées, cotonneuses-cendrées en dessous, bordées de dentelures pointues. Panicules densiflores, très-rameuses, cirrifères.

Tiges suffrutescentes, subtétragones, poilues, procombantes. Feuilles amples, quelquefois entières. Baie globuleuse, succulente, douçeâtre, de la grosseur d'une Cerise.

Cette plante croît à Java, où elle porte le nom de *Gungur Utu*. M. Blume dit que ses fruits sont très-bons à manger et fort recherchés par les Javanais, qui s'en servent aussi pour engraisser la volaille.

b) Feuilles digitées, 3-5-foliolées.

AMPÉLOPSIS VIGNE-VIERGE.—*Ampelopsis hederacea* Michx. Flor. Amer. Bor. — Cornut. Canad. tab. 100. — *Hedera quinquefolia* Linn. — *Vitis quinquefolia* Lamk. — *Vitis hederacea* Willd.

Feuilles 3- ou 5-foliolées, glabres; folioles pétiolulées, lancéolées ou lancéolées-oblongues, acuminées aux deux bouts, très-acérées, dentelées vers leur sommet: dentelures mucronées.

Tiges longues de 20 à 40 pieds, très-rameuses. Sarments radicants ou grimpants. Folioles membranacées, d'un vert foncé, longues de 1 $^1/_2$ à 3 pouces. Panicules multiflores: pédoncule commun horizontal, plus court que le pétiole. Fleurs verdâtres, de la grandeur de celles du Lierre. Pétales cuculliformes. Baies globuleuses, astringentes, d'un bleu noirâtre.

Le *Vigne-vierge*, indigène au Canada et aux États-Unis, est depuis longtemps très-commune dans les jardins. En automne ses feuilles prennent une belle teinte rouge. Ses nombreux sarments et sa végétation vigoureuse la rendent très-propre à recouvrir des berceaux, des murs, des rochers artificiels.

AMPÉLOPSIS HÉTÉROPHYLLE. — *Ampelopsis heterophylla* Blum. Bydr. p. 194.

Feuilles 5-foliolées (les supérieures souvent simples et cordiformes); folioles subsessiles, dentelées, glabres : les latérales ovales-obliques; l'intermédiaire obovale, pointue. Fleurs en cimes divariquées.

Tiges ligneuses, géniculées, cylindriques, glabres. Vrilles dichotomes. Fleurs d'un jaune verdâtre. Calice à 5 crénelures. Baie globuleuse, de la grosseur d'un Pois, d'un pourpre noirâtre, biloculaire.

Cette plante croît dans les montagnes de Java.

AMPÉLOPSIS HÉRISSÉ. — *Ampelopsis hirsuta* Donn. Cat. — De Cand. Prodr.

Feuilles 3- ou 5-foliolées ; folioles pubescentes aux deux faces, ovales-acuminées, fortement et inégalement dentées.

Cette espèce, qu'on rencontre aussi quelquefois dans les jardins, est indigène dans les mêmes contrées que la précédente.

c) *Feuilles pennées ou bipennées.*

AMPÉLOPSIS BIPENNÉ. — *Ampelopsis bipinnata* Michx. Flor. Amer. Bor. — *Vitis arborea* Willd. — *Cissus stans* Pers. Ench.

Feuilles bipennées, à 3 ou 5 pennules 3- ou 5-foliolées; folioles ovales, ou ovales-lancéolées, ou ovales-triangulaires, ou ovales-rhomboïdales, pointues, cordiformes ou tronquées à la base, incisées-dentées ou incisées-lobées, pubescentes en dessous aux aisselles des nervures ainsi qu'aux pétiolules.

Liane non-cirrifère, grimpant très-haut. Feuilles triangulaires dans leur contour, courtement pétiolées, longues de 3 à 6 pouces : folioles d'un vert sombre. Pétioles d'un pourpre violet. Panicules multiflores. Fleurs petites, verdâtres. Pétales lancéolés, pubescents. Baie noirâtre (suivant Elliot), 2-sperme.

Cette espèce, qui croît dans la Caroline et la Virginie, se cultive comme les deux précédentes, mais elle est beaucoup moins commune.

Genre VIGNE. — *Vitis* Linn.

Calice petit, 5-denté. Corolle calyptriforme, caduque : pétales 5, cohérents au sommet. Étamines 5. Ovaire 2-5-loculaire, ovale-conique, aminci en un style très-court. Stigmate capitellé. Disque à 5 squamules. Baie par avortement 1-loculaire, 1-5-sperme. Graines pyriformes.

Arbustes sarmenteux, cirrifères. Feuilles simples, palmatinervées, plus ou moins lobées. Inflorescence thyrsiforme, ou en ombelle, ou en corymbe. Fleurs petites, verdâtres, odorantes, dioïques ou polygames-dioïques.

Outre les innombrables variétés de la *Vigne* cultivée, ce genre renferme une vingtaine d'espèces réparties entre les zones tempérées et équatoriales des deux continents, et qui, en général, produisent aussi de bons fruits.

a) *Fleurs hermaphrodites, ou polygames-dioïques.*

Vigne cultivée. — *Vitis vinifera* Linn. — Duham. Arb. Fruit. tab. 1 ad 6. — Lois. in Duham. ed. nov. vol. 8, tab. 61 ad 72. — Jacq. Ic. Rar. tab. 5o. — Schk. Handb. tab. 49. — Gærtn. tab. 106. — Turp. in Dict. des Sciences Nat. Ic. — Flor. Græc. tab. 242. — *Vitis Labrusca* Scopol. (non Linn.)

Feuilles orbiculaires ou suborbiculaires, 3- ou 5-lobées, incisées-dentées ou incisées-sinuées, profondément cordiformes à la base, plus ou moins cotonneuses en dessous; ou presque glabres aux 2 faces.

— β : *Vitis laciniosa* Linn. — Schmidt, Arb. tab. 8. — Feuilles palmatiparties : segments multifides, pétiolulés.

Tige acquérant quelquefois la grosseur d'un petit arbre. Sarments longs. Vrilles fourchues, spiralées. Feuilles ordinairement larges de 3 à 5 pouces, plus ou moins molles, d'un vert gai ou plus ou moins foncé en dessus : les jeunes presque toujours laineuses en dessous. Pétiole long de 3 à 4 pouces. Thyrse lâche ou densiflore, ovale, ou subpyramidal, ou subracémiforme. Fleurs polygames-dioïques. (Les Vignes cultivées ne produisent ordinairement que des fleurs hermaphrodites.) Baies globuleuses, ou ovales, ou oblongues, de couleur et de grosseur très-variées.

Pline et Virgile déja regardaient comme infini le nombre des variétés de la Vigne, mais il n'est rien moins que certain si toutes ces prétendues variétés proviennent d'une seule et même espèce. On conçoit combien le climat et le sol propres à chaque pays vignoble, ainsi qu'une culture prolongée pendant des siècles, ont dû multiplier ces produits. Les grains des Vignes sauvages ne sont pas plus gros que des grains de Groseille ; dans quelques raisins du Midi ils sont du volume d'une petite Prune. Certaines Grappes, dans le Nord, ne pèsent pas plus d'une once et demie à deux onces; dans le Midi on trouve des Muscats d'Alexandrie, et d'autres Raisins pesants de 6 à 12 livres. Pline dit qu'en Afrique on voit des Grappes aussi grosses qu'un enfant. La Bible raconte, que lorsque Moïse envoya reconnaître la terre promise, ses émissaires coupèrent une branche de Vigne avec sa grappe, que deux hommes portèrent sur un levier.

Nous devons nous borner ici à citer les noms de quelques variétés, signalées par MM. Audibert, de Tonnelle près Tarascon, comme les meilleurs Raisins de table cultivés en France.

a) Raisins à grains noirs ronds.

Maroc ou *Raisin turc.*—*Marroquin* ou *Espagnin.*—*Morillon hâtif.*— *Muscat noir.*— *Peyran noir.*— *Raisin Prune.*—*Terré Moureau noir.*—*Terré de Barri noir.*—*Ugne noire.*

b) Raisins à grains ovales noirs.

Aspirant.—*Grand Guillaume.*—*Muscat violet.*— *Olivette noire.*— *Ouliver.*—*Raisin noir de Pagès.*—*Ulliade.*

c) Raisins à grains gris ou violets ovales.

Clarette rose.— *Damas violet.*— *Martinen.*—*Très-dur,* ou *Raisin de poche.*

d) Raisins à grains gris ou violets ronds.

Chasselas royal.—*Grec rose.*— *Muscat gris.*— *Plant de la barre rouge.*— *Ugne de Marseille.*

e) Raisins à grains blancs ou dorés ovales.

Calitor blanc.— *Clarette blanche.*— *Columbeau.*— *Cornichon blanc.*—*Dure-peau.*—*Galet blanc.*—*Joannin blanc.*— *Muscat d'Alexandrie.*—*Olivette blanche.*—*Panse commune.*

— Panse musquée. — Picardan. — Raisin blanc de Pagès. — Raisin des dames.

f) Raisins à grains blancs ou dorés ronds.

Augibert blanc. — Chasselas doré. — Chasselas de la Madeleine. — Chasselas musqué. — Ciotat. — Clairette ronde. — Doucinelle. — Muscat blanc. — Raisin de Notre-Dame. — Ugne blanche. — Ugne lombarde. — Ugne de malade.

La Vigne paraît originaire de l'Asie tempérée ; mais on la rencontre souvent dans les bois de toutes les contrées où elle se cultive depuis long-temps en grand.

Il nous faut remonter jusqu'aux temps des patriarches, jusqu'à Noé, pour trouver les premières notions sur la culture de la Vigne. La scène passablement scandaleuse racontée par la Genèse ; l'ivresse de Noé et les railleries impudentes dont ses fils l'accablent, sont les premières conséquences de l'art nouveau d'exprimer le jus du Raisin.

Chez les Grecs, des traditions plus nobles racontent les voyages de Dyonisos (Osyris chez les Égyptiens, Bacchus chez les Latins), qui transplanta la Vigne en triomphe, de l'Arabie heureuse jusque dans l'Inde et dans d'autres contrées de l'Asie. C'est de cette partie du monde que la culture de la Vigne arriva en Europe, sans doute par les Phéniciens, ces Anglais du monde antique, qui avaient échelonné leurs colonies dans la Méditerranée, et répandu probablement par leur entremise l'art de faire du vin. La ville de Marseille, premier point de contact de la Gaule avec l'Orient, dut aussi connaître la Vigne, et transmettre cette plante précieuse à beaucoup de peuplades gauloises.

A Rome, il fallut un grand laps de temps pour naturaliser la Vigne et le vin. Les vieux Romains, forts sans doute de leur énergie native, dédaignaient ou redoutaient l'introduction d'une boisson enivrante, dont l'influence sur les mœurs est si rapide. Les premières lois romaines citées par Pline et d'autres auteurs, prouvent jusqu'à l'évidence combien, du temps des rois et dans les premiers siècles de la république, le vin était rare, combien son usage était restreint, et par la cherté de l'achat, et par la sévérité

des mœurs domestiques. Romulus fait ses libations avec du lait ;
Numa défend par sa loi Postumia d'arroser de vin le bûcher des
morts, contradictoirement à tous les usages reçus dans le reste
du Latium, où ces cérémonies réclamaient impérieusement
l'usage du vin, et aux mœurs des Grecs, chez lesquels nous
voyons Achille verser du vin sur le bûcher de Patrocle ; en oppo-
sition enfin aux habitudes des Troyens ; car Énée ne rend-il pas
un honneur semblable au tombeau de Misène. Jamais les femmes
romaines, dans ces premiers temps, ne buvaient de vin ; Egna-
tius Mecenius tua la sienne pour l'avoir trouvée en contravention
à cette loi rigide, et Romulus ne punit point le mari sévère de cet
exercice violent de son autorité. La permission dont jouissaient
les Romains de baiser leurs parentes sur la bouche ne tenait, à ce
qu'affirme Caton, qu'à un espionnage légal ; c'était, dit-il, pour
s'assurer de leur tempérance. Pendant long-temps, les Romains
firent un usage très-modéré du vin ; encore pendant la guerre des
Samnites, Lucius Papirius, le général romain, se contenta de
vouer une petite coupe de vin à Jupiter, si par sa faveur il venait
à remporter la victoire. Lucius Lucullus, dont le nom est devenu
le symbole du luxe, vit encore à la table de son père une seule
espèce de vin circuler parmi les convives. Mais à partir de là, le
progrès de la licence fut aussi rapide que la sévérité antique avait
été grande. Lucullus lui-même, en revenant de Grèce, fit distri-
buer plus de cent mille pièces de vin au peuple. Les largesses de
César furent plus grandes encore ; les vins de Falerne, de Chios,
de Lesbos, de Messine, coulaient à grands flots dans le festin
qu'il donna pendant son troisième consulat. (Voyez, pour plus de
détails, Pline, livre XIV, chap. xiv et xv.)

Dans la Gaule cisalpine (en Lombardie), la culture de la Vigne
se trouve déjà répandue en 387 avant Jésus-Christ. C'est la fa-
meuse époque de l'irruption des Gaulois, conduits par Brennus ;
ils se précipitèrent d'au-delà des Alpes sur l'Italie, dit Tite-
Live, attirés par l'appât de la vigne, de l'huile et des figues.
Des échantillons de ces produits d'un climat plus heureux et plus
doux que le leur avaient été portés au-delà des montagnes, soit
par quelques marchands, soit par un homme outragé dans son

honneur et avide de vengeance, et leur goût agréable suffit pour amener cette invasion qui ne s'arrêta qu'aux pieds du Capitole.

Le conquérant des Gaules, Jules César, trouva déjà d'excellents vignobles sur le territoire de Marseille et de la Gaule narbonaise. Dans le courant du premier siècle de l'ère chrétienne, les vins d'Auvergne, de Vienne, de Sens, étaient recherchés même en Italie. Puis il y eut deux siècles de décroissance dans cette culture, à la suite d'un décret maladroit de Domitien, qui avait ordonné, après une année de disette, que les Vignes fussent arrachées et remplacées par le blé. Jusqu'en 281, les choses restèrent dans cet état, lorsque l'empereur Probus leva cette injuste prohibition. Aussi vit-on apporter sur-le-champ et d'Italie, et de Grèce, et de Sicile, et d'Afrique, de nouveaux plants de Vigne; et cette culture, si longtemps interdite et négligée sur un terrain qui y est éminemment propre, reprend avec une étonnante rapidité : car le souvenir des jouissances que procure ce fruit s'était perpétué de père en fils, et n'avait point permis que les traditions de l'art du vigneron se perdissent complétement.

Pendant le moyen âge, les grands propriétaires et les souverains eux-mêmes donnèrent des encouragements à la culture de la Vigne en France. La Touraine vit ses riants coteaux se couvrir de Vignes, grâces aux soins de saint Martin. Les hauteurs qui, de nos jours, fournissent le meilleur vin de Champagne, étaient déjà occupées de vignobles du temps de saint Remi (à la fin du cinquième siècle), qui les transmit par testament à diverses églises. Sur les domaines des rois de France, la Vigne faisait un des principaux revenus : témoins les capitulaires de Charlemagne. A chacun des palais de nos rois était attaché un pressoir. Des Vignes croissaient autrefois dans l'enclos du Louvre. L'île aux Treilles, l'une des deux îles à l'extrémité desquelles fut commencée la construction du Pont-Neuf, en 1578, contenait des Vignes au douzième siècle déjà; en 1160, Louis-le-Jeune fait don de six muids de vin par an, provenant de la récolte de l'île aux Treilles, aux chapelains de Saint-Nicolas du Palais. Henri IV aimait beaucoup le vin de Suren, qu'on a confondu à tort avec celui de Surène; le premier, ainsi appelé d'une certaine espèce de raisin qui produit du vin blanc, croît dans les environs de Vendôme, où se trouve encore un clos de Vignes nommé clos de Henri IV.

La Vigne ne s'accommode pas facilement des chaleurs brûlantes et continues de la zone équatoriale ; mais c'est surtout entre les 30e et 45e degrés de latitude qu'elle fournit les produits les plus excellents. Les limites extrêmes de sa culture en grand sont sous le 47e degré de latitude, dans l'ouest de la France; entre le 49e et le 50e degrés, sur les bords du Mein et du Rhin; entre les 48e et 49e, en Hongrie, ainsi que dans les contrées arrosées par le Don et le Volga. Au Tibet, par 30° 45' de latitude, des voyageurs anglais ont trouvé du Raisin délicieux, à l'énorme hauteur de dix-huit cents toises au-dessus du niveau de la mer. Dans l'empire Chinois, la culture de la Vigne ne dépasse guère le 42e parallèle; et au Japon, sous la même latitude, le raisin a de la peine à mûrir. Cultivée en espalier et dans des localités favorables, la Vigne fournit de très-bons fruits, en Europe, jusqu'au-delà du 52e degré de latitude. Enfin, elle se prête fort bien à la culture en serre, et l'on en obtient, par ce moyen, des produits dignes de rivaliser avec ceux des climats les plus méridionaux.

La Vigne peut croître dans tous les terrains, pourvu qu'ils ne soient ni trop humides ni trop tenaces; mais elle préfère un sol formé de détritus calcaires ou quartzeux. Dans les pays septentrionaux elle se plaît sur les coteaux exposés au midi. On la multiplie très-facilement de boutures ou *crossettes*, ainsi que de marcottes; moins souvent on emploie la greffe, et la voie des semis ne se met en usage que dans l'intention d'obtenir de nouvelles variétés.

Le tronc de la Vigne acquiert avec l'âge des dimensions considérables. Strabon rapporte qu'il y avait dans la Margiane des Vignes que deux hommes ne pouvaient embrasser. On assure que les grandes portes de la cathédrale de Ravenne sont de bois de Vigne, dont les planches ont dix pieds de long, sur un pied d'épaisseur. Rozier remarque qu'il existait autrefois aux environs de Besançon, une Vigne dont le tronc avait plus de trois pieds d'épaisseur au-dessus de la terre; mais de tels exemples sont rares en France. Le bois de Vigne est extrêmement dur : son grain est fin, uni, et susceptible de recevoir un beau poli. On l'emploie à des ouvrages de tour, et il se conserve pendant des siècles. Pline parle d'un temple de Junon, soutenu sur des colonnes de Vigne, et, si l'on en croit le même auteur, on montait sur le toit du temple de Diane à Éphèse, par un escalier fait avec une seule Vigne de Chypre.

Les sarments de la Vigne se prêtant à toutes les directions qu'on veut leur donner, on peut en tapisser les murs, les courber en en voûtes et en former des berceaux; l'effet qu'ils produisent en s'enlaçant aux branches des arbres sur lesquels on les fait monter, est très-pittoresque, et ne devrait point être négligé dans les jardins paysagers; cet usage si fréquent en Italie, ainsi qu'en Orient, et qui remonte à la plus haute antiquité, réunit d'ailleurs l'utile à l'agréable, car, même dans le nord de la France, la Vigne, ainsi traitée, produit des récoltes abondantes à peu de frais.

Les Raisins frais et parfaitement mûrs sont rafraîchissants, adoucissants et légèrement laxatifs; ils contiennent du sucre, du mucilage, et un peu d'acide. On recommande leur emploi abondant contre les engorgements des viscères du bas-ventre, les maladies cutanées, l'hystérie et l'hypocondrie. Les raisins secs sont très-nourrissants; ils entrent dans la composition des tisanes pectorales et de plusieurs sirops. Le verjus est rafraîchissant et astringent; mais on ne s'en sert que comme assaisonnement. Les feuilles de Vigne possèdent aussi des qualités astringentes : les anciens médecins en prescrivaient le suc contre la dyssenterie. La sève de la Vigne passait autrefois pour un excellent remède diurétique et dépuratif.

« Le vin, pris avec modération, dit M. le docteur Loiseleur Des- » longchamps, jouit de la propriété de fortifier l'estomac, d'aider » à toutes les fonctions du corps et de l'esprit, et de favoriser la » transpiration. Le vin vieux et riche en principes alcooliques, » est un excellent tonique; le rouge surtout est cordial et stoma- » chique; le blanc est plus excitant et plus diurétique; les gros » vins, c'est-à-dire ceux qui ont une couleur foncée, sont pâ- » teux, lourds et plus nourrissants : ils ne conviennent pas aux » estomacs délicats, mais aux hommes jeunes, robustes et qui

» font beaucoup d'exercice. Les vins délicats, ceux que l'on ap-
» pelle vins fins, sont bons pour les vieillards, pour les conva-
» lescents, pour les personnes délicates. Les vins liquoreux ne.
» conviennent pas pour l'usage habituel ; leur goût sucré empê-
» che qu'on en puisse boire beaucoup à la fois, cependant ceux
» de première qualité ont, lorsqu'ils sont vieux, une vertu toni-
» que qui les fait rechercher : ils conviennent aux estomacs froids
» et sont bons pour dissiper les pesanteurs d'estomac, causées
» par des matières crues et indigestes. On faisait autréfois un
» plus grand usage du vin en médecine que depuis plusieurs an-
» nées : on en prescrivait assez généralement l'usage dans toutes
» les maladies qu'on croyait produites par la faiblesse; on le fai-
» sait prendre au naturel ou pour servir d'excipient à différentes
» substances médicamenteuses. Aujourd'hui, tous les médecins,
» qui ne voient plus qu'irritation et inflammation, et le nombre
» en est assez grand, ont banni de la médecine tous les toniques,
» et ils ont en conséquence proscrit le vin qui est le meilleur : ce
» n'est plus qu'en buvant de l'eau que leurs malades peuvent être
» guéris. »

La connaissance du vinaigre, qui, comme l'on sait, n'est autre
chose que le produit de la fermentation acide du vin, remonte
aussi à une haute antiquité. Cette liqueur, d'un emploi journalier dans les arts et l'économie domestique, sert également en
thérapeutique à raison de ses propriétés astringentes, antiseptiques, diurétiques et sudorifiques: elle constitue la base de plusieurs sirops et autres préparations pharmaceutiques. Le tartre,
sel qui se dépose sur les parois des tonneaux remplis de vin,
s'emploie de même à la préparation de quelques médicaments,
tels que l'émétique, la crème de tartre, etc. Les usages de l'eau-
de-vie et de l'alcool sont trop connus pour qu'il soit nécessaire
d'en parler ici ; nous remarquerons seulement que les anciens
ignoraient l'art d'extraire du vin ces liqueurs, et la découverte
n'en fut faite qu'à la fin du treizième siècle par Arnaud de Ville-
neuve, médecin et professeur à Montpellier. Le sucre qu'on fa-
briquait autrefois avec le moût de raisin, est fort inférieur au sucre de Betterave.

VIGNE FLEXUEUSE. — *Vitis flexuosa* Thunb. Flor. Jap.

Feuilles cordiformes, dentées, velues en dessous. Tige flexueuse. Panicules allongées.

Cette espèce croît au Japon.

VIGNE DE WALLICH. — *Vitis Wallichü De Cand. Prodr.*

Feuilles subcordiformes, acuminées, tronquées à la base, lisses aux 2 faces, bordées de dentelures pointues. Thyrses racémiformes, plus courts que les feuilles.

Feuilles 2 ou 3 fois plus petites que celles de la Vigne commune, presque luisantes. Thyrses très-courts.

Cette Vigne croît au Népaul.

VIGNE DE JAVA. — *Vitis sylvestris* Blum. Bydr. p. 194.

Feuilles arrondies, profondément cordiformes, acuminées, denticulées, aranéeuses en dessous. Vrilles paniculées. Ramules jeunes et pétioles légèrement velus.

Panicules lâches, allongées. Baie d'un bleu noirâtre, de la grosseur d'un Pois.

M. Blume a découvert cette Vigne à Java.

VIGNE A FEUILLES TRONQUÉES. — *Vitis truncata* Blum. l. c. pag. 195.

Feuilles ovales, acuminées, tronquées à la base, bordées de dentelures obtuses et glanduleuses ; veines de la face inférieure pubescentes. Panicules de la longueur des feuilles.

Cette espèce habite les mêmes contrées que la précédente.

VIGNE CIMEUSE. — *Vitis cimosa* Blum. l. c. p. 195.

Feuilles cordiformes, acuminées, cotonneuses en dessous. Cimes pédonculées, trifides, plus courtes que les feuilles.

Cette Vigne croît aux Moluques.

VIGNE HÉTÉROPHYLLE. — *Vitis heterophylla* Thunb. Flor. Jap. — Blum. l. c.

Feuilles cordiformes, 3- ou 5-lobées, ou indivisées, bordées de dentelures larges, obtuses, mucronulées ; lobes acuminés ; veines scabres aux deux faces.

Cette espèce, cultivée à Java, a été transplantée du Japon.

VIGNE GLABRESCENTE. — *Vitis glabrata* Roth, Nov. Spec. — Rœm. et Schult. Syst. — De Cand. Prodr.

Feuilles cordiformes, subtrilobées, dentées, glabres ; dentelures inégales, obtuses. Vrilles paniculifères.

Cette espèce croît dans l'Inde.

VIGNE DE HEYNE. — *Vitis Heyneana* Rœm. et Schult. Syst. — De Cand. Prodr. — *Vitis cordifolia* Roth (non Michx.)

Feuilles cordiformes, indivisées, acuminées, dentées, glabres en dessus, cotonneuses-ferrugineuses en dessous. Panicules allongées.

Cette espèce croît dans l'Inde.

VIGNE TRIFIDE. — *Vitis trifida* Roth, l. c. — De Cand. Prodr.

Feuilles cordiformes-orbiculaires, trifides au sommet, pubescentes-incanes en dessus, cotonneuses-ferrugineuses en dessous, sinuolées-dentées. Corymbes bifides, densiflores.

Cette Vigne habite l'Inde.

VIGNE TRILOBÉE. — *Vitis triloba* Roth, l. c. — De Cand. Prodr.

Feuilles cordiformes-trilobées, pubescentes en dessus, cotonneuses-ferrugineuses en dessous, incisées-dentées, acuminées; lobes presque égaux. Grappes ovales, cotonneuses.

Cette espèce croît dans l'Inde.

VIGNE COTONNEUSE. — *Vitis tomentosa* Roth, l. c.

Feuilles cordiformes-trilobées, cotonneuses, dentelées : lobe terminal ovale; lobes latéraux semi-lunés. Grappes ovales, denses, cotonneuses.

Cette espèce croît dans l'Inde.

VIGNE D'INDE. — *Vitis indica* Linn. — Hort. Malab. v. 7, tab. 6.

Feuilles cordiformes, acuminées, légèrement dentées, luisantes en dessus, pubescentes en dessous.

b) *Fleurs dioïques par avortement.*

VIGNE FERRUGINÉUSE.—*Vitis Labrusca* Linn.—Jacq. Hort. Schœnbr. tab. 426.

Feuilles cordiformes-orbiculaires, plus ou moins profondément 3-lobées (rarement 5-lobées), cotonneuses-ferrugineuses en dessous aux nervures (les jeunes feuilles fortement cotonneuses-blanchâtres en dessous; les adultes glabrescentes ou pubescentes), sinuolées ou sinuées-dentées : dents ou sinus mucronés. Grappes fertiles courtes. Baies grosses.

Tiges grimpant jusqu'au sommet des plus grands arbres. Feuilles larges de 3 à 6 pouces.

Cette Vigne croît aux États-Unis, dans les bas-fonds marécageux le long des rivières, depuis la Floride jusqu'au Canada. Elliot dit que la saveur de son fruit est acerbe et désagréable; mais, si l'on en croit les rapports des pépiniéristes anglo-américains, il en existerait plusieurs variétés dignes d'être cultivées, soit comme fruits de dessert, soit pour en faire du vin. M. Sabine, dans son catalogue des arbres fruitiers cultivés au jardin de la Société horticulturale de Londres, cite les cinq variétés suivantes, en remarquant toutefois que les qualités des Raisins qu'elles produisent ne lui sont pas encore connues par expérience.

— VIGNE COTONNEUSE (Downy-leaved Grape).

— VIGNE ISABELLE (Isabella Grape).

— VIGNE DE BLANDE (Blande's Grape).

— VIGNE D'ELSINBURGH, ou ELSINBURGH DE SMART.

— VIGNE D'ORWIGSBURGH, ou SCHUYLKILL.

VIGNE ESTIVALE. — *Vitis æstivalis* Mich. Flor. Am. Bor. — *Vitis vulpina* Willd. — Jacq. Hort. Schœnbr. tab. 425.

Feuilles orbiculaires, ou suborbiculaires, ou presque ovales, 3-ou 5-lobées, réniformes à la base, incisées-dentées : les jeunes pubescentes ou aranéeuses en dessous, les adultes presque glabres.

— β : A FEUILLES SINUEUSES—*Vitis æstivalis sinuata* Pursh, Flor. Amer. Sept.

Feuilles profondément palmatifides; segments longuement acuminés, très-acérés, profondément incisés, séparés par des sinus très-larges.

Arbuste grimpant très-haut. Feuilles larges de 3 à 6 pouces. Thyrses fertiles courts, racémiformes. Baie petite, noirâtre, mûre en été, acerbe.

Cette espèce, qu'on cultive fréquemment comme arbuste d'agrément, habite la Caroline et la Virginie. Ses fleurs sont très-odorantes.

Les pépiniéristes anglo-américains cultivent sous le nom de *Fox Grape* (Raisin de renard) plusieurs variétés de Vignes à fruits mangeables, qu'ils rapportent, peut-être à tort, à cette espèce.

L'espèce décrite par Elliot sous le nom de *Vitis œstivalis* diffère du *Vitis œstivalis* de Michaux, par ses feuilles couvertes en dessous d'un duvet ferrugineux.

Vigne des rivages. — *Vitis riparia* Michx. Flor. Amer. Bor. — Bot. Mag. tab. 2429. — Wats. Dendr. Brit. tab. 13.

Feuilles cordiformes-ovales, trifides au sommet, incisées-dentées, pubescentes aux bords et en dessous aux nervures.

Cette espèce croît sur les bords des fleuves, depuis la Caroline jusqu'à la Pensylvanie. Elliot assure que ses fruits sont délicieux et préférables à tous les autres Raisins d'Amérique. Les fleurs sont très-odorantes.

Vigne a feuilles cordiformes. — *Vitis cordifolia* Michx. Flor. Amer. Bor.

Feuilles cordiformes, acuminées (quelquefois anguleuses), presque également dentées ou crénelées, un peu hérissées en dessous aux nervures. Grappes lâches. Baies petites, tardives.

Feuilles longues de 3 à 4 pouces; dentelures larges, mucronées; pétiole un peu hérissé. Baies très-acerbes, verdâtres.

Cette espèce, qu'on cultive comme arbrisseau d'agrément, croît dans les États-Unis et au Canada, où on la connaît sous le nom de *Winter-Grape* (Raisin d'hiver) et *Chicken-Grape* (Raisin de poule).

Vigne à feuilles rondes. — *Vitis rotundifolia* Michx. Flor. Amer. Bor. — *Vitis vulpina* Walt. Flor. Carol. (ex Elliot.)

Feuilles luisantes aux deux faces, cordiformes, inégalement dentées, anguleuses, barbues en dessous aux aisselles des nervures. Thyrse composé d'un grand nombre de fascicules capitellés. Baie grosse.

Arbuste tantôt bas, tantôt grimpant   des hauteurs très-considérables. Jeunes pousses cotonneuses. Feuilles larges de 2 à 3 pouces. Fruit de 7 à 8 lignes de diamètre, d'un bleu foncé : épicarpe coriace.

Cette espèce, connue dans les États-Unis sous les noms de *Bullet-Grape* (Raisin à boulets), *Fox-Grape* (Raisin de renard), et *Muscadine-Grape* (Raisin Muscat), croît depuis la Floride jusqu'à la Virginie. Ses fruits, d'une saveur agréable, mûrissent en juillet et août. Elliot pense que l'espèce mérite d'être cultivée.

LES GRUINALES.

GRUINALES Bartl.

CARACTÈRES.

Herbes, ou *arbrisseaux*, ou *sous-arbrisseaux*, ou rarement *Arbres*. Tiges et rameaux cylindriques, ou moins souvent anguleux, quelquefois noueux. Sucs propres aqueux.

Feuilles opposées, ou alternes, ou éparses, pétiolées, simples (souvent lobées), ou digitées, ou pennées : lame quelquefois transformée en phyllode. Stipules géminées, ou glanduliformes, ou nulles.

Fleurs hermaphrodites, ordinairement régulières, disposées en ombelle, ou en cime, ou en panicule, ou rarement solitaires. Pédoncules axillaires, ou oppositifoliés, ou terminaux.

Calice inadhérent, persistant, à 5 (ou rarement 4) sépales libres ou soudés par leur base, imbriqués en préfloraison.

Disque inapparent, ou laminaire et adné au fond du calice.

Pétales 5 (rarement 4), égaux ou inégaux, interpositifs, hypogynes ou subpérigynes, onguiculés, caducs, contournés en préfloraison.

Étamines en même nombre que les pétales et interpotives, ou 10 (5 antépositives et 5 interpositives), ou 15, hypogynes ou subpérigynes. Filets libres, ou monadelphes par leur base, subulés. Anthères incombantes ou moins souvent dressées, à 2 bourses contiguës, chacune déhiscente antérieurement ou latéralement par une fente longitudinale. Connectif inapparent.

Pistil : Ovaires 5 (rarement 3 ou 4), bi- ou pluriovulés, connés, ou libres entre eux mais accolés contre un axe central. Placentaires axiles. Styles en même nombre que les ovaires, libres ou soudés au prolongement de l'axe central. Stigmates simples ou subbifides.

Péricarpe : Capsule ; ou bien diérésile à coques déhiscentes antérieurement ou indéhiscentes ; rarement baie.

Graines solitaires ou géminées, souvent inverses, quelquefois arillées. Périsperme charnu ou pelliculaire. Embryon curviligne ou rectiligne ; radicule appointante ; cotylédons foliacés en germination.

Les *Gruinales*, ainsi nommées parce que leur péricarpe offre souvent à son sommet un prolongement semblable au bec d'une grue ou d'une cigogne, se composent des Oxalidées, des Linées et des Géraniacées. Elles sont très-voisines des Columnifères, ainsi que des Zygophyllées.

QUARANTE-QUATRIÈME FAMILLE.

LES OXALIDÉES. — *OXALIDEÆ.*

(*Oxalideæ* De Cand. Prodr. I, p. 659. — Bartl. Ord. Nat. pag. 351.)

On connaît environ deux cents espèces d'Oxalidées, presque toutes indigènes dans l'hémisphère austral, et surtout dans les contrées extra-tropicales. L'élégance de leurs fleurs en fait cultiver un grand nombre comme plantes d'ornement. L'acide oxalide, qui existe en quantité plus ou moins notable dans la plupart des espèces, donne à ces végétaux des propriétés rafraîchissantes et antiseptiques. Les racines tubéreuses de plusieurs *Oxalis* sont mangeables.

Caractères de la Famille.

Herbes souvent tubéreuses, ou *sous-arbrisseaux*, ou par exception *arbres*. Tiges et rameaux cylindriques. Sucs propres aqueux, acides.

Feuilles (quelquefois toutes radicales) alternes (rarement opposées ou subverticillées), pétiolées, digitées ou pennées, ou unifoliolées par l'avortement des folioles latérales, quelquefois irritables au contact; lame des folioles articulée au pétiole commun. Stipules le plus souvent nulles.

Fleurs régulières, hermaphrodites, axillaires, ou terminales, ou latérales, solitaires, ou disposées en ombelle ou en panicule.

Calice inadhérent, persistant, à 5 sépales libres, ou soudés par leur base, imbriqués en préfloraison.

Disque inapparent.

Pétales 5, hypogynes, alternes avec les sépales,

égaux, courtement onguiculés, caducs, quelquefois cohérents par leur base; contournés en spirale avant l'anthèse.

Étamines 10; hypogynes : 5 extérieures, plus courtes,
insérées devant les sépales ; 5 intérieures, plus longues,
insérées devant les pétales (ou, par exception, nulles).
Filets subulés, souvent monadelphes par leur base. Anthères versatiles, suborbiculaires, bifides à la base.

Pistil : Ovaire pentagone, à 5 loges 1-12-ovulées.
Ovules axiles, superposés. Styles 5, libres ou soudés par
la base, filiformes. Stigmates capitellés, ou bilobés, ou
bifides, ou pénicilliformes.

Péricarpe : Capsule 5-loculaire, septicide, 5-valve ou
10-valve. (Par exception, le péricarpe est charnu et indéhiscent.)

Graines ordinairement en nombre défini dans chaque
loge, suspendues, striées, recouvertes par un arille
charnu élastiquement bivalve. Périsperme charnu ou
subcartilagineux, quelquefois coloré. Embryon rectiligne ou subcurviligne, axile, ordinairement coloré : radicule supère, appointante, allongée ; cotylédons foliacés.

Les *Oxalidées* ont des rapports très-intimes avec les
Zygophyllées. M. de Jussieu père, et M. Aug. de Saint-
Hilaire ne les séparent pas des Géraniacées.

Voici les genres qui constituent cette famille :
Averrhoa Linn. — *Oxalis* Linn. — *Biophytum* De Cand.
— *Ledocarpum* Desfont.

Genre AVERRHOA. — *Averrhoa* Linn.

Calice persistant, 5-parti. Pétales 5, onguiculés, recourbés en dehors; onglets dressés. Étamines 10 : 5 plus longues,
alternes avec les pétales, toujours fertiles; 5 plus courtes,
opposées aux pétales, quelquefois dentiformes et stériles. Fi-

lets soudés par la base en androphore annulaire. Ovaire 5-
gone. Styles 5, persistants. Stigmates capitellés. Baie grosse,
pentagone, 5-sulquée, à 5 loges 1-2- ou poly-spermes. Graines ovoïdes, anguleuses, séparées par des membranes trans-
versales. Périsperme charnu. Embryon rectiligne.

Arbres ou arbrisseaux. Feuilles alternes, imparipennées;
folioles alternes, subsessiles, très-entières. Inflorescence cau-
linaire et axillaire. Fleurs en panicules composées de grappes simples ou rameuses. Corolle rouge ou violette.

Ce genre se compose des deux espèces suivantes :

a) *Étamines alternativement stériles et fertiles.*

AVERRHOA CARAMBOLIER. — *Averrhoa Carambola* Linn.—
Cavan. Diss. 7, tab. 220. — Rumph. Amb. v. 1, tab. 35.—Hort.
Malab. v. 3, tab. 43 et 44.

Feuilles glabres, 9-13-foliolées : folioles ovales, pointues,
glauques en dessous, inégales : la terminale plus grande. Pédicelles alternes. Pétales obovales, 2 fois plus longs que le calice.
Baie ellipsoïde, mucronulée.

Arbre élégant, haut d'une quinzaine de pieds. Tête disposée
en parasol. Feuilles longues de ½ pied : folioles longues de 1 à
2 pouces, sur 6 à 12 lignes de large. Panicules longues de 2 à 4
pouces, multiflores, nombreuses, naissant au sommet du tronc, le
long des branches, à l'aisselle des feuilles, et à l'extrémité des ramules. Fleurs petites, violettes. Fruit de la grosseur d'une
Pomme, de couleur jaune; chair molle, succulente; épicarpe
pelliculaire.

Cet arbre croît sur la côte de Malabar, aux Moluques, aux
îles de la Sonde et dans la plupart des autres archipels de la
mer des Indes. Son fruit, selon Rumphius, est l'un des plus salubres que produisent ces contrées: sa saveur sucrée et légèrement
acide peut se comparer à celle des Prunes. On mange ce fruit soit
cru, soit confit ou accommodé de différentes manières; il passe
pour un excellent remède contre les dyssenteries et autres maladies inflammatoires. À l'époque de la floraison l'arbre produit un
effet charmant,

Rumphius fait mention d'une autre espèce d'*Averrhoa* semblable en tout au *Carambola*, si ce n'est que ses fruits sont plus
allongés et très-acides, et que ses fleurs ne naissent jamais sur le
tronc, qui devient plus haut et porte une cime moins touffue. A
Ceylan et dans l'Indoustan, le fruit de cet arbre atteint quelquefois
la grosseur d'un petit Melon : il est trop acide pour être mangé
cru, mais on l'emploie souvent comme assaisonnement.

b) Étamines toutes anthérifères.

AVERRHOA BILIMBI. — *Averrhoa Bilimbi* Linn. — Rumph.
Amb. v. 1, tab. 36.—Hort. Malab. v 3, tab. 45 et 46.—Tussac,
Flor. Antill. v. 3, tab. 29. — Cavan. Diss. 7, tab. 219.

Folioles ovales-oblongues, ou ovales-lancéolées, pointues, entières, égales : les jeunes pubescentes de même que les ramules.
Grappes latérales, caulinaires, et axillaires, paniculées. Pétales
ovales-oblongs, obtus. Baies oblongues, subcylindracées.

Petit arbre haut de 12 à 15 pieds. Cime touffue, formée de
rameaux diversement disposés. Feuilles longues de 1 pied et
plus. Panicules couvrant quelquefois tout le tronc à partir de sa
base. Fleurs de 12 à 15 lignes de diamètre, d'un pourpre brun.
Fruit long d'environ 2 pouces, sur un pouce de diamètre, semblable à un petit Concombre, d'un vert jaunâtre.

Cet *Averrhoa* se cultive fréquemment, comme plante alimentaire, dans l'Inde et dans tous les archipels voisins, où on le nomme
vulgairement *Bilimbi*. Indroduit en 1793 de Timor à la Jamaïque, il est aujourd'hui parfaitement naturalisé dans toutes les Antilles; il orne les jardins par la grande quantité de fleurs d'un
brun pourpre, qui garnissent non-seulement les rameaux, mais
aussi toute la surface du tronc, et se succèdent pendant l'année
presque entière.

Les fruits du *Bilimbi*, quoique acides, peuvent se manger
crus; mais il faut qu'ils soient bien murs : confits au vinaigre, on en fait fréquemment usage en guise de câpres ou de cor-
nichons. On en prépare aussi un sirop rafraîchissant et antisep-
tique. Leur suc, appliqué sur la peau, passe dans l'Inde pour un
excellent remède contre les éruptions cutanées. Les orfévres de

l'Inde se servent quelquefois de ces fruits à demi mûrs, pour décaper l'argent ou le cuivre.

Genre OXALIDE. — *Oxalis* Linn.

Calice 5-parti, connivent. Pétales 5, onguiculés, très-obtus, quelquefois cohérents par leur base, ou soudés en tube plus ou moins long : onglets dressés. Étamines 10, insérées à un court réceptacle : 5 interpositives, plus grandes; 5 antépositives, plus petites. Filets membraneux, pointus, monadelphes par leur base. Ovaire à 5 loges 1-12-ovulées. Styles 5, libres, ou soudés par leur base. Stigmates 5, capitellés, ou bilobés, ou bifides, ou pénicilliformes. Capsule 5-loculaire, 5- ou 10-valve, pentagone ou pentacoque, membranacée. Graines suspendues, ovoïdes, aplaties bilatéralement, arillées, 5-10-costées, ridées transversalement ; test crustacé; hile apiciaire, un peu latéral.

Arbrisseaux, ou herbes soit caulescentes, soit acaules, tubéreuses ou bulbeuses. Feuilles alternes, 1-2- ou 3-foliolées, ou digitées : les naissantes roulées en crosse; folioles sessiles ou inégalement pétiolulées, très-entières, ordinairement obcordiformes. Hampes ombellifères. Pédoncules 1-3-flores, ou bifides, ou quadrifides, ou ombellifères. Pédicelles articulés inférieurement, bractéolés à leur base. Fleurs purpurines, ou violettes, ou roses, ou blanches, ou jaunes, subcampanulées (rarement infondibuliformes).

Un grand nombre d'*Oxalis* se cultivent à cause de la beauté de leurs fleurs, qui cependant offrent l'inconvénient de ne s'ouvrir qu'au soleil. La multiplication est facile au moyen des nombreux tubercules de leurs racines. Ces tubercules se plantent en pots, au fond desquels on met d'abord au moins deux doigts de gravier, et ensuite de la terre de bruyère sableuse et finement tamisée. On tient les pots dans une bache ou dans une serre tempérée basse, très-près des jours. Après la floraison, qui, dans la plupart des espèces, a lieu en automne ou dès les premiers jours du printemps, les feuilles se déssèchent, comme dans la plupart des plantes bulbeuses : dans cet état de repos, les arrosements doivent être très-modérés et il faut empêcher, par de fréquents binages, que la terre des pots ne s'encroûte.

On connaît près de deux cents espèces de ce genre : un grand nombre croissent aux environs du cap de Bonne-Espérance ou dans l'Amérique méridionale. Nous allons faire connaître celles qu'on cultive dans les collections, ou qui sont remarquables par leurs usages dans l'économie domestique et la thérapeutique.

Section Iʳᵉ. HEDYSAROIDEÆ De Cand. Prodr.

Pédoncules multiflores. Tiges souvent suffrutescentes, feuillues. Feuilles 3-foliolées; folioles ovales, ou lancéolées, ou rarement obcordiformes: la terminale pétiolulée. Ovaire à loges ordinairement unicvulées.

Les espèces de cette section appartiennent à l'Amérique équatoriale.

OXALIDE QUINQUÉFLORE. — *Oxalis pentantha* Jacq. Oxal. tab. 1.

Tiges dressées, rameuses, feuillues. Pédoncules ombellifères, sub-5-flores, plus longs que les feuilles. Feuilles poilues; folioles latérales obovales-orbiculaires, échancrées; foliole terminale obovale, obtuse. Styles plus courts que les étamines extérieures.

Racines rameuses. Tige haute de 1 ½ pied. Sépales lancéolés, pointus, hérissés: Corolle jaune, 3 fois plus grande que le calice. Styles très-courts, glabres.

Cette espèce croît aux environs de Caracas.

OXALIDE DE BARRÉLIER. — *Oxalis Barrelieri* Jacq. Oxal. tab. 3.

Tige dressée, rameuse, feuillue. Folioles ovales-lancéolées, subobtuses. Grappes bifurquées, longuement pédonculées; pédoncules et pétioles poilus, horizontaux. Styles aussi longs que les étamines intérieures.

Tige haute de 1 ½ pied, un peu velue, de la grosseur d'un

tuyeau de plume d'oie. Sépales lancéolés, acuminés, glabres, verdâtres. Corolle carnée, petite, 2 fois plus longue que le calice. Filets intérieurs hérissés de poils glanduliféres. Styles hérissés de poils non-glanduliféres. Stigmates capitellés.

Cette espèce croît à Caracas, ainsi qu'en Guiane et au Brésil.

OXALIDE ROSELÉE. — *Oxalis roselata* Aug. Saint-Hil. Flor. Brasil. Merid. tab. 22.

Tige suffrutescente, très-courte. Feuilles roselées, longuement pétiolées; folioles ovales, ou ovales-oblongues, subrhomboïdales, obtuses ou échancrées, pubescentes en dessous. Pédoncules filiformes, bifurqués, hispides. Sépales linéaires-lancéolés, hispides. Styles plus longs que les étamines intérieures. Stigmates capitellés. Ovaire à loges uniovulées.

Plante presque acaule. Folioles longues de 3 à 18 lignes, de forme très-variable : l'intermédiaire beaucoup plus grande que les latérales. Fleurs jaunes, de 8 lignes de diamètre. Pétales obovales, 4 fois plus longs que le calice. Étamines presque libres. Capsule globuleuse, glabre. Embryon subcurviligne.

Cette plante a été trouvée par M. Aug. de Saint-Hilaire, dans les forêts vierges de la province des Mines.

OXALIDE A FEUILLES DE CAJAN. — *Oxalis cajanifolia* Aug. Saint-Hil. l. c.

Tige suffrutescente, feuillue. Folioles ovales-lancéolées, acuminées, pointues, pubescentes en dessus, velues en dessous. Pédoncules bifurqués, racémifères, plus longs que les feuilles. Pistil moins long que les étamines extérieures. Loges 1-2-ovulées. Stigmates capitellés, bipartis.

Tige peu rameuse, haute de 1 à 2 pieds. Folioles longues de 18 à 24 lignes, larges de 8 lignes. Pédoncules dressés, velus, bifides au sommet. Pédicelles courbés. Fleurs roses. Sépales inégaux. Styles très-courts, réfléchis. Capsule globuleuse, glabre.

Cette plante a été observée par M. Aug. de Saint-Hilaire, au Brésil, dans la province des Mines.

OXALIDE FAUX MÉLILOT. — *Oxalis melilotoides* Aug. Saint-Hil. l. c.

Tige suffrutescente. Folioles ovales , obtuses, poilues. Pédoncules bifurqués , racémifères , beaucoup plus longs que les feuilles. Sépales linéaires-oblongs, mucronulés. Pistil moins long que les étamines extérieures. Loges biovulées. Stigmates capitellés.

Tige poilue, comprimée, anguleuse , rameuse, haute d'environ un pied. Folioles inégales, longues de 6 à 8 lignes , larges de 3 lignes, la terminale plus longue que les latérales. Fleurs jaunes, penchées. Pétales longs d'environ 2 lignes.

Cette espèce croît au Brésil, dans la province des Mines.

OXALIDE FAUSSE EUPHORBE. — *Oxalis euphorbioides* Aug. Saint-Hil. l. c.

Tige suffrutescente. Feuilles glabres, obtuses, souvent rétuses : les inférieures ovales ; les supérieures linéaires. Pédoncules ombellifères, presque indivisés, 7-flores. Sépales oblongs-linéaires, ciliés. Pistil plus long que les étamines extérieures. Loges 3-ovulées. Stigmates bilobés.

Tige simple ou rameuse , pubescente, visqueuse, feuillée. Folioles longues de 6 à 10 lignes : les latérales plus petites que les terminales. Pédoncules filiformes, pubescents , longs de 1 ¹/₂ poucé. Fleurs de couleur orange, de 6 lignes de diamètre. Capsule ovale-globuleuse , très-obtuse, pubérule.

M. Aug. de Saint-Hilaire a trouvé cette espèce au Brésil, dans la province des Mines.

OXALIDE CORDIFORME. — *Oxalis cordata* Aug. Saint-Hil. Plant. Usuelles des Bras. n° 45.

Tige suffrutescente, feuillée. Folioles cordiformes, pubescentes aux bords. Pédoncules pubescents, ombellifères , subbifides , aplatis. Sépales pubescents, pointus. Pistil plus long que les étamines extérieures. Stigmates en tête. Ovaire à loges uniovulées.

Folioles longues de 12 à 18 lignes ; pétiole commun long d'environ 2 pouces, rougeâtre , de la grosseur d'un plume de pigeon. Pédoncules longs de 2 pouces. Fleurs jaunes, d'un pouce de diamètre. Pétales obovales-spatulés.

Cette espèce croît au Brésil , dans la province de Goyaz.

OXALIDE FAUVE. — *Oxalis fulva* Aug. Saint-Hil. Plant. Us. des Bras. n° 44.

Tige suffrutescente, feuillée, très-hérissée. Folioles obovales-orbiculaires, très-obtuses, velues. Pédoncules ombellifères, subbifides. Sépales poilus, linéaires, pointus. Pistil moins long que les étamines extérieures. Stigmates en tête. Ovaire à loges biovulées.

Sous-arbrisseau haut de 5 à 15 pouces. Tiges dressées ou ascendantes, peu rameuses. Folioles longues de 6 à 9 lignes, larges de 4 à 7 lignes; pétiole long d'environ 2 pouces. Pédoncule plus long que la feuille. Ombelles 3-7-flores. Bractées linéaires-spatulées. Fleurs jaunes, d'un pouce de diamètre. Pétales oblongs-obovales.

Cette plante est commune au Brésil, dans les pâturages de la province des Mines.

SECTION II. CORNICULATÆ De Cand. Prodr.

Tiges feuillues, herbacées. Racines non-bulbeuses. Feuilles digitées-3-foliolées : folioles obcordiformes, toutes sessiles. Pédoncules 1-flores, ou plus souvent bi- ou multi-flores.

OXALIDE REDRESSÉE. — *Oxalis stricta* Linn. — Jacq. Oxal. tab. 4. — Flor. Dan. tab. 873.

Racines rampantes. Tiges dressées ou ascendantes, peu rameuses. Pédoncules pauciflores; plus courts que les feuilles. Styles de la longueur des étamines intérieures. Pédicelles fructifères dressés. Capsule cylindracée, pubescente, pentagone.

Tiges longues de 1/2 pied à 1 pied, pubescentes, rougeâtres. Pétioles longs de 2 à 4 pouces. Folioles pubescentes, ciliées, longues de 1/2 pouce. Sépales lancéolés, pointus, pubescents ou velus. Pétales jaunes, obovales, 2 ou 3 fois plus longs que les sépales. Filets intérieurs légèrement poilus. Styles hérissés.

OXALIDE CORNICULÉE. — *Oxalis corniculata* Linn. — Jacq. Oxal. tab. 5. — *Oxalis pusilla* Salisb. Linn. Transact. II, tab. 23, fig. 5.

Tige rameuse, diffuse, radicante. Pédoncules ombellifères, plus courts que les pétioles. Styles de la longueur des étamines intérieures. Pédicelles fructifères réfléchis. Capsule cylindracée, pubescente, a 5 anglés ondulés.

Tige pubescente ou velue, à peine longue de ¹/₂ pied. Pétiole long de 1 à 2 pouces; folioles pubescentes, plus petites que celles de l'espèce précédente. Sépales lancéolés, obtus, velus. Corolle jaune, 2 fois plus grande que le calice.

Cette espèce et la précédente croissent dans les endroits cultivés, tant en France que dans la plus grande partie de l'Europe. Leurs propriétés sont les mêmes que celles de la *Surelle* (*Oxalis acetosella* Linn.' — Voyez plus bas.)

OXALIDE FLEURIE.—*Oxalis rosea* Jacq. Oxal. p. 25.—Hook. in Bot. Mag. tab. 2830. — *Oxalis floribunda* Lehm. — Lindl. in Bot. Reg. tab. 1123.

Tige dressée, feuillée. Grappes en corymbe; pédoncule commun 4 fois plus long que la feuille.

Tige haute de ¹/₂ pied. Pétioles horizontaux, longs de 2 pouces; folioles longues de ¹/₂ pouce. Corolle rose, 5 fois plus grande que le calice.

Cette espèce est originaire du Chili.

OXALIDE A FLEURS LATÉRALES. — *Oxalis lateriflora* Jacq. Hort. Schœnbr. tab. 204.

Tige ascendante, un peu rameuse, nue à la base. Pédoncules latéraux, ombellifères. Folioles cunéiformes, bilobées au sommet. Styles plus courts que les étamines extérieures. — Fleurs pourpres. Filets hispides.

Cette espèce croît au cap de Bonne-Espérance.

SECTION III. SESSILIFOLIÆ De Cand, Prodr.

Tiges allongées, feuillées. Feuilles sessiles, 3-foliolées, velues, non-glandulifères. Pédoncules axillaires, 1-flores. Stigmates pénicilliformes.

Les espèces de cette section croissent au Cap.

a) *Corolle infondibuliforme.*

Oxalide a longs styles. — *Oxalis macrostylis* Jacq. Oxal. tab. 9.

Tige dressée, rameuse. Folioles linéaires-spatulées, échancrées. Pédoncules 4 fois plus longs que les feuilles. Styles plus longs que les étamines intérieures.

Bulbe ovale, de la grosseur d'une Noisette. Tige hérissée, rougeâtre, grêle, longue de 6 à 9 pouces. Folioles longues de ¹/₂ pouce, glabres en dessus, pubescentes en dessous. Corolle longue de près de 18 lignes : tube jaune ; lames roses, oblongues-obovales, presque 3 fois plus courtes que le tube. Filets hérissés de poils non-glandulifères. Styles très-saillants.

Oxalide tubiflore. — *Oxalis tubiflora* Jacq. Oxal. tab. 10.

Tige dressée, un peu rameuse. Folioles cunéiformes-oblongues, mucronées, hérissées en dessous. Pédoncules 4 fois plus longs que les feuilles. Styles plus courts que les étamines extérieures.

Cette Oxalide n'est peut-être qu'une variété à courts styles de la précédente.

Oxalide grisatre. — *Oxalis canescens* Jacq. Oxal. tab. 11.

Tige dressée, peu rameuse. Folioles cunéiformes-oblongues, échancrées, glabres en dessus, glanduleuses et hérissées en dessous. Pédoncules 2 fois plus longs que les feuilles. Styles plus courts que les étamines extérieures.

Bulbe subglobuleux ou ovale, atteignant là grosseur d'une Noisette. Tige velue, très-grêle, longue de ¹/₂ pied. Folioles longues de ¹/₂ pouce. Corolle longue de 1 pouce, couleur lilas : lames obovales, plus courtes que le tube. Filets velus.

Oxalide a fleurs unilatérales. — *Oxalis secunda* Jacq. Oxal. tab. 12.

Tige déclinée, rameuse ; rameaux unilatéraux. Folioles cunéiformes-oblongues, obtuses ou échancrées, poilues en dessous. Pédoncules un peu plus courts que les feuilles, unilatéraux. Styles un peu moins longs que les étamines intérieures.

Bulbe subglobuleux, de la grosseur d'une Noisette. Tige faible, grêle, très-velue, longue de 5 à 12 pouces. Folioles longues d'environ $^1/_2$ pouce. Corolle rose, longue de 1 $^1/_2$ pouce : lames obovales, 3 fois plus courtes que le tube. Filets glabres. Styles hérissés, glanduleux.

b) *Corolle campanulée.*

OXALIDE HÉRISSÉE. — *Oxalis hirta* Linn. — Jacq. Oxal. tab. 13, et tab. 77, fig. 3.

Tige dressée, rameuse. Folioles cunéiformes-oblongues, rétuses ou obtuses, hérissées en dessous. Pédoncules beaucoup plus longs que les feuilles. Filets non-dentelés, ni glanduleux. Styles plus longs que les étamines intérieures.

- Bulbe subglobuleux, de la grosseur d'une Noisette. Tige longue de 6 à 12 pouces, velue, grêle, rougeâtre. Folioles longues de 6 à 8 lignes. Sépales lancéolés, acuminés, velus. Corolle rose, d'environ 15 lignes de diamètre : lames cunéiformes, plus longues que le tube. Styles hérissés.

OXALIDE PUBÉRULE. — *Oxalis hirtella* Jacq. Oxal. tab. 14.

Cette espèce ne diffère de la précédente que par ses filets hérissés de poils glandulifères, et gibbeux à la base.

OXALIDE MULTIFLORE. — *Oxalis multiflora* Jacq. Oxal. tab. 15. — *Oxalis hirta* Jacq. Ic. Rar. tab. 472.

Cette plante ne nous paraît qu'une variété de la précédente, dont elle ne diffère qu'en ce qu'elle est beaucoup plus rameuse, et que ses styles sont plus courts que les étamines extérieures.

OXALIDE ROUGEATRE. — *Oxalis rubella* Jacq. Oxal. tab. 16. — Jacq. Ic. Rar. tab. 471. — Bot. Mag. tab. 1031.

Tige dressée, très-rameuse. Folioles linéaires-spatulées, obtuses, hérissées en dessous. Pédoncules beaucoup plus longs que les feuilles. Styles plus courts que les étamines extérieures.

Bulbe ovale, de la grosseur d'une Noisette. Tige longue d'environ $^1/_2$ pied, grêle, pubescente. Folioles longues de $^1/_2$ pouce. Sépales oblongs-lancéolés, pointus, hérissés. Corolle d'un pouce de diamètre : lames obovales, de couleur pourpre en dessus, d'un lilas pâle en dessous ; tube court, jaune. Filets intérieurs glanduleux. Styles hérissés de poils courts.

OXALIDE ROSACÉE. — *Oxalis rosacea* Jacq. Oxal. tab. 17.— Bot. Mag. tab. 1698.

Tige simple, décombante. Folioles obovales, ou lancéolées-obovales, ou cunéiformes-oblongues, hérissées en dessous. Pédoncules beaucoup plus longs que les feuilles. Étamines intérieures denticulées, poilues, plus longues que les styles.

Bulbe subglobuleux ou ovale, moins gros qu'une Noisette. Tige longue de ¹/₂ pied à 1 pied, grêle, très-hérissée. Folioles longues de 3 à 6 lignes. Sépales oblongs-lancéolés, pointus, hérissés. Corolle de près de 1 pouce de diamètre : lames obovales, subacuminées, de couleur pourpre en dessus, d'un rose pâle en dessous ; tube court, jaunâtre. Styles hérissés.

SECTION IV. CAULIFLORÆ De Cand. Prodr.

Tige allongée, médiocrement feuillée. Feuilles supérieures 3-ou 5-foliolées, pétiolées. Pédoncules axillaires, 1-flores. Corolle subcampanulée. Stigmates pénicilliformes.

Les espèces de cette section croissent au Cap.

OXALIDE VIRGINALE.—*Oxalis virginea* Jacq. Hort. Schœnbr. 3, tab. 275.

Tige dressée, peu rameuse. Feuilles pétiolées ; folioles latérales oblongues ; foliole terminale obovale-cunéiforme. Pédicelles plus courts que les feuilles. Filets non-gibbeux à leur base. — Fleurs grandes, blanches.

OXALIDE RAMPANTE.— *Oxalis reptatrix* Jacq. Oxal. tab. 20.

Racines grêles, rampantes. Tige courte, dressée. Feuilles longuement pétiolées, 3-foliolées : folioles obovales-orbiculaires, cunéiformes à la base, pubescentes aux bords. Pédoncules plus longs que les feuilles. Filets gibbeux à leur base.

Bulbe subglobuleux, de la grosseur d'une Noisette, émettant

une grande quantité de tiges souterraines. Tige grêle, velue, longue de 1 à 3 pouces. Sépales oblongs, pointus, hérissés. Corolle de 12 à 15 lignes de diamètre : lames obovales, carnées; onglets jaunâtres, 2 fois plus longs que le calice. Filets hérissés de poils glandulifères.

OXALIDE CARNÉE. — *Oxalis incarnata* Linn. — Jacq. Hort. Vindob. tab. 71.

Tige dressée, rameuse, glabre. Feuilles pétiolées, subfasciculées, 3-foliolées; folioles obcordiformes. Pédoncules aussi longs que les feuilles. Filets gibbeux à leur base.

Tiges grêles, touffues. Corolle d'un demi-pouce de diamètre, carnée.

OXALIDE DISTIQUE. — *Oxalis disticha* Jacq. Oxal. tab. 18.

Tige ascendante, glabre, rameuse à la base. Feuilles glabres, longuement pétiolées, stipulées, 3-foliolées : folioles courtement pétiolulées, obcordiformes. Pédoncules à peu près aussi longs que les feuilles. Filets glabres, dentés à la base.

Bulbe petit, ovale-fusiforme. Tige longue de $^1/_2$ pied ou plus. Pétiole long de 1 à 2 pouces, accompagné d'une grande stipule membranacée, blanchâtre, amplexicaule, obcordiforme; folioles égales, longues de $^1/_2$ pouce. Sépales oblongs, glabres. Corolle jaune, de 6 à 8 lignes de diamètre, 3 fois plus longue que le calice.

SECTION V. CAPRINÆ De Cand. Prodr.

Herbes acaules ou munies d'une courte tige feuillée seulement au sommet. Pédoncules uni-bi-ou pluri-flores. Feuilles plurifoliolées ou plus souvent trifoliolées, pétiolées.

OXALIDE DE BURMANN. — *Oxalis Burmanni* Jacq. Oxal. n° 20. — Burm. Afr. tab. 29.

Subacaule. Feuilles 5-ou 6-foliolées; folioles lancéolées, glabres. Hampe plus longue que les feuilles, ombellifère, 7-8-flore.

Bulbe oblong. Pétiole long de 2 à 3 pouces. Folioles charnues, succulentes. Corolle campanulée, jaune, 5 fois plus longue que le calice.

Cette espèce croît au cap de Bonne-Espérance.

OXALIDE TÉTRAPHYLLE. — *Oxalis tetraphylla* Cavan. Ic. 3, tab. 237. — Loddig. Bot. Cab. tab. 790.

Acaule. Feuilles glabres, 4-ou rarement 3-foliolées; folioles obcordiformes, glauques en dessous. Hampes ombellifères, 3-7-flores.

Herbe basse, glabre, très-touffue. Racines tubéreuses. Fleurs roses, d'environ 6 lignes de diamètre.

Cette espèce, indigène au Mexique, peut être cultivée en pleine terre, dans le nord de la France, lorsqu'on prend la précaution d'enterrer ses tubercules assez profondément pour empêcher qu'ils ne gèlent. On l'a recommandée comme succédanée de l'*Oseille*, et formant en même temps des bordures très-agréables à l'œil.

OXALIDE A SÉPALES BIMACULÉS.—*Oxalis bipunctata* Graham, in Bot. Mag. tab. 2781.

Feuilles à 3 folioles obcordiformes, suborbiculaires, glabres en dessus, pubescentes en dessous. Pétioles cylindriques, pubescents. Hampes comprimées, multiflores, pubescentes, à peine plus longues que les pétioles. Sépales oblongs, obtus, bimaculés au sommet.

Folioles larges d'environ 1 ½ pouce. Pétiole long de 5 à 6 pouces. Hampe subtrichotome au sommet. Pédicelles grêles, défléchis. Sépales munis au-dessous de leur sommet de deux glandules oblongues, parallèles. Pétales oblongs-cunéiformes, crénelés au sommet, de couleur lilas.

Cette espèce est originaire du Brésil.

OXALIDE CRISTALLINE. — *Oxalis carnosa* Lindl. in Bot. Reg. tab. 1063. — Hook. in Bot. Mag. tab. 2866.

Subacaule. Feuilles longuement pétiolées; folioles (3) obcordiformes, charnues, cristallines en dessous. Hampes triflores. Les 2 sépales extérieurs planes, plus grands que les intérieurs.

Racine tubéreuse, subfusiforme. Pétioles longs de 4 à 6 pouces.

Folioles couvertes en dessous de papilles cristallines, jaunâtres. Hampes ordinairement plus longues que les feuilles. Corolle jaune, d'environ 8 lignes de d amètre. Pétales obcordiformes.

Cette espèce, originaire du Chili, est fort remarquable par ses folioles couvertes en dessous de papilles semblables à celles de la Cristalline. D'ailleurs elle se recommande aussi par la longue durée de sa floraison.

OXALIDE VIOLETTE. — *Oxalis violacea* Linn. — Jacq. Hort. Vind. tab. 180; Oxal. tab. 80, fig. 2.

Acaule. Feuilles à 3 folioles obcordiformes, pubescentes aux bords. Hampes ombellifères, 3-9-flores : ombelle simple ou bifurquée. Fleurs nutantes. Étamines hérissées : les intérieures gibbeuses à la base.

Bulbe subglobuleux, prolifère, de la grosseur d'une Noisette. Pétiole poilu, grêle, long de 3 à 6 pouces. Folioles longues de 8 lignes. Sépales lancéolés, pointus, velus. Corolle campanulée, 3 fois plus longue que le calice : lames obovales, striées, d'un pourpre violet; onglets jaunâtres. Styles pubérules, plus courts que les étamines.

Cette espèce habite les États-Unis.

OXALIDE A FLEURS PENCHÉES.—*Oxalis cernua* Thunb. Diss. Oxal. tab. [2, fig. 2. — Mill. Ic. tab. 195, fig. 1. — Jacq. Oxal. tab. 6.

Acaule ou caulescente : stipe bulbifère aux aisselles. Feuilles glabres, longuement pétiolées, à 3 folioles obcordiformes. Hampes très-longues, ombellifères, multiflores : pédicelles penchés avant l'anthèse. Filets glabres : les intérieurs gibbeux à la base. Styles très-courts.

Bulbe ovale, acuminé, long d'environ 9 pouces. Souche oblique, bulbillifère, glabre. Pétioles longs de 3 à 7 pouces; folioles larges d'un demi-pouce à 1 pouce, moins longues que larges. Hampes peu nombreuses, dressées, longues de 1 pied ou moins. Sépales lancéolés, pointus, ciliolés. Corolle jaune, campanulée, 5 fois plus longue que le calice, de près de 1 pouce de diamètre.

OXALIDE CAPRINE. — *Oxalis caprina* Linn. — Jacq. Oxal. tab. 76, fig. 1.

Acaule. Feuilles glabres, à 3 folioles obcordiformes-bilobées. Hampes ombellifères, 2-4-flores. Filets pubérules : les intérieurs gibbeux à la base. Styles très-courts.

Bulbe ovale-triangulaire. Pétiole long de 2 à 3 pouces. Folioles discolores, pourpres en dessous, longues de 4 lignes. Sépales lancéolés-oblongs, subobtus, ciliolés au sommet. Corolle bleuâtre ou carnée, 3 fois plus longue que le calice : lames oblongues, obtuses, crénelées.

OXALIDE COMPRIMÉE.—*Oxalis compressa* Jacq. Oxal. tab. 78, fig. 3.

Acaule. Feuilles à 3 folioles obcordiformes, pubérules. Hampes biflores. Filets glabres : les intérieurs gibbeux à la base. Styles très-longs, saillants.

Pétiole commun ailé, long de 1 pouce ou plus. Folioles longues de 4 lignes. Hampes longues de 2 pouces. Sépales lancéolés, pointus, hérissés. Corolle campanulée, jaune, 4 fois plus longue que le calice.

OXALIDE A SÉPALES DENTÉS. — *Oxalis dentata* Jacq. Oxal. tab. 7.

Subacaule. Feuilles à 3 folioles obcordiformes, discolores, pubescentes en dessous, légèrement ciliées. Hampes plus longues que les feuilles, ombellifères, 2-5-flores. Sépales tridentés au sommet. Filets intérieurs unidentés à la base, hérissés de poils glandulifères et non-glandulifères. Styles très-longs.

Bulbe oblong, long de $^1/_2$ pouce. Stipe dressé ou décliné, long de 1 à 4 pouces. Pétioles longs de 2 à 3 pouces. Folioles violettes en dessous, longues de $^1/_2$ pouce. Sépales oblongs, glanduleux-pubescents. Corolle 4 fois plus longue que le calice, campanulée, d'un pourpre violet, ou carnée, d'un demi-pouce de diamètre.

OXALIDE LIVIDE. — *Oxalis livida* Jacq. Oxal. tab. 8.

Caulescente. Feuilles à 3 folioles obcordiformes-bilobées, ou cunéiformes-bilobées, discolores, pubescentes en dessous. Hampes subbiflores. Sépales oblongs, obtus, hérissés (ainsi que les étamines) de poils glandulifères. Filets intérieurs unidentés à la base, plus longs que les styles.

Bulbe petit, ovoïde. Stipe long de 1 à 3 pouces. Pétioles longs de 2 pouces. Folioles larges de 4 à 6 lignes, d'un vert livide en dessus, d'un violet livide en dessous. Hampes peu nombreuses, pubescentes, plus longues que les pétioles. Corolle carnée, 4 fois plus longue que le calice.

OXALIDE POURPRÉE. — *Oxalis purpurata* Jacq. Hort. Schœnbr. tab. 356.

Subacaule. Feuilles à 3 folioles obcordiformes, ciliées, d'un pourpre vif en dessous. Hampes ombellifères, 5-7-flores. Styles très-longs. — Fleurs blanches ou carnées.

Cette espèce et les cinq précédentes croissent au Cap.

OXALIDE LOBÉE. — *Oxalis lobata* Sims, in Bot. Mag. tab. 2386.

Acaule, glabre. Racine tubéreuse. Feuilles à 3 folioles obcordiformes. Pédoncules 1-flores, plus longs que les feuilles. — Fleurs jaunes, ponctuées de rouge.

Cette espèce croît au Chili.

SECTION VI. SIMPLICIFOLIÆ De Cand. Prodr.

Herbes acaules ou rarement caulescentes. Feuilles unifoliolées. Hampes pluriflores, ou plus souvent uniflores. Stigmates pénicilliformes.

OXALIDE MONOPHYLLE. — *Oxalis monophylla* Linn. — Jacq. Oxal. tab. 79, fig. 3 — Thunb. Oxal. n° 1, tab. 1, fig. 1.

Bulbe à tuniques laineuses. Folioles elliptiques-obovales, ou obovales, obtuses, ciliolées, de la longueur du pétiole. Hampes uniflores, non-bractéolées, plus longues que les feuilles. Étamines glabres; les filets intérieurs gibbeux à la base. Styles plus courts que les étamines extérieures, hérissés de poils glandulifères.

Bulbe petit, subglobuleux : tuniques jaunâtres. Feuilles longues de ½ pouce. Pétioles aptères, hérissés de poils glanduliferes ainsi que les hampes et le calice. Sépales oblongs, obtus. Corolle 6 fois plus longue que le calice : lames obovales.

OXALIDE LÉPIDE. — *Oxalis lepida* Jacq. Oxal. tab. 21.

Cette espèce ne paraît différer de la précédente que par ses styles de moitié plus longs que les étamines intérieures, et hérissés, de même que celles-ci, de poils glanduliferes. La corolle, d'environ 10 lignes de diamètre, est rose, à fond jaune.

L'*Oxalis rostrata* (Jacq. Oxal. tab. 22) ne diffère de l'*Oxalis lepida* que par ses styles plus courts que les étamines extérieures.

Les trois plantes que nous venons de signaler croissent au Cap.

SECTION VII. PTÉROPODÆ De Cand. Prodr.

Herbes acaules. Feuilles 2- ou 3-foliolées, glabres : pétiole ailé. Hampes uniflores:

Toutes les espèces de cette section croissent au Cap.

OXALIDE CRÉPUE. — *Oxalis crispa* Jacq. Oxal. tab. 23.

Feuilles à 2 folioles obovales, cunéiformes à la base, échancrées, ondulées et crépues aux bords. Hampes plus longues que les feuilles. Filets unidentés à la base, hérissés (ainsi que les styles) de poils glanduliferes.

Bulbe subglobuleux, de la grosseur d'une Noisette. Feuilles peu nombreuses, longues (y compris le pétiole) d'environ 4 pouces, sur 1 à 2 pouces de large, munies d'un rebord cartilagineux. Appendice du pétiole cunéiforme-obovale. Sépales oblongs, glabres. Corolle de 18 lignes de diamètre, blanche, à fond jaune. Styles très-longs.

OXALIDE OREILLE-D'ANE. — *Oxalis asinina* Jacq. Oxal. tab. 24.

Feuilles à 2 folioles lancéolées, subobtuses ou échancrées, cartilagineuses et finement crénelées aux bords. Hampes 1-flores, plus longues que les feuilles. Filets gibbeux à la base, hérissés (ainsi que les styles) de poils glanduliferes.

Bulbe ovale, de la grosseur d'une Noisette. Pétioles longs de

2 pouces : appendice conforme aux folioles. Folioles longues de 2 à 3 pouces. Sépales oblongs-lancéolés. Corolle de 12 à 15 lignes de diamètre, 4 fois plus grande que le calice, d'un beau jaune. Styles moins longs que les étamines intérieures.

Les feuilles de cette espèce ont été comparées par Jacquin à des oreilles d'âne.

OXALIDE OREILLE DE LIÈVRE. — *Oxalis leporina* Jacq. Oxal. tab. 25.

Feuilles à 2 folioles lancéolées-elliptiques, ou lancéolées-obovales, obtuses, cartilagineuses-denticulées aux bords. Hampes un peu plus longues que les feuilles. Filets intérieurs gibbeux à la base, hérissés (ainsi que les styles) de poils glandulifères.

Bulbe subglobuleux, de la grosseur d'une Noisette. Pétioles longs de 2 pouces ou plus; rebord plus ou moins large. Folioles longues de 1 à 2 pouces. Sépales ovales-oblongs. Corolle longue d'environ 15 lignes ; lames blanches en dessus, carnées en dessous ; onglets jaunes. Styles plus longs que les étamines.

OXALIDE A FOLIOLES LANCÉOLÉES. —*Oxalis lanceæfolia* Jacq. Oxal. tab. 26.

Feuilles 2- ou 3-foliolées; folioles lancéolées, ou lancéolées-oblongues, subobtuses, cartilagineuses et scabres aux bords. Hampes de la longueur des feuilles. Étamines glabres, non-gibbeuses. Styles longs, un peu glanduleux.

Bulbe petit, ovoïde. Pétioles longs de 2 pouces ou plus, légèrement ailés. Folioles longues de 1 $\frac{1}{2}$ à 2 pouces, d'un vert glauque, pourpres en dessous le long de la côte. Sépales oblongs, subobtus. Corolle 4 fois plus grande que le calice, de 1 pouce de diamètre, d'un beau jaune.

OXALIDE A FEUILLES DE FÈVE. — *Oxalis fabæfolia* Jacq. Oxalid. tab. 27.

Feuilles à 3 folioles elliptiques-obovales, échancrées, mucronées, cartilagineuses et denticulées aux bords. Hampes plus longues que les feuilles. Étamines gibbeuses à la base, hérissées (de même que les styles) de poils glandulifères.

Bulbe subglobuleux, de la grosseur d'une Noisette. Pétiole long de 1 '/₂ pouce : appendice large, suborbiculaire. Folioles longues de 2 à 3 pouces, sur 12 à 18 lignes de large, d'un vert glauque. Sépales oblongs, obtus. Corolle de 18 lignes de diamètre, d'un beau jaune. Styles courts.

Section VIII. ACETOSELLÆ De Cand. Prodr.

Herbes acaules ou subcaulescentes. Feuilles pétiolées, 3-foliolées. Pétiole aptère. Folioles non-glanduleuses en dessous. Hampes uniflores.

Oxalide a feuilles d'Aubours.—*Oxalis laburnifolia* Jacq. Oxal. tab. 28.

Acaule, pubescente. Folioles discolores, obtuses, pubescentes aux deux faces : les latérales oblongues, très-inéquilatérales; la terminale lancéolée-obovale. Hampes un peu plus longues que les euilles. Filets intérieurs unidentés à la base, hérissés (ainsi que les styles) de poils glandulifères.

Bulbe ovoïde, de la grosseur d'une Noisette. Pétiole long d'environ 2 pouces; folioles longues de 1 '/₂ à 2 pouces, pourpres en dessous. Sépales oblongs-lancéolés, pointus, glanduleux. Corolle d'un beau jaune, longue de 1 pouce. Styles plus longs que les étamines intérieures.

Cette espèce croît au Cap.

Oxalide couleur de sang.—*Oxalis sanguinea* Jacq. Oxal. tab. 29.

Cette Oxalide ne diffère de la précédente que par ses styles plus courts que les étamines intérieures.

Oxalide jaune-et-rouge. — *Oxalis rubro-flava* Jacq. Oxal. tab. 5o.

Acaule, pubescente. Folioles obtuses, concolores, fortement pubescentes aux deux faces : les latérales oblongues, inéquilatérales; la terminale lancéolée - obovale. Hampes plus longues que les feuilles. Étamines intérieures unidentées à la base, glanduleuses. Styles très-courts, pubescents.

Bulbe petit, ovoïde. Pétiole long d'environ 2 pouces; folioles longues de 12 à 15 lignes. Sépales oblongs-lancéolés , hérissés. Corolle de 15 lignes de diamètre , d'un beau jaune.

Cette espèce croît au cap de Bonne-Espérance.

OXALIDE TRICOLORE. — *Oxalis tricolor* Jacq. Oxal. tab. 47 et 48.

Acaule, pubescente. Folioles obtuses , pubescentes aux deux faces, concolores : les latérales oblongues , inéquilatérales ; la terminale lancéolée-obovale ou oblongue-obovale. Hampes plus longues que les feuilles. Filets intérieurs unidentés, glanduleux. Styles pubérules , plus longs que les étamines extérieures.

Bulbe ovale, à tuniques noirâtres. Pétiole long de 1 à 2 pouces; folioles longues de 10 à 15 lignes. Sépales oblongs-lancéolés, pointus. Corolle de 15 à 18 lignes de diamètre : lames obovales-orbiculaires , jaunes ou blanches en dessus, lavées en dessous de rouge et de blanc.

Cette espèce croît au cap de Bonne-Espérance.

OXALIDE CILIÉE. — *Oxalis ciliaris* Jacq. Oxal. tab. 30.

Caulescente , pubescente. Folioles oblongues, subcunéiformes à la base, pubescentes en dessous et aux bords. Pédoncules plus longs que les feuilles , dibractéolés au sommet. Étamines toutes glanduleuses-pubescentes, non-dentées, plus courtes que les styles.

Bulbe ovale , noirâtre. Pétioles grêles , longs de 2 lignes à 2 ½ pouces. Folioles longues de 6 à 12 lignes. Sépales oblongs-lancéolés, pointus , pubescents. Corolle d'environ 1 pouce de diamètre : lames cunéiformes - oblongues, rouges en dessus, pâles en dessous.

Cette espèce croît au cap de Bonne-Espérance.

OXALIDE ARQUÉE. — *Oxalis arcuata* Jacq. Oxal. tab. 31.

Caulescente, ascendante, pubescente. Folioles linéaires-oblongues, tronquées, rétuses, pubescentes en dessous et aux bords. Pédoncules de la longueur des pétioles, dibractéolés au sommet. Étamines toutes pubescentes - glanduleuses. Styles très-courts.

Bulbe petit, ovoïde. Pétiole long de 1 pouce; folioles longues de 1 pouce. Sépales ovales-lancéolés, pointus, pubescents. Corolle de ¹/₂ pouce de diamètre : lames lancéolées-oblongues, obtuses, rouges.

Cette espèce croît au cap de Bonne-Espérance.

OXALIDE FLASQUE. — *Oxalis flaccida* Jacq. Oxal. tab. 51.

Acaule, pubescente. Folioles obtuses, pubescentes aux deux faces, concolores : les latérales oblongues, inéquilatérales ; la terminale oblongue-obovale ou cunéiforme-oblongue. Hampes flasques, dibractéolées au milieu, plus longues que les feuilles. Étamines intérieures pubescentes-glanduleuses, unidentées à la base. Styles très-courts.

Bulbe ovoïde, acuminé, noirâtre. Stipe court. Pétiole long de 2 pouces; folioles longues de 1 pouce. Sépales oblongs-lancéolés, obtus, pubescents. Corolle d'environ 15 lignes de diamètre : lames très-larges, blanches en dessus, lavées de rouge en dessous; onglets jaunes, 2 fois plus longs que le calice.

Cette espèce croît au cap de Bonne-Espérance.

OXALIDE FERRUGINEUSE. — *Oxalis ferruginea* Jacq. Hort. Schœnbr. tab. 274.

Subacaule, pubescente. Folioles obovales, rétuses. Pédoncules un peu plus courts que les pétioles, dibractéolés au milieu. Styles très-courts. Étamines pubescentes-glanduleuses.

Feuilles marbrées de taches ferrugineuses. Fleurs blanches.

Cette espèce croît au cap de Bonne-Espérance.

OXALIDE DOUTEUSE. — *Oxalis ambigua* Jacq. Oxal. tab. 43.

Acaule, pubescente. Folioles obtuses, pubescentes et concolores aux deux faces : les latérales oblongues, inéquilatérales ; la terminale cunéiforme-oblongue, ou cunéiforme-obovale. Pédoncules plus longs que les feuilles, dibractéolés au milieu. Étamines intérieures pubescentes - glanduleuses, unidentées à la base, plus courtes que les styles.

Bulbe ovale-fusiforme, noirâtre. Pétiole long de 2 à 3 pouces; folioles longues de 8 à 12 lignes. Sépales linéaires-lancéolés, obtus, biglanduleux au dessous du sommet. Corolle de 1 pouce de diamètre, blanche, à fond jaune.

Cette espèce croît au Cap.

OXALIDE ONDULÉE. — *Oxalis undulata* Jacq. Oxal. tab. 44.

Cette espèce ne diffère de la précédente que par ses folioles ondulées, et par ses sépales inégaux.

OXALIDE A LONGS PÉDONCULES. — *Oxalis exaltata* Jacq. Oxal. tab. 49.

Acaule, pubescente. Folioles obtuses ou échancrées, pubescentes aux deux faces, marbrées en dessus : les latérales oblongues ou elliptiques, inéquilatérales; la terminale obovale ou cunéiforme-oblongue. Pédoncules 2 à 3 fois plus longs que les pétioles, dibractéolés au milieu. Étamines intérieures unidentées à la base, pubescentes-glanduleuses. Styles très-courts.

Bulbe ellipsoïde, noirâtre. Pétioles longs de 2 à 3 pouces. Folioles longues d'environ 6 lignes. Sépales oblongs-lancéolés, obtus. Corolle d'environ 8 lignes de diamètre, blanche, à fond jaune.

Cette espèce croît au cap de Bonne-Espérance.

OXALIDE GLANDULEUSE. — *Oxalis glandulosa* Jacq. Oxal. tab. 46.

Caulescente, pubescente. Folioles obtuses, pubescentes aux deux faces, discolores : les latérales elliptiques, inéquilatérales; la terminale obovale ou elliptique-obovale. Hampes à peu près aussi longues que les pétioles, dibractéolées au milieu. Étamines intérieures pubescentes-glanduleuses, non-dentées, plus longues que les styles.

Bulbe gros, napiforme, noirâtre. Stipe long de 2 à 3 pouces. Pétiole long de 1 à 2 pouces; folioles longues d'environ 6 lignes. Sépales oblongs-lancéolés, obtus, pubescents-glanduleux. Corolle de 1 pouce de diamètre, blanche, à fond jaune.

Cette espèce croît au Cap.

OXALIDE MARBRÉE. — *Oxalis fuscata* Jacq. Oxal. tab. 45.

Acaule, pubescente. Folioles obtuses ou échancrées, pubescentes aux deux faces, marbrées de brun en dessus, pourprées en dessous : les latérales subelliptiques, inéquilatérales ; la terminale cunéiforme-obovale, ou cunéiforme. Hampes dibractéolées au milieu, plus longues que les pétioles. Étamines intérieures unidentées à la base, pubescentes-glanduleuses, plus courtes que les styles.

Bulbe noirâtre, subfusiforme. Pétioles longs de 2 à 3 pouces. Folioles longues de 4 à 6 lignes, souvent aussi larges que longues. Sépales oblongs-lancéolés, obtus, pubescents. Corolle d'environ 15 lignes de diamètre, blanche en dessus, ponctuée de rouge en dessous : fond jaune.

Cette espèce croît au cap de Bonne-Espérance.

OXALIDE A FOLIOLES TRONQUÉES. — *Oxalis truncatula* Jacq. Oxal. tab. 62.

Acaule, pubescente. Folioles cunéiformes, tronquées au sommet, pubescentes aux deux faces, de couleur rose en dessous. Hampes dibractéolées au milieu, beaucoup plus longues que les pétioles. Étamines intérieures unidentées à la base, pubescentes-glanduleuses, plus courtes que les styles.

Bulbe ovoïde, noirâtre. Pétiole long de 6 à 15 lignes ; folioles larges de 6 à 8 lignes. Sépales oblongs-lancéolés, obtus, pubescents, non-glanduleux. Corolle longue de 1 pouce : lames de couleur lilas en dessus, carnées en dessous ; onglets jaunes.

Cette espèce croît au cap de Bonne-Espérance

OXALIDE A FLEURS SOUFRÉES. — *Oxalis sulfurea* Jacq. Oxal. tab. 63.

Acaule. Folioles suborbiculaires, cunéiformes à la base, glabres en dessus excepté aux nervures, pubescentes en dessous et pourprées. Hampes dibractéolées vers leur base, à peu près aussi longues que les pétioles. Étamines non-dentées : les intérieures pubescentes-glanduleuses. Styles très-courts.

Bulbe fusiforme, brunâtre. Pétiole long de 1 à 3 pouces ; folioles larges de 4 à 8 lignes. Sépales ovales-oblongs, obtus, glanduleux. Corolle d'environ 18 lignes de diamètre, d'un jaune pâle.

Cette espèce croît au cap de Bonne-Espérance.

OXALIDE A COURTES HAMPES. — *Oxalis breviscapa* Jacq. Oxal. tab. 58.

Acaule, pubescente. Folioles très-obtuses, glabres en dessus, pubescentes et couleur de sang en dessous : les latérales suborbiculaires, très-inéquilatérales ; la terminale obovale-orbiculaire ou cunéiforme-orbiculaire. Hampes plus courtes que les pétioles, dibractéolées au-dessous du milieu. Étamines intérieures unidentées à la base, pubescentes-glanduleuses, plus longues que les styles.

Bulbe petit, ovoïde, noirâtre. Pétioles longs de 2 à 3 pouces ; folioles larges de 6 à 12 lignes. Sépales oblongs-lancéolés, pubescents, non-glanduleux. Corolle d'un demi-pouce de diamètre, blanche : fond jaune.

OXALIDE ÉLÉGANTE.—*Oxalis speciosa* Willd.—Jacq. Oxal. tab. 60.

— β : A FLEURS BLANCHES, OU CARNÉES.—*Oxalis suggillata* Jacq. l. c. tab. 61. — *Oxalis grandiflora* Jacq. l. c. tab. 54.— Bot. Mag. tab. 1683.

Acaule, pubescente. Folioles suborbiculaires, glabres en dessus, pubescentes et pourprées en dessous : les latérales inéquilatérales ; la terminale cunéiforme à la base. Hampes dibractéolées à la base, plus courtes que le pétiole. Étamines intérieures unidentées à la base, pubescentes-glanduleuses.

Bulbe petit, ovoïde. Pétiole long de 2 à 3 pouces ; folioles larges de 4 à 8 lignes. Sépales oblongs, obtus, pubescents, nonglanduleux. Corolle de 15 à 18 lignes de diamètre : onglets jaunes ; lames pourpres, ou blanches, ou carnées en dessus et jaunâtres ou blanches en dessous. Styles glanduleux-pubescents, de longueur variable.

Cette espèce croît au cap de Bonne-Espérance.

OXALIDE VARIABLE. — *Oxalis variabilis* Jacq. Ox. tab. 52.

— β : *Oxalis variabilis rubra* Jacq. l. c. tab. 53.

— γ : *Oxalis purpurea* Jacq. l. c. tab. 56.

— δ : *Oxalis laxula* Jacq. l. c. tab. 57.

Acaule, pubescente. Folioles suborbiculaires, glabres en dessus, pubescentes en dessous et presque concolores : les latérales inéquilatérales ; la terminale cunéiforme à la base. Hampes dibractéolées au-dessous du milieu, ordinairement plus longues que les pétioles. Étamines glanduleuses-pubescentes : les intérieures unidentées à la base.

Bulbe ovoïde ou subfusiforme, petit, brunâtre. Pétiole long de 2 à 3 pouces ; folioles larges de 4 à 10 lignes. Sépales oblongs-lancéolés, pubescents, glanduleux. Corolle de 15 à 18 lignes de diamètre : onglets jaunes ; lames pourpres, ou blanches, ou carnées. Styles glanduleux, de longueur variable.

Cette espèce croît au cap de Bonne-Espérance.

OXALIDE A FOLIOLES CONVEXES. — *Oxalis convexula* Jacq. Oxal. tab. 55.

Caulescente, ascendante, glabre. Feuilles stipulées. Folioles suborbiculaires, discolores : les latérales inéquilatérales ; la terminale cunéiforme à la base. Pédoncules bractéolés au-dessus du milieu, plus longs que les pétioles. Étamines non-dentifères, pubescentes-glanduleuses.

Bulbe petit, subfusiforme, brunâtre. Stipules connées, biacuminées. Pétiole grêle, long de 3 à 4 pouces ; folioles larges de 4 à 6 lignes, rougeâtres en dessous. Sépales elliptiques, obtus, non-glanduleux. Corolle de 15 à 18 lignes de diamètre, rose, à fond jaune. Styles plus longs que les étamines extérieures.

Cette espèce croît au cap de Bonne-Espérance.

OXALIDE PONCTUÉE. — *Oxalis punctata* Jacq. Oxal. tab. 66.

Acaule, pubescente. Folioles obcordiformes ou cunéiformes-suborbiculaires, glabres en dessus, pubescentes et rougeâtres en dessous. Hampes dibractéolées au-dessous du milieu, à peu près aussi longues que les pétioles. Étamines glanduleuses-pubescentes : les intérieures unidentées à la base. Styles très-courts.

Bulbe petit, ovoïde, brunâtre. Pétiole grêle, long de 2 à 3 pouces. Sépales oblongs, obtus, glanduleux. Corolle d'un demi-pouce de diamètre, lavée de blanc et de rose.

Cette espèce croît au cap de Bonne-Espérance.

OXALIDE MARGINÉE.—*Oxalis marginata* Jacq. Oxal. tab. 68.

Acaule, pubescente. Folioles obcordiformes-suborbiculaires, pubescentes et rougeâtres en dessous. Hampes dibractéolées au milieu, plus courtes que les pétioles. Sépales bordés de poils claviformes. Étamines intérieures non-dentifères, pubescentes-glanduleuses, plus longues que les styles.

Bulbe subfusiforme, brunâtre. Pétiole rougeâtre, long de 1 à 2 pouces; folioles longues de 6 à 12 lignes. Corolle de 15 à 18 lignes de diamètre, blanche, veinée de jaune.

Cette espèce croît au cap de Bonne-Espérance.

OXALIDE MIGNONNE.— *Oxalis pulchella* Jacq. Oxal. tab. 69.

Acaule, pubescente. Folioles obcordiformes-orbiculaires, glabres et veinées en dessus, pubescentes et pourpres en dessous. Pédoncules très-courts, dibractéolés au milieu. Sépales bordés de poils claviformes. Étamines intérieures pubescentes-glanduleuses, non-dentées, plus courtes que les styles.

Bulbe ovale ou fusiforme, brunâtre. Pétiole rougeâtre, long de 1 à 2 pouces; folioles larges de 3 à 10 lignes. Corolle de 12 à 15 lignes de diamètre, blanche, élégamment striée de rose : fond jaune.

Cette espèce croît au cap de Bonne-Espérance.

OXALIDE A FLEURS JAUNATRES.— *Oxalis luteola* Jacq. Oxal. tab. 65. — *Oxalis fallax* Jacq. l. c. tab. 67.

Acaule, pubescente. Folioles obcordiformes, pubescentes et concolores aux deux faces. Hampes dibractéolées au-dessus du milieu, plus longues que les pétioles. Étamines intérieures unidentées à la base, pubescentes-glanduleuses.

Bulbe petit, subglobuleux, brunâtre. Pétiole long de 2 à 3 pouces; folioles larges de 3 à 6 lignes. Sépales oblongs, obtus, glanduleux. Corolle d'un beau jaune, d'un pouce de diamètre.

Styles très-courts, ou presque aussi longs que les étamines intérieures.

Cette espèce croît au cap de Bonne-Espérance.

OXALIDE SURELLE. — *Oxalis Acetosella* Linn. — Flor. Dan.
tab. 980. — Schk. Handb. tab. 123. — Gærtn. Fruct. tab. 113.
— Svensk Bot. tab. 10. — Jacq. Oxal. tab. 80, fig. 1.

Acaule. Rhizome rampant, denté, non-bulbifère. Folioles obcordiformes, pubescentes. Hampes dibractéolées au-dessus du milieu, plus longues que les pétioles. Pétales oblongs-obovales,
échancrés. Étamines glabres, non-dentées. Style de la longueur
des filets intérieurs.

Rhizome filiforme, garni d'un grand nombre de radicelles, et
d'écailles dentiformes provenant de la base des anciens pétioles.
Pétioles·grêles, longs de 2 à 3 pouces. Folioles larges de 8 à 12
lignes. Sépales oblongs, obtus, ciliés. Corolle d'un demi-pouce de
diamètre, blanche ou d'un rose pâle, veinée de pourpre, 4 fois
plus longue que le calice : fond jaune. Capsule ovoïde, pointue.

L'*Oxalide Surelle*, connue sous les noms divers de *Surelle*,
Alléluia, Herbe de bœuf, Pain de coucou, et *Trèfle aigre*, est
commune dans toute l'Europe. On la trouve dans les endroits humides et ombragés, surtout dans les montagnes.

Toutes les parties de cette plante ont une saveur acide très-
forte, mais non désagréable. Autrefois on en faisait usage en médecine comme rafraîchissante, apéritive, diurétique et antiscor-
butique. En Allemagne et en Suisse, on en retire l'*oxalate de
potasse*, connu dans le commerce sous le nom de *Sel d'Oseille*,
et dont on se sert pour enlever les taches d'encre de dessus le linge
ou autres étoffes blanches.

Lorsque le ciel est couvert, ou l'air chargé de beaucoup d'humidité, les folioles de la Surelle sont pliées dans leur longueur et
rabattues sur le pétiole commun.

OXALIDE GRÊLE. — *Oxalis tenella* Jacq. Oxal. tab. 19.

Caulescente. Folioles obovales-obcordiformes, glabres. Hampes
dibractéolées au-dessus du milieu, pubescentes, un peu plus lon-

gues que les pétioles. Étamines non-dentées, pubescentes-glanduleuses. Styles très-courts.

Bulbe petit, brunâtre. Pétiole pubescent, long de 1 à 2 pouces; folioles longues de 3 à 5 lignes. Sépales oblongs-lancéolés,
pubescents, biglanduleux au sommet. Corolle de $^1/_2$ pouce de diamètre; pétales obovales : lames couleur lilas; onglets jaunes.

Cette espèce croît au cap de Bonne-Espérance.

OXALIDE A FOLIOLES CUNÉIFORMES. — *Oxalis cuneata* Jacq.
Oxal. tab. 40. — *Oxalis cuneifolia* Jacq. l. c. tab. 41 (var.)

Subacaule, pubescente. Folioles linéaires-cunéiformes, ou
oblongues-cunéiformes, tronquées ou échancrées, pubescentes aux
deux faces. Hampes dibractéolées vers leur sommet, un peu plus
courtes que les pétioles. Étamines pubescentes-glanduleuses, non-
dentées.

Bulbe ovoïde, brunâtre, de la grosseur d'une Noisette. Pétiole
long de 1 à 2 pouces; folioles longues de $^1/_2$ pouce. Sépales
oblongs-lancéolés, pubescents. Corolle de 1 pouce de diamètre;
pétales obovales : lames blanches; onglets jaunes. Styles glanduleux, plus longs que les étamines où très-courts.

Cette espèce croît au cap de Bonne-Espérance.

OXALIDE NAINE. — *Oxalis pusilla* Jacq. Oxal. tab. 42.

Subacaule, glabre. Folioles cunéiformes-linéaires, tronquées
ou échancrées. Hampes dibractéolées au sommet, de la longueur
des pétioles. Étamines glabres : les intérieures unidentées à la
base.

Bulbe minime, pisiforme, noirâtre. Pétiole long de $^1/_2$ pouce
à 1 pouce; folioles longues de 2 à 3 lignes. Corolle petite, d'un
blanc lavé de rose. Sépales linéaires-oblongs, glabres, biglanduleux au sommet. Styles glabres, de la longueur des étamines intérieures.

Cette espèce, remarquable par sa petitesse, est originaire du
cap de Bonne-Espérance.

OXALIDE A FOLIOLES LINÉAIRES. — *Oxalis linearis* Jacq.
Oxal. tab. 32.

Caulescente, pubescente. Folioles linéaires, tronquées, échancrées, pubescentes en dessous et aux bords. Hampes dibractéolées au sommet, plus courtes que les pétioles. Étamines glabres, non-dentifères, plus courtes que les styles.

Bulbe brunâtre, ovoïde, de la grosseur d'une Noisette. Tige longue de 3 à 4 pouces, déclinée, simple, feuillée seulement au sommet. Pétiole long de 1 à 2 pouces; folioles longues de 5 à 6 lignes, sur 1 ligne de large. Sépales oblongs-lancéolés, pubescents, non-glanduleux. Corolle subinfondibuliforme, de 8 à 10 lignes de diamètre : tube jaunâtre; lames elliptiques-lancéolées, obtuses, de la longueur du tube, de couleur lilas.

Cette espèce croît au cap de Bonne-Espérance.

OXALIDE FILIFORME. — *Oxalis gracilis* Jacq. Oxal. tab. 33.

Caulescente, glabre. Tige simple, filiforme, procombante. Feuilles fasciculées; folioles linéaires, ou linéaires-oblongues, obtuses ou tronquées. Pédoncules dibractéolés au-dessus du milieu, plus longs que les pétioles. Étamines glanduleuses, non-dentifères, plus courtes que les styles.

Bulbe brunâtre, ovoïde, de la grosseur d'une Noisette. Tige longue de 3 à 4 pouces. Pétiole long de 1 à 2 pouces; folioles longues de 4 à 10 lignes, sur ¹/₂ à 2 lignes de large. Sépales linéaires-lancéolés, pointus, pubescents. Corolle de 1 pouce de diamètre; lames obovales, courtement acuminées, d'un rouge pâle en dessus et veinées de pourpre, carnées en dessous; tube court, jaunâtre.

Cette espèce croît au cap de Bonne-Espérance.

OXALIDE ÉCARLATE. — *Oxalis miniata* Jacq. Oxal. tab. 35.

Cette Oxalide est peut-être une variété de la précédente, dont elle ne diffère que par ses étamines glabres et par ses styles très-courts. Ses pétales sont d'un écarlate assez vif en dessus.

OXALIDE RÉCLINÉE. — *Oxalis reclinata* Jacq. Oxal. tab. 34.

Tige simple, réclinée, pubescente. Feuilles fasciculées, subterminales; folioles linéaires, ou linéaires-oblongues, rétuses, cunéiformes à la base, glabres. Hampes pubescentes, dibractéolées

au-dessous du sommet. Étamines glanduleuses, non-dentifères;
les intérieures plus longues que les styles.

Bulbe ovale, brunâtre. Tige grêle, presque nue, longue de
1 pied et plus. Pétiole pubescent, long de 1 à 3 pouces. Sépales
oblongs-lancéolés, obtus, pubescents. Corolle de 1 pouce de diamètre : lames obovales-cunéiformes, d'un rouge pâle en dessus,
lavées de rouge et de jaune en dessous ; tube court, jaune.

Cette espèce croît au cap de Bonne-Espérance.

SECTION IX. ADENOPHYLLÆ De Cand. Prodr.

*Tiges feuillées dans toute leur longueur, ou feuillées seu-
lement au sommet, ou presque nulles. Feuilles pétiolées, 3-
5-foliolées; folioles glandulifères en dessous. Pédoncules
uniflores. Sépales souvent biglanduleux au sommet.*

OXALIDE VERSICOLORE. — *Oxalis versicolor* Linn. — Jacq.
Oxal. tab. 36.

Tige déclinée, feuillée au sommet. Feuilles à 3 folioles linéaires, échancrées, pubescentes en dessous et aux bords, biglanduleuses au dessous du sommet. Pédoncules dibractéolés vers leur
sommet, plus longs que les pétioles. Sépales linéaires-lancéolés,
pubescents-glanduleux, calleux au sommet. Étamines pubescentes-glanduleuses : les intérieures unidentées à la base, plus courtes que les styles.

Bulbe ovoïde, noirâtre. Tiges grêles, pubescentes, longues
de 4 à 6 pouces. Corolle de 8 lignes de diamètre, blanche en
dessus, lavée de rouge et de jaune en dessous : fond jaune.

Cette espèce croît au cap de Bonne-Espérance.

OXALIDE ALLONGÉE. — *Oxalis elongata* Jacq. Oxal. tab.
37. — *Oxalis amœna* Jacq. Hort. Schœnbr. tab. 206 (var.)

Tige déclinée, feuillée au sommet. Feuilles à 3 folioles linéaires, tronquées, échancrées, pubescentes en dessous et bicalleuses au sommet. Pédoncules pubescents, dibractéolés au-dessus du
milieu, plus longs que les pétioles. Sépales linéaires-lancéolés,
pubescents-glanduleux, calleux au sommet. Étamines pubescen-

tes-glanduleuses : les intérieures unidentées à la base. Styles très-courts.

Bulbe petit, ovoïde, brunâtre. Tige grêle, longue de $^1/_2$ pied. Pétiole long de 6 à 15 lignes : folioles longues de 3 à 6 lignes, sur 1 ligne de large. Corolle de 10 à 12 lignes de diamètre; lames cunéiformes, échancrées, blanches en dessus (roses dans une variété), légèrement lavées de rose en dessous; tube court, jaune.

Cette espèce croît au cap de Bonne-Espérance.

OXALIDE A FEUILLES MENUES.—*Oxalis tenuifolia* Jacq.Oxal. tab. 38.— Loddig. Bot. Cab. tab. 712.

Tige dressée, pubescente, feuillée. Feuilles courtement pétiolées, à 3 folioles linéaires, tronquées, échancrées, pubescentes et calleuses en dessous. Pédoncules pubescents, dibractéolés au dessus du milieu, beaucoup plus longs que les feuilles. Sépales oblongs, pubescents, calleux au sommet. Étamines intérieures pubescentes-glanduleuses, unidentées à la base. Styles très-courts.

Bulbe petit, ovoïde, brunâtre. Tige longue de 4 à 6 pouces. Pétiole long de 1 à 2 lignes : folioles longues de 2 à 3 lignes, sur $^1/_2$ ligne à 1 ligne de large. Pédoncules longs d'environ 2 pouces. Corolle d'un demi-pouce de diamètre, lavée de rose et de blanc.

Cette espèce croît au cap de Bonne-Espérance.

OXALIDE POLYPHYLLE. —*Oxalis polyphylla* Jacq. Oxal. tab. 39. — *Oxalis versicolor* Jacq. Ic. Rar. tab. 473. — Burm. Afr. tab. 27, fig. 1.

Tige dressée, rameuse. Feuilles à 3 folioles linéaires, ou linéaires-cunéiformes, tronquées, échancrées, glabres, bicalleuses au sommet. Pédoncules pubescents, dibractéolés au sommet, beaucoup plus longs que les feuilles. Sépales oblongs-linéaires, pubescents, bicalleux au sommet. Étamines glanduleuses : les intérieures gibbeuses à la base, plus longues que les styles.

Bulbe petit, brunâtre, ovoïde. Tige glabre, longue de 2 à 3 pouces. Pétiole long de 1 à 2 pouces; folioles longues de 4 à 8 lignes, sur 1 à 2 lignes de large. Bractéoles linéaires-spatulées, bicalleuses au sommet. Pédoncules pubescents, longs d'environ 3 pouces. Corolle d'un pouce de diamètre : lames elliptiques, obtuses, roses et veinées de pourpre en dessus, lavées de rose et de jaune en dessous; tube court, jaune.

Cette espèce croît au cap de Bonne-Espérance.

OXALIDE A FOLIOLES FILIFORMES. — *Oxalis filifolia* Jacq. Hort. Schœnbr. tab. 273.

Tige déclinée, feuillée au sommet. Feuilles à 3 folioles linéaires, calleuses au sommet, non-échancrées. Pédoncules plus longs que les feuilles. Styles très-longs, poilus-glanduleux de même que les étamines intérieures. Corolle d'un rose vif.

Cette espèce croît au cap de Bonne-Espérance.

OXALIDE PENTAPHYLLE. — *Oxalis pentaphylla* Sims, Bot. Mag. tab. 1549.

Tige dressée, feuillée au sommet. Feuilles à 5 folioles linéaires, entières et bicalleuses au sommet. Pédoncules plus longs que les feuilles. Styles plus longs que les étamines extérieures.— Corolle rose.

Cette espèce croît au cap de Bonne-Espérance.

SECTION X. PALMATIFOLIÆ De Cand. Prodr.

Herbes acaules ou subacaules. Feuilles pétiolées, digitées-5-13-foliolées. Folioles non-glanduleuses. Hampes uniflores.

OXALIDE A FEUILLES DE LUPIN. — *Oxalis lupinifolia* Jacq. Oxal. tab. 72.

Feuilles à 8 folioles lancéolées-oblongues, obtuses, glabres, maculées à la base. Pétioles comprimés, un peu plus longs que les hampes. Étamines glanduleuses-pubescentes : les intérieures gibbeuses à la base. Styles très-courts.

Bulbe ovale, brunâtre. Pétiole dilaté à la base, amplexicaule, long de 1 à 1 1/2 pouce; folioles étalées, glauques, longues d'environ 1 pouce. Sépales elliptiques-oblongs, glabres. Corolle de 15 à 18 lignes de diamètre, d'un beau jaune.

Cette espèce croît au cap de Bonne-Espérance.

Oxalide jaune. — *Oxalis flava* Jacq. Oxal. tab. 73. — Burm. Afr. tab. 27, fig. 4.

Caulescente, glabre. Feuilles à 6 ou 7 folioles linéaires, canaliculées, pointues. Pédoncules un peu plus longs que les pétioles. Étamines glanduleuses-pubescentes : les intérieures gibbeuses à la base. Styles très-courts.

Bulbe subglobuleux, brunâtre. Tige écailleuse, longue de 2 à 3 pouces. Pétiole long de 1 à 2 pouces : folioles longues d'environ 2 pouces, sur 1 ligne de large. Sépales oblongs-lancéolés, glanduleux aux bords. Corolle de 12 à 15 lignes de diamètre, d'un beau jaune.

Cette espèce croît au cap de Bonne-Espérance.

Oxalide à feuilles flabelliformes. — *Oxalis flabellifolia* Jacq. Oxal. tab. 74.

Acaule. Feuilles à 7-9 folioles glabres, liguliformes, obtuses ou échancrées. Pédoncules de la longueur des pétioles. Sépales linéaires-oblongs, obtus, réfléchis au sommet. Étamines pubescentes-glanduleuses : les intérieures unidentées à la base, plus longues que les styles.

Bulbe ovoïde, brunâtre. Pétiole dilaté à la base, amplexicaule, long de 3 à 4 pouces ; folioles longues de 1 ½ à 2 ½ pouces, larges de 2 à 3 lignes, d'un vert gai. Corolle d'environ 15 lignes de diamètre, d'un beau jaune.

Cette espèce croît au cap de Bonne-Espérance.

Oxalide pectinée. — *Oxalis pectinata* Jacq. Oxal. tab. 75.

Cette Oxalide ne paraît être qu'une variété de la précédente. Suivant Jacquin, elle en diffère par ses styles plus longs que les étamines, et par ses sépales non-réfléchis au sommet.

Oxalide cotonneuse. — *Oxalis tomentosa* Linn. — Jacq. Oxal. tab. 81. — Plum. tab. 350, fig. 3.

Subacaule. Feuilles à 9-19 folioles disposées circulairement, cotonneuses aux deux faces, lancéolées-cunéiformes, échancrées,

Hampes de la longueur des pétioles. Étamines intérieures pubescentes, unidentées à la base, moins longues que les styles.

Bulbe petit, ovale, brunâtre. Pétiole poilu, long de 2 à 4 pouces; folioles longues de 5 à 10 lignes. Corolle blanche.

Cette espèce croît au cap de Bonne-Espérance.

Genre BIOPHYTE. — *Biophytum* De Cand.

Calice à 5 sépales. Pétales 5. Étamines 10, libres : les 5 extérieures plus courtes. Styles 5. Stigmates bifides, sublaciniés. Capsule ovale-globuleuse, subpentagone, 5-loculaire.

Herbes annuelles. Tige simple, feuillée seulement au sommet. Feuilles paripennées, multifoliolées; folioles opposées. Pédoncules multiflores; pédicelles en ombelle.

Ce genre, qui ne diffère guère des Oxalides, ne renferme que trois espèces, dont les deux suivantes méritent d'être connues.

BIOPHYTE SENSITIVE. — *Biophytum sensitivum* De Cand. Prodr.—*Oxalis sensitiva* Linn.—Rumph. Amb. v. 5, tab. 104, fig. 2. — Hort. Malab. 9, tab. 19.

Tige herbacée. Folioles oblongues, obtuses, mucronulées, presque glabres. Pédoncules velus, 7-8-flores, un peu plus longs que les feuilles. Étamines poilues, non-dentifères : les intérieures plus longues que les styles. Stigmates bifides.

Racine fibreuse. Tige grêle, longue de 1 à 7 pouces. Feuilles nombreuses, terminales; rachis hérissé, long de 2 à 5 pouces; folioles 8-15-juguées, longues de 2 à 4 lignes, glauques en dessus, pourpres en dessous. Sépales lancéolés, acuminés, velus. Corolle jaune.

Cette espèce croît dans l'Inde et aux Moluques. Ses folioles se contractent au moindre attouchement, à l'instar des folioles de la *Sensitive*.

BIOPHYTE FAUX MIMOSA.—*Biophytum (Oxalis) mimosoides* Aug. Saint-Hil. Flor. Brasil. Merid. 1, tab. 21.

Tige suffrutescente. Folioles oblongues, obtuses, obliquement tronquées à la base, pubérules. Pédoncules 3-4-flores, velus, plus courts que les feuilles. Styles plus courts que les étamines. Stigmates laciniés.

Tige subtétragone, haute de 6 à 9 pouces. Feuilles longues de 3 à 4 pouces, formant une rosette large de 6 à 9 pouces, à environ 15 paires de folioles; folioles longues d'environ 4 lignes. Sépales linéaires-lancéolés. Corolle d'un pouce de diamètre, blanche : pétales oblongs.

Cette espèce a été observée par M. Aug. de Saint-Hilaire aux environs de Rio-Janéiro.

Genre LÉDOCARPE. — *Ledocarpon* Desfont.

Calice à 5 sépales imbriqués, presque égaux, muni d'un involucre de 10 bractées linéaires. Pétales 5, étalés, obtus, égaux. Étamines 10, égales; filets subulés; anthères oblongues, immobiles. Ovaire subglobuleux, 3-loculaire, multiovulé. Ovules bisériés. Stigmate 5-lobé, sessile. Capsule 5-loculaire, polysperme, loculide 5-valve au sommet, presque recouverte par le calice. Graines minimes, comprimées, marginées. Périsperme corné. Embryon curviligne, axile : cotylédons linéaires, subinvolutés.

Feuilles alternes ou opposées, triparties, non-stipulées. Fleurs grandes, solitaires, terminales.

Ce genre diffère des vraies Oxalidées par ses feuilles simples, ses étamines isomètres, ses pétales non-onguiculés et son embryon subinvoluté. On ne connaît que les deux espèces dont nous allons parler, et qui sont remarquables par des fleurs très-élégantes.

Lédocarpe du Chili.—*Ledocarpon chiloense* Desf. in Mém. du Mus. vol. 4, p. 250, tab. 13.

Feuilles linéaires-subulées, soyeuses, opposées. Fleurs courtement pédonculées.

Arbrisseau à rameaux nombreux, paniculés, pubescents vers leur sommet. Lobes des feuilles très-étroits.

Cette espèce a été trouvée par Dombey, au Chili.

LÉDOCARPE.PÉDONCULAIRE.—*Ledocarpon pedunculare* Lindl.
in Bot. Reg, tab. 1392.

Feuilles ordinairement alternes : lanières courtes., linéaires,
pubescentes. Pédoncules beaucoup plus longs que les feuilles.

Sous-arbrisseau à rameaux dressés, grêles, feuillus. Feuilles
glauques. Fleurs d'un beau jaune, de la grandeur de celles du
Coquelicot. Sépales oblongs-linéaires, pointus; ovaire cotonneux.

Cette plante croît au Chili.

QUARANTE-CINQUIÈME FAMILLE.

LES LINÉES. — *LINEÆ*.

(*Lineæ* De Cand. Théor. Élem. ed. I, p. 217 ; et Prodr. I, p. 423. —
Bartl. Ord. Nat. pag. 349.)

L'ancien genre *Linum* ou *Lin*, placé par M. de Jussieu
à la suite des Caryophyllées, et par M. Auguste de Saint-
Hilaire dans les Géraniacées, constitue à lui seul ce petit
groupe que M. De Candolle classe entre les Caryophyllées et les Malvacées.

Personne n'ignore de quelle importance est la filasse
du *Lin commun*, ainsi que l'huile grasse qu'on retire des
graines de la même plante. Plusieurs autres espèces se
cultivent comme plantes d'agrément, et quelques-unes
ont des propriétés purgatives.

CARACTÈRES DE LA FAMILLE.

Herbes annuelles ou vivaces, ou *sous-arbrisseaux*. Tige
et rameaux cylindriques ou irrégulièrement anguleux.

Feuilles opposées, ou plus souvent éparses (rarement
verticillées), sessiles, simples, très-entières, non-veineuses. Stipules nulles, ou transformées en une paire
de glandules.

Fleurs hermaphrodites, régulières, axillaires, ou terminales, jaunes, ou bleues, ou blanches, ou rougeâtres.
Pédoncules uniflores, épars, ou disposés soit en cime,
soit en panicule.

Calice 5-parti (par exception 4-parti), inadhérent,
persistant : estivation quinconciale.

Disque inapparent.

Pétales 5, hypogynes, interpositifs, égaux, caducs ou

fugaces, onguiculés, libres ou cohérents par les onglets: estivation contortive.

Étamines 5, hypogynes, alternes avec les pétales. Filets plus ou moins monadelphes inférieurement (par exception libres), aplatis, membraneux, subulés, persistants, chacun alternant avec une étamine avortée dentiforme. Anthères linéaires, ou oblongues, ou elliptiques, bifides à la base, non-persistantes, submédifixes, incombantes ou dressées, à 2 bourses parallèles, contiguës, chacune déhiscente antérieurement par une fente longitudinale; connectif inapparent.

Pistil : Ovaire globuleux (par exception à 10 loges uniovulées), 5-loculaire (rarement 3- ou 4-loculaire): loges partagées en deux par des cloisons incomplètes, chaque compartiment contenant un seul ovule suspendu à l'angle interne. Styles 5 (rarement 3 ou 4), libres (par exception soudés inférieurement), grêles, persistants. Stigmates capitellés, ou subulés, ou claviformes.

Péricarpe : Capsule septicide, s'ouvrant en 5 (rarement 3 ou 4) coques incomplétement biloculaires, bivalves au sommet ou rarement indéhiscentes, dispermes. (Par exception capsule à 10 coques uniloculaires.)

Graines comprimées, ovoïdes, suspendues. Test luisant, coriace, se dissolvant en mucilage par la macération; hile marginal, apicilaire. Périsperme mince, charnu, souvent coloré. Embryon rectiligne ou subcurviligne, sublatéral, inclus : radicule supère, appointante; cotylédons entiers, elliptiques, foliacés en germination.

Voici les deux genres qui constituent la famille :
Linum Linn. — *Radiola* Gmel.

Genre LIN. — *Linum* Linn.

Calice 5-parti, persistant : sépales indivisés. Pétales 5, li-

bres ou cohérents par les onglets. Étamines 5, ordinairement
monadelphes par leur base. Ovaire (par exception à 10 loges uniovulées) à 5 (rarement 3 ou 4) loges incomplétement
biloculaires, biovulées. Styles 5 (rarement 3). Stigmates capitellés, ou claviformes, ou subulés. Capsule globuleuse, mucronée, septicide, à 5 (rarement 3) coques incomplétement
biloculaires, bicuspidées et ordinairement bivalves au sommet, dispermes. Graines lisses, comprimées.

Ce genre renferme environ soixante espèces, dont voici
les plus remarquables :

SECTION Ire.

Feuilles verticillées, ou toutes opposées.

a) *Fleurs blanches. Feuilles toutes opposées.*

LIN PURGATIF. — *Linum catharticum* Linn. — Engl. Bot.
tab. 382. — Flor. Dan. tab. 851. — Schk. Handb. tab. 87. —
Svensk Bot. tab. 250. — Blackw. Herb. tab. 368.

Tiges dichotomes vers leur sommet. Feuilles glabres, scabres
aux bords, uninervées, submucronulées : les inférieures obovales
ou obovales-spatulées ; les supérieures oblongues ou obovales-
lancéolées. Pédoncules dichotoméaires et terminaux, filiformes.
Sépales acuminés, subciliolés. Pétales obovales. Capsule presque
aussi longue que le calice.

Herbe annuelle, multicaule. Tiges grêles, ascendantes, longues de 3 à 6 pouces. Fleurs très-petites. Corolle 1 fois plus longue que le calice.

Ce Lin croît dans les prairies et dans les bois, en France, ainsi
que dans presque toute l'Europe. Toutes ses parties ont une saveur amère et désagréable. Linné et beaucoup d'anciens auteurs de
matières médicales, le recommandent comme un purgatif très-
doux. La dose requise des tiges et des feuilles sèches est, selon
M. le docteur Loiseleur Deslongchamps, de 2 gros en infusion ; une
plus grande quantité provoquerait le vomissement. L'infusion vineuse est plus énergique que l'infusion aqueuse. En substance,
1 gros en poudre agit comme l'infusion, mais plus promptement.

b) *Fleurs jaunes. Feuilles inférieures verticillées-quaternées.*

LIN A FEUILLES QUATERNÉES. — *Linum quadrifolium* Linn. — Bot. Mag. tab. 431.

Tiges simples, dressées. Feuilles ovales, ou ovales-elliptiques, mucronulées (les supérieures opposées, ovales-lancéolées). Fleurs subterminales, en panicule corymbiforme.

Herbe vivace. Tiges hautes d'environ 1 pied. Fleurs d'un beau jaune, d'un demi-pouce de diamètre.

Cette espèce, originaire du cap de Bonne-Espérance, se cultive comme plante d'ornement en serre tempérée.

SECTION II.

Feuilles toutes éparses, ou opposées seulement vers la base des tiges et des rameaux.

A. *Fleurs jaunes.*

a) *Styles 3. Capsule à 6 loges.*

LIN TRIGYNE. — *Linum trigynum* Smith, Exot. Bot. tab. 17. — Bot. Mag. tab. 1100. — Herb. de l'Amat. vol. 5, tab. 290. — Bonpl. Nav. tab. 17.

Feuilles alternes, lancéolées-elliptiques, pointues, subsinuolées. Pédoncules axillaires et terminaux, bractéolés, plus courts que les feuilles. Sépales ovales-elliptiques, pointus, multinervés, lisses. Pétales obovales, échancrés : onglets cohérents en tube 2 à 3 fois plus long que le calice.

Sous-arbrisseau très-rameux, haut de 1 à 2 pieds. Branches cylindriques, lisses, feuillues. Feuilles d'un vert foncé, longues d'environ 2 pouces, sur 6 lignes de large. Fleurs jaunes, de près de 2 pouces de diamètre.

Cette espèce, indigène dans les montagnes du Sirinagur, est commune dans les orangeries. On la recherche à cause de ses grandes fleurs d'un beau jaune, qui se succèdent depuis le mois de février jusqu'en mai.

b) *Styles 5. Capsule à 5 coques semi-biloculaires.*

LIN DU MEXIQUE. — *Linum mexicanum* Kunth, in Humb. et Bonpl. Nov. Gen. et Spec. — Bot. Reg. tab. 1326.

Tiges glabres, dressées, paniculées vers leur sommet. Feuilles ovales ou ovales-oblongues, pointues, éparses. Sépales ovales, pointus, légèrement ciliés. Styles soudés jusqu'au milieu. Stigmates globuleux. Capsule mucronée.

Herbe vivace. Fleurs de la grandeur de celles du *Lin commun.*

Ce Lin croît au Mexique. On le cultive en Angleterre comme plante d'ornement.

LIN JONCIFORME. — *Linum junceum* Aug. Saint-Hil. Flor. Brasil. Merid. 1, tab. 24.

Feuilles des tiges adultes éparses, distantes, lancéolées-subulées; feuilles des ramules opposées, lancéolées, trinervées. Pédoncules grêles, étalés, 1-4-flores, axillaires et terminaux, disposés en panicule très-lâche. Pétales oblongs-obovales, très-entiers, 3 à 4 fois plus longs que le calice. Sépales lancéolés, acuminés, 5-nervés, ciliolés-glanduleux vers leur sommet.

Sous-arbrisseau très-glabre. Tige anguleuse, grêle, dressée, haute de 1 à 3 pieds. Feuilles longues de 3 à 6 lignes, larges de 1 à 2 lignes. Fleurs jaunes, d'un demi-pouce de diamètre.

M. Aug. de Saint-Hilaire a observé cette espèce dans le Brésil méridional.

LIN MARITIME. — *Linum maritimum* Linn. — Jacq. Hort. Vindob. tab. 154. — Lobel. Ic. tab. 412, fig. 2.

Tiges dressées, paniculées. Feuilles opposées et éparses, lancéolées ou oblongues-lancéolées, pointues, trinervées, glabres : les florales presque subulées. Ramules florifères souvent en cime subdichotome, paniculée. Sépales ovales, fimbriolés, courtement acuminés, 3 fois plus courts que la corolle, aussi longs que la capsule. Pétales libres. Stigmates subclaviformes.

Herbe vivace. Tiges longues de 1 ½ à 2 ½ pieds, grêles, presque ligneuses à la base. Feuilles petites, un peu coriaces, glauques. Pédicelles florifères à peu près aussi longs que le calice. Pétales cunéiformes-orbiculaires, longs de 4 à 5 lignes. Capsule petite, mucronulée.

Cette espèce est commune dans le midi de la France, ainsi que dans toute l'Europe australe. Plusieurs agronomes pensent qu'il serait avantageux de la cultiver comme plante filandreuse.

LIN D'AFRIQUE. — *Linum africanum* Linn. — Bot. Mag. tab. 403.

Tiges simples ou rameuses, dressées, suffrutescentes. Feuilles opposées et éparses, lancéolées ou linéaires-lancéolées, mucronées, uninervées, scabres aux bords. Pédoncules ou ramules florifères subterminaux, en cime dense ou paniculée, ou en corymbe. Pédicelles très-courts. Sépales ovales-lancéolés, acuminés, 5-nervés, glanduleux-fimbriolés aux bords. Pétales obovales, libres, 3 ou 4 fois plus longs que le calice. Capsule incluse, mucronulée. Stigmates capitellés.

Sous-arbrisseau multicaule. Tiges longues d'environ 1 pied, anguleuses. Feuilles un peu glauques, fermes, presque piquantes, longues de 3 à 6 lignes, sur ¹/₂ à 1 ¹/₂ ligne de large. Fleurs d'un beau jaune, d'un demi-pouce de diamètre. Capsule petite.

Cette espèce, indigène au cap de Bonne-Espérance, n'est pas rare dans les collections d'orangerie.

LIN ARBRISSEAU. — *Linum arboreum* Linn. — Sibth. et Smith, Flor. Græc. tab. 305.

Tige et rameaux ligneux. Feuilles glauques, un peu charnues, cartilagineuses aux bords, mucronées : les inférieures des ramules florifères grandes, roselées, obovales-spatulées ; les supérieures petites, éparses, distantes, biglanduleuses à la base, trinervées, linéaires, ou obovales-lancéolées. Panicule dichotome, cimeuse. Fleurs subsessiles. Sépales oblongs-lancéolés, pointus, subdenticulés aux bords. Pétales soudés par les onglets en tube aussi long que le calice : lames spatulées-obovales. Stigmates claviformes.

Sous-arbrisseau haut de 1 à 2 pieds. Rameaux et ramules subverticillés. Feuilles inférieures des ramules longues de 12 à 15 lignes, sur 5 à 8 lignes de large à leur sommet, dilatées à la base ; feuilles supérieures longues d'environ 6 lignes, sur 1 ligne de large. Pédicelles très-courts, dibractéolés. Corolle d'un beau jaune, longue d'environ 15 lignes. Étamines plus longues que le calice.

Cette espèce, indigène dans les montagnes de Candie, se cultive en orangerie, comme plante d'ornement.

LIN CAMPANULÉ. — *Linum campanulatum* Linn. — *Linum flavum* Linn. — Jacq. Austr. tab. 214. — Bot. Mag. tab. 312. — Sturm. Deutschl. Flor. 26. — *Linum monopetalum* Steph.

Tiges simples et 2-4-flores, ou dichotomes supérieurement et multiflores, suffrutescentes à la base. Feuilles épaisses, cartilagineuses aux bords, subuninervées, pointues ou mucronées, biglanduleuses à la base, toutes éparses : les inférieures obovales-spatulées, ou lancéolées-spatulées ; les supérieures lancéolées-obovales, ou linéaires, ou linéaires-lancéolées. Fleurs subsessiles. Sépales linéaires-lancéolés, ou oblongs-lancéolés, acérés, membraneux et plus ou moins denticulés aux bords. Pétales soudés par les onglets en tube aussi long que le calice : lames obovales ou obovales-orbiculaires. Stigmates claviformes. Capsule ovale-acuminée, incluse.

Herbe vivace, multicaule, plus ou moins ligneuse à la base. Tiges longues de 2 à 8 pouces. Feuilles vertes ou glauques, un peu charnues, longues de 6 à 15 lignes, larges de 1 à 4 lignes. Fleurs en panicules plus ou moins rameuses et divariquées, ou bien formant un petit corymbe. Corolle d'un beau jaune, longue de 8 à 15 pouces. Étamines plus longues que le calice.

Cette espèce, qui croît dans toute l'Europe australe, mérite d'être cultivée comme plante d'ornement.

B. *Fleurs bleues ou violettes (par exception blanches).*

a) *Stigmates linéaires ou subclaviformes.*

LIN HÉRISSÉ. — *Linum hirsutum* Linn. — Jacq. Flor. Austr. tab. 31. — Bot. Mag. tab. 1087. — Scop. Carn. tab. 11. — *Linum viscosum* Linn. (var.)

Tiges, ramules florifères et calices hérissés. Feuilles lancéolées, ou ovales-lancéolées, 3-ou 5-nervées, ciliolées-glanduleuses de même que les sépales. Pédicelles axillaires, moins longs que le calice. Sépales lancéolés, acuminés ou pointus, 3-nervés, glabres ou cotonneux, plus longs que la capsule. Pétales arrondis, 3 à 4 fois plus longs que le calice.

Herbe vivace, multicaule. Tiges longues de 1 à 1 ¹/₂ pied, paniculées supérieurement, hérissées de poils plus ou moins étalés et souvent crépus. Feuilles longues de 6 à 12 lignes, larges de 2 à 3 lignes. Corolle bleue, ou lilas, ou blanchâtre, longue de 10 à 12 lignes.

Cette espèce, indigène en Autriche, en Croatie et en Italie, se cultive comme plante d'ornement.

LIN DE NARBONNE. — *Linum narbonense* Linn. — Barrel. Ic. tab. 1007. — Loddig. Bot. Cab. tab. 190.

Tiges ascendantes, glabres, presque simples. Feuilles linéaires-lancéolées, acérées, subtrinervées, scabres aux bords. Pédicelles axillaires : les fructifères dressés, plus longs que le calice. Sépales oblongs-lancéolés, aristés, membraneux aux bords, plus longs que la capsule. Pétales obovales, 2 à 3 fois plus longs que le calice : onglets plus longs que le calice.

Herbe vivace, multicaule. Tiges longues de 1 pied et plus. Feuilles petites, roides, éparses, d'un vert gai. Pétales d'un bleu vif, longs de 12 à 15 lignes. Capsule globuleuse, acuminée.

Cette espèce, qui croît dans le midi de la France ainsi que dans l'Europe australe, mérite d'être cultivée à cause de la beauté de ses fleurs.

LIN A FEUILLES NERVEUSES. — *Linum nervosum* Wald. et Kit. Plant. Rar. Hungar. tab. 105.

Tiges dressées, paniculées, poilues à la base. Feuilles linéaires-lancéolées ou linéaires oblongues, mucronées, 3-ou 5-nervées, très-scabres aux bords. Pédicelles axillaires : les fructifères dressés, ordinairement plus courts que le calice. Sépales oblongs-lancéolés, courtement aristés, marginés, denticulés, un peu plus longs que la capsule. Pétales suborbiculaires, une fois plus longs que le calice.

Herbe vivace, multicaule. Tiges longues de 1 à 2 pieds. Feuilles un peu glauques, longues de 10 à 15 lignes, sur 1 1/2 à 2 lignes de large. Fleurs grandes, d'un beau bleu. Capsule subglobuleuse, acuminée.

Cette espèce, indigène en Hongrie, se cultive aussi comme plante de parterre.

LIN VIVACE. — *Linum perenne* Linn. — Engl. Bot. tab. 40. — *Linum anglicum* Mill. Dict. tab. 1662. — *Linum alpinum* Linn. (var.) — Jacq. Austr. tab. 321. — *Linum montanum* Schleich. — Lodd. Bot. Cab. tab. 674.

Tiges ascendantes ou dressées, glabres. Feuilles linéaires-lancéolées, ou lancéolées, ou lancéolées-linéaires, acérées, non-ponctuées. Pédicelles épars, 3 à 4 fois plus longs que le calice : les fructifères dressés. Sépales 3-ou 5-nervés à la base, membraneux aux bords : les extérieurs oblongs, pointus ; les intérieurs ovales ou elliptiques, très-obtus, apiculés. Pétales cunéiformes-obovales, courtement onguiculés, 2 à 3 fois plus longs que le calice. Graines noires.

Herbe vivace, multicaule, haute de 1/2 à 2 pieds. Tiges dressées ou ascendantes, rameuses ou simples. Feuilles 1-nervées, ou rarement subtrinervées, glauques, ordinairement étalées : les inférieures ainsi que celles des ramules stériles très-étroites et très-rapprochées ; celles des ramules florifères longues de 6 à 10 lignes, sur 1/2 ligne de large ; les florales subulées. Pétales d'un bleu plus ou moins vif, longs d'environ 10 lignes : onglet jaune, cilié. Capsule globuleuse, ou ovale-globuleuse, mucronée, non-acuminée, 1 fois plus courte que le calice.

Cette espèce croît dans beaucoup de contrées de l'Europe australe et de l'Europe moyenne. Elle se cultive comme plante de parterre, mais moins fréquemment que la suivante.

LIN MARGINÉ. — *Linum marginatum* Poir. — *Linum austriacum* Bot. Mag. tab. 1086 (non Linn.) — *Linum squamulosum* Rudolph. — Willd. Enum. — *Linum squamulosum* et *Linum marginatum* De Cand. Prodr.

Tiges ascendantes ou dressées. Feuilles lancéolées, ou linéaires-lancéolées, ou lancéolées-linéaires, acérées, ponctuées, scabres

aux bords. Pédicelles épars, 3 à 4 fois plus longs que le calice :
les fructifères défléchis. Sépales elliptiques ou oblongs, membraneux aux bords, 3-ou 5-nervés à la base : les extérieurs acuminés ; les intérieurs très-obtus, apiculés. Pétales cunéiformes-
orbiculaires, courtement onguiculés, 3 à 4 fois plus longs que le
calice. Graines d'un brun roux.

Herbe vivace, semblable à la précédente par son port ainsi
que par ses feuilles et ses fleurs. Pétales d'un bleu vif, longs de
6 à 8 lignes. Capsule globuleuse, ou ovale-globuleuse, mucronée.

Cette espèce, que l'on confond souvent avec la précédente,
croît en Hongrie et en Autriche. La facilité qu'elle a de prospérer
dans les plus mauvais terrains, ainsi que ses belles fleurs, qui se
succèdent depuis le mois de mai jusqu'en juillet ou août, en font
une plante de parterre très-précieuse. Plusieurs agronomes l'ont
aussi recommandée pour les usages économiques ; mais il paraît
que les essais n'ont pas été assez multipliés pour prononcer sur
les résultats de cette culture.

LIN DE SIBÉRIE. — *Linum sibiricum* De Cand. Prodr. —
Linum perenne var. *sibirica* Linn.

Cette espèce ne diffère de la précédente que par sa stature un
peu plus élevée, ses feuilles non-ponctuées ni scabres aux bords,
et par ses fleurs plus grandes. On la cultive aussi dans les parterres.

LIN A FEUILLES ÉTROITES. — *Linum angustifolium* Linn. —
Engl. Bot. tab. 381. — *Linum diffusum* Schulth. Obs. Bot. —
Reichenb. Hort. Bot. tab. 128.

Tiges ascendantes ou diffuses. Feuilles lancéolées, ou linéaires-
lancéolées, ou lancéolées-linéaires, acérées, trinervées, non-
ponctuées ni denticulées. Pédicelles épars, 3 à 4 fois plus longs
que le calice : les fructifères dressés. Sépales ovales, acuminés,
marginés, presque aussi longs que la capsule : les intérieurs pubescents aux bords. Pétales obovales, 1 fois plus longs que les sépales.

Herbe annuelle, ou bisannuelle, simple ou multicaule,

glabre, haute de 6 à 15 pouces. Tiges grêles, peu rameuses. Feuilles larges de ¹/₃ de ligne à 1 ligne, érigées, vertes. Pédicelles filiformes, ordinairement oppositifoliés. Pétales longs d'un demi-pouce, d'un bleu pâle tirant sur le violet. Capsule subglobuleuse, acuminée.

Cette espèce croît dans le midi de la France, ainsi que dans toute l'Europe australe. M. Loiseleur Deslongchamps pense qu'il serait utile d'en essayer la culture, parce que sa filasse paraît être très-fine. Comme plante d'agrément, le *Lin à feuilles étroites* est propre à former de belles bordures.

Lin usuel. — *Linum usitatissimum* Linn. — Blackw. Herb. tab. 160. — Sturm, Deutschl. Flor. fasc. VII, n° 26.— Engl. Bot. tab. 1357.

Tige dressée, simple. Feuilles lancéolées-linéaires, ou lancéolées, ou linéaires-lancéolées, acérées, glabres, trinervées, non-ponctuées. Ramules florifères subterminaux, en corymbe. Pédicelles épars, 3 à 5 fois plus longs que le calice : les fructifères dressés. Sépales ovales, acuminés, trinervés, pubescents aux bords, aussi longs que la capsule. Pétales obovales-orbiculaires, crénelés, 3 à 4 fois plus longs que les sépales.

Herbe annuelle, simple. Tige longue d'environ 2 pieds. Feuilles d'un vert gai, éparses. Pétales grands, d'un beau bleu de même que les anthères. Graines brunâtres.

Le *Linum humile* Mill., nommé par les cultivateurs *Lin chaud* ou *Têtard*, diffère du Lin que nous venons de décrire, et qu'on appelle vulgairement *Lin froid*, par des tiges plus basses, des sépales glabres, une fois plus courts que la capsule, et des pétales très-entiers. Cette variété ou espèce ne fournit qu'une filasse courte et grossière; aussi la cultive-t-on plus spécialement pour les usages de ses graines. On distingue en outre le *Lin moyen* qui tient le milieu entre les deux autres, et qui est le plus généralement répandu.

L'usage du Lin pour les vêtements remonte à la plus haute antiquité. On en attribuait l'invention aux dieux, c'est-à-dire à ces bienfaiteurs inconnus de l'humanité, qui se retrouvent au berceau

de toutes les nations. En Égypte, c'est Isis qui découvre cette
plante sur les bords du Nil, et qui enseigne l'art de la préparer.
Des bandelettes de Lin enveloppent toujours les momies; les prêtres d'Isis étaient vêtus de Lin. De nos jours encore, le Delta et
la province de Fayoum sont renommés pour la culture de ce végétal, qui acquiert sur ce terrain propice la grosseur d'un ro-
seau ordinaire. L'Égypte fabrique toujours une grande quantité
de toiles qu'elle exporte en Syrie, en Barbarie, en Abyssinie et
dans le royaume d'Angora. On y sème le Lin vers le milieu de
décembre et on le récolte en mars. A Rome, l'usage général du
Lin ne s'introduisit que sous les empereurs; mais alors on en fit
des tissus d'une finesse extrême, que Pétrone appelle un *nuage
de Lin*. Les hordes barbares du Nord, au moment de leur mi-
gration, étaient vêtus de toile, ce qui ferait croire qu'ils n'en ont
point appris la fabrication par les peuples du Midi.

La graine de Lin s'emploie fréquemment en médecine comme
émolliente, relâchante et résolutive; par la macération ou l'infusion dans l'eau, elle donne une énorme quantité de mucilage.
Une légère infusion de cette nature s'administre à l'intérieur dans
les maladies inflammatoires des viscères. L'utilité des cataplasmes
de farine de graine de Lin est connue de tout le monde.

L'huile grasse qui se retire, par expression, des graines du
Lin, peut servir à l'éclairage et à la préparation des aliments;
mais son usage le plus général est, comme l'on sait, dans la
peinture.

b) *Stigmates capitellés.*

LIN A FEUILLES MENUES. — *Linum tenuifolium* Linn. —
Jacq. Flor. Austr. tab. 215. — Clus. Hist. 1, p. 318, fig. 2.

Tiges dressées, touffues, subdichotomes au sommet. Feuilles
linéaires-subulées, ou linéaires-lancéolées, acérées, roides, très-
scabres aux bords. Sépales ovales-lancéolés, acuminés, acérés,
ciliolés-glanduleux, presque aussi longs que la capsule. Pétales
obovales, courtement acuminés ou crénelés, 3 à 4 fois plus longs
que le calice.

Herbe vivace, multicaule, ordinairement glabre, haute de

¹/₂ pied à 1 pied. Tiges grêles, feuillues inférieurement. Feuilles larges de ¹/₂ ligne à 1 ligne, un peu glauques. Fleurs en panicule. Pédicelles de la longueur du calice. Corolle de la grandeur de celle du *Lin commun*, d'un rose pâle, ou lilas, ou blanche. Capsule globuleuse, acuminée.

Cette plante croît dans l'Europe moyenne et dans l'Europe australe. Elle mérite d'être cultivée à cause de la beauté de ses fleurs.

Genre RADIOLA. — *Radiola* Gmel.

Calice profondément 4-fide : segments 2- ou 3-fides. Pétales 4. Étamines 4. Capsule à 8 loges monospermes. Graines obovales, comprimées, lisses.

Ce genre ne renferme que l'espèce suivante :

RADIOLA FAUX LIN. — *Radiola linoides* Gmel. Syst. — *Radiola Millegrana* Smith, Engl. Bot. tab. 893. — *Linum Radiola* Linn. — Flor. Dan. tab. 178. — Vaill. Bot. Par. tab. IV, fig. 6. — *Radiola dichotoma* Mœnch. — *Linum multiflorum* Lamk.

Herbe annuelle, dichotome presque dès sa base, très-rameuse, glauque, très-légèrement pubérule. Tiges filiformes, diffuses; ramules florifères capillaires. Feuilles opposées, ovales, ou ovales-lancéolées, pointues, subdenticulées vers leur sommet. Pédoncules dressés, dichotoméaires. Fleurs minimes : les terminales subglomérulées. Pétales spatulés, blancs, de la longueur du calice.

Cette plante, remarquable par l'extrême petitesse de toutes ses parties, n'est pas rare aux environs de Paris, et ailleurs en France, dans les allées humides des bois.

LES GERANIACÉES. — *GERANIACEÆ.*

(*Gerania* Juss. Gen. — *Geranioideæ* Vent. Tabl. III, p. 170. —
Geraniaceæ Dé Cand. Prodr. I , p. 637. — Bartl. Ord. Nat. p. 348.)

Sans contredit , la famille des *Geraniacées* est l'un des groupes qui offrent le plus de plantes d'agrément. C'est à elle qu'appartient cette foule de *Pélargonium* ou *Géranium*, qui se recommandent soit par le parfum de leurs feuilles , soit par l'éclat de leurs fleurs; mais ces deux qualités se trouvent rarement réunies dans la même plante. Les sucs propres des Géraniacées sont ou astringents, ou acides, ou résineux, et plusieurs espèces s'emploient en thérapeutique, à raison de ces propriétés.

Les Géraniacées abondent dans les régions tempérées du globe, et surtout dans l'Afrique australe. On n'en rencontre qu'un petit nombre soit dans la zone torride, soit dans les contrées hyperboréennes.

CARACTÈRES DE LA FAMILLE.

Herbes quelquefois tubéreuses , ou *sous-arbrisseaux.* tiges et rameaux noueux avec articulation : entre-nœuds cylindriques ou tétragones.

Feuilles simples, presque toujours palmatinervées et très- souvent palmatilobées , rarement pennaticisées ou indivisées : les inférieures opposées ; les supérieures alternes (moins souvent toutes opposées ou verticillées). Stipules géminées , souvent scarieuses.

Fleurs régulières ou irrégulières, hermaphrodites. Pédoncules uniflores ou pluriflores, oppositifoliés lorsque les feuilles sont alternes, dichotoméaires ou axillaires lorsque les feuilles sont opposées.

Calice inadhérent, persistant, à 5 (ou rarement 2-4) sépales libres ou plus ou moins soudés par leur base (3 extérieurs et 2 intérieurs), égaux ou inégaux : le sépale supérieur souvent gibbeux ou prolongé en tube adné au pédicelle. Estivation quinconciale.

Disque hypogyne, ou périgyne, annulaire ou laminaire.

Pétales 5 (très-rarement nuls, ou 4 par avortement), insérés au disque, interpositifs, égaux ou inégaux, onguiculés, souvent échancrés, caducs, contournés et chiffonnés en préfloraison.

Étamines hypogynes ou subpérigynes, tantôt en même nombre que les pétales et alternes avec ceux-ci ; tantôt en nombre double des pétales et souvent en partie stériles ; très-rarement en nombre triple des pétales. Filets persistants, subulés, presque toujours courtement monadelphes par leur base, quelquefois pentadelphes. Anthères incombantes, versatiles, oblongues ou elliptiques, inappendiculées, à 2 bourses parallèles, contiguës, chacune déhiscente par une fente longitudinale ; connectif inapparent.

Gynophore columnaire, pentagone à la base, aminci et 5-sulqué supérieurement, beaucoup plus long que les ovaires.

Pistil : Ovaires 5, accolés contre la base du gynophore, alternes avec les pétales, biovulés. Ovules suspendus ou ascendants, collatéraux. Styles en même nombre que les ovaires, terminaux, aplatis, accolés aux sillons du gynophore. Stigmates simples, libres, linéaires. (Par exception, les ovaires sont soudés en un seul à plusieurs loges.)

Péricarpe : Diérésile à 5 coques distinctes, membraneuses, uniloculaires, monospermes par avortement, déhiscentes antérieurement, ou moins souvent indéhiscentes, longuement appendiculées, se détachant avec élasticité du gynophore et restant suspendues au sommet de celui-ci, au moyen du style, lequel se tortille en spirale ou en crosse.

Graines ascendantes, inarillées, subtrigones. Test crustacé. Hile petit, linéaire, latéral. Chalaze basilaire. Périsperme nul. Embryon curviligne : radicule allongée, repliée sur les cotylédons; cotylédons plissés ou convolutés, quelquefois lobés. (Par exception : embryon rectiligne, renfermé dans un périsperme charnu.)

Voici les genres qui constituent cette famille :

Monsonia Linn. fil. — *Geranium* Linn. — *Erodium* Lhérit. — *Pelargonium* Lhérit. (Hoarea Sweet. Dimacria Lindl. Otidia Lindl. Isopetalum Sweet. Campylia Sweet. Jenkinsonia Sweet. Chorisma Lindl.)

GENRE ANOMALE, A PÉRISPERME CHARNU ET A EMBRYON
RECTILIGNE.

Rhynchotheca Ruiz et Pav.

Genre MONSONIA. — *Monsonia* Linn. fil.

Calice 5-parti, ou 5-fide : segments presque égaux, aristés. Pétales 5 : onglets très-courts. Étamines 15, monadelphes, ou pentadelphes, toutes fertiles. Diérésile à 5 coques longuement appendiculées : appendices tortillés en spirale après la déhiscence.

Sous-arbrisseaux, ou herbes vivaces. Feuilles indivisées, ou palmatilobées, ou multifides. Pédoncules 1- ou 2-flores.

Ce genre renferme huit espèces, toutes indigènes au cap de Bonne-Espérance. Nous allons faire mention de celles qu'on cultive dans les collections de serre.

Section Ire. SARCOCAULON De Cand. Prodr.

Tige charnue, frutescente, hérissée d'épines. Feuilles indi-
visées. Pédoncules 1-flores, munis à leur base de 2 brac-
téoles minimes. Étamines très-courtement monadelphes.

(M. Sweet a élevé cette section au rang de genre.)

Monsonia de l'héritier. — *Monsonia Lheritieri* De Cand.
Prodr. — *Monsonia spinosa* Lhérit. Geran. tab. 42.

Feuilles ovales, mucronées, entières : les unes subsessiles; les
autres longuement pétiolées.

Pétioles persistants, spinescents. Fleurs de 2 pouces de diamètre, jaunes.

Monsonia de Burmann. — *Monsonia Burmanni* De Cand.
Prodr.—Burm. Afr. p. 81, tab. 31. — Cavan. Diss. 4, tab. 75,
fig. 2.

Feuilles cunéiformes-oblongues, crénelées, condupliquées : les
unes sessiles; les autres longuement pétiolées.

Pétioles persistants, spinescents. Fleurs longues de 1 pouce,
jaunes.

Section II. HOLOPETALUM De Cand. Prodr.

Tige herbacée. Feuilles indivisées, dentées. Stipules et brac-
téoles subulées, roides. Pédoncules 1-ou 2-flores, 2-4-brac-
téolés au milieu. Pétales obovales, entiers. Étamines pen-
tadelphes.

Monsonia a feuilles ovales. — *Monsonia ovata* Cavan.
Diss. 4, tab. 113, fig. 1. — *Geranium emarginatum* Linn.
fil. — *Monsonia emarginata* Lhérit. Geran. tab. 41.

Feuilles ovales-oblongues, subcordiformes, crénelées, ondulées. Stipules roides. Pédoncules 1-flores, dibracteolés.—Fleurs
jaunâtres.

Section III. ODONTOPETALUM De Cand. Prodr.

Tige herbacée. Feuilles lobées, ou multifides. Pédoncules

*oppositifoliés, longs, uniflores, munis vers leur milieu de
4-8 bractéoles verticillées. Pétales cunéiformes, fortement
dentés au sommet.*

MONSONIA LOBÉ. — *Monsonia lobata* Willd. — Bot. Mag.
tab. 385. — Herb. de l'Amat. tab. 5. — Sweet, Geran. 3,
tab. 273.—*Monsonia filia* Linn. fil.—Cavan. Diss. 3, tab. 74,
fig. 2.

Feuilles cordiformes, ou ovales-oblongues, obtuses, glabres en
dessus, légèrement pubérules en dessous ainsi qu'au pétiole,
5-ou 7-lobées : lobes obtus, incisés-dentés. Pédoncules 1 à 2 fois
plus longs que les feuilles, pubérules. Calice 5-parti.

Herbe vivace. Feuilles larges de 12 à 18 lignes ; pétiole long
de 4 à 6 pouces. Pédoncules longs de 8 à 12 pouces. Sépales
lancéolés, 8-nervés, membraneux aux bords. Corolle large de
2 pouces : pétales larges de 12 à 15 lignes, 2 à 3 fois plus longs
que le calice, d'un blanc jaunâtre, lavés et veinés de violet. Péricarpe à bec très-long.

Cette espèce, très-remarquable par la beauté de ses fleurs,
n'est pas rare dans les serres.

MONSONIA POILU. — *Monsonia pilosa* Willd. Enum. —
Sweet, Geran. 2, tab. 199. — *Monsonia filia* Pers. Ench. —
Andr. Bot. Rep. tab. 276.

Feuilles 5-parties : segments pennati-3-partis, poilus en dessous de même que les pétioles et les calices.

Pétales blancs en dessus, verdâtres en dessous, maculés de
pourpre à la base.

MONSONIA ÉLÉGANT. — *Monsonia speciosa* Linn. fil. — Bot.
Mag. tab. 73. — Sweet, Geran. 1, tab. 77. — Cavan. Diss. 3,
tab. 74, fig. 1. — *Geranium speciosum* Thunb.

Feuilles 5-7-parties, glabres de même que les pétioles : segments bipennatipartis ; lobules courts, linéaires, pointus. Pédoncules un peu plus longs que les feuilles. Calice 5-fide.

Herbe vivace. Feuilles larges d'environ 2 pouces ; pétiole long
de 2 à 3 pouces. Corolle large de près de 2 pouces : pétales lar-

ges de 6 à 8 lignes , d'un rouge pâle ou pourpres en dessus , carnés ou verdâtres en dessous.

Cette espèce n'est pas moins belle que le *Monsonia à feuilles
lobées ;* on la rencontre assez souvent dans les collections.

Genre GÉRANIUM. — *Geranium* (Linn.) L'Hérit.

Calice 5-parti : segments presque égaux, aristés. Pétales 5,
obtus, onguiculés , égaux , hypogynes. Étamines 10 , toutes
fertiles, presque libres : 5 extérieures, alternes avec les pétales , plus longues que les intérieures et accompagnées à leur
base d'une glandule nectarifère. Ovaire pentacoque. Stigmates 5 , linéaires. Diérésile 5-coque, rostré : appendices
roulés en crosse de bas en haut (après la déhiscence des coques).

Herbes annuelles ou vivaces, très-rarement suffrutescentes. Feuilles palmatilobées, souvent multifides. Stipules souvent scarieuses (les collatérales quelquefois soudées entre
elles). Pédoncules 1- ou 2-flores. Pédicelles dibractéolés à la
base, penchés avant la floraison, souvent défléchis après
l'anthèse. Corolle bleue, ou violette, ou rose, ou pourpre, ou
blanche.

Le nom de ce genre dérive du mot grec *Géranos*, qui veut
dire *grue* : il fait allusion au long appendice en forme de
bec, qui termine le péricarpe de ces plantes.

On connaît environ soixante-dix espèces de *Géranium*,
toutes indigènes dans les régions tempérées de l'hémisphère
boréal , et surtout dans l'ancien continent. Un grand nombre de Géranium sont intéressants à cause de l'élégance de
leurs fleurs. Nous allons faire connaître les espèces cultivées comme plantes d'ornement, ou remarquables par leurs
propriétés médicales.

SECTION I.

Feuilles toutes opposées. Tiges plus ou moins complétement dichotomes.

A. *Espèces vivaces.*

a) *Tiges peu rameuses. Pédoncules plus longs que les feuilles, uniflores, axillaires, c'ternes. Pédicelles presque aussi longs que le pédoncule, non-défléchis après la floraison.*

Géranium a fleurs pourpres. — *Geranium sanguineum* Linn. — Cavan. Diss. tab. 76, fig. 1. — Flor. Dan. tab. 1107. — Engl. Bot. tab. 272. — Bull. Herb. tab. 12.

Tiges, pétioles, pédoncules et calices hérissés. Feuilles pubérules en dessus, hérissées en dessous, 5-ou 7-parties : segments cunéiformes, 3-fides; lobules oblongs ou linéaires, obtus. Pétales obcordiformes, ou obovales et échancrés. Coques lisses, barbues au sommet.

Herbe multicaule, haute de 1 pied ou plus. Tiges dressées à la base; rameaux divariqués ou diffus. Feuilles larges d'environ 2 pouces. Sépales elliptiques, courtement aristés, trinervés, 2 à 3 fois plus courts que la corolle : les intérieurs à rebord membraneux très-large. Corolle d'un pourpre vif, large de 15 à 18 lignes; pétales larges de 5 à 8 lignes. Graines lisses, brunes.

Cette espèce, qu'on cultive souvent dans les jardins, se trouve dans les bois de la France et de beaucoup d'autres contrées de l'Europe. Elle fleurit depuis mai jusqu'en août. Toute la plante est astringente, et son suc s'employait autrefois contre les hémorrhagies.

b) *Tiges régulièrement dichotomes. Pédoncules dichotoméaires et terminaux, biflores, plus longs que les feuilles, subfastigiés. Pédicelles non-défléchis après la floraison.*

Géranium a feuilles d'Anémone. — *Geranium anemonifolium* Lhérit. Geran. tab. 36. — Sweet, Geran. 3, tab. 244. — Reichenb. Plant. Crit. iv, Ic. 576. — *Geranium palmatum* Cavan. Diss. 4, tab. 84, fig. 2.

Tige suffrutescente. Feuilles glabres, 3-ou 5-parties : segments pennatifides; lobes incisés-dentés. Sépales tricostés, longuement aristés. Pétales obovales, entiers, 1 à 2 fois plus longs que le calice.

Sous-arbrisseau, haut de 2 à 3 pieds, lisse et presque glabre. Stipules membranacées, elliptiques, obtuses. Feuilles d'un vert gai, larges de 2 à 4 pouces. Pédoncules inférieurs longs de 4 à 5 pouces. Sépales intérieurs membraneux aux bords. Corolle pourpre, large de 1 pouce.

Cette espèce, indigène aux Canaries, se cultive dans les orangeries.

GÉRANIUM TUBÉREUX. — *Geranium tuberosum* Linn. — Lobel. Ic. tab. 661, fig. 2. — Moris. Oxon. sect. 5, tab. 16, fig. 21. — Cavan. Diss. 4, tab. 78, fig. 1. — Sweet, Geran. 2, tab. 155.

Racine à tubercules subglobuleux. Tige nue, bifurquée au sommet, pubérule de même que les feuilles et les pédoncules. Feuilles multiparties : segments pennatipartis; lobules sublinéaires. Pédoncules subterminaux. Sépales velus, trinervés, courtement aristés. Pétales obcordiformes, 1 fois plus longs que le calice. Péricarpe velu.

Herbe vivace, grêle, haute de ½ pied à 1 pied. Stipules ovales-elliptiques, obtuses, pubescentes, rougeâtres. Feuilles d'un vert gai, larges de 2 à 4 pouces. Pédoncules courts. Corolle d'un rose vif, large d'environ 10 lignes. Graines ponctuées.

Cette espèce croît dans l'Europe australe; on la cultive en orangerie.

GÉRANIUM A GROSSES RACINES. — *Geranium macrorhizum* Linn. — Jacq. Ic. Rar. tab. 134. — Cavan. Diss. 4, tab. 25, fig. 1. — Bot. Mag. tab. 2420. — Sweet, Geran. 3, tab. 271.

Tige bifurquée au sommet, pubescente de même que les feuilles et les calices. Feuilles profondément 5-ou 7-fides : segments cunéiformes-oblongs, incisés-dentés au sommet : dents arrondies, mucronées. Pédoncules courts, subterminaux, en cime. Pétales suborbiculaires, 1 fois plus longs que les sépales, plus courts que les étamines. Filets glabres, presque non-dilatés à leur base. Styles pubescents. Coques réticulées.

Racines charnues, de la grosseur d'un doigt. Tiges presque nues, longues de ¹/₂ pied à 1 pied. Feuilles d'un vert clair : les radicales larges de 2 à 3 pouces. Sépales elliptiques, ou ovales-elliptiques, tricostés, courtement aristés, rougeâtres. Corolle pourpre, large de 8 à 10 lignes : onglets plus longs que les lames. Filets pourpres.

Cette espèce, qui croît dans les Alpes de l'Europe centrale et de l'Europe méridionale, se cultive souvent dans les parterres.

GÉRANIUM A FEUILLES D'ACONIT. — *Geranium aconitifolium* Lhérit. Geran. tab. 90. — *Geranium rivulare* Vill. Dauph. 3, tab. 40. — *Geranium pratense* Cavan. Ic. 4, tab. 87, fig. 1 (non Linn.)

Tige pubérule de même que les feuilles et les pédoncules. Feuilles 5-ou 7-parties : segments étroits, incisés-pennatifides vers leur sommet ; lobules linéaires, obtus, mucronulés. Calice velu. Pétales obovales, 1 fois plus longs que les sépales. Filets dilatés, ciliés. Coques velues : bec pubescent.

Herbe multicaule, haute d'environ 1 pied. Stipules ovales, ou ovales-lancéolées, pointues, brunâtres. Feuilles larges de 2 à 3 pouces. Pédicelles grêles, plus longs que les calices. Sépales elliptiques, trinervés, membraneux aux bords. Pétales blancs, striés de rose. Graines lisses, d'un brun noirâtre.

Cette espèce, qui croît dans les Alpes, mérite d'être cultivée comme plante de parterre. Elle fleurit en mai.

GÉRANIUM DE LEDEBOUR. — *Geranium affine* Ledeb. Ic. Plant. Flor. Alt. tab. 371.

Tige pubescente (presque incane) de même que les feuilles. Feuilles 5-ou 7-parties : segments cunéiformes, subtrifides, incisés supérieurement ; lobules sublinéaires, pointus. Pédicelles plus courts que les bractées, courtement velus de même que les pédoncules. Calice cotonneux à la base. Pétales oblongs-obovales, 1 fois plus longs que les sépales. Filets dilatés et ciliés à la base. Anthères persistantes. Coques lisses, velues de même que le bec.

Herbe multicaule, haute de 2 pieds et plus. Tiges assez fortes, anguleuses, très-rameuses. Stipules scarieuses, triangulaires-lancéolées. Feuilles larges de 2 à 6 pouces. Poils des pédoncules et des pédicelles courts, denses, horizontaux, glandulifères. Sépales elliptiques, ou elliptiques-oblongs, trinervés, courtement aristés, membraneux aux bords, glabres excepté à leur base. Corolle blanche, large de 1 pouce. Graines brunes.

Cette espèce, intermédiaire entre la précédente et la suivante, a été trouvée sur les bords de l'Irtych, par M. Ledebour. Elle mérite d'être multipliée dans les jardins, à cause de l'élégance de ses fleurs.

GÉRANIUM DES PRÉS. — *Geranium pra'ense* Linn. — Engl. Bot. tab. 404. — Schk. Handb. tab. 190. — Turp. in Dict. des Scienc. Nat. Ic. — Herb. de l'Amat. tab. 118.

Tige pubescente (ou courtement velue) de même que les feuilles. Feuilles 5-ou 7-parties : segments cunéiformes-oblongs, subtrifides et pennatifides : lobules linéaires ou oblongs, mucronés. Pédicelles plus longs que les bractées, pubescents-glanduleux de même que les calices. Pétales obovales, entiers, crénelés, presque 2 fois plus longs que les sépales : onglets barbus. Filets fortement dilatés à la base et ciliolés. Anthères non-persistantes. Coques lisses, velues de même que le bec.

Herbe touffue, haute de 2 pieds et plus. Tiges dressées, plus ou moins anguleuses. Feuilles d'un vert foncé en dessus, plus ou moins grisâtres en dessous : les radicales larges de 7 à 8 pouces; pétiole long de 15 à 18 pouces. Fleurs nombreuses, subterminales. Stipules scarieuses, triangulaires-lancéolées. Sépales elliptiques, trinervés, membraneux aux bords, courtement aristés. Corolle bleue, ou d'un bleu tirant sur le violet, ou blanche, ou panachée de bleu et de blanc, large de 15 à 18 lignes. Filets blancs ou quelquefois rouges. Graines d'un brun noirâtre.

Cette espèce, qui croît dans les prairies montueuses d'une grande partie de l'Europe, se cultive très-fréquemment dans les parterres. Elle fleurit en mai et juin. On en possède une variété à fleurs doubles.

Géranium du Caucase.—*Geranium ibericum* Cavan. Diss. 4, tab. 124, fig. 1. — Bot. Mag. tab. 1386. —Sweet, Geran. 1, tab. 84. — *Geranium grandiflorum* Guldenst. Itin.

Tiges fortement velues de même que les pétioles, les pédoncules et les calices. Feuilles profondément 5- ou 7-fides, pubescentes aux deux faces, velues en dessous aux nervures : segments larges, subtrifides, incisés-dentés; dents obtuses, mucronées. Pédicelles plus longs que les bractées. Pétales cunéiformes-obovales, barbus à la base, 2 fois plus longs que les sépales. Filets ciliolés et fortement poilus, dilatés à la base. Coques velues; bec pubescent.

Herbe touffue, haute de 2 pieds et plus. Tiges anguleuses, hérissées (de même que les pétioles et les pédoncules) de longs poils horizontaux ou réfléchis. Feuilles larges de 3 à 7 pouces. Stipules foliacées, nerveuses, lancéolées. Pédoncules subterminaux, peu nombreux. Sépales elliptiques, 5- ou 7-nervés, courtement aristés, membraneux aux bords. Pétales d'un bleu vif, longs de près de 1 pouce. Filets pourpres, 2 fois plus courts que les pétales. Coques et graines noirâtres.

Ce Géranium, très-remarquable par ses grandes fleurs d'un bleu vif, est originaire du Caucase, et se cultive assez souvent dans les parterres.

Géranium des forêts. — *Geranium sylvaticum* Linn. — Engl. Bot. tab. 121. — Flor. Dan. tab. 124.

Tiges anguleuses, peu rameuses, presque glabres de même que les pétioles. Feuilles 5- ou 7-parties, légèrement poilues ou pubescentes : segments cunéiformes, subtrifides, incisés, ou incisés-dentés; dents pointues ou obtuses, mucronées. Pédicelles beaucoup plus longs que les bractées, pubescents-glanduleux de même que les pédoncules et les calices. Pétales obovales, 1 fois plus longs que les sépales : onglets velus. Filets un peu dilatés à la base, ciliés. Coques lisses, poilues; bec pubescent.

Herbe touffue, haute de 1 à 2 pieds. Tiges dressées. Feuilles larges de 2 à 3 pouces, d'un vert foncé. Stipules scarieuses, brunâtres, triangulaires-lancéolées. Sépales elliptiques-oblongs, tri-

nervés, aristés, membraneux aux bords. Pétales longs de 7 à
8 lignes, d'un pourpre violet. Coques d'un brun jaunâtre. Graines
d'un brun de Châtaigne.

Cette espèce, qu'on trouve dans les montagnes de toute l'Europe, se cultive dans les parterres.

GÉRANIUM ANGULEUX. — *Geranium angulatum* Curt. Bot.
Mag. tab. 203.

Tiges anguleuses, dichotomes, presque glabres de même que
les feuilles. Feuilles profondément 5- ou 7-fides : segments cunéiformes, subtrifides, incisés-dentés ; dents pointues ou arrondies,
mucronées. Pédicelles plus longs que les bractées, pubescents-
glanduleux de même que les pédoncules et les calices. Pétales obovales, 1 fois plus longs que les sépales : onglets velus. Filets dilatés à la base, ciliés. Corolle d'un lilas pâle.

Ce Géranium n'est peut-être qu'une variété du *Géranium des
forêts*. On le cultive dans les parterres ; son origine est inconnue.

GÉRANIUM A FEUILLES MACULÉES. — *Geranium maculatum*
Linn. — Cavan. Diss. 4 ; tab. 86, fig. 2.

Tiges anguleuses, peu rameuses, pubescentes ou poilues de
même que les pétioles et les pédoncules : poils étalés ou réfléchis.
Feuilles 3- ou 5-parties, scabres en dessus, poilues en dessous
aux nervures : segments divariqués, cunéiformes, trifides, incisés-dentés vers leur sommet. Pédicelles plus longs que les bractées. Calices pubérules, poilus aux nervures. Pétales obovales,
1 fois plus longs que les sépales : onglets barbus. Filets un peu
dilatés et ciliolés à la base. Coques lisses, poilues ; bec pubescent
ou poilu.

Herbe touffue, haute d'environ 2 pieds. Feuilles larges de 3 à
6 pouces, d'un vert jaunâtre, souvent marbrées de grandes taches noirâtres : les supérieures ordinairement trifides. Sépales elliptiques-oblongs, trinervés, aristés. Pétales roses, longs de 6 à
8 lignes. Coques brunes.

Cette espèce, indigène dans les États-Unis, est l'une des plus
belles du genre, et mérite d'être multipliée comme plante de parterre.

Géranium a filets velus. — *Geranium eriostemon* Fisch.
— Reichenb. Hort. Bot. tab. 9.

Feuilles 3- ou 5-lobées, profondément incisées-dentelées. Tiges
dichotomes vers leur sommet. Pétales obovales-arrondis, plus
grands que les sépales. Filets velus depuis la base jusque vers
leur partie moyenne. Coques pubescentes.

Tiges cylindriques, hérissées, hautes d'un pied et plus.
Feuilles amples, rugueuses, hérissées en dessous. Sépales elliptiques, concaves, mucronés. Pétales d'un violet livide, blancs à
la base.

Cette espèce, originaire de la Daourie, fleurit depuis le mois
de mai jusqu'à la fin de l'automne.

c) *Tiges (quelquefois presque nulles) incomplétement dichotomes. Pédoncules très-longs : les inférieurs dichotoméaires ; les supérieurs
axillaires, alternes. Pédicelles défléchis après la floraison.*

Géranium a longs pédoncules. — *Geranium Londesü*
Fisch. Cat. — Reichenb. Hort. Bot. tab. 68. — *Geranium
longipes* De Cand. Prodr.

Tige dressée, cylindrique, presque glabre. Feuilles scabres en
dessus, pubescentes en dessous, 5- ou 7-parties : segments subrhomboïdaux, trifides, incisés : lanières lancéolées. Sépales elliptiques, aristés, de moitié plus courts que la corolle. Pétales obovales. Filets dilatés, pubérules à la base. Coques pubescentes,
lisses.

Tige très-rameuse, haute de 1 à 2 pieds. Stipules scarieuses,
brunâtres, triangulaires-lancéolées. Pédoncules fructifères atteignant un pied de long. Pédicelles 3 ou 4 fois plus longs que le
calice. Pétales couleur lilas, veinés de rouge, tronqués et barbel-
lulés à la base.

Cette espèce, originaire de la Daourie, fleurit pendant tout
l'été.

Géranium des marais. — *Geranium palustre* Linn. —Flor.
Dan. tab. 596.— Cavan. Diss. 4, tab. 87, fig. 2.—Dill. Elth.
tab. 126. — Sweet, Geran. 1, tab. 3.

Tiges diffuses ou ascendantes, poilues de même que les pétioles et pédoncules : poils réfléchis. Feuilles 5- ou 7-lobées, scabres en dessus, poilues en dessous aux nervures ; lobes cunéiformes ou subrhomboïdaux, divariqués, incisés-dentés. Pétales obovales, 1 fois plus longs que les sépales. Filets dilatés à la base, ciliés. Coques poilues.

Tiges grêles, touffues, hautes de 1 pied et plus. Feuilles larges de 2 à 4 pouces. Stipules scarieuses, brunâtres, triangulaires-lancéolées. Pédoncules longs de 3 à 5 pouces. Pédicelles beaucoup plus longs que les bractées. Sépales elliptiques, aristés, tricostés, presque glabres. Pétales d'un rose vif, ciliés à la base, longs de 6 à 8 lignes.

Cette espèce croît dans les endroits ombragés et humides de l'Europe septentrionale.

GÉRANIUM DE VLASSOV. — *Geranium Vlassovianum* Fisch. Cat. — Reichenb. Hort. Bot. tab. 27.

Feuilles 5-parties : lobes subrhomboïdaux, incisés-dentés. Stipules collatérales connées, bifides. Pétales arrondis, de moitié plus longs que les sépales, pubescents à la base ainsi que les filets.

Tiges ascendantes, comprimées, pubescentes, hautes d'un pied et plus. Feuilles glabres en dessus, pubescentes en dessous. Pédoncules débordant les feuilles : les fructifères quelquefois d'un demi-pied de long. Sépales oblongs, mucronés au-dessous du sommet. Pétales grands, de couleur lilas, veinés de pourpre.

Cette espèce habite la Daourie.

GÉRANIUM NOUEUX. — *Geranium nodosum* Cavan. Diss. 4, tab. 80, fig. 1. — Engl. Bot. tab. 1091.

Tiges tétragones, peu rameuses, presque nues, glabres de même que les pétioles et pédoncules. Feuilles glabres en dessus, légèrement pubescentes aux bords et en dessous aux nervures, profondément 3- ou 5-lobées : lobes ovales, ou ovales-lancéolés, acuminés, inégalement dentelés, divariqués. Pétales obovales-cunéiformes, échancrés, 1 fois plus longs que les sépales. Coques poilues, plissées transversalement.

Herbe touffue, presque glabre, haute de 1 pied et plus. Tiges et pétioles grêles. Feuilles larges de 2 à 4 pouces. Stipules étroites, lancéolées, scarieuses. Pétales d'un lilas pâle, longs de 6 à 8 lignes.

Cette espèce croît dans les Alpes de l'Europe australe. Elle se cultive dans les jardins.

GÉRANIUM A PÉTALES STRIÉS.—*Geranium striatum* Linn. — Cavan. Diss. 4, tab. 79, fig. 1. — Bot. Mag. tab. 55.— Herb. de l'Amat. tab. 9.

Tiges dressées, poilues de même que les pétioles et pédoncules. Feuilles un peu scabres en dessus, pubescentes en dessous aux nervures : les inférieures 5-lobées ; les supérieures trilobées : lobes ovales ou rhombiformes, incisés-dentés, subtrifides. Pétales obcordiformes, veineux, 1 fois plus longs que les sépales. Filets dilatés à la base, ciliolés. Coques presque glabres, pubescentes à la base.

Herbe touffue, haute d'environ 1 pied. Feuilles larges de 2 à 3 pouces, souvent marbrées de brun en dessus. Stipules scarieuses, brunâtres, triangulaires-lancéolées, subulées au sommet. Sépales oblongs, trinervés, aristés, membraneux aux bords. Pétales longs de 6 à 8 lignes, pubescents à la base, blancs, élégamment réticulés de veines violettes.

Ce Géranium, qui croît dans les Alpes de l'Europe méridionale, se cultive comme plante de parterre.

GÉRANIUM DE WALLICH.—*Geranium Wallichianum* Sweet, Geran. 1, tab. 90. — Bot. Mag. tab. 2377.

Tiges divariquées, géniculées, irrégulièrement dichotomes, poilues de même que les pétioles et pédoncules. Feuilles strigueuses aux 2 faces, 5-lobées : lobes rhombiformes, incisés-dentés, subtrifides. Stipules collatérales soudées. Pétales cunéiformes-obovales, échancrés, 1 fois plus longs que les sépales : onglets barbus. Filets dilatés et ciliés à la base. Coques poilues, lisses ; bec pubescent.

Herbe dressée ou diffuse, haute de 1 à 2 pieds. Feuilles larges de 2 à 3 pouces, d'un vert foncé, souvent maculées de brun ou de noir. Stipules ovales ou suborbiculaires, grandes, brunes, striées. Pédoncules quelquefois 3-flores : les inférieurs atteignant jusqu'à 1 pied de long. Sépales elliptiques, hérissés, 3-nervés, membraneux aux bords, courtement aristés. Pétales longs de ½ pouce, d'un pourpre vif. Filets, anthères et styles d'un pourpre noirâtre. Ovaires très-hérissés.

Cette espèce, originaire du Népaul, est remarquable par ses fleurs d'un pourpre vif, qui se succèdent pendant tout l'été. On peut la cultiver en pleine terre, mais elle ne prospère qu'en terreau de bruyère.

GÉRANIUM ARGENTÉ. —*Geranium argenteum* Linn. — Jacq. Ic. Rar. tab. 546. — Bot. Mag. tab. 504. — Sweet, Geran. 1, tab. 59.—Lodd. Bot. Cab. tab. 984.—Cavan. Diss. 4, tab. 77, fig. 3.

Tiges simples ou peu rameuses (souvent nulles), presque nues. Feuilles (presque toutes radicales) satinées-argentées aux 2 faces, 5- ou 7-parties : segments cunéiformes ou linéaires, trifides; lanières très-entières, obtuses. Pétales obcordiformes, veineux, 2 fois plus longs que les sépales. Filets dilatés et ciliés à la base. Ovaires et styles satinés.

Herbe touffue, acaule, ou subacaule, basse, couverte d'un duvet soyeux. Racines épaisses, presque ligneuses. Feuilles radicales larges de 10 à 15 lignes : pétiole long de 2 à 4 pouces. Stipules scarieuses, acuminées, brunâtres. Pédoncules longs de 2 à 4 pouces, souvent radicaux. Sépales elliptiques ou oblongs, satinés, trinervés, courtement aristés, ou mutiques. Pétales longs de 6 à 8 lignes, roses, veinés de violet.

Cette espèce, très-remarquable par son feuillage argenté et ses belles fleurs, habite les Alpes de l'Europe australe. On la cultive dans les collections d'orangerie.

B. *Espèces annuelles ou bisannuelles.*

GÉRANIUM HERBE A ROBERT.—*Geranium Robertianum* Linn. — Flor. Dan. tab. 694. — Bull. Herb. tab. 201. — Cavan. Diss. 4, tab. 86, fig. 1. — Engl. Bot. tab. 1486.

Tige glabre ou poilue, dressée, dichotome. Feuilles 3- ou 5-parties, un peu strigueuses en dessus : segments comme pétiolulés ou sessiles, bipennatifides. Pédoncules dichotoméaires et terminaux, dressés de même que les pédicelles. Calice anguleux, poilu. Sépales ovales, acuminés, aristés, tricostés. Pétales longuement onguiculés : lames obovales, saillantes, étalées. Coques glabres, réticulées : bec très-mince et pubescent au sommet. Graines lisses.

Racine fibreuse, blanchâtre. Tiges faibles, longues de 1 à 2 pieds, souvent rougeâtres. Feuilles molles, visqueuses, larges de 2 à 3 pouces. Pédoncules aussi longs ou plus longs que les feuilles. Pédicelles de la longueur du calice. Calice rougeâtre ou jaunâtre : nervures pourpres. Corolle petite, d'un rose vif, ou rarement blanche : onglets dressés, presque aussi longs que le calice. Filets glabres, linéaires-subulés. Coques petites, d'un brun clair. Graines d'un brun roux.

Cette plante, nommée vulgairement *Herbe à Robert*, *Herbe à l'esquinancie*, *Bec de grue* et *Bec de cicogne*, croît dans presque toute l'Europe, sur les murs, les décombres, dans les buissons et les bois. Dans la médecine populaire, elle passe pour un excellent remède contre les diarrhées et la dyssenterie ; on lui attribue aussi des propriétés résolutives et vulnéraires. Toutes ses parties, lorsqu'on les froisse, répandent une forte odeur de bouc.

GÉRANIUM A FEUILLES RONDES. — *Geranium rotundifolium* Linn.—Engl. Bot. tab. 157.—Cavan. Diss. 4, tab. 93, fig. 2.

Tiges dressées ou diffuses, très-rameuses, dichotomes, pubescentes (comme toutes les autres parties herbacées de la plante). Feuilles radicales orbiculaires, 5-ou 7-lobées; feuilles caulinaires 3- ou 5-lobées, cunéiformes ou tronquées à la base : lobes cunéiformes ou semi-orbiculaires, incisés-crénelés. Pédoncules dichotoméaires, beaucoup plus courts que les pétioles. Pédicelles plus longs que les pédoncules, défléchis après la floraison. Sépales mucronés, presque aussi longs que la corolle. Pétales longuement onguiculés, obovales, tronqués. Filets linéaires-subulés, glabres. Coques velues, lisses. Graines réticulées.

Herbe multicaule, faible, couverte d'une pubescence courte, étalée, plus ou moins visqueuse. Tiges longues de ¹/₂ pied à 1 pied, souvent rougeâtres. Feuilles molles : les radicales larges de 2 à 3 pouces, munies entre chacun des lobes d'une petite tache rouge. Stipules petites, rouges, triangulaires-lancéolées. Sépales oblongs, trinervés, membraneux aux bords. Corolle très-petite, fugace, rose. Coques d'un brun pâle. Graines grisâtres.

Ce *Géranium*, très-commun dans les décombres et les endroits cultivés, se nomme vulgairement *Bec de grue* ou *Bec de cigogne*. Son odeur est forte, mais non désagréable. On lui attribue les mêmes vertus qu'à la précédente, et l'on recommande surtout sa décoction, en gargarisme, contre les maux de gorge.

Le GÉRANIUM A FEUILLES MOLLES (*Geranium molle* Linn. — Flor. Dan. tab. 679. — Cavan. Diss. 4, tab. 83, fig. 3. — Svensk Bot. tab. 639. — Vaill. Par. tab. 15, fig. 3.), que l'on confond souvent avec le *Géranium à feuilles rondes*, et qui se trouve dans les mêmes localités que celui-ci, en diffère par ses feuilles florales alternes, ses pétales bifides et de la longueur du calice, ses sépales mutiques, ses coques glabres et rugueuses, et ses graines lisses.

SECTION II.

Feuilles alternes. Pédoncules oppositifoliés.

A. *Herbes vivaces. Tiges incomplétement dichotomes. Pédoncules biflores. Filets des étamines linéaires-subulés. Coques transversalement plissées à leur sommet.*

a) *Pédoncules et pédicelles défléchis ou divariqués après la floraison. Pétales réfléchis.*

GÉRANIUM A PÉTALES RÉFLÉCHIS. — *Geranium reflexum* Linn. — Cavan. Diss. 4, tab. 81, fig. 1.

Tiges poilues de même que les pétioles, les pédoncules, les pédicelles et calices. Feuilles strigueuses en dessus, pubérules en dessous, profondément 5- ou 7-fides : segments oblongs ou subrhombiformes, incisés-dentés ou incisés-crénelés. Pétales réfléchis, obovales, subtrilobés ou crénelés, aussi longs que les sépales. Coques velues ; bec pubérule. Filets presque glabres.

Herbe touffue, haute de 1 à 2 pieds. Tiges fermes, dressées, peu rameuses. Feuilles longues de 2 à 3 pouces, d'un vert clair, maculées : les radicales portées sur des pétioles longs de $^1/_2$ pied et plus; les florales subsessiles. Sépales oblongs, mucronés, un peu membraneux aux bords, couverts (de même que les pédoncules et les pédicelles) de longs poils étalés, et d'un court duvet glandulifère. Pétales longs de 5 à 6 lignes, d'un rose livide. Graines lisses.

Cette espèce, indigène dans les Alpes d'Italie, se cultive comme plante d'ornement.

GÉRANIUM LIVIDE. — *Geranium lividum* Lhérit. Geran. tab. 39. — Sweet, Geran. 3, tab. 268. — *Geranium subcæruleum* Schleich.

Tiges poilues de même que les pétioles, les pédoncules, les pédicelles et les calices. Feuilles strigueuses en dessus, glabres en dessous excepté aux nervures, profondément 5- ou 7-fides : segments rhombiformes ou cunéiformes-oblongs, subtrifides, incisés-crénelés. Pétales réfléchis, obovales, crénelés, un peu plus longs que les sépales. Filets longuement ciliés. Coques poilues; bec pubérule.

Herbe touffue, plus grande que l'espèce précédente. Tiges peu rameuses. Feuilles larges de 3 à 4 pouces et plus. Calices (de même que les pédoncules) poilus et visqueux. Sépales mucronés. Pétales d'un rose livide, longs d'environ 6 lignes.

Cette espèce, qui croît dans les Alpes, se cultive aussi comme plante de parterre.

b) *Pédoncules dressés ou presque dressés. Pédicelles plus ou moins divariqués ou défléchis. Pétales non-réfléchis.*

GÉRANIUM A FLEURS VIOLETTES.—*Geranium phæum* Linn.— Flor. Dan. tab. 987.—Engl. Bot. tab. 322. — Cavan. Diss. 4, tab. 89, fig. 2.

Tiges poilues de même que les pétioles, les pédoncules, les

pédicelles et les calices. Feuilles profondément 5- ou 7-fides, strigueuses en dessus, glabres en dessous excepté aux nervures : segments rhombiformes, ou cunéiformes, subtrifides, incisés-dentés, ou incisés-crénelés. Pétales suborbiculaires, crénelés, un peu plus longs que les sépales. Filets longuement ciliés. Coques poilues ; bec pubérule.

Herbe touffue. Tiges dressées, peu rameuses, hautes de 1 à 2 pieds. Feuilles larges de 2 à 4 pouces, d'un vert clair, souvent maculées. Sépales comme dans les deux espèces précédentes. Corolle large de 8 à 10 lignes : pétales d'un violet livide, ciliés et blanchâtres à la base. Graines lisses.

Cette espèce, qui croît dans les Alpes, se cultive souvent comme plante d'ornement.

Le *Geranium fuscum* Linn., ne diffère du *Geranium phæum* que par ses pétales d'un pourpre noirâtre ou tirant sur le brun.

Genre ÉRODIUM. — *Erodium* Lhérit.

Calice 5-parti : segments presque égaux, aristés. Pétales 5, obtus, onguiculés, égaux ou inégaux, hypogynes. Étamines 10, presque libres : les 5 filets intérieurs (placés devant les pétales) stériles, plus courts; les 5 extérieurs fertiles, glandulifères à la base. Ovaire 5-coque. Stigmates 5, linéaires. Diérésile 5-coque, rostré; coques indéhiscentes; appendices barbus antérieurement, contournées en spirale après la déhiscence.

Herbes acaules ou caulescentes; rarement sous-arbrisseaux. Feuilles opposées, ou opposées et alternes, pennatiparties, ou diversement lobées. Pédoncules oppositifoliés, ou axillaires, ou dichotoméaires, multiflores (très-rarement 1-flores). Pédicelles en ombelle, distiques en préfloraison, penchés avant l'anthèse. Corolle bleue, ou rose, ou rouge, ou blanche, ou jaune.

Le nom de ce genre dérive du mot ερωδιοσ, ou héron, le péricarpe des *Érodium* ayant quelque ressemblance avec la tête de cet oiseau. On connaît une cinquantaine d'espèces, la plupart indigènes dans la zone tempérée de l'ancien continent; en voici les plus remarquables :

A. *Feuilles pennées.*

Érodium musqué. — *Erodium moschatum* Willd. — Jacq. Hort. Vindob. tab. 55. — Cavan. Diss. 4, tab. 94, fig. 1.

Tiges simples, procombantes, hérissées de même que les pétioles et les pédoncules. Feuilles multifoliolées; folioles alternes, subpétiolulées, pubescentes, ovales, obtuses, doublement dentelées, ou incisées-dentelées. Pédoncules axillaires, alternes, multiflores, redressés, glanduleux; pédicelles dressés. Sépales pubescents-glanduleux, subquinquénervés, courtement aristés, aussi longs que les pétales. Coques obconiques, hérissées : bec long, glabre.

Herbe annuelle, multicaule. Tiges épaisses, longues de 3 à 12 pouces. Feuilles longues de 3 à 8 pouces. Folioles longues d'environ 1 pouce. Stipules grandes, scarieuses, transparentes, ovales, ou ovales-orbiculaires. Pédoncules longs de 4 à 8 pouces. Corolle petite, rose, régulière.

Cette plante, remarquable par la forte odeur de Musc dont elle est pénétrée, croît dans l'Europe australe. Quelques auteurs lui attribuent des propriétés antidyssentériques.

B. *Feuilles diversement incisées ou lobées.*

a) *Herbes annuelles.*

Érodium Bec de grue. — *Erodium gruinum* Willd. — Cavan Diss. 4, tab. 88, fig. 2.

Tiges dressées, poilues de même que les pétioles et les pédoncules. Feuilles presque glabres, hastiformes-triparties : segments sublancéolés, ou ovales-lancéolés, incisés-crénelés. Pédoncules dressés, biflores; pédicelles réfléchis après la floraison. Sépales membraneux, sub-5-nervés, longuement aristés, aussi longs que la corolle. Coques obconiques, hérissées : bec très-long, scabre.

Tiges peu rameuses, longues d'environ 2 pieds. Feuilles longues de 2 à 4 pouces. Pédoncules axillaires, alternes : les infé-

rieurs très-longs. Fleurs petites, bleues. Bec du péricarpe long
de 2 à 3 pouces.

Cet Érodium, indigène dans l'Europe australe, est remarquable par la longueur du bec de son fruit.

b) !*Herbes vivaces.*

ÉRODIUM TOUJOURS FLEURI. — *Erodium serotinum* Steven,
in Mém. Acad. Petersb. 3, tab. 15, fig. 2. — *Erodium multicaule* Sweet, Geran. tab. 137,—*Erodium ruthenicum* Marsch.
Bieb. Plant. Rar. tab. 48.

Tiges dichotomes, subdiffuses, fortement velues de même que
les pétioles et les pédoncules. Feuilles presque cotonneuses aux
deux faces, triparties; segments pennatifides; lanières oblongues
ou subrhombiformes, incisées-dentées. Pédoncules dressés, axillaires, alternes, multiflores. Sépales membraneux, trinervés,
longuement aristés, plus courts que les pétales.

Herbe multicaule. Tiges longues de 2 à 4 pieds. Feuilles longues de 3 à 6 pouces : les segments basilaires divariqués ou presque réfléchis. Pédoncules longs de 6 à 15 lignes. Pétales suborbiculaires, larges de 5 lignes, d'un bleu vif. Stipules lancéolées,
scarieuses.

Cette espèce, originaire de la Russie méridionale, mérite d'ê-
tre cultivée comme plante d'ornement, à cause de ses nombreuses
fleurs d'un beau bleu, lesquelles se succèdent pendant tout l'été.

ÉRODIUM A FEUILLES DE BÉNOITE. — *Erodium geifolium*
Desfont. Flor. Atlant. — *Erodium hymenodes* Lhér. Geran.
tab. 4. — Sweet, Geran. 1, tab. 23. — *Geranium trifolium*
Cavan. Diss. 4, tab. 97, fig. 3. — *Erodium trilobatum* Jacq.
Ic. Rar. tab. 508.

Tige suffrutescente à la base. Rameaux poilus de même que
les pétioles et les pédoncules. Feuilles triparties : segments pétiolulés, ovales, ou ovales-orbiculaires, incisés-crénelés (souvent
lobés ou trifides). Pédoncules multiflores, axillaires, alternes,
dressés. Sépales membraneux, mutiques, 3-ou 5-nervés, plus
courts que les pétales.

Sous-arbrisseau haut de 2 à 3 pieds. Stipules grandes, scarieuses, ovales. Pétales suborbiculaires, d'un rose pâle, larges d'environ 3 lignes.

Cette espèce croît en Espagne et en Barbarie; elle se cultive dans les orangeries.

ÉRODIUM DE GUSSONE. — *Erodium Gussoni* Tenor. Prodr. — Sweet, Geran. 2, tab. 200.

Tiges dressées, subdichotomes, fortement velues de même que les pétioles et les pédoncules. Feuilles cordiformes, subtrilobées, incisées-crénelées, obtuses, pubescentes. Pédoncules dressés, multiflores. Sépales 5-nervés, aristés, membraneux aux bords, plus courts que la corolle.

Herbe vivace, multicaule. Feuilles longues de 1 à 3 pouces. Stipules et bractées grandes, ovales, ou suborbiculaires, scarieuses, presque glabres. Pétales longs de $\frac{1}{2}$ pouce, d'un rose vif, obovales.

Cet Érodium, qui croît aux environs de Naples, se cultive dans les collections d'orangerie.

ÉRODIUM A FLEURS CARNÉES. — *Erodium incarnatum* Lhér. Geran. tab. 5. — Cavan. Diss. 4, tab. 91, fig. 2. — Bot. Mag. tab. 261. — Sweet, Geran. 1, tab. 94. — Herb. de l'Amat. tab. 11.

Tige suffrutescente, glabre de même que les rameaux, les feuilles et les pédoncules. Feuilles inférieures cordiformes, indivisées, dentées; feuilles supérieures triparties : segments cunéiformes, trifides, ou incisés-dentés. Pédoncules 2-4-flores. Sépales ovales-lancéolés, acuminés, innervés, hispides, plus courts que la corolle.

Sous-arbrisseau rameux. Feuilles toutes longuement pétiolées, larges de 1 à 2 pouces, glauques, un peu charnues. Stipules lancéolées-subulées, non-scarieuses. Pédicelles longs, grêles. Pétales longs de 4 à 5 lignes, oblongs-obovales, d'un écarlate pâle, avec une tache blanchâtre à leur base.

Cette espèce, originaire du cap de Bonne-Espérance, se cultive dans les collections de serre.

Genre PÉLARGONIUM. — *Pelargonium* Lhérit.

Calice 5-parti : le segment supérieur gibbeux à la base ou prolongé en tube nectarifère adné au pédicelle. Pétales 5 (moins souvent 4), plus ou moins irréguliers. Étamines 10, inégales, monadelphes : 4-7 fertiles ; les autres stériles. Diérésile 5-coque, rostré : appendices barbus antérieurement, contournés en spirale après la déhiscence.

Ce genre, de même que le précédent, est un démembrement des *Géranium* de Linné. Son nom, dérivé de πελαργοσ (cigogne), fait aussi allusion au prolongement en forme de bec qui termine le péricarpe. Presque toutes les espèces croissent aux environs du cap de Bonne-Espérance. M. Sweet en a décrit près de sept cents, dont un grand nombre toutefois ne sont que des hybrides ou des variétés très-embarrassantes pour la science.

A l'exception des espèces tubéreuses, qui demandent des soins particuliers, la plupart des *Pélargonium* sont peu délicats et peuvent se conserver pendant l'hiver en orangerie, ou même dans toute chambre assez close pour que la température n'y descende pas au-dessous de zéro. On les multiplie de boutures avec la plus grande facilité.

Section I. HOAREA Sweet.

Pétales 5 (rarement 2, ou 4), oblongs-linéaires : 2 supérieurs, parallèles, longuement onguiculés, réfléchis brusquement au milieu. Filets soudés en tube aussi long que les pétales inférieurs : 5 (rarement 2-4) anthérifères ; les autres stériles, dressées, ou courbées au sommet : les 3 inférieures plus courtes que les fertiles. — Herbes acaules. Racine tuberculeuse, napiforme.

a) *Feuilles indivisées ou lobées, oblongues : lobes entiers ou à peine dentés.*

PÉLARGONIUM A LONGUES FEUILLES. — *Pelargonium longi-*

folium Jacq. Ic. Rar. 3 , tab. 518.—*Geranium acaule* Cavan. Diss. 4, tab. 102 , fig. 1. •

Feuilles lancéolées, très-entières, pointues, glabres : les adultes pennatifides, linéaires. Ombelles rameuses. Fleurs 4-andres. Pétales obtus, roses : les supérieurs ovales; les inférieurs lancéolés.

PÉLARGONIUM A LONGUES FLEURS. — *Pelargonium longiflorum* Jacq. Ic. Rar. 3, tab. 521.— β : *Pelargonium depressum* Jacq. l. c. tab. 520.

Feuilles lancéolées, très-entières, pointues, glabres. Ombelles rameuses, 4-8-flores. Fleurs 4-andres. Pétales linéaires (d'un jaune pâle).

PÉLARGONIUM A FEUILLES OVALES. — *Pelargonium* (Hoarea) *ovalifolium* Sweet, Geran. tab. 106.

Feuilles ovales ou ovales-oblongues, obtuses, planes, ou involutées aux bords, très-entières, hérissées. Ombelles simples ou rameuses. Pétales linéaires, ondulés, tortillés (blancs avec une tache rouge à leur base).

PÉLARGONIUM RÉTICULÉ. —*Pelargonium reticulatum* Sweet, Geran. tab. 91.

Feuilles elliptiques-lancéolées, ou oblongues, très-entières, poilues, révolutées aux bords. Ombelles rameuses. Fleurs pentandres. Pétales linéaires-spathulés, ondulés, réfléchis, roses, réticulés de pourpre : les deux supérieurs marqués d'une tache pourpre.

PÉLARGONIUN PONCTUÉ. — *Pelargonium punctatum* Willd. — *Geranium punctatum* Andr. Bot. Rep. tab. 60.

Feuilles ovales, dentées, glabres. Ombelles rameuses. Fleurs diandres. Pétales linéaires, d'un jaune pâle : les 3 inférieurs de moitié plus courts que les supérieurs (ponctués de pourpre à la base).

PÉLARGONIUM A GROSSE RACINE. — *Pelargonium radica-*

tum Vent. Malm. tab. 65. — Sweet, Geran. tab. 174. — *Geranium ciliatum* Andr. Bot. Rep. tab. 247.

Feuilles ovales-oblongues, très-entières, pointues aux 2 bouts, glabres, ciliées. Ombelles simples. Fleurs pentandres. Pétales linéaires-oblongs, échancrés (jaunâtres, immaculés). Tube nectarifère 4 fois plus long que le calice.

PÉLARGONIUM SPATHULÉ. — *Pelargonium* (Geranium) *spathulatum* Andr. Bot. Rep. tab. 152.— β: *Geranium affine* Andr. l. c. tab. 282.

Feuilles oblongues, subspathulées, obtuses, glabres (ou ovales-lancéolées, pointues, ciliées). Ombelles composées. Fleurs pentandres. Pétales linéaires, obtus, subrévolutés, maculés.

PÉLARGONIUM RAYONNANT. — *Pelargonium* (Geranium) *radiatum* Andr. Bot. Rep. tab. 222.

Feuilles elliptiques-spathulées, très-entières, glabres. Ombelles rameuses. Fleurs pentandres. Pétales cunéiformes (jaunes, maculés).

PÉLARGONIUM VIRGINAL. — *Pelargonium virgineum* Pers. Ench. — *Geranium undulatum* Andr. Bot. Rep. tab. 317.

Feuilles ovales-elliptiques, pointues aux deux bouts, glabres. Ombelles un peu rameuses. Fleurs pentandres. Pétales cunéiformes-lancéolés, égaux, ondulés.

b) *Feuilles sagittiformes, ou cordiformes, ou trilobées, ou appendiculées à la base.*

PÉLARGONIUM RÉVOLUTÉ. — *Pelargonium revolutum* Pers. Ench. — *Geranium revolutum* Andr. Bot. Rep. tab. 354.

Feuilles cordiformes, obtuses, nerveuses, très-entières, souvent biauriculées à la base. Ombelles rameuses. Bractées involucrales révolutées. — Pétales de couleur pourpre, striés.

PÉLARGONIUM AURICULÉ. — *Pelargonium auriculatum* Willd. Spec. — *Pelargonium ciliatum* Jacq. Ic. Rar. 3, tab. 519.

Feuilles oblongues-lancéolées, acuminées aux deux bouts, hérissées, ciliées aux bords, souvent biappendiculées à la base. Ombelles rameuses. Pétales linéaires, d'un blanc tirant sur le rouge.

PÉLARGONIUM LACINIÉ. — *Pelargonium laciniatum* Pers. Ench. — *Geranium laciniatum* Andr. Bot. Rep. tab. 131.

Feuilles indivisées, ou incisées-lobées au sommet. Hampe flexueuse. Ombelle rameuse.

PÉLARGONIUM HÉTÉROPHYLLE. — *Pelargonium heterophyllum* Jacq. Ic. Rar. 3, tab. 516.

Feuilles indivisées, ou trilobées, ou triparties, ciliées : segment intermédiaire trilobé. Ombelle rameuse. — Pétales blancs : les 2 supérieurs échancrés, maculés de pourpre à la base.

PÉLARGONIUM A FEUILLES D'OXALIDE. — *Pelargonium oxalidifolium* Andr. Bot. Rep. tab. 300.

Feuilles ciliées, triparties : segments ovales, obtus. Ombelle rameuse. — Pétales d'un jaune pâle : les deux supérieurs maculés de pourpre à leur base.

PÉLARGONIUM A FEUILLES NERVEUSES. — *Pelargonium nervifolium* Jacq. Ic. Rar. 3, tab. 517.

Feuilles glabres, triparties : segments obtus, sublobés, nerveux, glauques en dessous. Hampes hispides. Ombelles rameuses. — Pétales cunéiformes-oblongs, blancs, striés de pourpre à leur base.

PÉLARGONIUM TRIPHYLLE. — *Pelargonium triphyllum* Jacq. Ic. Rar. 3, tab. 515.

Feuilles glabres, triparties : segments obtus, crénelés. Hampes et pétioles pubescents. Ombelles rameuses. — Pétales linéaires, carnés : les deux supérieurs maculés de pourpre à la base.

PÉLARGONIUM RÉFLÉCHI. — *Pelargonium reflexum* Pers. Ench. — *Geranium reflexum* Andr. Bot. Rep. tab. 224.

Feuilles triparties : segments incisés-lobés , recourbés. Ombelles simples. Filets supérieurs et stigmates réfléchis. — Pétales blanchâtres.

PÉLARGONIUM ROSE. — *Pelargonium roseum* Ait. Hort. Kew. — *Geranium roseum* Andr. Bot. Rep. tab. 173.

Feuilles incisées-lobées, cotonneuses. Ombelles simples, densiflores. Les 3 pétales inférieurs beaucoup plus courts que les 2 supérieurs. — Pétales roses , immaculés.

c) *Feuilles pennaticisées : segments incisés ou multifides.*

PÉLARGONIUM A RACINE NAPIFORME. — *Pelargonium rapaceum* Jacq. Ic. Rar. 3, tab 510. — *Geranium Selinum* Andr. Bot. Rep. tab. 239.

Feuilles poilues, bipennatiparties : lobules linéaires , subobtus. Pétales d'un rose pâle : les 2 supérieurs réfléchis, ponctués ; les inférieurs connivents.

PÉLARGONIUM NUTANT. — *Pelargonium* (Hoarea) *nutans* Sweet , Geran. tab. 135. — *Pelargonium rapaceum luteum* Sims , Bot. Mag. tab. 1877.

Feuilles bipennatiparties , hérissées : lobes multifides, linéaires, dentés. Ombelles capituliformes, déprimées. Fleurs nutantes. Pétales supérieurs réfléchis ; pétales inférieurs concaves , connivents.

PÉLARGONIUM A FLEURS DE CORYDALE. — *Pelargonium* (Hoarea) *corydaliflorum* Sweet, Geran. tab. 18.

Feuilles poilues, pennatiparties : segments pennatifides ou trifides ; lobules linéaires , pointus. Pétales d'un jaune pâle : les 2 supérieurs réfléchis , maculés de pourpre ; les 3 inférieurs connivents.

PÉLARGONIUM BARBU. — *Pelargonium barbatum* Jacq. Ic. Rar. 3 , tab. 513. — *Geranium proliferum* Cavan. Diss. 4 , tab. 120, fig. 3. — *Geranium barbatum* Andr. Bot. Rep. tab. 363.

Feuilles pennatiparties : segments trifides; lobules linéaires, acuminés, barbus au sommet. Ombelles rameuses. Pétales linéaires, obtus, carnés : les 2 supérieurs maculés de rouge.

PÉLARGONIUM A FEUILLES FENDUES. — *Pelargonium fissifolium* Pers. Ench. — Andr. Bot. Rep. tab. 370.

Feuilles pennatiparties : segments trifides, incisés au sommet, non-barbus. Ombelles simples. Pétales obtus : tous marqués d'une tache oblongue.

PÉLARGONIUM SÉTIFÈRE. — *Pelargonium setosum* Sweet, Geran. tab. 38.

Feuilles pennatiparties, pubescentes : segments cunéiformes, 3- ou 5-dentés au sommet; dents sétifères. Ombelles rameuses. Pétales roses : les 2 supérieurs réfléchis, maculés de rouge; les inférieurs subconnivents.

PÉLARGONIUM A FEUILLES DE BUBONE. — *Pelargonium bubonifolium* Pers. Ench. — Andr. Bot. Rep. tab. 328.

Feuilles glabres, pennatiparties : segments incisés - lobés, pointus. Ombelles simples. Pétales blancs, échancrés : les 2 supérieurs maculés de pourpre à la base.

PÉLARGONIUM A FLEURS DE VIOLETTE. — *Pelargonium violæflorum* Sweet, Geran. tab. 123.

Feuilles pennatiparties ou triparties : segments oblongs-lancéolés, glabres, acuminés, ciliés aux bords, barbus au sommet : les inférieurs bifides; les supérieurs très-entiers. Pétioles hispides. Ombelles rameuses. Pétales blancs, réfléchis : les inférieurs beaucoup plus courts. Les 4 sépales inférieurs réfléchis; le sépale supérieur dressé.

PÉLARGONIUM FLEURI. — *Pelargonium floribundum* Ait. Hort. Kew. — *Geranium floribundum* Andr. Bot. Rep. tab. 420.

Feuilles pennatiparties : segments bipartis. Ombelles rameuses. Pétales supérieurs marqués de 3 taches semi-lunées; pétales inférieurs marqués d'une tache linéaire.

PÉLARGONIUM POILU. — *Pelargonium pilosum* Pers. Ench. — Andr. Bot. Rep. tab. 249.

Feuilles pennatiparties, hérissées : segments incisés, multifides. Ombelles simples, 4-6-flores. Pétales linéaires.

PÉLARGONIUM PENNIFORME. — *Pelargonium penniforme* Pers. Ench. — *Geranium laciniatum* Andr. Bot. Rep. tab. 269.

Feuilles pennatiparties : segments lancéolés-linéaires. Ombelles rameuses. Pétales jaunes, maculés de rouge à la base.

PÉLARGONIUM POURPRÉ.— *Pelargonium purpurascens* Pers. Ench. — *Geranium laciniatum* Andr. Bot. Rep. tab. 204.

Feuilles lancéolées-linéaires, très-entières ou pennatifides. Ombelles rameuses. Pétales pourprés.

PÉLARGONIUM A FEUILLES DE SÉLINUM. — *Pelargonium selinifolium* Sweet, Geran. tab. 159.

Feuilles pennatiparties, poilues : segments pennatifides ou incisés ; lobules oblongs-lancéolés, subdentés, obtus. Ombelles rameuses. Calices réfléchis. Pétales supérieurs réfléchis ; pétales inférieurs étalés.

PÉLARGONIUM A FLEURS NOIRES. — *Pelargonium melananthum* Jacq. Ic. Rar. 3, tab. 514. — Sweet, Geran. tab. 73.

Feuilles hérissées, pennatiparties : segments ovales - oblongs, obtus, subpennatifides, ou dentés. Ombelles rameuses. Pétales linéaires, obtus. — Feuilles primordiales ovales ou trilobées. Corolle d'un brun noirâtre. Sépale supérieur dressé. Filets stériles recourbés au sommet.

PÉLARGONIUM DIOÏQUE. — *Pelargonium dioicum* Ait. Hort. Kew. ed. 2. — *Geranium melananthum* Andr. Bot. Rep. tab. 209.

Feuilles indivisées ou trifides, hispides. Ombelles rameuses. Fleurs dioïques. — Pétales d'un brun noirâtre.

PÉLARGONIUM A FLEURS NOIRATRES. — *Pelargonium atrum* Lhérit. Geran. tab. 44.— Sweet, Geran. tab. 72 et 166.

Feuilles pubérules : les unes oblongues ; les autres pennatiparties. Ombelles rameuses. Le sépale supérieur dressé. Pétales linéaires, d'un brun noirâtre : onglets blancs. Filets stériles courbés au sommet.

PÉLARGONIUM POURPRE-NOIR. — *Pelargonium atrosanguineum* Sweet, Geran. tab. 151.

Feuilles hérissées : les inférieures ovales ; les supérieures pennatilobées : lobes opposés ou alternes, ovales - oblongs, obtus, entiers. Ombelles rameuses. Pétales étalés, d'un pourpre noirâtre.

Section II. DIMACRIA Lindl.

Pétales 5, inégaux : les 2 supérieurs connivents, divariqués au sommet. Étamines plus courtes que les sépales : 5 fertiles dont les 2 inférieures deux fois plus longues que les autres, et la supérieure très-petite ; 5 stériles, minimes, égales. — Herbes acaules. Racine tubéreuse, napiforme. Feuilles pétiolées, pennaticisées.

a) *Feuilles impari-pennatiparties : segments entiers.*

PÉLARGONIUM A FEUILLES DE VESCE.— *Pelargonium viciæfolium* Lhérit. — *Geranium pinnatum* Cavan. Diss. 4, tab. 115, fig. 2. — *Dimacria pinnata* Sweet, Geran. tab. 46.

Feuilles velues, 2-4-juguées : segments ovales. Pétales planes, presque entiers, d'un blanc rosé : les deux supérieurs ponctués de pourpre à la base.

PÉLARGONIUM A FEUILLES D'ASTRAGALE. — *Pelargonium astragalifolium* Pers. Ench. — *Geranium astragalifolium* Cavan. Diss. 4, tab. 104, fig. 2. — Sweet, Geran. tab. 103. — Andr. Bot. Rep. tab. 190.

Feuilles hérissées, multijuguées : segments elliptiques. Pétales ondulés, tortus à la base, blanchâtres : les 2 supérieurs maculés de pourpre.

Pélargonium a feuilles de Coronille. — *Pelargonium coronillifolium* Pers. Ench. — Andr. Bot. Rep. tab. 305.

Feuilles glabres, 1-2-juguées : segments obovales ou oblongs. Pétales d'un brun roux : les supérieurs spathulés, rétus, maculés de pourpre ; les inférieurs lancéolés.

Pélargonium a feuilles de Berce. — *Pelargonium heracleifolium* Lodd. Bot. Cab. tab. 437.

Feuilles 2- ou 3-juguées, glabres : segments obovales : les supérieurs confluents. Pétales obovales-cunéiformes, d'un brun noirâtre, jaunâtres à la base et aux bords.

b) *Feuilles impari-pennatiparties : segments lobés ou multifides.*

Pélargonium épaissi. — *Pelargonium incrassatum* Bot. Mag. tab. 761. — Andr. Bot. Rep. tab. 246.

Feuilles glabres : segments lobés, obtus. Hampes un peu rameuses. Pétales supérieurs obcordiformes. — Corolle grande, rose, veinée de pourpre.

Pélargonium carné. — *Pelargonium carneum* Jacq. Ic. Rar. 3, tab. 512. — *Geranium pinnatifidum* Cavan. Diss. 4, tab. 120, fig. 1.

Feuilles glabres, bipennatiparties : lobes trifides, linéaires, obtus. Hampe simple. Pétales d'un rose pâle, réticulés de veines rouges.

Section III. CYNOSBOTA De Cand. Prodr.

Pétales subovales, presque égaux, presque 2 fois plus longs que le calice. Étamines 10, dressées, alternativement fertiles et stériles. — Tige ligneuse.

Pélargonium a feuilles de Mauve. — *Pelargonium malvæfolium* Jacq. fil. Ecl. 1, tab. 97.

Rameaux divariqués, diffus, pubérules. Feuilles cordiformes, suborbiculaires, 7-9-lobées, inégalement dentelées, pubescentes aux 2 faces, immaculées. Ombelles 5-8-flores. Pétales cunéiformes, carnés, réticulés de veines pourpres.

Section IV. PERISTERA De Cand. Prodr.

Pétales aussi longs ou un peu plus longs que le calice, presque égaux. Étamines 10 : 5 plus longues, fertiles; 5 stériles, très-courtes, dentiformes, alternes avec les fertiles. — Herbes caulescentes, ayant le port des Érodium et des Géranium.

Pélargonium colombin.—*Pelargonium columbinum* Jacq. Hort. Schœnbr. 2 , tab. 133.

Multicaule, procombant. Feuilles cordiformes - orbiculaires , multiparties : lobes trifides ; lobules linéaires, obtus. Pédoncules multiflores. Pétales linéaires-oblongs, pourpres. Étamines fertiles 4.

Pélargonium procombant. — *Pelargonium* (Geranium) *procumbens* Andr. Bot. Rep. tab. 254.

Caulescent, procombant. Feuilles cordiformes , sublobées, crénelées-dentées. Pédoncules subbiflores. Pétales petits, maculés : les 2 supérieurs blanchâtres ; les 3 inférieurs rougeâtres. Étamines fertiles 4.

Section V. OTIDIA Lindl.

Pétales linéaires-oblongs, presque égaux , à peu près 2 fois plus longs que le calice : les 2 supérieurs biauriculés à la base. Étamines 10 , dressées : 5 anthérifères dont les 2 supérieures spathulées, ou subulées, plus longues que les 3 inférieures. — Tiges frutescentes, charnues. Feuilles alternes, pennatiparties, charnues. Fleurs blanchâtres.

Pélargonium Cératophylle. — *Pelargonium Ceratophyllum* Lhér. Geran. tab. 13. — Bot. Mag. tab. 315.

Tige rameuse. Feuilles pennatiparties : segments linéaires-cylindriques, entiers ou tridentés au sommet, subcanaliculés. Pédoncules multiflores. Pétales égaux, blanchâtres, immaculés, linéaires-lancéolés.

PÉLARGONIUM A TIGE CHARNUE.— *Pelargonium dasycaulon*
Sims, Bot. Mag. tab. 2029.

Tige tuberculeuse. Feuilles pennatiparties : segments incisés-
pennatifides , subtrifides au sommet. Pédoncules 3-flores. Pétales
linéaires, blancs.

PÉLARGONIUM A FEUILLES DE CRYTHME. — *Pelargonium
crythmifolium* Smith, Ic. Pict. 1 , tab. 13. — *Pelargonium
paniculatum* Jacq. Hort. Schœnbr. 2, tab. 137.

Feuilles bipennatifides : segments dilatés et incisés au sommet.
Pédoncules multiflores, paniculés. Pétales obtus, plus longs que
le calice, blancs : les 2 supérieurs crépus à la base et ponctués de
pourpre.

PÉLARGONIUM CHARNU.—*Pelargonium carnosum* Ait. Hort.
Kew. —Dill. Hort. Elth. 1, tab. 127, fig. 154.— *Geranium
carnosum* Linn. — Cavan. Diss. tab. 99 , fig. 1. — *Otidia
carnosa* Sweet, Geran. tab. 98.

Feuilles glabres, sinuées - pennatifides: lanières oblongues ,
obtuses, incisées-dentées au sommet. Ombelles multiflores. Pétales blanchâtres , linéaires. Tube nectarifère de moitié plus long
que le calice.

SECTION VI. POLYACTIUM De Cand. Prodr.

Sépales presque égaux, révolutés. Pétales 5, presque égaux,
  obovales. Étamines 10 dont 5 fertiles : les 4 inférieures
  plus longues , subulées; la supérieure plus large, spa-
  thulée, réfléchie au sommet; les fertiles plus courtes que
  les stériles, courbées au sommet. Pétales tous marqués
  d'une grande tache d'un brun noirâtre.

PÉLARGONIUM MULTIRADIÉ. — *Pelargonium multiradiatum*
Wendl. —Sweet, Geran. tab. 145.

Subcaulescent. Feuilles inférieures pennaticisées , hérissées:
segments pennatifides ; lobes oblongs, obtus , incisés-dentés ;
feuilles supérieures presque glabres, bipennatifides. Ombelles

20-30-flores. Tube nectarifère 4 fois plus long que le calice. Racine tubéreuse.

SECTION VII. ISOPETALUM Sweet.

Sépale supérieur gibbeux à la base. Pétales 5, égaux. Étamines 10, courtement monadelphes par leur base : 5 ou 6 anthérifères, étalées, courbées au sommet; les stériles inégales, subulées, courbées.

PÉLARGONIUM COTYLÉDON. — *Pelargonium Cotyledonis* Lhérit. Geran. tab. 27. — *Geranium Cotyledonis* Linn. — *Isopetalum Cotyledonis* Sweet, Geran. tab. 126.

Arbrisseau à tige épaisse, charnue, rameuse, nue. Feuilles cordiformes, subpeltées, rugueuses, pubescentes en dessus, cotonneuses en dessous, réticulées-veineuses. Ombelles rameuses. Pétales blancs, ovales.

Cette espèce croît à Sainte-Hélène.

SECTION VIII. CAMPYLIA Sweet.

Pétales 5, inégaux : les 2 supérieurs plus grands, subauriculés à l'onglet. Étamines 10; filets pubescents, ou poilus : 5 anthérifères, dressés; 5 stériles, alternes avec les fertiles : 2 supérieurs, plus longs, arqués. — Herbes rameuses, suffrutescentes à la base. Feuilles pétiolées, ovales, ou oblongues, dentées, ou subincisées.

PÉLARGONIUM BLATTAIRE. — *Pelargonium blattarium* Jacq. Hort. Schœnbr. 2, tab. 131. — Sweet, Geran. tab. 88.

Feuilles ovales-orbiculaires, obtuses, satinées-incanes, dentées. Pédoncules 4-8-flores. Pétales d'un violet pâle : les supérieurs suborbiculaires; les inférieurs oblongs. Étamines pubescentes.

PÉLARGONIUM A ÉTAMINES POILUES. — *Pelargonium eriostemon* Jacq. Hort. Schœnbr. 2, tab. 132.

Feuilles elliptiques-orbiculaires, obtuses, crénelées, satinées Pédoncules 4-flores. Pétales blancs : les supérieurs obovales, échancrés. Étamines poilues.

PÉLARGONIUM A FLEURS DE MOLÈNE. — *Pelargonium verbasciflorum* Sweet , Geran. 2, tab. 157.

Feuilles ovales-orbiculaires , obtuses, doublement dentelées , ondulées aux bords , recourbées. Stipules acuminées. Ombelles 3-5-flores. Pétales d'un lilas pâle: les supérieurs suborbiculaires. Tube nectarifère 3 fois plus court que le calice.

PÉLARGONIUM SATINÉ. —*Pelargonium holosericeum* Sweet, Geran. tab. 75.

Feuilles ovales-orbiculaires, obtuses, doublement dentelées, satinées. Pédoncules 5-6-flores. Pétales supérieurs suborbiculaires, d'un pourpre noirâtre ; pétales inférieurs oblongs, d'un lilas pâle. Étamines pubescentes.

PÉLARGONIUM ÉNOTHÈRE.— *Pelargonium OEnotheræ* Jacq. Ic. Rar. 3, tab. 525.

.Tige herbacée, ascendante. Feuilles oblongues-lancéolées , obtuses, dentées, cotonneuses-incanes. Pédoncules 1-3-flores. Pétales presque égaux, d'un rose tirant sur le violet : les supérieurs obovales.

PÉLARGONIUM INCANE. — *Pelargonium canum* Pers. Ench. — Sweet, Geran. tab. 114. — *Geranium tomentosum* Andr. Bot. Rep. tab. 115.

Feuilles ovales, plissées , dentelées, cotonneuses. Pédoncules 3-flores. Pétales roses: les 2 supérieurs très-larges , ovales. Les 2 filets supérieurs révolutés , ciliés. Tube nectarifère rectiligne, de moitié plus court que le calice.

PÉLARGONIUM CARÉNÉ. — *Pelargonium carinatum* Sweet, Geran. tab. 21.

Feuilles ovales, inégalement dentées, ou incisées. Stipules carénées. Pédoncules 2-4-flores. Pétales supérieurs ovales, ondulés , échancrés , de couleur pourpre; pétales inférieurs blancs.

SECTION IX. PHYMATANTHUS Lindl.

Pétales 5, inégaux : les 2 supérieurs verruqueux à l'onglet.

Étamines 10, courtement monadelphes : 5 filets anthérifères, recourbés, étalés; 5 stériles, alternes, dressés.

PÉLARGONIUM ÉLANCÉ. — *Pelargonium* (Phymatanthus)
elatum Sweet, Geran. tab. 96.

Tige ligneuse, dressée. Feuilles lancéolées, incanes, incisées-
dentées. Pédoncules subtriflores. Pétales supérieurs plus grands,
d'un pourpre noirâtre, presque lisses à la base ; pétales inférieurs blancs, ovales-oblongs.

PÉLARGONIUM TRICOLORE. — *Pelargonium tricolor* Curt.
Bot. Mag. tab. 240. — Sweet, Geran. tab. 43.—*Pelargonium
violarium* Jacq. Ic. Rar. 3, tab. 527.

Tige suffrutescente, dressée. Feuilles lancéolées, velues, sub-
incanes, incisées-dentées, subtrifides. Pédoncules subtriflores.
Pétales supérieurs suborbiculaires, plus courts, verruqueux
et noirâtres à la base, d'un pourpre foncé; pétales inférieurs
oblongs, blancs.

Cette espèce et la précédente sont fort recherchées par les
amateurs de plantes, à cause de leurs fleurs tricolores.

SECTION X. MYRRHIDIUM De Cand. Prodr.

Pétales 4, ou très-rarement 5 : les 2 supérieurs très-grands,
   obovales-cunéiformes, souvent striés; les 2 ou 3 inférieurs beaucoup plus petits, oblongs-linéaires. Étamines
   10, monadelphes : tube et filets dressés; filets alternativement anthérifères et steriles, ou rarement 7 anthérifères et 3 stériles. — Herbes bisannuelles, ou vivaces, ou
   rarement suffrutescentes. Feuilles pennaticisées, ou rarement ternaticisées, souvent multifides.

a) *Fleurs tétrapétales. Anthères 5.*

PÉLARGONIUM DES CANARIES. — *Pelargonium canariense*
Willd. Hort. Berol. tab. 17.

Tige suffrutescente. Feuilles triparties; segments obtus, dentés au sommet : les latéraux obovales; le terminal ovale, souvent

trifide. Pédoncules biflores. Pétales blancs : les deux supérieurs veinés de rouge.

PÉLARGONIUM A FEUILLES DE CERFEUIL. — *Pelargonium myrrhifolium* Ait. Hort. Kew. — *Geranium myrrhifolium* Linn. — *Pelargonium betonicum* Jacq. Ic. Rar. 3, tab. 531.

Tige herbacée, ascendante, un peu strigueuse. Feuilles hispidules, roides, pennatiparties ; segments incisés-dentelés : les inférieurs plus grands. Pédoncules 2-3-flores.

PÉLARGONIUM A FEUILLES DE CORIANDRE. — *Pelargonium coriandrifolium* Jacq. Ic. Rar. 3, tab. 528. — Sweet, Geran. tab. 34. — Cavan. Diss. 4, tab. 116.

Tige herbacée, pubérule. Feuilles bipennaticisées, glabres : lobes linéaires, subpennatifides. Pédoncules subtriflores. Pétales blancs : les 2 supérieurs striés de rouge.

b) *Fleurs pentapétales. Anthères 5.*

PÉLARGONIUM DÉCHIQUETÉ. — *Pelargonium lacerum* Jacq. Ic. Rar. 3, tab. 532.

Tige herbacée, hérissée, dressée. Feuilles bipennatifides : lanières lancéolées, obtuses, dentées au sommet. Pédoncules 3-5-flores. Pétales d'un blanc rosé, veinés de pourpre.

c) *Fleurs tétrapétales. Anthères 7.*

PÉLARGONIUM A LONGUES TIGES. — *Pelargonium longicaule* Jacq. Ic. Rar. 3, tab. 533.

Tige herbacée, bisannuelle, hérissée. Feuilles pennatifides : lanières dentées au sommet : les inférieures plus profondes. Pédoncules 1-5-flores. Pétales d'un blanc rosé, veinés de rouge.

PÉLARGONIUM A FEUILLES D'ANÉMONE. — *Pelargonium anemonifolium* Jacq. Ic. Rar. 3, tab. 535.

Tige herbacée, bisannuelle, hérissée, dressée. Feuilles pennatiparties, glabres en dessus, pubescentes en dessous : lobes dentés. Pédoncules sub-5-flores. Pétales roses, veinés de rouge.

Pélargonium a feuilles de Caucalis. — *Pélargonium caucalifolium* Jacq. Ic. Rar. 3 , tab. 534.

Tige herbacée, bisannuelle, procombante, glabre. Feuilles subbipennatifides : lanières dentées. Pédoncules multiflores, en capitule. Pétale d'un violet pâle : les 2 supérieurs veineux et maculés.

Section XI. SEYMOURIA Sweet.

Pétales 2 , brusquement réfléchis au milieu. Étamines 5 ; filets presque égaux , tous anthérifères, soudés en un long tube dressé.

Pélargonium a feuilles de Cabaret.—*Pelargonium asarifolium* Sweet , Geran. tab. 206.

Feuilles cordiformes-orbiculaires , obtuses, entières , ciliées, luisantes en dessus. Fleurs pourpres.

Pélargonium dipétale. — *Pelargonium dipetalum* Lhérit. Geran. tab. 43.

Feuilles ovales , entières, pointues, lisses. Ombelles simples. Fleurs d'un pourpre pâle.

Section XII. JENKINSONIA Sweet.

Pétales 5 : les 2 supérieurs beaucoup plus grands , échanérés , striés ; les 3 inférieurs petits. Étamines 10 · 7 anthérifères , dont 5 supérieures , plus courtes ; 3 stériles , courtes, subulées , égales ; filets ascendants, étalés au sommet , poilus à la base. — Tiges ligueuses. Fleurs assez grandes , d'un jaune pâle.

Pélargonium quiné. — *Pelargonium quinatum* Curt. Bot. Mag. tab. 547. — *Geranium præmorsum* Andr. Bot. Rep. tab. 150. — *Jenkinsonia quinata* Sweet, Geran. tab. 79.

Tige flexueuse. Feuilles palmati-5-fides : lobes cunéiformes, tridentés au sommet. Pédoncules 1-ou 2-flores. Calice très-grand. Tube nectarifère 2 fois plus long que le calice.

Section XIII. CHORISMA Lindl.

Pétales 4, ou rarement 5 : les 2 supérieurs longuement onguiculés, plus grands ; les 3 inférieurs beaucoup plus petits. Étamines 10 ; filets soudés en tube très-long, décliné,
géniculé au milieu : 7 anthérifères, dont les 2 inférieurs
libres ; 3 stériles, courts, subulés, égaux.

. PÉLARGONIUM TÉTRAGONE. — *Pelargonium tetragonum*
Lhér. Geran. tab. 23. — Jacq. Ic. Rar. 1, tab. 132. — Bot.
Mag. tab. 136. — De Cand. Plant. Grass. tab. 96. — Sweet,
Geran. tab. 99.

Rameaux trigones ou tétragones, charnus. Feuilles cordiformes, lobées, un peu dentées. Corolle assez grande, d'un rose vif.

Section XIV. PELARGIUM De Cand. Prodr. (*Pelargonium* Lindl. Sweet.)

Pétales 5, inégaux : les 2 supérieurs rapprochés. Étamines
10 ; filets inégaux : 7 anthérifères ; 3 stériles, subulés.

A. *Pétales unicolores : les 2 supérieurs plus courts et plus
étroits que les inférieurs. Étamines courtes, dressées : les
2 inférieures très-courtes, à anthères subsessiles. — Tige
frutescente, charnue.*

PÉLARGONIUM ACIDE. — *Pelargonium acetosum* Ait. Hort.
Kew. — Bot. Mag. tab. 103. — *Geranium acetosum* Linn. —
Cavan. Diss. 4, tab. 104, fig. 3.

Feuilles très-glabres, obovales, crénelées, un peu charnues.
Pédoncules pauciflores. Pétales linéaires, d'un blanc rose.

PÉLARGONIUM HYBRIDE.—*Pelargonium hybridum* Ait. Hort.
Kew. — Sweet, Geran. tab. 63. — *Geranium hybridum* Linn.
— Cavan. Diss. 4, tab. 98, fig. 2.

Feuilles suborbiculaires, un peu lobées, crénelées, glabres,
immaculées. Pédoncules multiflores. Pétales linéaires-cunéiformes, plus larges que les sépales, de couleur écarlate.

PÉLARGONIUM A ZONES. — *Pelargonium zonale* Willd. — *Geranium zonale* Linn. — Cavan. Diss. 4, tab. 98, fig. 2.

Feuilles cordiformes-orbiculaires, un peu lobées, dentées, maculées en dessus d'une zone noire. Pédoncules multiflores. Pétales cunéiformes (rougeâtres, ou pourpres, ou écarlates, ou roses, ou blancs). — Feuilles souvent panachées de blanc et de jaune.

PÉLARGONIUM FÉTIDE. — *Pelargonium inquinans* Ait. Hort. Kew. — *Geranium inquinans* Linn. — Dill. Hort. Elth. tab. 125, fig. 151. — Cavan. Diss. 4, tab. 106, fig. 2.

Feuilles réniformes-orbiculaires, peu lobées, crénelées, visqueuses, pubescentes. Pédoncules multiflores. Pétales obovales-cunéiformes (d'un écarlate très-brillant, ou carnés).

Cette espèce, remarquable par la mauvaise odeur de ses feuilles ainsi que par l'éclat de ses fleurs, est très-commune dans les jardins. Elle croît à l'île de Sainte-Hélène.

PÉLARGONIUM MONSTRUEUX. — *Pelargonium Monstrum* Ait. Hort. Kew. — Sweet, Geran. tab. 13.

Feuilles réniformes-orbiculaires, peu lobées, crépues, condupliquées, maculées, pubescentes aux deux faces. Pédoncules multiflores. Fleurs agrégées. Pétales linéaires-cunéiformes, d'un rose vif.

B. *Pétales presque égaux.*

a) *Tiges herbacées. Feuilles cordiformes, palmatilobées. Corolle petite.*

PÉLARGONIUM TRÈS-ODORANT. — *Pelargonium odoratissimum* Ait. Hort. Kew. — Dill. Hort. Elth. tab. 131, fig. 138.

Tige charnue, très-courte. Rameaux herbacés, longs, diffus. Feuilles cordiformes-orbiculaires, très-molles. Ombelles subquinquéflores. Pétales d'un rose pâle.

PÉLARGONIUM ODORANT. — *Pelargonium fragrans* Willd. Hort. Berol. tab. 77. — Sweet, Geran. tab. 172.

Tige suffrutescente à la base. Rameaux divariqués, pubescents. Feuilles cordiformes-orbiculaires, subtrilobées, dentées, très-molles. Pédoncules multiflores. Pétales blancs : les 2 supérieurs striés de pourpre.

b) *Tige suffrutescente. Feuilles pennaticisées : lobes multifides.*

PÉLARGONIUM A FEUILLES D'AURONE. — *Pelargonium abrotanifolium* Jacq. Hort. Schœnbr. 2, tab. 136. — *Geranium abrotanifolium* Linn. fil. — Cavan. Diss. 4, tab. 117, fig. 1.

Feuilles veloutées-incanes, triparties : segments linéaires, pointus. Pédoncules biflores. Tube nectarifère 2 à 3 fois plus long que le calice. Pétales cunéiformes-oblongs, d'un violet pâle : les 2 supérieurs plus grands.

PÉLARGONIUM INCISÉ. — *Pelargonium incisum* Willd. — Sweet, Geran. tab. 93.

Feuilles d'un vert foncé, triparties : segments distants, laciniés. Ombelles 6-7-flores. Pétales flasques, linéaires, blanchâtres : les 2 supérieurs plus longs, maculés de pourpre au milieu. Tube nectarifère subsessile, 3 fois plus long que le calice.

PÉLARGONIUM A FEUILLES MENUES. — *Pelargonium tenuifolium* Lhérit. Geran. tab. 12.

Tige nue, dressée, charnue. Feuilles hérissées, bipennatiparties : segments linéaires-subulés. Ombelles multiflores. Pédicelles grêles, allongés. Pétales oblongs-obovales, de couleur pourpre.

PÉLARGONIUM HÉRISSÉ. — *Pelargonium hirtum* Jacq. Ic. Rar. 3, tab. 536. — Sweet, Geran. tab. 113. — *Geranium hirtum* Cavan. Diss. 4, tab. 117, fig. 2.

Tige charnue, écailleuse, décombante. Feuilles hérissées, bipennatiparties : lanières linéaires, obtuses. Ombelles multiflores. Pétales roses : les 2 supérieurs plus larges, maculés de pourpre.

PÉLARGONIUM TRIPARTI. — *Pelargonium tripartitum* Sweet, Geran. tab. 115. — Jacq. Hort. Schœnbr. 2, tab. 134. — *Geranium fragile* Andr. Bot. Rep. tab. 37.

Tige ligneuse. Feuilles triparties, charnues, incisées-dentées, glauques : segments subsessiles, cunéiformes : l'intermédiaire triparti, allongé. Ombelles 5 6-flores. Tube nectarifère aussi long que les pédicelles. Pétales droits, d'un jaune pâle : les deux supérieurs marqués d'une tache pourpre à leur base.

c) *Tige suffrutescente, charnue. Feuilles ternaticisées ou pennaticisées, charnues. Pétales d'un brun livide tirant sur le jaune.*

PÉLARGONIUM GIBBEUX.— *Pelargonium gibbosum* Willd. — Sweet, Geran. tab. 61. — *Geranium gibbosum* Linn.—Cavan. Diss. 4, tab. 109, fig. 1.

Tige gibbeuse aux articulations. Feuilles pennatiparties : segments 1- ou 2-jugués, obtus, cunéiformes, incisés-dentés : le terminal trifide. Ombelles multiflores. Pétales d'un brun noirâtre, odorants le soir.

PÉLARGONIUM A FEUILLES DE CÉLERI. — *Pelargonium apiifolium* Jacq. fil. Ecl. 1, tab. 27.

Feuilles pennatiparties : segments cunéiformes, pennatifides; lobes incisés. Ombelles multiflores. Pétales d'un brun noirâtre, jaunâtres aux bords.

d) *Subacaules. Racines tubéreuses, fasciculées. Feuilles comme décomposées, multifides. Pétales d'un jaune livide.*

PÉLARGONIUM JAUNE. — *Pelargonium flavum* Ait. Hort. Kew. — *Geranium daucifolium* Murr. Comm. Gœtt. 1780, p. 13, tab. 4. — Cavan. Diss. 4, tab. 120, fig. 2. —Jacq. Ic. Rar. 3, tab. 522 (var.)

Feuilles hérissées, décomposées : lanières linéaires, ou sublancéolées.

PÉLARGONIUM A FEUILLES DE FILIPENDULE. — *Pelargonium filipendulifolium* Sweet, Geran. tab. 85.—*Pelargonium triste* β Sims, Bot. Mag. tab. 1641.

Feuilles hispidules, pennaticisées : segments bipennatipartis; lanières ovales, dentées, pointues. Ombelles multiflores, hérissées.

PÉLARGONIUM TRISTE.—*Pelargonium triste* Ait. Hort. Kew.
—Herb. de l'Amat. tab. 27.—*Geranium triste* Cavan. Diss. 4,
tab. 107, fig. 1.

Feuilles hérissées, pennaticisées : segments bipennatifides;
lanières linéaires, pointues. Ombelles multiflores. Pétales obovales-oblongs, d'un vert jaunâtre, maculés de brun, odorants le
soir.

PÉLARGONIUM LOBÉ. — *Pelargonium lobatum* Willd. —
Sweet, Geran. tab. 51. — *Geranium lobatum* Cavan. Diss. 4,
tab. 114, fig. 2.

Feuilles cordiformes, cotonneuses en dessous, 3-ou 5-lobées,
sinuées-dentées. Hampe rameuse. Ombelles multiflores. Pétales
obovales-oblongs, noirâtres, jaunes à la base et aux bords.

f) *Tige courte ou un peu charnue. Feuilles indivisées ou diversement
incisées. Pétales de couleur pourpre ou écarlate.*

PÉLARGONIUM ARDENT. — *Pelargonium ardens* Sweet. Geran. tab. 45. — Lodd. Bot. Cab. tab. 139.

Subacaule. Feuilles velues, molles, ovales-oblongues, cordiformes à la base, 3-parties, ou 3-5-lobées : lobes obtus, sinués-
dentés. Hampe rameuse. Ombelles multiflores. Pétales obovales,
d'un pourpre très-vif.

PÉLARGONIUM COULEUR DE SANG. — *Pelargonium sanguineum* Wendl. Collect. 2, tab. 53. — Sweet, Géran. tab. 76.

Tige épaisse, charnue. Feuilles poilues, pennaticisées : segments déchiquetés, décurrents; lanières linéaires-lancéolées. Ombelles multiflores. Pétales obovales-oblongs, d'un pourpre tirant
sur l'écarlate.

PÉLARGONIUM BRILLANT. — *Pelargonium fulgidum* Ait.
Hort. Kew. — Sweet, Geran. tab. 69. — *Geranium fulgidum*
Linn. — Cavan. Diss. 4, tab. 116, fig. 2.

Tige ligneuse, charnue. Feuilles triparties : segments sessiles,
cunéiformes, incisés-dentés : l'intermédiaire plus grand, penna-
tifide. Ombelles multiflores, souvent géniculées; pédicelles ré-

fléchis après la floraison. Pétales obovales, de couleur écarlate.

PÉLARGONIUM BRULANT. — *Pelargonium ignescens* Sweet, Geran. tab. 2 et 55. — Loddig. Bot. Cab. tab. 109. — *Pelargonium splendens* Willd. Hort. Berol. tab. 76.

Tige ligneuse, un peu charnue. Feuilles cordiformes, trilobées : lobes dentés ; les latéraux bifides ; l'intermédiaire trilobé. Stipules cordiformes, acuminées, dentées. Ombelles 4-flores. Pétales d'un écarlate très-vif.

g) Tige suffrutescente. Feuilles hérissées, lobées. Pétales maculés de pourpre au milieu.

PÉLARGONIUM A CINQ PLAIES. — *Pelargonium quinquevulnerum* Willd. — Herb. de l'Amat. tab. 28. — Andr. Bot. Rep. tab. 114.

Feuilles hispides, triparties : segments multifides ; lanières linéairees-lancéolés, dentelées. Ombelles multiflores. Pétales d'un pourpre noirâtre, blancs aux bords.

PÉLARGONIUM BICOLORE. — *Pelargonium bicolor* Ait. Hort. Kew. — Bot. Mag. tab. 201. — Sweet, Geran. 1, tab. 97. — *Geranium bicolor* Jacq. Hort. Vindob. 3, tab. 39.

Feuilles cordiformes, trifides, ondulées, hérissées, obtuses, dentées ; segments latéraux 3-lobés ; segments supérieurs 5-lobés. Stipules réniformes, entières. Ombelles multiflores, denses. Calice réfléchi. Pétales cunéiformes-oblongs.

h) Tige charnue, suffrutescente. Feuilles oblongues, ou plus souvent cordiformes, subincisées. Stipules lancéolées, étalées, pointues. Racines tubéreuses, fasciculées. Filets anthérifères 7-5.

PÉLARGONIUM A FLEURS PALES. — *Pelargonium pallens* Sweet, Geran. tab. 148.

Tige décombante. Rameaux florifères divisés. Feuilles triparties, poilues : segments latéraux courts, lobés ; segment terminal allongé. Ombelles 4-5-flores. Pétales étalés : les inférieurs oblongs ; les supérieurs spatulés. Tube nectarifère très-long.

PÉLARGONIUM A FLEURS MARBRÉES. — *Pelargonium pulchel-*

lum Curt. Bot. Mag. tab. 524.—*Geranium pictum* Andr. Bot. Rep. tab. 168.

Subacaulé, poilu. Hampe rameuse. Feuilles oblongues, lobées-pennatifidcs. Pétioles adnés par la base. Ombelles multiflores. Tube nectarifèrc grêle, 3 fois plus long que le calice. Pétales blancs : les 2 supérieurs obovales, marqués d'une petite tache ronde à leur milieu; les inférieurs oblongs, striés de pourpre.

PÉLARGONIUM A PÉTALES PEINTS. — *Pelargonium pictum* Pers. Ench. — Andr. Bot. Rep. tab. 160.

Subacaule. Feuilles cordiformes-oblongues, roncinées, dentées, cotonneuses. Hampe rameuse. Ombelle multiflore. Involucre feuillu. Pétales blancs, maculés de rouge.

PÉLARGONIUM SPINELLEUX.—*Pelargonium echinatum* Curt. Bot. Mag. tab. 309. — Sweet, Geran. tab. 154. — *Pelargonium hamatum* Jacq. Hort. Schœnbr. 2, tab. 138.

Tige épaisse, charnue. Feuilles ovales cordiformes, sublobées, crénelées, velues en dessous. Stipules persistantes, spinescentes. Ombelles multiflores. Tube nectarifère grêle, 2 fois plus long que le calice. Pétales oblongs, subcunéiformes, blancs : les 2 supérieurs maculés de pourpre.

PÉLARGONIUM A ODEUR DE PRIMEVÈRE. — *Pelargonium primulinum* Sweet, Geran. — *Pelargonium crassicaule* Bot. Mag. tab. 477 (non Lhérit.)

Tige charnue, rameuse, lisse. Feuilles réniformes, subacuminées, dentées, satinées aux 2 faces. Ombelles multiflores. Bractées de moitié plus courtes que les pédicelles. Pétales obcordiformes, blancs, maculés de pourpre au milieu (à odeur de Primevère).

PÉLARGONIUM A FEUILLES DE CORTUSA.—*Pelargonium cortusifolium* Lhérit. Geran. tab. 25. — Sweet, Geran. tab. 13. — Andr. Bot. Rep. tab. 121.

Tige épaisse, charnue. Feuilles subréniformes, incisées-lobées, ondulées, dentées, pubescentes. Ombelles multiflores.

Tube nectarifère 4 fois plus long que le calice. Pétales subobcor-
diformes, d'un blanc rose : les 2 supérieurs striés; les 3 inférieurs maculés au milieu.

PÉLARGONIUM A FEUILLES RÉNIFORMES. — *Pelargonium re-
niforme* Curt. Bot. Mag. tab. 493. — Sweet, Geran. tab. 48.
— Andr. Bot. Rep. tab. 108.

Tige ligneuse, flexueuse, un peu charnue. Feuilles réniformes,
crénelées, cotonneuses en dessous. Ombelles 3-6-flores. Stipules
persistantes, dilatées à la base. Tube nectarifère subsessile, 3 fois
plus long que le calice. Pétales obovales, rétus, pourpres, submaculés au milieu.

h) *Tige ligneuse, charnue. Feuilles peltées, ou cordiformes, 5-lobées,
charnues. Tube nectarifère de la longueur du pédicelle. Stipules
larges, ovales.*

PÉLARGONIUM LATÉRIFLORE.—*Pelargonium lateripes* Lhér.
Geran. tab. 24.

Rameaux charnus, cylindriques. Feuilles cordiformes, 5-lo-
bées, dentées, glabres. Ombelles multiflores ou pluriflores. Pétales d'un pourpre pâle : les supérieurs oblongs-obovales, striés.

PÉLARGONIUM PELTÉ. — *Pelargonium peltatum* Ait. Hort.
Kew. — Bot. Mag. tab. 20. — *Geranium peltatum* Linn. —
Cavan. Diss. 4, tab. 100, fig. 1.

Rameaux charnus, anguleux. Feuilles peltées, 5-lobées, très-
entières. Ombelles pauciflores.

C. *Les 2 pétales supérieurs très-obtus, plus larges et plus courts
que les inférieurs.*

PÉLARGONIUM OVALE. — *Pelargonium ovale* Lhérit. Geran.
tab. 28.

Tige suffrutescente, tortueuse, faible, couchée. Rameaux,
pétioles et pédoncules poilus. Feuilles ovales, pointues, dentées,
presque incanes. Ombelles sub-5-flores, longuement pédonculées.
Tube nectarifère plus court que le calice. Pétales oblongs-obovales, de couleur pourpre.

PÉLARGONIUM ÉLÉGANT. — *Pelargonium elegans* Andr. Bot.
Rep. tab. 28. — Sweet, Geran. tab. 36.

Tige suffrutescente, dressée. Feuilles elliptiques-orbiculaires,
dentelées, obtuses, roides, glabres. Ombelles sub-5-flores. Tube
nectarifère plus court que le calice. Pétales oblongs-obovales,
blancs : les 2 supérieurs pourpres à la base et striés de rouge.

D. *Les 2 pétales supérieurs plus longs et plus larges que les
inférieurs. Tiges ligneuses.*

a) *Feuilles glabres ou presque glabres, plus ou moins glauques.*

PÉLARGONIUM GLAUQUE. — *Pelargonium glaucum* Lhérit.
Geran. tab. 29. — Sweet, Geran. tab. 57. — Bot. Mag. tab. 56.
Très-glabre, glauque. Feuilles lancéolées, entières, acuminées. Pédoncules 1-2-flores. Tube nectarifère 5 fois plus long que
le calice. Pétales blancs : les 2 supérieurs striés de pourpre.

PÉLARGONIUM GRANDIFLORE. — *Pelargonium grandiflorum*
Willd. — Andr. Bot. Rep. tab. 12.
Glabre, glauque. Feuilles palmati-5-lobées, cordiformes à la
base : lobes dentés au sommet. Pédoncules 3-flores. Tube nectarifère 4 fois plus long que le calice. Pétales 3 fois plus longs que
le calice, blancs : les 2 supérieurs striés de pourpre et maculés.

PÉLARGONIUM ÉTALÉ. — *Pelargonium patulum* Jacq. Ic.
Rar. 3, tab. 541.
Glabre, glauque. Feuilles très-longuement pétiolées, cordifor-
mes-subréniformes, 3-5-fides, dentées. Pédoncules biflores. Tube
nectarifère 3 fois plus long que le calice. Pétales cunéiformes,
lancéolés, roses : les 2 supérieurs échancrés, avec un cercle
pourpre.

PÉLARGONIUM A FEUILLES DE SANICULE. — *Pelargonium sa-
niculæfolium* Willd. — *Pelargonium cortusæfolium* Jacq. Ic.
Rar. 3, tab. 539. — *Geranium tabulare* Cavan. Diss. 4,
tab. 100, fig. 2. — *Pelargonium hederæfolium* Dum. Cours.
Glabre, glauque. Feuilles longuement pétiolées, cordiformes-
orbiculaires, 5-fides, dentées, maculées d'une zone en dessus.

Pédoncules 4-5-flores. Tube nectarifère de la longueur du calice. Pétales 2 fois plus longs que le calice : les 2 supérieurs grands, obovales, violets, striés de pourpre; les 3 inférieurs d'un rose pâle, presque linéaires.

PÉLARGONIUM NOBLE.—*Pelargonium nobile* De Cand. Prodr. Glaucescent, un peu poilu. Feuilles cordiformes, palmati-5-fides. Lobes obtus, dentés vers leur sommet. Pédoncules 3- ou 4-flores. Tube nectarifère de la longueur du calice. Pétales 2 fois plus longs que le calice, d'un rose pâle : les 2 supérieurs striés de pourpre.

b) *Fleurs blanches ou d'un rose très-pâle. Les 2 pétales supérieurs striés de pourpre. Feuilles cordiformes ou réniformes, dentées, indivisées.*

PÉLARGONIUM PÉNICILLIFÈRE. — *Pelargonium penicillatum* Willd. Hort. Berol. tab. 37. — *Pelargonium elegans* Dum. Cours. Bot. Cult.

Feuilles ovales, incisées-dentées : les jeunes scabres en dessous; les adultes glabres. Stipules ovales, acuminées. Pédoncules 1- ou 2-flores. Sépales barbus au sommet, presque 2 fois plus courts que le tube nectarifère.

PÉLARGONIUM A FEUILLES DE BOULEAU. — *Pelargonium betulinum* Ait. Hort. Kew. — *Geranium betulinum* Linn. — Bot. Mag. tab. 148.

Feuilles ovales, inégalement dentelées, presque glabres. Stipules ovales-lancéolées. Pédoncules 2-4-flores. Tube nectarifère plus court que le calice. Pétales blancs ou roses, striés de pourpre.

c) *Pétales blancs, étroits. Feuilles cordiformes, mollement cotonneuses. Stipules très-étalées.*

PÉLARGONIUM COTONNEUX. — *Pelargonium tomentosum* Jacq. Ic. Rar. 3, tab. 537. — Sweet, Geran. tab. 168.

Tige frutescente, charnue. Rameaux, feuilles et pédoncules cotonneux-hérissés. Feuilles subhastiformes, 5-lobées, très-molles. Ombelles multiflores, paniculées. Tube nectarifère presque 3 fois plus court que le calice. — Feuilles à odeur de Menthe. Filets pourpres ; anthères de couleur orange.

PÉLARGONIUM A FEUILLES DE GROSEILLIER. — *Pelargonium ribifolium* Jacq. Ic. Rar. 3, tab. 538.

Tige frutescente, charnue. Rameaux et pédoncules subhispides. Feuilles subhastiformes, 5-lobées, scabres. Ombelles multiflores. Tube nectarifère de la longueur du calice.

d) *Feuilles cordiformes, planes, dentées. Pétales inférieurs linéaires ; pétales supérieurs pourprés, striés.*

PÉLARGONIUM PAPILIONACÉ. — *Pelargonium papilionaceum* Ait. Hort. Kew. — Sweet, Geran. tab. 27. — Dill. Hort. Elth. tab. 128, fig. 155.

Rameaux, feuilles et pédoncules un peu poilus. Feuilles cordiformes, anguleuses, dentées. Ombelles paniculées, multiflores. Pétales inférieurs linéaires-subulés, plus courts que le calice, blanchâtres; pétales supérieurs rougeâtres, blancs à la base, brunâtres au milieu.

PÉLARGONIUM A FEUILLES CORDIFORMES. — *Pelargonium cordatum* Ait. Hort. Kew. — Lhérit. Geran. tab. 22. — *Pelargonium cordifolium* Bot. Mag. tab. 165.

Feuilles cordiformes, pointues, dentées, incanes en dessous. Rameaux et pédoncules poilus. Ombelles multiflores, paniculées. Pétales inférieurs linéaires-subulés, pointus, plus longs que le calice. Tube nectarifère un peu plus court que le calice.

e) *Feuilles cordiformes, ou cunéiformes, dentées, ou incisées, ou sublobées : lobes obtus. Fleurs pourpres. Pétales inférieurs oblongs ou obovales.*

PÉLARGONIUM A FEUILLES CUCULLIFORMES. — *Pelargonium cucullatum* Ait. Hort. Kew. — *Geranium cucullatum* Linn. — Cavan. Diss. 4, tab. 106, fig. 1.

Feuilles réniformes, dentées, pubescentes, hispides de même que les rameaux et les pédoncules. Ombelles 5-flores. Pétales inférieurs oblongs. Tube nectarifère plus court que le calice.

PÉLARGONIUM A FEUILLES D'ÉRABLE. — *Pelargonium aceri-folium* Lhérit. Geran. tab. 21. — *Geranium citriodorum* Cavan. Ic. 1, tab. 8.

Feuilles cunéiformes et entières à la base, palmati-5-lobées et dentées au sommet, multinervées, un peu velues. Rameaux et pédoncules hérissés de poils mous. Ombelles sub-5-flores. Stipules subcordiformes-ovales. Tube nectarifère un peu plus court que le calice.

PÉLARGONIUM ANGULEUX. — *Pelargonium angulosum* Ait. Hort. Kew. — Dill. Hort. Elth. tab. 129, fig. 156. — *Geranium acerifolium* Cavan. Diss. 4, tab. 112, fig. 2 (non Lhérit.)

Feuilles tronquées à la base, subcucullées, suborbiculaires, 5-lobées, dentées; pubescentes. Stipules cordiformes-ovales, acuminées. Rameaux et pédoncules hérissés de poils mous. Ombelles 4-6-flores. Tube nectarifère de moitié plus court que le calice.

PÉLARGONIUM A FEUILLES DE VIGNE. — *Pelargonium viti folium* Ait. Hort. Kew. — Dillen. Hort. Elth. tab. 126, fig. 156.

Feuilles cordiformes, trilobées, un peu scabres, dentées. Stipules larges, cordiformes. Ombelles denses, multiflores. Tube nectarifère plus court que le calice. Pétales roses: les 2 supérieurs striés de lignes d'un pourpre noirâtre.

PÉLARGONIUM A CAPITULES. — *Pelargonium capitatum* Ait. Hort. Kew. — Cavan. Diss. 4, tab. 105, fig. 1.

Feuilles cordiformes, lobées, ondulées, velues, dentées. Stipules larges, cordiformes. Ombelles multiflores, capitulées. Tube nectarifère 3 fois plus court que le calice. — Feuilles à odeur de Rose. Pétales d'un pourpre vif : les 2 supérieurs striés.

PÉLARGONIUM ROUGEATRE. — *Pelargonium rubens* Willd. Enum. — Wendl. Coll. 2, tab. 54.

Feuilles subcordiformes, pointues, dentelées, à 5 lobes peu exprimés. Ombelles 5-flores. Pédicelles à peine plus longs que l'involucre. Tube nectarifère 4 fois plus court que le calice. — Pétales d'un violet pâle, striés de pourpre.

1) *Feuilles lobées : lobes dentés au sommet ; dents pointues.*

PÉLARGONIUM TRICUSPIDÉ. — *Pelargonium tricuspidatum*
Lhérit. Geran. tab. 3o.

Feuilles cunéiformes à la base, trifides : lobes pointus; le terminal allongé, dentelé ; côte muriquée en dessous. Pédoncules
biflores. Tube nectarifère de la longueur du calice. Pétales blancs:
les 2 supérieurs maculés de pourpre.

PÉLARGONIUM TRILOBÉ. —*Pelargonium trilobatum* Schrad.
Hort. Gœtt. 1, tab. 2.

Feuilles cunéiformes à la base, trilobées : lobes divariqués,
inégalement dentelés au sommet : les latéraux subbilobés, pubescents en dessous et aux bords. Pédoncules subbiflores. Tube
nectarifère plus court que le calice. Pétales d'un rose pâle ; les 2
supérieurs striés de pourpre.

. PÉLARGONIUM SCABRE. — *Pelargonium scabrum* Ait. Hort.
Kew. — Jacq. Ic. Rar. 3, tab. 542. — Lhérit. Geran. tab. 31.

Feuilles cunéiformes à la base, trifides, scabres : lobes lancéolés, bordés de dentelures écartées. Pédoncules 1-4-flores. Tube
nectarifère plus court que le calice. — Pétales blancs ou roses :
les 2 supérieurs striés de pourpre.

PÉLARGONIUM A FEUILLES DE HERMANNIA. — *Pelargonium
hermannifolium* Jacq. Ic. Rar. 3, tab. 545.

Feuilles cunéiformes, distiques, scabres, plissées, tronquées
au sommet, incisées-dentées. Pédoncules biflores, courts. Tube
nectarifère un peu plus long que le calice. Pétales d'un blanc
carné : les 2 supérieurs striés de pourpre.

PÉLARGONIUM CRÉPU. — *Pelargonium crispum* Ait. Hort.
Kew. — Lhérit. Geran. tab. 33.

Feuilles un peu charnues, distiques, suborbiculaires, subcunéiformes à la base, trifides, ondulées, scabres, dentées.

PÉLARGONIUM SANS STIPULES. — *Pelargonium exstipulatum*
Ait. Hort. Kew. — L'hérit. Geran. tab. 35.

Feuilles cordiformes, trilobées, dentées, veloutées-incanes. Stipules inapparentes. Pédoncules 3-4-flores. Tube nectarifère 3 fois plus long que le calice. Pétales d'un violet pâle : les supérieurs striés.

PÉLARGONIUM TERNÉ. — *Pelargonium ternatum* Jacq. Ic. Rar. 3, tab. 544.

Feuilles trifides, cucullées, scabres : lobes cunéiformes, incisés-dentés au sommet : le terminal 3-fide. Pédoncules 1-2-flores. Tube nectarifère un peu plus long que le calice. Pétales roses : les 2 supérieurs striés de pourpre.

g) *Feuilles profondément incisées : lobes dentés, incisés, pennatifides. Fleurs pourpres, ou d'un rouge pâle.*

PÉLARGONIUM A FEUILLES DE CHÊNE. — *Pelargonium quercifolium* Ait. Hort. Kew. — L'hérit. Geran. tab. 14 et 15.

Feuilles cordiformes, pennatifides : sinus arrondis. Lobes obtus, crénelés. Ramules et pétioles hispides. Ombelles submultiflores. Filets ascendants au sommet. Tube nectarifère un peu plus long que le calice. Pétales d'un rose pourpre : les 2 supérieurs striés.

PÉLARGONIUM GLUTINEUX. — *Pelargonium glutinosum* Ait. Hort. Kew. — Lhérit. Geran. tab. 20. — Bot. Mag. tab. 143. — Jacq. Ic. Rar. tab. 131.

Feuilles subhastiformes-quinquangulaires, dentées, visqueuses, presque glabres. Ombelles 2-4-flores. Tube nectarifère un peu plus long que le calice. Pétales d'un rose pâle : les 2 supérieurs maculés de pourpre.

PÉLARGONIUM RADULA. — *Pelargonium Radula* Ait. Hort. Kew. — L'hérit. Geran. tab. 16. — *Geranium revolutum* Jacq. Ic. Rar. tab. 133.

Feuilles palmatiparties, scabres : lobes étroits, pennatifides, révolutés aux bords; lanières linéaires. Ombelles pauciflores. Tube nectarifère 3 fois plus court que le calice. — Feuilles à odeur de Rose.

Pélargonium balsamique.—*Pelargonium balsameum* Jacq.
Ic. Rar. 3, tab. 543.

Feuilles palmatiparties, scabres, cunéiformes à la base : lobes
lancéolés, dentés. Ombelles pauciflores. Tube nectarifère très-
court. Pétales carnés, oblongs : les 2 supérieurs submaculés à
la base.

Pélargonium denticulé. — *Pelargonium denticulatum*
Jacq. Hort. Schœnbr. 2, tab. 135. — Sweet, Geran. tab. 109.

Feuilles palmatiparties, visqueuses, glabres : lobes linéaires,
pennatifides, sinuolés-denticulés. Ombelles pauciflores. Tube
nectarifère très-court. Pétales oblongs-cunéiformes, carnés : les
2 supérieurs échancrés, maculés de rouge.

Pélargonium a feuilles de Jatropha. — *Pelargonium
jatrophifolium* De Cand. Cat. Hort. Monsp.

Feuilles palmatiparties, visqueuses, glabres : lobes lancéolés-
linéaires, pennatifides ; lobules dentés, distants, acuminés.
Ombelles 4-flores. Tube nectarifère très-court. Pétales supérieurs
obtus.

Pélargonium térébinthacé. — *Pelargonium terebintha-
ceum* Cavan. Diss. 4, tab. 114, fig. 1.—*Pelargonium graveolens*
Ait. Hort. Kew. — Lhérit. Geran. tab. 17.

Feuilles palmati-7-lobées : lobes oblongs, obtus, dentés,
révolutés aux bords. Ombelles multiflores, subcapitulées. Tube
nectarifère 2 fois plus court que le calice.

LES COLUMNIFÈRES.

COLUMNIFERÆ Bartl.

CARACTÈRES.

Herbes, ou *sous-arbrisseaux*, ou *arbrisseaux*, ou *arbres*. Rameaux cylindriques, inarticulés. Sucs propres aqueux ou mucilagineux. Pubescence souvent étoilée.

Feuilles éparses, simples, pétiolées, penninervées et indivisées (rarement pennatifides), ou plus souvent palmatinervées et palmatifides, presque toujours dentelées ou dentées. Stipules caduques ou persistantes.

Fleurs hermaphrodites , ou par avortement unisexuelles, régulières. Pédoncules axillaires, ou terminaux , solitaires , ou fasciculés , uniflores ou pluriflores.

Calice inadhérent, persistant, ou caduc, souvent involucré ou caliculé, à 3-6 sépales libres ou plus ou moins soudés ; estivation valvaire ou presque valvaire.

Pétales hypogynes, onguiculés, en même nombre que les sépales et alternes avec eux, caducs (quelquefois nuls) : estivation contortive ou imbricative.

Étamines en même nombre que les pétales , ou en nombre multiple des pétales, ou en nombre indéfini, hypogynes, souvent monadelphes, quelquefois polyadelphes, rarement libres. Anthères à 2 bourses, ou à une seule bourse.

Pistil : Ovaires unisériés (par exception multisériés), en nombre défini par celui des pétales, ou en nombre indéfini, libres, ou accolés contre un gynophore plus ou moins saillant, ou connés, uniovulés, ou pluriovulés. Styles libres ou soudés, en même nombre que les ovaires. Stigmates presque toujours libres.

Péricarpe capsulaire, ou diérésilien, ou carcérulaire, ou charnu. Loges ou coques monospermes, ou oligospermes, ou polyspermes.

Graines axiles, souvent ailées, ou velues, ou enveloppées dans un arille pulpeux. Périsperme charnu ou pelliculaire. Embryon rectiligne ou curviligne ; radicule appointante; cotylédons foliacés, souvent rugueux, ou chiffonnés et condupliqués, quelquefois incisés.

Les *Columnifères* constituent une classe très-riche en espèces, et entrant en forte proportion dans la flore des contrées intertropicales. Cette classe renferme les Malvacées, Les Dombéyacées, les Hermanniacées, les Byttnériacées, les Sterculiacées et les Tiliacées. L'estivation de son calice la sépare très-nettement des Gruinales, des Lamprophyllées et de quelques autres classes voisines.

LES MALVACÉES. — *MALVACEÆ*.

(*Malvacearum* genn. plurr. Juss. Gen. — *Malvaceæ* et *Bombaceæ*
Kunth. Malv. — De Cand. Prodr. I, p. 429 et 475. — *Malvaceæ*
Bartl. Ord. Nat. p. 344. — Cfr. R. Brown, Gen. Rem. in Flind., et
Tuck. Cong. — Juss. fil. in Flor. Brasil. Merid.)

Cette famille offre une foule de végétaux indispensables aux arts, à l'économie domestique et à la thérapeutique. En général les *Malvacées* abondent en principes mucilagineux, qui les font employer soit comme remèdes émollients et adoucissants, tels que les Guimauves, les Mauves, etc., soit comme herbes potagères, tel que le Gombo; leurs fleurs possèdent des propriétés astringentes; le tissu fibreux de leurs écorces sert à faire des toiles et des cordages; la laine qui enveloppe les graines des *Gossypium* fournit le coton du commerce; plusieurs autres Malvacées produisent, dans leurs fruits, un duvet moins précieux que le vrai coton, mais propre à beaucoup d'usages. Aux Indes et en Amérique on mange les amandes huileuses de quelques Malvacées (Bombacées), ou bien l'arille pulpeux qui enveloppe les graines de certaines espèces. Le *Matisia*, arbre de la Colombie, porte un drupe dont la chair a un goût d'Abricot. Le bois de beaucoup d'arbres de cette famille est si léger, qu'il peut remplacer le Liége.

Un grand nombre de plantes d'agrément, remarquables par des fleurs magnifiques, appartiennent aux Malvacées. Les *Bombax* et les *Carolinea*, dont les corolles acquièrent des dimensions si extraordinaires, ainsi que le colossal Boabab, se classent aussi dans ce groupe.

On connaît plus de sept cents espèces de Malvacées, dont les six septièmes environ croissent dans la zone équatoriale. Une trentaine d'espèces seulement sont indigènes en Europe, et l'on n'en trouve aucune dans les régions arctiques.

CARACTÈRES DE LA FAMILLE.

Herbes, ou *sous-arbrisseaux*, ou *arbrisseaux*, ou *arbres*. Tiges et rameaux cylindriques.

Feuilles éparses, simples ou digitées, presque toujours palmatinervées, indivisées, ou palmatilobées, ou palmatiparties, le plus souvent crénelées ou dentées, pétiolées. Stipules libres. Pubescence le plus souvent étoilée.

Fleurs hermaphrodites ou très-rarement unisexuelles, régulières (par exception irrégulières). Pédoncules uniflores ou pluriflores, solitaires, ou fasciculés, axillaires.

Calice inadhérent, persistant (souvent caliculé), 5-fide ou 5-parti, rarement tronqué, ou denté, ou spathacé : estivation valvaire ou subvalvaire.

Disque inapparent.

Gynophore (réceptacle) columnaire, dilaté à la base, quelquefois prolongé audelà des ovaires, ou souvent tronqué en forme de disque.

Pétales 5, insérés à la base du gynophore, interpositifs, onguiculés, égaux, flabellinervés, non-persistants, contournés en spirale avant la floraison, souvent échancrés ; onglets adnés à l'androphore, souvent cohérents entre eux. (Par exception, la corolle manque.)

Étamines ayant même insertion que la corolle, non-persistantes, en nombre indéfini, ou rarement en nombre défini multiple des pétales (par exception, en même nombre que les pétales). Filets monadelphes, souvent plurisériés (les extérieurs plus courts que les intérieurs). Androphore tubuleux, quelquefois 5-fide au sommet. Anthères à une seule bourse réniforme déhiscente par une fente transversale, ou rarement linéaire, ou anfractueuse. Granules polliniques globuleux ou triquétres, souvent hispides.

Pistil : Ovaires uni- bi- ou pluri-ovulés, en nombre défini, ou en nombre indéfini, le plus souvent verticillés autour du gynophore et adhérents par leur angle interne (par exception, plurisériés et agrégés en capitule), ou plus ou moins cohérents entre eux, rarement libres. Styles en même nombre que les ovaires ou les loges, ou rarement en nombre double, plus ou moins soudés inférieurement (par exception libres). Stigmates libres, capitellés, ou soudés en un seul soit indivisé, soit lobé.

Péricarpe : Diérésile à coques monospermes ou dispermes, déhiscentes antérieurement ou postérieurement, ou carcérulaires, quelquefois incomplétement biloculaires ; ou bien capsule 5- pluri-loculaire, oligosperme ou polysperme. (Par exception : drupe ou noix.)

Graines ordinairement axiles, ascendantes, ou suspendues, quelquefois poilues, ou laineuses, ou enveloppées dans un arille pulpeux. Périsperme mince ou rarement charnu. Embryon rectiligne ou curviligne : radicule appointante, cylindrique : cotylédons foliacés, souvent subcordiformes, ordinairement chiffonnés et condupliqués.

Voici les genres qui constituent cette famille :

Ire TRIBU. LES MALVÉES. — *MALVEÆ.*

Estivation du calice exactement valvaire. Anthères réniformes.

Malope Linn. — *Palavia* Cavan. — *Kitaibelia* Willd.

— *Malva* Linn. (Modiola Mœnch.) — *Sphæralcea* Juss. fil. — *Althæa* Linn. (Alcea Linn.) — *Lavatera* Linn. (Stegia Lamk. Olbia Medik. Anthema Medik.) — *Malachra* Linn. — *Urena* Linn. — *Pavonia* Linn. (Gœthea Nees et Mart. Lebretonia Schrank Lopimia Mart.)— *Malvaviscus* Dillen. (Achania Swartz.)— *Hibiscus* Linn. (Abelmoschus Medik. Trionum Medik.)—*Paritium* Juss. fil.—*Thespesia* Corr. — *Gossypium* Linn. — *Fugosia* Juss. (Redoutea Vent. Cienfuegosia Cavan. Cienfuegia Willd.)—*Senra* Cavan. (Senræa Willd. Serræa Spreng.) — *Nuttallia* Barton. — *Sida* Linn. — *Anoda* Cavan. — *Cristaria* Nuttal. — *Abutilon* Mœnch. — *Gaya* Kunth. — *Lagunea* Cavan. (Solandra Murr. Triguera Cavan.)

II* TRIBU. LES BOMBACÉES. — *BOMBACEÆ.*

Calice tronqué, ou denté, ou à segments un peu imbriqués par les bords en estivation. Androphore pentadelphe ou polyadelphe. Anthères linéaires, ou anfractueuses, ou réniformes.

Helicteres Linn. — *Ungeria* Schott et Endl. — *Myrodia* Schreb. (Quararibea Aubl.) — *Matisia* Humb. et Bonpl. — *Pourretia* Willd. (Cavanillesia Ruiz et Pavon.) — *Montezuma* Moç. et Sess. — *Ophelus* Lour. — *Adansonia* Linn. — *Carolinea* Linn. (Pachira Aubl.) — *Eriodendron* De Cand. — *Bombax* Linn. — *Chorisia* Kunth. — *Durio* Linn. — *Ochroma* Swartz. — *Cheirostemon* Humb. et Bonpl.

GENRES DOUTEUX.

Ingenhousia Moç. et Sess. — *Plagianthus* Forst.

Iʳᵉ TRIBU. **LES MALVÉES.**—*MALVEÆ* Juss. fil.—Bartl.

(*Malvaceæ* Kunth. — De Cand. Prodr.)

Calice plus ou moins profondément 5-fide (par exception, 4-fide), le plus souvent accompagné d'un involucre (calicule) à 3-9 folioles libres ou plus ou moins soudées. Pétales 5, égaux, ordinairement étalés : onglets souvent entregreffés, adnés à l'androphore. Étamines en nombre indéfini; androphore indivisé ou denté au sommet; filets capillaires, multisériés; anthères réniformes, versatiles. Ovaires en nombre indéterminé, ou rarement en nombre déterminé, le plus souvent verticillés, quelquefois complétement soudés en un seul à plusieurs loges. Styles ordinairement soudés par la base. Stigmates libres, capitellés. Péricarpe diérésilien ou capsulaire : coques ou loges mono-di- ou poly-spermes. Périsperme mince, quelquefois pelliculaire. Embryon curviligne.

Genre MALOPE. — *Malope* Linn.

Calicule à 3 folioles larges, cordiformes, libres. Calice 5-fide, connivent après la floraison. Pétales 5. Ovaires libres, plurisériés. Étairion globuleux, composé de carcérules subréniformes, petits, innumérables, monospermes. Graines ascendantes. Gynophore inapparent.

Herbes annuelles. Feuilles indivisées ou trilobées, crénelées. Pédoncules axillaires, uniflores. Fleurs grandes, blanches ou roses.

Ce genre renferme trois ou quatre espèces, indigènes dans les contrées voisines de la Méditerranée. La suivante mérite d'être connue.

MALOPE A FLEURS ROSES. — *Malope malacoides* Linn. — Cavan. Diss. 2, tab. 37, fig. 1.

Feuilles indivisées ou lobées, crénelées, ovales, ou suborbiculaires. Stipules courtes, linéaires-lancéolées. Pédoncules plus
longs que les feuilles.

Tiges rameuses, hautes de 1 à 2 pieds, glabres ou poilues.
Feuilles 3-5-nervées : les inférieures longuement pétiolées; les
supérieures subsessiles. Pétales obcordiformes, 2 à 3 fois plus
longs que les sépales. Feuilles du calicule incisées-dentées. Fleurs
roses, campanulées, larges de 2 pouces.

Cette plante se cultive fréquemment dans les parterres. Elle se
recommande par l'élégance et la longue durée de ses fleurs.

Genre MAUVE. — *Malva* Linn.

Calicule à 2 ou 3 folioles libres. Calice 5-fide. Pétales 5,
ordinairement bilobés, étalés. Diérésile disciforme : coques
numérables ou innumérables, verticillées, réniformes, monospermes, indéhiscentes, bipartibles. Stylopode plus ou
moins saillant. Graines ascendantes.

Arbrisseaux, ou sous-arbrisseaux, ou herbes. Feuilles entières, ou anguleuses, ou lobées. Fleurs axillaires, ou en
grappes, ou en épis terminaux. Corolle blanche, ou jaune,
ou bleue, ou rouge, ou rose.

On admet environ soixante-dix espèces de Mauves, dont
plusieurs ne sont guère connues que de nom. En voici les
plus intéressantes :

a) *Herbes annuelles ou vivaces. Feuilles anguleuses, ou palmati-lobées, ou multiparties. Pédoncules solitaires, ou fasciculés, uniflores ou pluriflores. Calicule triphylle. Corolle blanche, ou rose, ou
rouge. Coques mutiques.*

MAUVE A FEUILLES RONDES. — *Malva rotundifolia* Linn. —
Flor. Dan. tab. 721.—Engl. Bot. tab. 1092.—Bull. Herb. tab.
161.

Tiges étalées ou procombantes. Feuilles réniformes-orbiculaires, crénelées, à 5 ou 7 lobes arrondis, peu exprimés. Pédoncules uniflores, subternés, défléchis après la floraison. Coques

pubescentes, non-ridées. Stylopode disciforme, mamelonné et déprimé au centre.

Herbe annuelle, pubescente. Tiges rameuses, longues de 1 à 2 pieds. Pédoncules filiformes, inégaux, plus courts que les pétioles. Fleurs petites, roses ou blanchâtres. Folioles caliculaires linéaires-subulées, étalées. Pétales obcordiformes, plus longs que les sépales.

La *Mauve à feuilles rondes* (vulgairement *petite Mauve*) est l'une des plantes les plus communes dans toute l'Europe, autour des habitations rustiques, sur le bord des chemins, dans les décombres, etc. Elle possède des propriétés adoucissantes et émollientes, qui la font employer dans la médecine populaire. Chez les anciens, les feuilles de cette plante, préparées de différentes manières, étaient un mets très-recherché ; dans plusieurs parties de l'Europe cet usage n'est pas encore abandonné.

MAUVE FRISÉE. — *Malva crispa* Linn. — Cav. Diss. 2, tab. 23, fig. 1.

Tige dressée. Feuilles cordiformes-arrondies, à 5 ou 7 lobes obtus, profonds, ondulés aux bords. Fleurs subsessiles et pédicellées, fasciculées. Calice du fruit dressé, renflé, connivent, cilié. Coques glabres, ridées ; stylopode disciforme.

Herbe annuelle, haute de 4 à 6 pieds. Feuilles grandes, crépues, pubescentes aux bords ; pétioles plus longs que la lame. Fleurs petites, roses. Folioles caliculaires sétacées. Sépales triangulaires. Pétales échancrés, un peu plus longs que les sépales.

Cette plante passe pour originaire d'Orient. On la cultive dans les jardins à cause de l'élégance de son feuillage qui s'emploie fréquemment à orner les desserts.

MAUVE ALCÉE. — *Malva Alcea* Linn. — Cavan. Diss. 2, tab. 17, fig. 2. — Bot. Mag. tab. 2197.

Tige dressée. Feuilles scabres : les inférieures cordiformes-orbiculaires, anguleuses ; les supérieures quinquéparties : segments cunéiformes-oblongs, pennatifides. Pédoncules axillaires et terminaux, uniflores, ou pluriflores-corymbifères. Coques glabres, non-ridées ; stylopode conique, saillant, strié.

Herbe vivace, blanchâtre et hérissée de poils roides, courts, fasciculés. Tiges rameuses, hautes de 2 à 4 pieds. Pédoncules plus ou moins allongés, uniflores ou corymbifères : les inférieurs écartés, axillaires; les supérieurs terminaux, presque en ombelle. Fleurs roses ou pourprées, larges de 2 pouces. Folioles de l'involucre ovales-oblongues. Sépales ovales-lancéolés, connivents après la floraison. Pétales obcordiformes, beaucoup plus longs que les sépales.

Cette espèce n'est pas rare en France, dans les endroits herbeux et secs, sur le bord des bois, etc.; on la trouve du reste dans la plus grande partie de l'Europe. Elle mérite d'orner les parterres; ses fleurs, d'un beau rose et très-abondantes, se succèdent pendant tout l'été. De même que les autres Mauves, l'*Alcée* peut être employée comme remède émollient; mais on ne la met guère en usage.

MAUVE FAUSSE-ALCÉE. — *Malva alcœoides* Tenore, Prodr. Flor. Neapol. —*Malva Morenii* Hook. in Bot. Mag. tab. 2793. (non Pollin. Veron.)

Hérissée de poils étoilés. Feuilles cordiformes-orbiculaires, 5-lobées, incisées-crénelées (les supérieures quinquéparties, cunéiformes à la base). Pédicelles axillaires et terminaux, rapprochés en corymbe. Folioles caliculaires linéaires.

Herbe vivace, touffue. Tiges cylindriques ou anguleuses, ascendantes, longues de 1 à 2 pieds. Stipules linéaires-lancéolées. Pétales roses, longs d'un pouce.

Cette espèce, indigène en Italie, mérite d'orner les parterres.

MAUVE MUSQUÉE.—*Malva moschata* Linn.—Cavan. Diss. 2, tab. 18, fig. 1. — Flor. Dan. tab. 905. — Bot. Mag. tab. 228.

Tige dressée. Feuilles hérissées : les radicales cordiformes-arrondies, incisées ou lobées; les caulinaires 5-parties : segments pennatifides ou multipartis. Stylopode étroit, apiculé, peu saillant; coques hérissées.

Herbe vivace, hérissée de poils presque toujours épars. Feuilles divisées en segments plus ou moins laciniés et étroits. Inflorescence comme dans l'*Alcée*. Folioles de l'involucre linéaires-oblongues. Calice du fruit connivent; sépales ovales-lancéolés. Pétales obcordiformes, roses ou pourpres, beaucoup plus longs que les sépales.

La *Mauve musquée*, ainsi nommée à cause de l'odeur de ses fleurs, croît dans les bois de la France et des autres contrées de l'Europe moyenne. On la trouve plus communément dans les montagnes qu'en plaine. Elle ressemble beaucoup à l'*Alcée* et mérite aussi d'être cultivée comme plante d'ornement.

MAUVE SAUVAGE. — *Malva sylvestris* Linn. — Cav. Diss. 2, tab. 26, fig. 2. — Engl. Bot. tab. 761. — Flor. Dan. tab. 1221.

Tige dressée ou ascendante. Feuilles cordiformes-orbiculaires ou cordiformes-ovales, 3-5-ou 7-lobées : lobes ovales ou arrondis, crénelés. Pédoncules axillaires, fasciculés, non-défléchis, plus courts que les pétioles. Stylopode disciforme, étroit, apiculé; coques réticulées, glabres.

Herbe vivace, poilue. Tiges rameuses, hautes de 2 à 4 pieds. Feuilles longuement pétiolées, plus ou moins profondément lobées. Folioles involucrales ovales-oblongues, obtuses. Calice fructifère étalé. Pétales obcordiformes, 3 à 4 fois plus longs que les sépales, pourpres, ou violets, ou blancs, souvent rayés de pourpre.

Cette espèce habite les mêmes lieux que la *Mauve à feuilles rondes*, et sert aux mêmes usages. Dans quelques jardins, on en cultive une variété à fleurs d'un pourpre très-vif. (Cette variété est le *Malva mauritiana* Linn. — Cavan. Diss. 2, tab. 25.)

MAUVE POURPRÉE. — *Malva purpurata* Lindl. in Bot. Reg. tab. 1362.

Ascendante, pubescente. Feuilles cunéiformes à la base : les inférieures 5-parties; les supérieures triparties : segments trifides; lobes pennatifides. Pédoncules uniflores, plus longs que les pétioles.

Herbe vivace, touffue. Involucre petit, sétacé, caduc. Calice cotonneux, campanulé, 5-fide, à lobes pointus. Pétales cunéiformes, d'un pourpre pâle, longs d'un demi-pouce. Coques pubescentes.

Cette plante, originaire des Andes du Chili, mérite d'être cultivée dans les parterres. Elle est semblable à un *Geranium* par son port, et fleurit pendant tout l'été.

b) *Arbrisseaux. Feuilles anguleuses ou lobées. Pédicelles solitaires, ou géminés, ou ternés, 1-3-flores. Calicule triphylle. Corolle blanche ou rougeâtre. Coques mutiques.*

Mauve du Cap. — *Malva capensis* Linn. — Cav. Diss. 2, tab. 24, fig. 3. — Bot. Mag. tab. 295.

Rameaux dressés, effilés, poilus. Feuilles visqueuses, pubescentes, ridées, un peu crépues, inégalement crénelées, cordiformes à la base, courtement pétiolées : les inférieures à 5, les supérieures à 3 lobes obtus. Pédoncules 1-3-flores : les fructifères dressés, de la longueur des feuilles. Fleurs penchées. Pétales obcordiformes. Calicule à folioles linéaires. Stylopode inapparent. Coques glabres, rugueuses.

Cette espèce, très-commune dans les orangeries, forme un arbrisseau de 2 à 5 pieds de haut. Sa floraison dure pendant une grande partie de l'année. Ses fleurs, de 6 à 8 lignes de diamètre, sont roses ou blanches, et tachées de pourpre à la base.

Mauve odorante. — *Malva fragrans* Jacq. Hort. Vind. 3, tab. 35. — Cavan. Diss. 2, tab. 23, fig. 3. — Bot. Reg. tab. 296.

Rameaux visqueux, hérissés. Feuilles hérissées, rugueuses, inégalement dentées, cordiformes-anguleuses, 3-5-lobées. Pédoncules 1-2-flores, défléchis, plus courts que les feuilles. Fleurs dressées. Calicule à folioles lancéolées. Pétales larges, arrondis, crénelés au sommet.

Arbrisseau haut de 8 à 12 pieds, très-aromatique. Fleurs d'un pourpre clair, larges de près d'un pouce.

Mauve a grand calice. — *Malva calycina* Cavan. Diss. 2, tab. 22, fig. 4. — Bot. Reg. tab. 297.

Rameaux hérissés, visqueux. Feuilles cordiformes-ovales, anguleuses ou sinuées, non-lobées, crénelées-dentées. Pédoncules uniflores, dressés, plus courts que les feuilles. Sépales et folioles caliculaires ovales, obtus. Pétales arrondis, presque entiers, ou sinuolés au sommet.

Cet arbrisseau s'élève jusqu'à quinze pieds, et se distingue par des fleurs roses de plus d'un pouce de diamètre. On le cultive en serre tempérée.

Mauve dressée. — *Malva stricta* Jacq. Hort. Schœnbr. tab. 294.

Rameaux scabres, hérissés. Feuilles subcordiformes, pointues, dentelées, ovales ou trilobées, hérissées. Pédoncules solitaires, uniflores, étalés, de la longueur des pétioles. Folioles caliculaires linéaires. Sépales lancéolés. Pétales obovales, échancrés.

Tige dressée, haute d'environ 7 pieds. Fleurs d'un pouce dé diamètre, blanches, avec des stries roses.

Mauve agréable.—*Malva amœna* Sims, Bot. Mag. tab. 1998.

Feuilles 5-lobées, plissées, rugueuses. Pédicelles 1-flores, agrégés, plus courts que les feuilles. Folioles du calicule ovales, acuminées.

Mauve effilée. — *Malva virgata* Cavan. Diss. 2, tab. 18, fig. 2.

Feuilles incisées, crénelées, glabres, roides. Pédicelles solitaires ou géminés, 1-flores, plus longs que les pétioles. Folioles du calicule linéaires.

Mauve balsamique. — *Malva balsamica* Jacq. Ic. Rar. 1, tab. 140.

Feuilles ovales, subtrilobées, pointues, inégalement dentées. Pédoncules 1-flores, solitaires, plus longs que les pétioles. Folioles du calicule oblongues-linéaires.

Mauve réfléchie.—*Malva reflexa* Andr. Bot. Rep. tab. 135.

Feuilles subsessiles, cunéiformes, trifides; lobes entiers. Pédoncules solitaires, uniflores, de la longueur des feuilles.

Mauve divariquée. — *Malva divaricata* Andr. Bot. Rep. tab. 182.

Rameaux et ramules divariqués, flexueux. Feuilles plissées, lobées, dentées, scabres. Pédoncules solitaires, plus longs que les pétioles. — Corolle blanche, striée de pourpre.

MAUVE TRÈS-SCABRE. — *Malva asperrima* Jacq. Hort. Schœnbr. 2, tab. 139.

Feuilles très-scabres, à 5 lobes obtus, dentés, rugueux : lobe terminal allongé. Pédoncules 1-2-flores, solitaires, un peu plus longs que le pétiole. Folioles du calicule linéaires.

Cette Mauve et les sept précédentes se cultivent en serre tempérée, comme plantes d'agrément.

Genre SPHÉRALCÉE. — *Sphœralcea* Juss. fil.

Calicule à 3 ou 4 folioles souvent caduques. Calice 5-fide. Pétales étalés, inéquilatéraux. Ovaire à loges pluriovulées. Stigmates capitellés. Diérésile subglobuleux ou conique, ombiliqué, à coques innumérables, vésiculeuses, bivalves, comprimées, planes, déhiscentes postérieurement, et restant cohérentes par le bord antérieur. Graines horizontalement ascendantes, au nombre de 3 ou 4 (rarement une seule) dans chaque coque.

Ce genre diffère essentiellement des Mauves par la forme de son fruit, et par ses coques vésiculeuses à plusieurs graines. Il renferme dix ou douze espèces, dont les suivantes méritent d'être connues.

SPHÉRALCÉE A OMBELLES. — *Sphœralcea* (Malva) *umbellata* Cavan. Ic. 1, tab. 95.

Feuilles cordiformes, anguleuses, pointues, denticulées ou sinuolées, poilues en dessus, cotonneuses en dessous. Pédoncules axillaires et terminaux, rapprochés en ombelles 3-5-flores. Folioles involucrales orbiculaires, pétiolées, caduques. Sépales étalés après l'anthèse. Diérésile globuleux, déprimé : coques réniformes, veloutées.

Petit arbre. Feuilles atteignant jusqu'à un demi-pied de large. Fleurs d'un pouce de diamètre. Pétales dressés, d'un pourpre noirâtre, deux fois plus longs que le calice.

Cette espèce habite les régions tempérées du Mexique, où on la plante fréquemment dans les jardins à cause de la beauté de ses fleurs. Depuis long-temps aussi on la cultive en Europe, dans les serres. Elle fleurit pendant une grande partie de l'année.

SPHÉRALCÉE ABUTILON. — *Sphœralcea* (Malva) *abutiloides* Linn. — Jacq. Hort. Schœnbr. tab. 293.

Feuilles cordiformes, 5- ou 7-angulaires, pointues, dentelées, cotonneuses. Pédoncules axillaires et terminaux, pauciflores, simples, ou bifides, ou trifides. Folioles involucrales oblongues.

Arbrisseau atteignant une vingtaine de pieds de haut. Feuilles blanchâtres, longuement pétiolées. Fleurs pourpres, larges d'environ un pouce. Pétales obovales, échancrés, 2 fois plus longs que le calice.

Cet arbrisseau, originaire des îles Bahama, est assez fréquent dans les serres. Ses fleurs ressemblent beaucoup à celles de la *Mauve sauvage.*

SPHÉRALCÉE CISPLATINE. — *Sphœralcea cisplatina* Aug. Saint-Hil., Juss. fil. et Cambess. Plant. Us. des Bras. tab. 52.

Feuilles ovales-trilobées, pointues, crénelées ou dentées, pubescentes en dessus, cotonneuses en dessous. Grappes unilatérales, axillaires, plus courtes que les feuilles. Pétales cunéiformes, subbilobés, 2 fois plus longs que le calice. Diérésile ovale-arrondi, concave au sommet, à 15-18 coques elliptiques, bidentées au sommet.

Arbrisseau haut d'environ 5 pieds. Rameaux dressés, grêles, pubescents. Stipules linéaires, pointues. Calicule à folioles sétacées, persistantes. Sépales pointus. Fleurs nombreuses, rouges, larges d'un demi-pouce. Graines solitaires ou géminées, brunes, poilues.

Cet arbrisseau croît dans le Brésil méridional, où sa décoction s'administre dans les maladies de la poitrine. On peut, dit M. Aug. de Saint-Hilaire, regarder cette plante comme remplaçant la Guimauve pour les habitants de la province Cisplatine.

SPHÉRALCÉE ROUGE. — *Sphœralcea miniata* Cavan. Ic. 3, tab. 278. (sub Malva.)

Feuilles ovales ou ovales-oblongues, sinuées, ou incisées, ou lobées, crénelées, échancrées, ou tronquées, ou cunéiformes à la base, cotonneuses aux deux faces. Pédoncules axillaires et terminaux, solitaires ou fasciculés, uniflores ou pluriflores. Sépales dressés après la floraison. Diérésile conique, déprimé au sommet, un peu plus long que les sépales. Coques réticulées, veloutées au dos.

Arbrisseau haut de 2 à 4 pieds. Feuilles de forme et de grandeur très-variables. Fleurs larges d'un demi-pouce, tantôt sessiles, tantôt portées sur des pédoncules plus ou moins longs. Folioles involucrales sétacées. Sépales ovales-lancéolés, acuminés. Pétales cunéiformes-obovales, crénelés.

Cette espèce est cultivée depuis long-temps dans les serres tempérées. Sa patrie n'est pas connue. On la reconnaît facilement à ses fleurs écarlates, qui sont d'une assez belle apparence.

SPHÉRALCÉE DE MUNRO. — *Malva Munroana* Dougl. ex Lindl. in Bot. Reg. tab. 1306.

Tige herbacée, cotonneuse-incane ainsi que les feuilles. Feuilles cordiformes-ovales ou arrondies, subquinquélobées, inégalement crénelées. Involucelles sétacés. Pédoncules axillaires et terminaux, plus courts que les feuilles.

Herbe vivace, ascendante, haute d'environ 2 pieds. Fleurs de la grandeur de celles de la Guimauve, écarlates. Pétales obovales-arrondis, subbilobés, bombés. Coques monospermes, réticulées.

Cette espèce, découverte par M. Douglas sur les bords du Colombia, et introduite par lui dans le jardin de la Société horticulturale de Londres, mérite d'être cultivée dans les parterres.

SPHÉRALCÉE A FEUILLES ÉTROITES. — *Sphœralcea* (Malva) *angustifolia* Cavan. Ic. 2, tab. 20, fig. 1.

Feuilles lancéolées ou lancéolées-oblongues, pointues, crénelées ou dentées, cotonneuses aux 2 faces. Pédoncules subternés, axillaires, de la longueur des pétioles. Diérésile globuleux, recouvert par les sépales. Coques réticulées, cotonneuses, subréniformes, 1-3-spermes.

Sous-arbrisseau cotonneux sur toutes ses parties herbacées. Tiges dressées, très-rameuses. Feuilles courtement pétiolées, longues de 2 à 5 pouces, sur 4 à 18 lignes de large. Fleurs roses, ou couleur de chair, larges d'un pouce. Folioles involucrales sétacées, caduques. Sépales lancéolés, pointus, 2 fois plus courts que les pétales. Pétales échancrés. Graines noires, luisantes.

Cette espèce, indigène au Mexique, se cultive dans les collections d'orangerie.

SPHÉRALCÉE A FLEURS BLANCHES. — *Sphæralcea* (Malva) *lactea* Ait. Hort. Kew. — *Malva vitifolia* Cavan. Ic. 1, tab. 30.

Feuilles cordiformes-anguleuses, crénelées, pubescentes, 3- ou 5-lobées : lobes triangulaires ou arrondis. Pédoncules paniculés, multiflores, plus courts que les feuilles. Coques glabres, lisses.

Petit arbre à ramules grêles, hérissés. Pétiole plus court que la lame. Fleurs petites, blanches, très-nombreuses. Folioles involucrales sétacées. Pétales obcordiformes, un peu plus longs que les sépales.

Cette espèce croît au Mexique. Elle est cultivée dans les collections d'orangerie.

Genre GUIMAUVE. — *Althæa* (Linn.) Cavan.

Les *Guimauves* sont plutôt à envisager comme une section des *Mauves* que comme un genre particulier. Elles ne diffèrent de ces dernières que par leur calicule, dont les folioles, au nombre de 5 à 9, sont soudées inférieurement jusqu'au-delà du milieu, et simulent un calice extérieur.

Ce genre renferme plusieurs espèces intéressantes, dont nous allons faire mention.

GUIMAUVE OFFICINALE. — *Althæa officinalis* Linn. — Cavan. Diss. 2, tab. 50, fig. 2. — Flor. Dan. tab. 530. — Engl. Bot. tab. 147. — Bull. Herb. tab. 373.

Tige dressée. Feuilles cotonneuses, cordiformes-ovales, pointues, anguleuses ou à 3 lobes peu exprimés, dentées. Pédoncules axillaires, très-courts, multiflores. Calicule 7-8 fide. Sépales connivens après la floraison. Stylopode déprimé ; coques cotonneuses, non-ridées.

Herbe vivace, couverte d'un coton blanchâtre. Racine pivotante ; peu rameuse, charnue, blanche ; longue d'environ 1 pied. Tiges presque simples. Pétiole plus court que la lame. Stipules caduques, subulées, laciniées. Fleurs blanchâtres ou couleur de chair, larges de 12 à 18 lignes. Sépales ovales-lancéolés. Pétales cunéiformes, tronqués, crénelés ; deux fois plus longs que le calice : onglets velus.

Cette plante croît dans les endroits humides de presque toute l'Europe, principalement au voisinage de la mer. On la cultive dans les jardins et dans les champs.

La *Guimauve* possède au plus haut degré les propriétés émollientes et adoucissantes communes à tant d'autres Malvacées. Ce sont surtout ses racines qui abandonnent à l'eau bouillante une grande quantité de mucilage, et qui se prescrivent généralement dans les affections catarrhales de la poitrine. Les feuilles et les fleurs produisent le même effet. Les premières servent à préparer des bains, des lotions, des cataplasmes, des lavemens. Le mucilage de Guimauve constitue la base de diverses compositions pharmaceutiques, telles que le sirop, la pâte et les tablettes de Guimauve. Les tiges de la plante fournissent une bonne filasse.

GUIMAUVE DE NARBONNE. — *Althæa narbonensis* Cavan. Diss. 2, tab. 29, fig. 2. — Jacq. Ic. Rar. 1, tab. 138.

Tiges dressées, paniculées, velues. Feuilles pubescentes, veloutées en dessus, cotonneuses en dessous, tronquées à la base : les inférieures 5-7-parties ; les supérieures trifides ou triparties ; lobes lancéolés, pointus, dentelés. Pédoncules axillaires, solitaires, réfléchis, plus longs que les feuilles, bifides au sommet ; 2-4-flores.

Herbe vivace, rameuse, haute de 3 à 4 pieds. Pubescence fasciculée. Pétioles plus courts que la lame. Stipules courtes, sétacées. Pédoncules longs de 3 à 5 pouces. Fleurs petites, roses. Sépales lancéolés, 1 fois plus courts que les pétales.

Cette espèce croît en Espagne et en Provence.

Guimauve à feuilles de Chanvre. — *Althæa cannabina* Linn. — Jacq. Flor. Austr. tab. 101. — Cavan. Diss. 2, tab. 30, fig. 1.

Tiges dressées, paniculées, scabres, poilues. Feuilles veloutées en dessus, cotonneuses-blanchâtres en dessous : les inférieures palmatiparties ; les supérieures triparties : segments étroits, lancéolés, pointus, incisés-dentés. Pédoncules axillaires, solitaires ou géminés, réfléchis, bifides au sommet, 1-4-flores, plus longs que les feuilles. Stylopode étroit, disciforme, sillonné, mamelonné. Coques glabres, ridées transversalement.

Herbe vivace. Tiges hautes de 5 à 6 pieds, scabres de même que les feuilles. Pubescence fasciculée. Pétioles courts. Pédoncules longs de 3 à 5 pouces. Fleurs roses, larges d'environ 1 pouce. Sépales lancéolés, pointus, une fois plus courts que les pétales, infléchis après la floraison.

On trouve cette plante dans l'Europe australe, en Hongrie, dans la Russie méridionale et au Caucase. Dans quelques cantons de l'Espagne, on fait rouir ses tiges, ainsi que celles de la *Guimauve de Narbonne*, et avec leur filasse on fabrique de la toile, qui aurait peut-être toutes les qualités de la toile de Chanvre, si les procédés mis en usage étaient perfectionnés. Rien de plus facile que la culture de ces plantes ; toute espèce de sol leur convient, et, une fois semées, elles peuvent durer dix à douze ans, et peut-être plus, sans autres soins qu'un ou deux binages par année. Leur filasse est d'ailleurs d'une qualité supérieure à celle de la *Guimauve officinale*.

Guimauve Rose-Trémière. — *Althæa rosea* Cavan. Diss. 2, tab. 28, fig. 1. — *Alcæa rosea* Linn.

Tige dressée, hérissée. Feuilles poilues, rugueuses : les inférieures obliquement tronquées ou cordiformes à la base, suborbiculaires, à 5 ou 7 lobes obtus, peu exprimés, crénelés ; les supérieures trifides, à lobes oblongs, obtus, dentés. Fleurs subsessiles, solitaires aux aisselles : les supérieures rapprochées en grappe. Sépales connivents après la floraison, plus longs que le fruit. Stylopode conique, cotonneux, saillant. Coques poilues, bimarginées, striées transversalement aux bords.

Grande herbe bisannuelle ou trisannuelle. Tiges simples, cylindriques, hautes de 5 à 10 pieds. Feuilles inférieures d'un demi-pied de large. Fleurs roses, ou blanches, ou pourpres, ou jaunes, larges de 3 à 4 pouces. Involucelle 6-8-fide, de moitié plus court que le calice. Sépales cotonneux, lancéolés, pointus. Pétales cunéiformes-obovales, arrondis, crénelés ou bilobés. Onglets velus. Graines d'un brun noirâtre, subcordiformes.

Cette plante, originaire d'Orient, est connue sous les noms vulgaires de *Rose-Trémière*, *Passe-Rose*, *Trémier*, et *Bourdon de Saint-Jacques*. Ses grandes fleurs de couleur variée et souvent doubles, font l'ornement de tous les jardins, en automne ainsi qu'en été. On la multiplie de graines, semées en juillet, sur couche, ou en pleine terre bien exposée et légère. Les jeunes plants doivent être couverts pendant l'hiver ; on peut les transplanter soit avant, soit après cette époque.

La Rose-Trémière abonde en mucilage, et peut remplacer la *Guimauve officinale*. Les fleurs des variétés rouges sont employées en Allemagne à colorer les vins et les vinaigres.

GUIMAUVE A FEUILLES DE FIGUIER.—*Althœa ficifolia* Cavan. Diss. 2, tab. 28, fig. 2. — *Alcœa ficifolia* Linn. — Blackw. Herb. tab. 54.

Cette espèce diffère de la précédente en ce qu'elle est plus cotonneuse, que ses feuilles sont profondément échancrées à la base, divisées presque jusqu'au milieu en 5 ou 7 lobes. Ses fleurs sont toujours jaunes. Elle est indigène dans la Russie méridionale et dans les régions caucasiennes.

La *Guimauve à feuilles de Figuier* se cultive aussi dans les jardins. Elle est plus rustique que la précédente et passe l'hiver sans couverture.

Genre LAVATÈRE. — *Lavatera* Linn.

Les *Lavatères* diffèrent des Mauves par leur calicule à 3 ou 6 folioles plus ou moins soudées; mais elles sont à peine distinctes des Guimauves.

Les Mauves, les Guimauves et les Lavatères forment

un seul genre très-caractérisé par son diérésile disciforme,
à coques carcérulaires et monospermes. La forme du stylopode offre d'excellents caractères pour établir des sous-
genres.

On connaît une vingtaine de *Lavatères*, toutes indigènes
dans la zone tempérée de l'ancien continent : la plupart
croissent dans le voisinage de la Méditerranée. L'écorce de
ces végétaux est fibreuse, et peut servir à faire des toiles,
des cordages ou du papier.

Les espèces les plus remarquables sont les suivantes :

LAVATÈRE TRIMESTRE. — *Lavatera trimestris* Linn.—Cavan.
Diss. 2, tab. 3, fig. 1.—Jacq. Hort. Vind. tab. 72. — *Stegia
Lavatera* De Cand. Flor. Franç.

Feuilles presque glabres, crénelées, cordiformes à la base: les
inférieures arrondies, anguleuses ; les supérieures 3 ou 5-lobées,
palmées, ou ovales-lancéolées ; lobes pointus ou obtus : les latéraux très-courts. Pédoncules axillaires, solitaires, uniflores, divariqués, poilus, plus longs que les pétioles. Stylopode disciforme, débordant et couvrant entièrement les coques.

Herbe annuelle, rameuse, haute de 1 à 3 pieds. Rameaux étalés,
hérissés. Pétioles poilus. Calicule campanulé, 5-fide, un peu
moins long que le calice, qui est de même forme. Sépales triangulaires. Corolle rose ou blanche, large de 2 ½ à 3 pouces : pétales cunéiformes-obovales, légèrement crénelés ou échancrés au
sommet.

Cette espèce, nommée vulgairement *Mauve fleurie*, croît dans
le midi de l'Europe et en Orient. Ses grandes fleurs roses ou
blanches se succèdent sans interruption de juin jusqu'en septembre ; elle mérite à juste titre la place qu'elle occupe dans la plupart des parterres. On la sème en mars, en terre légère, dans
une exposition chaude, et on la repique en place.

LAVATÈRE D'HIÈRES. *Lavatera Olbia* Linn. — Lobel. Ic. tab.
653, fig. 2. — Cavan. Diss. 2, tab. 32, fig. 2.

Feuilles veloutées en dessus, cotonneuses-blanchâtres en dessous, inégalement dentées, cordiformes ou tronquées à la base :

les inférieures 5-lobées ; les supérieures trilobées, ou indivisées : lobes triangulaires, pointus : le terminal très-allongé. Fleurs subsessiles, axillaires, solitaires : les inférieures écartées ; les supérieures en grappe. Coques cotonneuses. Stylopode saillant, convexe, cupuliforme, strié, mamelonné, glabre.

Arbrisseau haut de 5 pieds ou plus. Rameaux effilés, couverts d'une pubescence étoilée. Fleurs larges de 2 pouces. Involucelle 3-fide. Sépales ovales-arrondis, acuminés. Pétales roses, striés de pourpre, obcordiformes-bilobés, onguiculés ; onglets velus. Fruit recouvert par le calice.

Cette espèce, indigène dans l'Europe australe, se cultive dans les orangeries. Elle fleurit pendant tout l'été. On la multiplie facilement de graines, semées sur couche.

LAVATÈRE MARITIME.— *Lavatera maritima* Gouan. Ill. tab. 21. — Cavan. Diss. 2, tab. 32, fig. 3.

Feuilles cotonneuses-blanchâtres, suborbiculaires, cordiformes ou tronquées à la base, crénelées, à 3 ou 5 lobes arrondis, peu profonds. Pédoncules solitaires, axillaires, uniflores, de la longueur des pétioles. Coques glabres, réticulées. Stylopode conique, saillant, disciforme, rayonnant.

Arbrisseau très-rameux, peu élevé. Feuilles veloutées, molles, larges de 2 à 3 pouces. Fleurs larges de 2 pouces. Calicule 3-parti, de moitié plus court que le calice. Sépales ovales, acuminés. Pétales couleur de chair, réniformes, crénelés : onglet pourpre, velu. Fruit recouvert par le calice.

Cette espèce, qui croît dans le midi de l'Europe, est cultivée comme plante d'agrément, en orangerie.

LAVATÈRE A FEUILLES D'ÉRABLE. — *Lavatera acerifolia* Cavan. — Loisel. Herb. de l'Amat. tab. 22.

Feuilles cordiformes à la base, 7-lobées, palmées, inégalement dentées, glabres en dessus, pulvérulentes en dessous : lobes profonds, oblongs-lancéolés, pointus : les deux inférieurs très-courts. Pédoncules axillaires, solitaires, grêles, uniflores, plus courts que les pétioles. Coques glabres, striées transversalement ; stylopode conique, pointu, anguleux, saillant.

Petit arbre à tête touffue. Ramules courts, très-feuillés. Pétioles plus longs que les lames. Feuilles d'un vert gai, semblables à celles de l'*Érable Plane*. Fleurs penchées, larges de 1 à 2 pouces. Calicule triparti, presque aussi long que le calice. Sépales ovales, pointus. Pétales longuement onguiculés, elliptiques-obovales, échancrés ou crénelés, couleur de chair, lavés de pourpre à la base; onglets 2 fois plus longs que le calice, velus aux bords.

Cette espèce, originaire des Canaries, est l'une des plus élégantes du genre. On la cultive dans les orangeries.

LAVATÈRE ÉCARLATE. — *Lavatera phœnicea* Vent. Malm. tab. 120.

Feuilles presque glabres, cordiformes à la base, 5 - lobées-palmées : lobes ovales ou ovales-oblongs, pointus, fortement dentés; pédoncules solitaires, horizontaux, flexueux, subcorymbifères, plus courts que les pétioles. Fleurs penchées. Coques glabres, ridées, recouvertés par le calice.

Petit arbre. Rameaux allongés, feuillés. Feuilles larges de 4 à 6 pouces, semblables pour la forme à celle d'un Érable; pétiole horizontal, aussi long que la lame. Stipules lancéolées, pointues, pubescentes, caduques. Fleurs larges de 2 pouces. Calicule caduc, triparti, court. Calice cotonneux, 3 fois plus court que la corolle. Sépales lancéolés, pointus. Pétales oblongs-obovales, crénelés au sommet, de couleur écarlate, avec une tache violette à la base.

Cet arbrisseau, semblable au précédent par les feuilles et également indigène aux Canaries, est rare dans les serres. Il mérite cependant d'être cultivé de préférence à toutes les autres espèces du genre, à cause de la beauté de ses fleurs.

LAVATÈRE ARBORESCENTE. — *Lavatera arborea* Linn. — Cavan. Diss. 2, tab. 139, fig. 2 — Schk. Handb. tab. 193.— Gærtn. Fruct. tab. 136.

Feuilles pubescentes, cordiformes-arrondies, doublement crénelées ou dentées, à 7 angles pointus ou obtus. Pédoncules solitaires ou fasciculés, uniflores ou corymbifères, cotonneux, plus courts que les pétioles. Coques glabres, rugueuses; stylopode disciforme, apiculé, étroit, non-saillant.

Grande herbe bisannuelle. Tige haute de 8 à 12 pieds, atteignant quelquefois la grosseur d'un bras et devenant ligneuse vers la fin de sa durée. Feuilles molles, larges de 2 à 8 pouces; pétiole 2 fois plus long que la lame. Calicule triparti, à folioles ovales, larges. Sépales cotonneux aux bords, triangulaires, recouvrants le fruit. Pétales irrégulièrement obcordiformes, de couleur violette un peu pourprée, longs d'un demi-pouce. Coques à dos très-large, noires, au nombre de 7 à 9 dans chaque fruit.

La *Lavatère arborescente* croît au voisinage de la Méditerranée. Son port très-élégant la recommande pour l'ornement des jardins paysagers; mais il est rare qu'elle fleurisse dans le nord de la France, à moins qu'on ne l'abrite pendant l'hiver, car elle périt ordinairement, en plein air, dès la première année.

LAVATÈRE HISPIDE. — *Lavatera hispida* Desf. Flor. Atlant. tab. 171. — Bot. Mag. tab. 2541.

Tige ligneuse, hispide : poils fasciculés. Feuilles incanes : les inférieures 5-lobées ; les supérieures hastiformes-3-lobées, ou indivisées. Fleurs solitaires ou fasciculées, subsessiles. Involucelle très-grand, triparti, fortement hérissé.

Sous-arbrisseau haut de 3 à 4 pieds. Fleurs roses, larges de près de 2 pouces.

Cette espèce, indigène en Barbarie, se cultive dans les orangeries.

Genre URÉNA. — *Urena* Linn.

Calicule 5-fide. Calice quinquéfide, plus court que le calicule. Pétales obliques. Androphore tronqué, anthérifère au-dessous du sommet. Style saillant, 10-fide. Diérésile à 5 coques verticillées, bipartibles, indéhiscentes, monospermes, hérissées de poils roides, étoilés au sommet. Graines ascendantes, échancrées à la face antérieure, convexes au dos,

Arbrisseaux. Feuilles entières ou lobées, souvent munies en-dessous d'une ou de plusieurs glandules sessiles. Fleurs axillaires, solitaires : les supérieures disposées en grappe. Corolle jaune ou rose.

Ce genre doit son nom aux poils piquants qui couvrent son péricarpe. On admet une vingtaine d'espèces, toutes indigènes dans la zone équatoriale. En voici les plus remarquables :

URÉNA A FEUILLES LOBÉES. — *Urena lobata* Cavan. Diss. 6, tab. 185, fig. 1.—Aug. Saint-Hil. Plant. Us. des Bras. tab. 56. — Bot. Mag. tab. 1043.

Feuilles 1-3-glanduleuses, scabres en dessus, cotonneuses-blanchâtres en dessous, dentelées : les inférieures ovales; les adultes trilobées ou triangulaires : lobes égaux ou inégaux (les latéraux plus courts), pointus ou obtus. — Corolle rose, d'un pouce de diamètre.

Cette plante croît en Chine et au Brésil. La décoction des racines et des tiges est administrée par les Brésiliens dans les coliques venteuses, et les fleurs se mettent en usage comme remède pectoral. On fabrique des cordes avec le fibreux de l'écorce, qui se sépare facilement après une macération d'une quinzaine de jours.

URÉNA ÉLÉGANT. — *Urena speciosa* Wall. Plant. Asiat. Rar. 1, tab. 27.

Feuilles trinervées, denticulées, cotonneuses en dessous : les inférieures suborbiculaires, longuement pétiolées, à 3 angles pointus; les supérieures cordiformes-oblongues, ou lancéolées, subsessiles. Sépales pointus, ciliés. Corolle subinfondibuliforme, beaucoup plus grande que le calice; pétales crénelés. Coques lisses, réticulées.

Arbrisseau dressé, haut de 2 à 4 pieds. Tige peu rameuse, de la grosseur du petit doigt. Feuilles semblables à celles de l'*Achania Malvaviscus* : les inférieures longues de 3 à 5 pouces. Fleurs subsessiles, rapprochées en grappes terminales. Corolle rose, large de 2 pouces, pubescente en dehors.

Cette belle plante a été découverte par M. Wallich dans l'empire Birman, près d'Awa.

Genre PAVONIA. — *Pavonia* (Cav.) Kunth.

Involucelle à 5 ou à un plus grand nombre de folioles quelquefois bisériées. Calice 5-fide. Pétales étalés, inéquilatéraux. Androphore 5-denté, 10-nervé, anthérifère au-dessous du sommet. Style 10-fide, souvent réceptaculaire. Diérésile à 5 coques verticillées, monospermes, bivalves ou indéhiscentes, tantôt anguleuses et adhérentes entre elles, tantôt obovales et adnées seulement à l'axe. Graines ascendantes, échancrées à la face antérieure.

Arbrisseaux, ou sous-arbrisseaux, ou rarement herbes. Feuilles entières, ou dentées, ou lobées, souvent ponctuées. Pédoncules solitaires, uniflores (rarement géminés ou ternés, ou biflores) axillaires, agrégés vers l'extrémité des ramules. Corolles jaunes, ou blanches, ou roses, ou écarlates.

Ce genre, en y réunissant, à l'exemple de M. A. de Jussieu, les *Lopimia*, les *Gœthea* et les *Lebretonia*, renferme environ cinquante espèces, presque toutes indigènes dans l'Amérique équatoriale. Les *Pavonia* se distinguent en général par la beauté de leurs fleurs. Nous allons faire mention des espèces les plus marquantes et de celles qu'on cultive dans les serres.

PAVONIA A FRUIT ÉPINEUX. — *Pavonia spinifex* Willd. — Cavan. Diss. 3, tab. 45, fig, 2. — Bot. Reg. tab. 339.

Feuilles ovales-acuminées, subcordiformes à la base, doublement dentelées, scabres, poilues. Pédoncules axillaires, uniflores, plus courts que les feuilles. Involucelle à 5-7 folioles linéaires, pointues, un peu plus longues que les sépales. Coques tricuspidées, hérissées de pointes crochues.

Tige arborescente, rameuse, haute d'environ 15 pieds. Ramules grêles, hérissés. Feuilles d'un vert gai, semblables à celles de l'Orme : pétiole court. Stipules sétacées. Sépales lancéolés. Pétales obovales , plus longs que les sépales. Fleurs larges de 1 à 2 pouces , d'un beau jaune.

Cette espèce croît aux Antilles et dans l'Amérique méridionale. Elle est cultivée dans toutes les collections de serre. Ses fleurs se succèdent pendant la plus grande partie de l'année.

PAVONIA PIQUANT. — *Pavonia urens* Cavan. Diss. 3 , tab. 49, fig. 1. — Jacq. Ic. Rar. 3, tab. 141.

Feuilles palmées, 3-7-lobées, hérissées : lobes acuminés, dentés. Fleurs axillaires , subsessiles, glomérulées. Involucelle à 7-9 folioles lancéolées, ciliées. Coques velues , tricuspidées , presque aussi longues que les sépales, hérissées de pointes crochues.

Arbrisseau à tiges hérissées de poils piquants. Stipules lancéolées-subulées, ciliées. Fleurs nombreuses , d'un beau rose. Sépales ovales, pointus , ciliés. Pétales oblongs , obliques, un peu échancrés.

Cette espèce habite les montagnes des îles de France et de Bourbon.

PAVONIA MURIQUÉ. — *Pavonia muricata* Aug. Saint-Hil. Flor. Bras. Merid. tab. 44.

Feuilles ovales- ou subcordiformes-lancéolées, pubescentes en dessus, cotonneuses en dessous. Fleurs terminales, pédonculées, agrégées. Involucelle à 5 folioles linéaires-lancéolées, de la longueur des sépales. Coques tricuspidées, spinelleuses.

Arbrisseau haut de 3 à 6 pieds, peu rameux. Ramules cotonneux. Feuilles longues de 18 à 30 lignes , sur 6 à 18 lignes de large. Stipules subulées, pubescentes. Sépales ovales-lancéolés, trinervés. Pétales rouges ou couleur de chair, dressés, obliques, obtus, très-entiers, longs d'un pouce : onglets velus.

Cette espèce a été trouvée par M. Aug. de Saint-Hilaire , au Brésil , dans la province des Mines.

PAVONIA A FEUILLES DE LIERRE. — *Pavonia glechomoides* Aug. Saint-Hil. l. c. tab. 45.

Feuilles cordiformes-orbiculaires, ou cordiformes-ovales, obtuses, crénelées, hérissées. Pédoncules solitaires, axillaires, plus longs que les feuilles. Involucelle à 5 ou 6 folioles linéaires, pointues, de la longueur des sépales. Coques obovales, inermes, marginées.

Sous-arbrisseau haut de 10 à 15 pouces. Tiges grêles, rameuses, ascendantes, couvertes de poils étoilés et luisants. Stipules petites, subulées, poilues. Feuilles longues de 6 à 9 lignes. Fleurs blanches ou couleur de chair. Sépales ovales, acuminés, trinervés. Pétales flabelliformes, très-entiers, longs de 9 à 10 lignes.

Cette espèce a été observée par M. Aug. de Saint-Hilaire aux environs de Montévidéo.

PAVONIA A FEUILLES VARIABLES. — *Pavonia hastata* Cavan. Diss. 3, tab. 47, fig. 2.

Feuilles oblongues-lancéolées, ou linéaires-lancéolées, ou ovales-lancéolées, ou ovales-arrondies, cordiformes à la base, inégalement dentées, ou lobées, ou crénelées, souvent hastées, glabres en dessus, cotonneuses ou pubescentes-blanchâtres en dessous. Pédoncules solitaires, axillaires, plus longs que les pétioles. Involucelle à 5 folioles ovales-lancéolées, inégales, de la longueur des sépales. Coques ovales, obtuses, réticulées, carénées, inermes, glabres.

Arbrisseau haut de 3 à 5 pieds. Rameaux grêles, pulvérulents. Stipules courtes, sétacées. Feuilles de forme et de grandeur très-variables; pétiole plus court que la lame. Fleurs rouges, ou roses, larges d'un demi-pouce à un pouce. Sépales ovales, pointus, trinervés. Pétales obtus, entiers, ovales-oblongs, veinés de pourpre.

Cette espèce, indigène au Brésil, se cultive très-souvent dans les serres.

PAVONIA A FEUILLES TRONQUÉES. — *Pavonia cuneifolia* Cavan. Diss. 3, tab. 45, fig. 1. — *Pavonia præmorsa* Willd. — Bot. Mag. tab. 436.

Feuilles cunéiformes-arrondies, ou flabelliformes, dentées ou crénelées, souvent tronquées au sommet, pubescentes en dessus, cotonneuses en dessous. Pédoncules axillaires, uniflores, plus courts ou plus longs que les feuilles. Involucelle à 9-14 folioles linéaires, sétacées ; plus courtes que les sépales. Coques ovales, mucronées, rugueuses, carénées, indéhiscentes.

Arbrisseau très-rameux, haut d'environ 4 pieds. Stipules très-courtes ; sétacées. Feuilles petites, peu nombreuses. Sépales larges ; pointus ; triangulaires. Pétales ovales-arrondis, étalés ; rouges en dessous, jaunâtres en dessus.

Cette espèce, originaire du cap de Bonne-Espérance, se cultive fréquemment en serre tempérée. Ses fleurs sont peu apparentes ; mais elle est remarquable par la forme de ses feuilles.

PAVONIA GRANDIFLORE. — *Pavonia grandiflora* Aug. Saint-Hil. Flor. Bras.

Feuilles cordiformes-acuminées, subtrilobées ; inégalement dentées, cotonneuses-veloutées. Pédoncules solitaires, axillaires, uniflores. Involucelle à 12 folioles linéaires-subulées, hérissées ; de la longueur des sépales. Coques réticulées ; veineuses ; inermes.

Tiges étalées, rameuses, cotonneuses ; longues de 18 pouces à 2 pieds. Feuilles longues de 2 à 4 pouces, sur 1 à 3 pouces de large. Stipules filiformes, courtes. Sépales triangulaires, 5-nervés. Pétales longs d'environ 2 pouces, cunéiformes - obovales, obliques, pubescents en dehors, couleur de chair, avec une tache rouge à la base.

Cette espèce a été observée par M. Aug. de Saint-Hilaire, au Brésil, dans les campos de la province de Goyaz.

PAVONIA DIURÉTIQUE. — *Pavonia diuretica* Aug. Saint-Hil. et Juss. fil. Plant. Us. des Bras. tab. 53.

Feuilles cordiformes-ovales, acuminées, dentelées, cotonneuses-veloutées aux deux faces. Pédoncules axillaires, solitaires, uniflores; plus longs que les pétioles. Involucelle à 6 ou 7 folioles plus longues que les sépales. Coques anguleuses, mucronulées.

Tiges suffrutescentes. Feuilles longues d'environ 2 pouces, larges de 15 lignes. Stipules sétacées. Pétales très-entiers, velus, couleur de soufre. Sépales ovales-lancéolés, pointus. Capsule sub-orbiculaire. Graines anguleuses, striées.

Cette espèce croît au Brésil, dans la province des Mines; où sa décoction s'emploie avec succès contre la dysurie.

PAVONIA ROSE-CHAMPÊTRE. — *Pavonia Rosa campestris* Aug. Saint-Hil. Flor. Brasil. Merid. tab. 46.

Feuilles cordiformes-ovales, pointues, inégalement dentelées, coriaces, pubescentes, ciliées. Pédoncules axillaires et termi-naux, uniflores. Involucelle à 12-14 folioles linéaires-lancéo-lées, ciliées, beaucoup plus longues que les sépales. Coques acumi-nées, réticulées.

Sous-arbrisseau rameux, haut de $^1/_2$ à 2 pieds. Rameaux éta-lés, couverts d'un duvet ferrugineux. Feuilles longues d'environ 1 pouce, sur 6 à 13 lignes de large. Stipules petites, subulées. Fleurs roses ou couleur de chair, larges d'environ 2 pouces. Sé-pales triangulaires, trinervés. Pétales de la longueur de l'involu-celle, étalés, suborbiculaires, glabres.

Cette plante élégante croît au Brésil, dans les savanes herbeu-ses de la province des Mines. Les habitants la nomment vulgai-rement *Rosa do Campo*, à cause de la ressemblance de ses fleurs avec une Rose sauvage.

PAVONIA ÉLÉGANT. — *Pavonia speciosa* Kunth, in Humb. et Bonpl. Nov. Gen. et Spec. vol. 5, tab. 477.

Feuilles ovales-elliptiques, pointues, cordiformes à la base, denticulées; poilues en dessus, cotonneuses en dessous; courte-ment pétiolées. Pédoncules axillaires et terminaux; uniflores, de la longueur des pétioles. Involucelle à 7-9 folioles lancéolées-spa-tulées; presque aussi longues que les sépales.

Sous-arbrisseau haut d'environ 2 pieds. Rameaux cotonneux. Feuilles longues de 3 à 4 pouces, sur 24 à 28 lignes de large. Sti-pules courtes, subulées, poilues. Fleurs de la grandeur de la Rose-Trémière. Sépales ovales, pointus, trinervés. Pétales obovales-arrondis, glabres, de couleur violette, avec une tache pourpre à la base.

Cette espèce a été observée par MM. de Humboldt et Bonpland sur les bords de l'Orénoque, aux environs d'Angosture.

PAVONIA A LARGES FEUILLES. — *Pavonia* (Lebretonia) *latifolia* Martius.

Feuilles cordiformes-ovales, crénelées ou dentelées, pointues, pubescentes. Calicule à 5 folioles ovales-acuminées, hérissées, aussi longues que le calice. Coques obovales, gibbeuses, mucronées, réticulées.

Arbrisseau peu élevé. Rameaux anguleux, couverts de poils fasciculés. Feuilles 5-nervées, longues de 4 à 5 pouces, sur 2 à 3 pouces de large ; pétiole hérissé. Pédoncules solitaires, axillaires, hérissés, plus courts que les feuilles. Corolle subcampanulée, de couleur écarlate. Pétales obovales, entiers, de la longueur du calice.

Cette espèce, remarquable par la beauté de ses fleurs, a été découverte au Brésil, par M. de Martius.

PAVONIA A FEUILLES MOLLES.— *Pavonia malacophylla* Nees et Mart.—*Sida malacophylla* Link et Otto, Hort. Berol. tab. 30.

Feuilles orbiculaires, acuminées, subcordiformes à la base, doublement dentées. Pédoncules solitaires, axillaires, courts. Calicule globuleux, à 20 folioles subulées, plus longues que les sépales. Coques visqueuses.

Arbrisseau haut de 5 pieds, couvert de poils fasciculés, glanduliferes. Rameaux étalés, flexibles, cotonneux. Feuilles larges de 2 à 3 pouces. Pétioles longs d'un pouce. Stipules subulées, caduques. Pédoncules plus courts que les feuilles. Corolle plus grande que le calice, d'un beau rose. Pétales obovales-oblongs.

Cet arbrisseau croît au Brésil, dans les marais de la province de Bahia. Son écorce est très-tenace, et s'emploie fréquemment dans ces contrées à faire des cordages.

Genre MAUVISQUE. — *Malvaviscus* Dillen.

Les *Mauvisques* ne diffèrent essentiellement des *Pavonia* que par leurs pétales convolutés et dressés, souvent auriculés d'un côté. Le fruit, dans quelques espèces, est plus ou moins charnu. MM. Aug. de Saint-Hilaire et Adrien de Jussieu réunissent ce genre aux *Pavonia*. Les Mauvisques produisent en général des fleurs très-brillantes. On connaît une vingtaine d'espèces, dont voici les plus remarquables :

MAUVISQUE GRANDIFLORE.—*Malvaviscus grandiflorus* Kunth, in Humb. et Bonpl. Nov. Gen. et Spec.

Feuilles ovales-oblongues, pointues, arrondies ou cordiformes à la base, dentelées, subtrilobées, légèrement poilues. Pédoncules solitaires, uniflores, plus longs que les pétioles. Involucelle à 8 folioles linéaires, pointues, de moitié plus courtes que les sépales. Corolle 4 fois plus longue que le calice.

Rameaux ligneux, glabres. Ramules anguleux, poilus. Feuilles d'environ 2 pouces de long, sur 1 pouce de large. Fleurs 2 fois plus grandes que celles du *Mauvisque arborescent*. Calice tubuleux-campanulé, coloré. Sépales ovales-lancéolés, pointus, trinervés. Pétales longs d'environ 18 lignes, cunéiformes-obovales, uniauriculés au-dessus de la base.

Cette espèce a été observée par MM. de Humboldt et Bonpland au Mexique, à environ 110 toises d'élévation.

MAUVISQUE ARBORESCENT. — *Malvaviscus arboreus* Cav. Diss. 3, tab. 48, fig. 1. — Dillen. Elth. tab. 170, fig. 208.

Feuilles cordiformes-ovales, acuminées, inégalement dentées, quelquefois trilobées ou triangulées, scabres, hérissées, blanchâtres en dessous. Pédoncules solitaires, axillaires, uniflores, plus courts que les pétioles. Involucelle à 8-11 folioles linéaires, pointues, dressées, de la longueur des sépales. Corolle 2 fois plus longue que le calice.

Petit arbre très-rameux. Rameaux glabres. Ramules pubescents. Feuilles longues de 2 à 3 pouces. Stipules courtes, linéaires-filiformes. Calice campanulé, 3-5-fide. Sépales ovales, pointus, inégaux, trinervés. Pétales obovales-oblongs, arrondis au sommet, uni-auriculés au-dessus de la base, longs d'environ 1 pouce, de couleur écarlate.

Cette espèce, originaire du Mexique, est fréquemment cultivée dans les orangeries.

MAUVISQUE VELOUTÉ.—*Malvaviscus mollis* De Cand. Prodr. — *Achania mollis* Ait. — Bot. Reg. tab. 11.

Feuilles cordiformes-subtrilobées, acuminées, dentelées, cotonneuses-veloutées. Involucelles à folioles étalées.

Cette plante, peu différente de la précédente, est également indigène au Mexique.

MAUVISQUE MULTIFLORE. — *Malvaviscus multiflorus* (Pavonia) Juss. fil. in Flor. Bras. Merid. 1, tab. 47.

Feuilles oblongues-lancéolées, acuminées, presque entières, scabres. Pédoncules subterminaux, uniflores, subternés, grêles, disposés en corymbes multiflores. Involucelle polyphylle : folioles linéaires, pointues, poilues, bisériées, plus longues que les sépales. Corolle plus longue que l'involucelle.

Arbrisseau peu rameux, haut de 3 à 6 pieds. Feuilles longues de 6 à 8 pouces, sur 15 à 20 lignes de large, longuement pétiolées. Stipules linéaires-subulées. Calice profondément quinquéfide : sépales lancéolés, trinervés, colorés, poilus. Pétales oblongs, obtus, presque entiers, de couleur verdâtre, veinés de pourpre, longs d'environ 1 pouce. Androphore 1 fois plus long que la corolle, de couleur pourpre.

Cette espèce élégante a été trouvée par M. Aug. de Saint-Hilaire au Brésil, dans les forêts vierges de la province du Saint-Esprit.

MAUVISQUE A LONGUES FEUILLES.—*Malvaviscus longifolius* (Pavonia) Juss. fil. l. c.

Feuilles elliptiques-lancéolées, trinervées, dentées vers leur sommet, scabres. Pédoncules solitaires ou géminés, uniflores, subterminaux, en corymbe. Involucelle polyphylle, à folioles linéaires-lancéolées, poilues, bisériées, inégales : les intérieures plus longues que les sépales.

Arbrisseau rameux, haut de 5 à 6 pieds. Feuilles longues de 6 à 9 pouces, sur 2 à 3 pouces de large. Stipules linéaires-lancéolées. Involucelle et calice de couleur pourpre. Sépales lancéolés. Pétales obovales-oblongs, de couleur verdâtre, longs d'environ 1 pouce.

Cette espèce habite les mêmes contrées, que la précédente. Les fleurs de ces deux arbrisseaux ressemblent à celles des *Calycanthes*, par leurs calicules polyphylles et colorés.

Genre KETMIA. — *Hibiscus* Linn.

Involucelle polyphylle. Calice 5-fide, persistant, ou bien moins souvent tubuleux, 5-denté, caduc. Pétales inéquilatéraux. Androphore tronqué ou 5-denté au sommet, 10-nervé. Ovaire à 5 loges multi- 4- ou rarement 1-ovulées. Style saillant, 5-fide au sommet. Stigmates 5, capitellés. Capsule 5-loculaire, 5-valve, looulicide. Graines réniformes, quelquefois laineuses ou furfuracées, attachées à l'angle interne, ascendantes ou horizontales.

Arbres, ou arbrisseaux, ou herbes soit annuelles, soit vivaces. Tiges quelquefois épineuses. Feuilles indivisées ou lobées (souvent sur le même individu). Fleurs axillaires et solitaires, ou bien terminales (par l'avortement des feuilles supérieures), bractéolées et disposées en panicule, ou en corymbe, ou en grappe, ou en épi. Corolle ordinairement très-grande, éphémère, ou même horaire, inodore, de couleur jaune, ou blanche, ou rougeâtre, ou violette; pétales ordinairement marqués à leur base d'une tache discolore.

Ce genre, dont on connaît environ cent vingt-cinq espèces, renferme plusieurs végétaux précieux pour les pays chauds, à cause de leurs usages alimentaires ou économiques. Les fleurs de la plupart des *Ketmia* se distinguent par leur grandeur et par l'éclat de leurs couleurs. On en cultive beaucoup comme plantes d'agrément.

« Tous les Ketmia, dit Dumont Courset, se multiplient par
» la voie des semis; quoique quelques espèces puissent être pro-
» pagées d'une autre manière, elles ne sont jamais si belles que
» lorsqu'on les a obtenues de graines. On les sème, en avril,
» en terrines remplies de bonne terre un peu légère, qu'on
» plonge dans une couche chaude et sous châssis. Lorsqu'el-
» les sont levées, on les accoutume peu à peu à l'air libre,
» et l'on tâche de fortifier particulièrement les espèces de

» pleine terre et d'orangerie. Les jeunes Ketmia ayant at-
» teint 4 à 5 pouces de haut, seront mis chacun dans un pe-
» tit pot qu'on plongera dans la couche pour faciliter leur
» reprise. Les espèces d'orangerie transplantées peuvent res-
» ter dans la couche, j'usqu'à l'époque de la rentrée dans la
» serre. Celles de serre chaude pourront passer l'été dans la
» serre tempérée. La terre des Ketmia doit être douce, sub-
» stantielle, mais toujours un peu consistante. Ils ne doivent
» être dépotés que lorsqu'ils ont tapissé leurs vases de raci-
» nes. Les espèces annuelles se cultivent comme les espèces
» ligneuses, à la réserve qu'il faut leur donner toute la cha-
» leur nécessaire pour qu'elles puissent pendant l'été fleurir
» et fructifier. Les grands châssis leur conviennent parfaite-
» ment. Le *Ketmia trifolié* se sème ordinairement de lui-
» même. Le *Ketmia Rose de Chine* se multiplie facilement
» de boutures, faites au printemps, en pot et en tannée ou
» couche sous châssis; ces boutures s'enracinent et fleuris-
» sent souvent la même année. »

A. *Capsules à loges monospermes. Graines ascendantes.*

Ketmia de Virginie. — *Hibiscus virginicus* Linn. — Jacq.
Ic. Rar. 1, tab. 142. — Pluken. Phyt. tab. 6, fig. 4.

Feuilles velues, inégalement dentées, acuminées, cordiformes :
les inférieures indivisées; les supérieures trilobées. Pédoncules
axillaires, plus longs que les pétioles. Fleurs penchées.

Herbe vivace, haute de 4 à 5 pieds. Tiges droites, pubescentes. Fleurs de couleur rose, larges d'environ 2 pouces. Calice
velu. Capsule hispide. Pétales étalés.

Cette plante croît dans les marais des Carolines et de la Virginie. On la cultive en orangerie et en pleine terre; mais elle fleurit
difficilement, à moins d'être placée dans une exposition à la fois
chaude et humide.

B. *Capsule à loges polyspermes. Graines horizontales.*

a) *Calice campanulé ou cupuliforme : segments non-glandulifères à la
côte.*

Ketmia de Paterson. — *Hibiscus Patersonii* Ait. Hort.

Kew. — De Cand. Prodr. — Andr. Bot. Rep. tab. 286. — *Lagunea Patersonia* Sims, Bot. Mag. tab. 769. — *Lagunea squamea* Vent. Malm. tab. 42.

Feuilles ovales, ou ovales-oblongues, ou oblongues, obtuses, très-entières, coriaces, scabres en dessus, furfuracées-argentées en dessous. Pédoncules solitaires, uniflores, axillaires, anguleux, plus courts que les pétioles. Calice cupuliforme, 5-denté, argenté. Pétales oblongs-obovales, cotonneux en dessous, 4 à 5 fois plus longs que le calice. Involucelle nul.

Arbrisseau. Feuilles longues de 2 à 3 pouces : pétiole beaucoup plus court que la lame. Stipules nulles. Calice large de 6 à 8 lignes. Pétales longs d'environ 18 lignes, lilas.

Cette espèce, originaire de l'île de Norfolk, se cultive fréquemment dans les collections de serre tempérée.

KETMIA À FLEURS DE LIS. — *Hibiscus liliflorus* Cavan. Diss. 3, tab. 57, fig. 1. — Bot. Mag. tab. 2891 (var.)

Feuilles indivisées, ou rarement trifides, oblongues-lancéolées. Involucelle à 5 folioles subulées. Calice cupuliforme, 5-denté. Pétales veloutés en dessous. Fleurs presque en corymbe, subcampanulées.

Petit arbre. Fleurs grandes, de couleur écarlate, ou quelquefois jaunâtres ou pourpres, larges de 4 à 6 pouces.

Cette espèce, l'une des plus belles du genre, est originaire de l'Ile-de-France; on la cultive en serre chaude.

KETMIA À LONGS PÉDONCULES. — *Hibiscus pedunculatus* Linn. — Cavan. Diss. 3, tab. 66, fig. 2. — Bot. Reg. tab. 231.

Feuilles cordiformes-arrondies, à 3 ou 5 lobes obtus, crénelés : le terminal plus long que les latéraux. Pédoncules solitaires, axillaires, uniflores, plus longs que les feuilles. Fleurs penchées. Involucelle à 8 ou 9 folioles linéaires.

Arbrisseau haut d'environ 2 pieds. Rameaux dressés, velus. Corolle rose, subcampanulée, longue de plus de 2 pouces. Pétales oblongs-obovales.

Cette espèce, indigène au cap de Bonne-Espérance, n'est pas rare dans les collections de serre tempérée.

KETMIA ROSE DE CHINE. — *Hibiscus Rosa sinensis* Linn. — Cavan. Diss. 3, tab. 69, fig. 2. — Hort. Malab. 2, tab. 16. — Rumph. Amb. 4, tab. 9. — Bot. Mag. tab. 158. — Lodd. Bot. Cab. tab. 513.

Feuilles ovales-acuminées, glabres, incisées-dentées. Pédoncules axillaires, uniflores, de la longueur des feuilles. Involucelle à 6-8 folioles linéaires, 1 fois moins longues que le calice.

Petit arbre haut d'une quinzaine de pieds, ou arbuste de 3 à 5 pieds, à l'état cultivé. Rameaux nombreux, étalés. Feuilles luisantes, d'un vert foncé, longues de 1 à 3 pouces. Fleurs larges de 2 à 4 pouces, souvent doubles ou semi-doubles. Sépales lancéolés. Pétales obovales, de couleur écarlate, ou aurore, ou blanche, ou rose, ou panachés. Androphore plus long que la corolle. Capsule subglobuleuse.

Ce Ketmia, connu sous le nom vulgaire de *Rose de Chine*, est l'une des espèces les plus élégantes du genre. Selon Loureiro, il croît spontanément en Chine, ainsi qu'en Cochinchine, et dans ce dernier pays on a coutume d'en faire des haies. Du reste, il n'est plante plus répandue dans les jardins de tout l'empire chinois, de même que dans les deux presqu'îles de l'Inde et dans les archipels voisins. Les individus mal venus qu'on voit dans nos serres ne peuvent donner qu'une faible idée de la beauté de ce végétal sous le climat des tropiques, où ses fleurs se succèdent en abondance pendant toute l'année, et atteignent la largeur de la main. Rumphius donne à cette fleur le nom de *Flos festalis*, parce que les habitants des Moluques ont coutume d'en orner les tables et les salles de festin.

Les feuilles de ce Ketmia s'emploient généralement, dans l'Asie équatoriale, comme remède émollient. On leur attribue en outre de puissantes vertus diurétiques. Les fleurs fraîches possèdent la propriété de donner un lustre noir aux cuirs et aux draps, lorsqu'on en frotte ces corps ; ce cirage très-simple se met en usage tant en Chine qu'aux Indes. Les femmes de la côte de Malabar ont recours à ce moyen pour noircir leurs cheveux et leurs sourcils.

KETMIA A FLEURS ÉCARLATES. — *Hibiscus phœniceus* Linn. — Jacq. Hort. Vindob. 3, tab. 14. — Cavan. Diss. 3, tab. 67, fig. 2.

Feuilles ovales, ou ovales-lancéolées, acuminées, crénelées, glabres : les supérieures cordiformes, subtrilobées. Pédoncules axillaires, solitaires, uniflores, articulés vers leur sommet. Involucelle à 7-10 folioles linéaires. Graines laineuses.

Arbrisseau haut de 3 à 6 pieds. Rameaux lisses, effilés. Corolle pourpre, large de ¹/₂ pouce.

Cette espèce, originaire de l'Inde, se cultive en serre chaude.

KETMIA D'ORIENT. — *Hibiscus syriacus* Linn. — Cavan. Diss. 3, tab. 69, fig. 1. — Bot. Mag. tab. 83.

Feuilles cunéiformes-ovales, trilobées, inégalement crénelées et dentées vers le haut ; lobes latéraux courts, arrondis ; lobe terminal allongé, pointu. Pédoncules axillaires, solitaires, uniflores ; de la longueur des pétioles. Involucelle à 6 ou 7 folioles linéaires, pointues, plus longues que les sépales.

Buisson haut de 5 à 8 pieds. Rameaux grêles, anguleux, dressés. Feuilles glabres, 5-nervées, d'un beau vert, très-entières dans la moitié inférieure de leur contour, longues de 2 à 3 pouces. Stipules courtes, sétacées. Calice campanulé. Sépales larges, triangulaires, pointus. Fleurs semblables à la Rose-Trémière, souvent doubles. Pétales obovales, de couleur blanche, ou rose, ou violette, ou pourpre : onglets d'un pourpre foncé. Androphore plus court que la corolle.

Le *Ketmia d'Orient,* connu aussi sous le nom de *Mauve en arbre,* est originaire de Syrie. Depuis plus de deux siècles, ce charmant arbrisseau se cultive dans les jardins. Comme il forme un buisson très-épais et qu'il se façonne facilement à la taille, on le recherche pour faire des palissades de verdure. Tout terrain un peu fertile lui convient, mais il vient mieux dans une terre-franche légère. Sa multiplication se fait ordinairement de semis, en terrines, sur couche tiède, au printemps. Dans le nord de la

France, les jeunes individus doivent être repiqués en pots, et rentrés en orangerie pendant l'hiver, les deux premières années; plus tard, ils n'ont plus à craindre la gelée. Les variétés à fleurs doubles sont propagées de greffes et de marcottes. Les boutures ne reprennent que difficilement.

Les fleurs de cette espèce peuvent être employées utilement comme remède adoucissant et émollient. L'écorce sert à faire des cordes et du papier grossier.

KETMIA DE LAMBERT. — *Hibiscus Lambertianus* Kunth, in Humb. et Bonpl. Nov. Gen. et Spec. 5, tab. 478.

Feuilles indivisées, ovales-lancéolées, acuminées, dentelées, poilues en dessus, cotonneuses-incanes en dessous. Pédoncules solitaires, uniflores, axillaires, plus courts que les pétioles. Involucelle à folioles subulées, un peu moins longues que les sépales. Stigmate pelté, 5-lobé.

Herbe haute d'environ 6 pieds. Tige simple, scabre, parsemée (de même que les pétioles) de petits aiguillons coniques, dressés. Feuilles longues d'environ un demi-pied, sur 20 lignes de large. Stipules courtes, linéaires-subulées. Calice campanulé, cotonneux; sépales ovales-acuminés. Pétales obovales-oblongs, cunéiformes à la base, longs de 3 à 4 pouces, de couleur pourpre.

Cette espèce, remarquable par ses fleurs d'un demi-pied de diamètre, a été observée par MM. de Humboldt et Bonpland dans la province de Caracas.

KETMIA HÉTÉROPHYLLE. — *Hibiscus heterophyllus* Vent. Malm. tab. 103. — Bot. Reg. tab. 29.

Feuilles indivisées ou palmatiparties, glabres : lobes lancéolés, étroits, acuminés, dentelés. Pédoncules dressés, plus courts que les pétioles. Involucelle 10-phylle, velu.

Grand arbrisseau. Tige et pétioles aiguillonnés. Corolle rotacée, large de 3 pouces, lavée de blanc et de rose, pourpre à la base : pétales obovales, échancrés.

Cette espèce croît dans la Nouvelle-Galles du Sud, où l'on emploie son écorce à faire des cordages. L'élégance de ses fleurs lui a valu une place dans les serres.

KETMIA A FEUILLES DE CHANVRE. — *Hibiscus cannabinus* Linn. — Roxb. Corom. 2, tab. 190. — Cav. Diss. 3, tab. 52, fig. 1.

Feuilles 5-parties, uniglandulifères en dessous, glabres, longuement pétiolées : les inférieures ovales, indivisées; les supérieures 3-ou 5-parties; segments lancéolés, acuminés, dentelés. Fleurs axillaires et en grappes terminales, subsessiles. Involucelle polyphylle, glabre, plus court que le calice. Sépales glanduleux, hispides, cotonneux, lancéolés, acuminés.

Herbe annuelle, rameuse, haute de 5 à 6 pieds: Tiges spinelleuses. Stipules subulées, caduques. Fleurs de 3 pouces de diamètre. Pétales larges, obovales, arrondis au sommet, d'un jaune pâle, tachés de pourpre noirâtre. Capsule velue, ovale, pointue.

Cette espèce croît dans l'Inde, où l'on fabrique des cordages avec son écorce. Les feuilles ont une saveur acidule, agréable, et servent comme herbe potagère. La plante se cultive chez nous en serre chaude, à cause de la beauté de ses fleurs.

KETMIA UNIDENTÉ. — *Hibiscus unidens* Bot. Reg. tab. 878.

Tige aiguillonnée et velue. Feuilles longuement pétiolées, sinuolées, glabres, tantôt arrondies, tantôt palmati-5-parties. Stipules subulées, membranacées. Fleurs pédonculées. Involucre à 8 folioles hispides, étalées, de la longueur du calice, unidentées à la face interne vers leur sommet. — Fleurs grandes, d'un jaune pâle.

Cette espèce est indigène au Brésil.

KETMIA MUSQUÉ. — *Hibiscus moscheutos* Linn. — Cavan. Diss. 3, tab. 65, fig. 1. — Bot. Mag. tab. 882.

Feuilles ovales, acuminées, dentelées, cotonneuses en dessous. Pédoncules pétioléaires. Involucelle polyphylle, cotonneux de même que le calice. Capsule glabre.

Herbe vivace, haute de 3 à 4 pieds. Fleurs larges de 4 pouces. Pétales roses ou blancs, à base pourpre.

Cette plante, très-semblable à la précédente, croît dans les États-Unis d'Amérique. Elle est cultivée en pleine terre dans nos jardins.

KETMIA A FLEURS CHANGEANTES. — *Hibiscus mutabilis* Linn. — Cavan. Diss. 3, tab. 62, fig. 1. — Bot. Rep. tab. 228. — Bot. Reg. tab. 589. — *Flos horarius* Rumph, Amb. 4, tab. 9. — Hort. Malab. 6, tab. 38 ad 42.

Feuilles cordiformes, 5-angulées, acuminées, dentées, cotonneuses, longuement pétiolées. Pédoncules axillaires, solitaires, dressés, plus longs que les pétioles. Involucelle à 8-10 folioles linéaires-oblongues, pointues, de moitié plus courtes que le calice.

Petit arbre. Tronc haut de 5 à 10 pieds, sur 1 pied de diamètre. Rameaux effilés, étalés, farineux. Feuilles grandes, semblables à celles du Platane. Corolle ouverte, large de 3 à 4 pouces, blanche le matin au moment de son épanouissement, puis passant successivement, le même jour, à l'incarnat, au rose et au pourpre. Capsule obovée, rugueuse, plus courte que le calice.

Ce Ketmia paraît indigène dans le midi de la Chine. Il est généralement cultivé comme plante d'ornement dans cet empire, ainsi que dans les deux presqu'îles de l'Inde et aux Antilles. Ses magnifiques fleurs sont très-remarquables par les changements de couleur qu'elles subissent pendant leur durée éphémère. Ce phénomène paraît dû à une oxydation, favorisée par la lumière directe du soleil; car lorsque la journée est pluvieuse ou sombre, la couleur blanche se maintient jusqu'au moment où la corolle se fane.

Aux Canaries, l'écorce des rameaux de ce Ketmia sert à faire des cordages. Aux Indes et en Chine, les feuilles de la plante sont employées aux mêmes usages que la Guimauve chez nous.

KETMIA DES MARAIS. — *Hibiscus palustris* Linn. — Cav. Diss. 3, tab. 65, fig. 2. — *Hibiscus roseus* Thor. Chlor. des Land.

Feuilles ovales, acuminées, dentelées, subcordiformes ou arrondies à la base, longuement pétiolées, glabres en dessus, incanes en dessous. Pédoncules axillaires, subterminaux, articulés vers leur sommet, courts. Involucelle polyphylle, plus court que le calice; l'un et l'autre cotonneux. Sépales ovales, pointus, 5-nervés.

Herbe vivace, haute de 3 à 5 pieds. Tiges lisses, simples, anguleuses. Feuilles longues de 3 à 5 pouces. Stipules caduques. Fleurs larges de 3 à 4 pouces. Pétales oblongs-obovales, blancs ou roses, pourpres à la base.

Cette espèce croît dans les États-Unis et au Canada; elle est naturalisée sur les bords de l'Océan, dans l'ouest de la France. On la cultive assez souvent dans les jardins; mais ses fleurs ne sont pas de longue durée.

KETMIA MILITAIRE. — *Hibiscus militaris* Cavan. Diss. 6, tab. 198, fig. 2. — Bot. Mag. tab. 2385. — *Hibiscus lœvis* Scop. Del. 3, tab. 17. — *Hibiscus hastatus* Michx. Flor. Am. Bor. — *Hibiscus riparius* Pers. Ench.

Feuilles glabres, discolores, longuement pétiolées, inégalement dentées ou crénelées, acuminées, cordiformes à la base : les inférieures ovales, indivisées ou subtrilobées; les supérieures hastiformes-trilobées. Pédoncules axillaires, plus courts que les pétioles. Involucelle court, polyphylle, 4 fois moins long que les sépales. Lobes du calice larges, triangulaires, peu profonds.

Herbe vivace, haute de 3 à 5 pieds. Tiges glabres, anguleuses, simples. Feuilles longues de 3 à 4 pouces. Stipules caduques. Fleurs subcampanulées, larges de 3 à 4 pouces. Pétales roses. Capsule ovale, acuminée, glabre. Graines soyeuses.

Cette espèce croît aux États-Unis.

KETMIA ÉLÉGANT. — *Hibiscus speciosus* Ait. — Bot. Mag. tab. 360. — Wendl. Hort. Hannov. tab. 11.

Feuilles glabres, longuement pétiolées, palmati-5-7-parties : segments lancéolés, acuminés, dentelés vers leur sommet. Fleurs axillaires, subterminales. Capsules ovales-pentagones, glabres.

Herbe vivace, haute de 3 à 4 pieds. Tiges glabres, anguleuses. Fleurs de couleur pourpre ou écarlate, larges de 5 pouces. Graines soyeuses.

On trouve cette plante sur les bords des rivières dans les Florides, la Géorgie et les Carolines. Ses fleurs sont magnifiques ; mais on les voit rarement sous notre climat, et sa culture est très-difficile. En plein air, sans couverture, nos hivers lui deviennent funestes.

KETMIA GRANDIFLORE. — *Hibiscus grandiflorus* Michx. Flor. Am. Bor.

Feuilles cordiformes-triangulaires, trilobées, cotonneuses, coriaces. Capsules cotonneuses, hérissées, tronquées.

Cette espèce habite les mêmes contrées que la précédente, à laquelle elle ne le cède point en beauté. Ses fleurs, très-grandes, sont couleur de chair, et tachées de pourpre à leur base.

KETMIA ACIDE.—*Hibiscus Sabdarifa* Linn.—Cavan. Diss. 3, tab. 198, fig. 1. — Bonpl. Nav. 8. tab. 29. — Lois. Herb. de l'Amat. tab. 296.

Feuilles longuement pétiolées, glabres, dentées : les inférieures ovales, indivisées ; les supérieures cunéiformes à la base, à 3 lobes pointus. Fleurs axillaires, subsessiles. Involucelle 12-denté. Corolle campanulée.

Herbe annuelle, glabre. Tiges souvent rougeâtres, hautes de 2 pieds ou plus. Pétales d'un jaune tirant sur le rouge, à taches pourpres.

Cette plante, appelée vulgairement *Oseille de Guinée,* se cultive comme herbe potagère dans les Indes, en Afrique, ainsi que dans presque toutes les colonies européennes de la zone équatoriale. Ses feuilles et son écorce ont une saveur acide agréable, analogue à celle de notre Oseille. On fait avec ses boutons de fleurs une confiture rafraîchissante et très-recherchée dans les pays chauds.

KETMIA DIGITÉ. — *Hibiscus digitatus* Cavan. Diss. 3, tab. 70, fig. 2. — Bot. Reg. tab. 608.

Feuilles longuement pétiolées, dentelées, palmatiparties (les supérieures quelquefois ovales, indivisées) : lanières inégales, lancéolées ; pétioles scabres ; stipules sétacées, courtes. Fleurs axillaires, solitaires, subsessiles. Involucre à 7 lobes lancéolés, ciliés.

Cette espèce croît au Brésil. On la cultive fréquemment dans les jardins à Rio-Janéiro. La corolle est rose à l'extérieur, et blanche à l'intérieur avec un fond pourpre.

KETMIA TRIFOLIOLÉ. — *Hibiscus Trionum* Linn. — Cavan. Diss. 3, tab. 64, fig. 1. — Bot. Mag. tab. 209.

Feuilles crénelées, ou inégalement dentées, presque glabres ou pennatifides, discolores : les inférieures arrondies, ou cordiformes, ou ovales, ou indivisées, ou lobées ; les supérieures partagées en 3 lobes tantôt étroits, lancéolés, tantôt oblongs, obtus : lobe terminal beaucoup plus long que les lobes latéraux. Pédoncules axillaires. Involucelle polyphylle, presque aussi long que les sépales. Calice vésiculeux, hispide, nerveux.

Herbe annuelle, rameuse, haute de 1 à 2 pieds. Tiges dressées, hérissées de poils raides. Pétioles poilus. Feuilles longues de 1 à 3 pouces. Stipules subulées. Bractées involucrales linéaires, pointues, ciliées. Sépales 5-nervés, ovales, acuminés. Corolle étalée, large de 12 à 18 lignes. Pétales oblongs-obovales, très-obliques, d'un jaune pâle, à base d'un pourpre-noirâtre. Capsule obovale, pentagone, hispide, noire, plus courte que le calice.

Cette espèce, qui croît dans l'Europe australe et en Orient, est fréquemment cultivée dans les parterres.

b) *Calice campanulé : segments munis d'une glandule à la côte. Folioles involucrales souvent bifurquées ou munies d'une oreillette latérale.* (Furcaria De Cand.)

KETMIA DE SURATE. — *Hibiscus surattensis* Linn. — Cavan. Diss. 3, tab. 53, fig. 1. — Rumph. Amb. 4, tab. 16. — Bot. Mag. tab. 1356.

Feuilles glabres, crénelées : les inférieures cordiformes-ovales, acuminées, subtrilobées ; les supérieures palmées, 5-parties : segments lancéolés, pointus. Pédoncules axillaires, de la longueur des pétioles. Involucelle étalé, à 10 folioles ovales, courtes, appendiculées au sommet.

Herbe annuelle, procombante ou volubile. Tiges spinelleuses, grêles, débiles. Feuilles longues de 3 à 4 pouces. Pétioles rougeâtres, spinelleux. Corolle grande, campanulée, jaune, tachée de pourpre.

On trouve ce Ketmia aux Moluques et en Cochinchine, où il se cultive comme herbe potagère. Ses feuilles ont une saveur d'Oseille. Ses fleurs sont remarquables par la forme bizarre de leur involucelle.

KETMIA STRIGUEUX. — *Hibiscus strigosus* Lindl. in Bot. Reg. tab. 860.

Tiges hispides. Feuilles cordiformes-ovales, souvent trilobées, crénelées, cotonneuses, anguleuses. Stipules subulées, caduques. Pédoncules plus longs que les pétioles. Involucelle à 12 folioles linéaires, appendiculées au sommet, de la longueur du calice.

Sous-arbrisseau. Fleurs très-belles, roses, larges de 2 à 3 pouces.

Cette espèce croît dans l'Amérique méridionale.

KETMIA BIFURQUÉ. — *Hibiscus bifurcatus* Cavan. Diss. 3, tab. 51, fig. 1.

Feuilles dentelées, scabres, cordiformes à la base : les inférieures trilobées, acuminées; les supérieures subhastiformes et lancéolées. Pédoncules spinelleux, un peu plus longs que les pétioles. Involucelles à 10-17 folioles linéaires, bifurquées au sommet.

Tige haute d'environ 4 pieds, ligneuse, rameuse, spinelleuse de même que les pétioles. Calice scabre, un peu plus long que l'involucelle. Sépales acuminés. Pétales cunéiformes-obovales, pubescents en dessous, de couleur pourpre, longs de 2 à 3 pouces. Capsule ovoïde, velue, de la longueur du calice.

Cette plante croît au Brésil.

KETMIA A FEUILLES DE KITAIBÉLIA. — *Hibiscus kitaibelifolius* Juss. fil. in Flor. Bras. Merid. 1, tab. 48.

Feuilles poilues, dentelées, cordiformes à la base, à 3 ou 5 lobes pointus. Pédoncules axillaires, subterminaux. Involucelle à 10 ou 11 folioles bifurquées, de moitié plus courtes que le calice.

Arbrisseau peu rameux, haut de 7 à 8 pieds. Tiges cylindri-

ques, hérissées. Feuilles longues de 3 à 5 pouces. Stipules linéaires-subulées. Sépales lancéolés, marginés. Pétales longs de
2 pouces, cunéiformes-obovales, pubescents en dessous, de
couleur pourpre. Capsule ovoïde, pointue, 5-costée.

Cette espèce a été observée par M. Aug. de Saint-Hilaire au
Brésil, dans la province des Mines.

KETMIA DE LINDLEY. — *Hibiscus Lindlei* Wallich, Plant.
Asiat. Rar. 1, tab. 4.

Tige suffrutescente. Feuilles cordiformes-arrondies, palmatiparties, à 3-7 lobes lancéolés, acuminés, dentelés. Pédoncules et
pétioles scabres, aiguillonnés: Involucelle à folioles linéaires, hispides, bilobées au sommet. Pétales très-étalés.

Sous-arbrisseau haut de 3 à 4 pieds, peu rameux. Feuilles
longues de 4 pouces. Stipules linéaires-lancéolées, caduques. Corolle large de près de 4 pouces, d'un violet foncé. Pétales obovales, très-obtus.

Cette espèce, originaire d'Awa, est cultivée au Jardin de Calcutta. Elle se distingue par la grande beauté de ses fleurs. Toutes les parties vertes de la plante ont une saveur acide agréable.
L'écorce abonde en fibres tenaces.

c) *Calice cylindracé-conique, 5-denté, spathacé, caduc.* (*Manihot*
De Cand. Prodr.)

KETMIA MANIOC. — *Hibiscus Manihot* Linn. — Dill. Hort.
Elth. tab. 156. — Cavan. Diss. 3, tab. 63, fig. 1 et 2. — Bot.
Mag. tab. 1702.

Feuilles glabres, palmati-5-7-parties : lobes lancéolés, ou
oblongs, acuminés, ou obtus, presque entiers ou inégalement
dentés. Pédoncules axillaires, courts : les florifères inclinés ; les
fructifères dressés. Involucelle à 4-6 folioles hispides, ovales,
pointues, caduques.

Herbe annuelle ou quelquefois suffrutescente. Tiges dressées,
simples, scabres, hautes de 2 à 5 pieds. Stipules lancéolées. Corolle étalée, large de 3 pouces : pétales arrondis, onguiculés,
d'un jaune pâle, noirâtres à la base. Capsule pyramidale, allongée, poilue.

Cette espèce croît dans l'Inde et dans l'Amérique équatoriale. On mange ses fruits confits au sucre.

KETMIA AMBRETTE. — *Hibiscus Abelmoschus* Linn. — Cavan. Diss. tab. 62, fig. 2. — Hort. Malab. 2, tab. 38. — *Granum moschatum* Rumph. Amb. 4, tab. 15.

Feuilles cordiformes à la base, pubescentes ou poilues, sub-peltées : les inférieures 8- ou 7-lobées; les supérieures hastées ; lobes ovales-lancéolés ou oblongs, acuminés, dentelés, inégaux. Pédoncules axillaires, subterminaux, plus longs que les pétioles. Involucelle persistant, à 3-9 folioles courtes, linéaires, poilues, dressées.

Herbe annuelle. Tiges rameuses, poilues, dressées, atteignant 5 à 6 pieds de haut. Feuilles grandes, horizontales. Stipules linéaires. Corolle grande, étalée. Pétales d'un jaune pâle, tachés de pourpre. Capsule pyramidale, pentagone, hérissée, longue de 2 pouces.

Ce Ketmia, indigène dans l'Inde et dans l'Amérique équatoriale, produit les graines connues dans la parfumerie sous le nom de *Graines d'Ambrette*. Ces graines ont une odeur de Musc très-prononcée et servent souvent à falsifier le véritable Musc.

KETMIA COMESTIBLE. — *Hibiscus esculentus* Linn.—Cavan. Diss. 3, tab. 61, fig. 2. — *Quingombo* Marcgr. Bras. 31, Ic. — Tussac, Flor. Antill. 1, tab. 10.

Feuilles palmati-5-lobées, cordiformes à la base : les jeunes velues; les adultes presque glabres ; lobes oblongs, obtus, crénelés. Fleurs axillaires, courtement pédonculées. Capsule cotonneuse, cylindracée-oblongue, anguleuse, acuminée, 5-10-loculaire. Involucelle caduc, à 10-12 folioles linéaires, pointues, plus courtes que le calice.

Herbe annuelle, haute de 3 à 5 pieds. Tige rameuse, dressée, épaisse. Feuilles larges de 4 pouces et plus. Stipules subulées, caduques. Corolle subcampanulée, grande, d'un jaune pâle, pourpre à la base. Androphore blanc, plus court que la corolle. Capsule longue de 3 à 4 pouees. Graines 5 à 10 dans chaque loge, globuleuses, grisâtres.

Le *Ketmia comestible*, nommé vulgairement *Gombo* ou *Gombaud*, paraît originaire de l'Afrique équatoriale. On le cultive comme plante alimentaire, dans toutes les contrées dont le climat est assez chaud. En Europe, cette culture demande beaucoup de soins, et ne se fait guère que comme objet de luxe. A Paris, selon M. Poiteau, il faut semer le Gombaud sur couche en février, et le transporter également sur couche jusqu'en mai, époque où on le mettra à demeure sur une couche neuve, dans un châssis élevé, ou sur une côtière bien abritée, en terre légère, bien fumée : il lui faut beaucoup d'eau dès que les chaleurs deviennent fortes.

La partie comestible du Gombo est le fruit encore vert qu'on accommode de différentes manières; son goût est fade, mais la grande quantité de mucilage qu'il contient en fait un aliment sain et assez nourrissant. En Égypte, le Gombo passe pour diurétique et constitue un mets journalier pour tous les habitants. Les Créoles de l'Amérique ont coutume d'en assaisonner les bouillons et les ragoûts.

KETMIA A FRUIT TRONQUÉ. — *Hibiscus clypeatus* Linn. — Cavan. Diss. 3, tab. 58, fig. 1.

Feuilles cordiformes, anguleuses, acuminées, scabres, longuement pétiolées. Pédoncules axillaires, plus longs que les pétioles. Involucelle à 12 folioles linéaires-subulées, plus courtes que les sépales. Capsule hispide, plus courte que le calice, turbinée, disciforme au sommet, mamelonnée.

Petit arbre haut de 15 à 30 pieds. Ramules veloutés. Corolle grande, campanulée, d'un jaune pâle, ou rougeâtre. Pétales acuminés, recourbés au sommet. Anthères nombreuses. Graines brunâtres, globuleuses.

Cette espèce croît dans les marais de Saint-Domingue. Son écorce sert dans le pays à faire des cordages.

Genre PARITIUM. — *Paritium* Juss.

Involucelle 10-12-denté ou 10-12-fide, persistant. Calice 5-fide. Pétales inéquilatéraux. Androphore 5-denté, 10-nervé, non-staminifère au sommet. Ovaire à 5 loges multiovulées, chacune divisée par une fausse cloison en 2 compartimens incomplets. Style saillant, 5-fide. Capsule 5-valve, loculicide, à 5 loges semi-biloculaires; fausses cloisons alternes avec les valves et se dédoublant par la déhiscence. Graines ascendantes ou horizontales, réniformes.

Caractères de la végétation comme ceux des Ketmia.

Ce genre, fondé sur l'espèce dont nous allons faire mention, contient probablement plusieurs autres espèces, qu'on rapporte à tort aux *Hibiscus*.

Paritium a feuilles de Tilleul. — *Paritium tiliaceum* Juss. — *Hibiscus tiliaceus* Linn. — Cavan. Diss. 3, tab. 55, fig. 1. — Bot. Reg. tab. 232. — Hort. Malab. 1, tab. 30. — Rumph. Amb. 2, tab. 73. — Tussac, Flor. Antill. v. 2; tab. 5.

Tige tantôt très-ramifiée dès la base, et formant un buisson, tantôt formant un arbre haut de 20 pieds, sur plusieurs pieds de diamètre, ayant le port du Pommier. Écorce verdâtre ou rougeâtre, lisse. Rameaux cotonneux. Feuilles de grandeur très-variable, quelquefois larges d'un pied. Pétioles courts. Stipules caduques. Fleurs larges de 4 à 5 pouces, subcampanulées, d'un jaune brillant, à fond pourpre. Pétales ovales-obliques, pubescents, ciliés. Sépales triangulaires-oblongs, pointus, 10-nervés. Capsule ovoïde, pointue, cotonneuse.

Ce superbe végétal est l'un des arbres les plus communs sur les plages des deux presqu'îles de l'Inde ainsi qu'aux archipels environnants. On le trouve également en Chine, dans les îles de la mer du Sud, aux Antilles, et dans l'Amérique méridionale. Il est d'une grande utilité pour les habitants de ces contrées; et surtout pour ceux des archipels de la mer des Indes. Son écorce leur sert à faire tous leurs cordages, des filets à pêcher, et des toiles grossières. La décoction des feuilles et des racines est rafraîchissante et légèrement laxative ; on la regarde comme un remède efficace contre la dysurie et les fièvres ardentes. Dans les établissements coloniaux de l'Inde et des Moluques, on plante le *Paritium* en avenues, à cause de la beauté de son feuillage et de ses fleurs.

Le bois de cet arbre, au témoignage de M. de Tussac, est d'une couleur violette, et assez compacte pour prendre un beau poli ; l'on en fait à la Jamaïque de fort jolis meubles.

Genre THESPÉSIA. — *Thespesia* Corr.

Ce genre ne diffère du Paritium que par son involucelle à 5 folioles caduques, son calice hémisphérique à 5 dents peu marquées, et par sa capsule ligneuse, indéhiscente.

On en connaît deux espèces, dont la suivante est la plus remarquable :

THESPÉSIA A FEUILLES DE PEUPLIER. — *Thespesia populnea* De Cand. Prodr. — *Hibiscus populneus* Linn. — Cavan. Diss. 3, tab. 56, fig. 1. — Rumph. Amb. 2, tab. 74. — *Bupariti* Hort. Malab. 1, tab. 29.

Feuilles cordiformes-arrondies, acuminées, 7-nervées, très-entières, glabres, luisantes en dessus. Stipules lancéolées, pointues. Pédoncules axillaires, plus courts que les pétioles. Folioles involucrales linéaires-lancéolées, un peu plus longues que le calice. Corolle ouverte. Pétales très-obliques, arrondis au sommet. Capsule grosse, globuleuse, mucronée, glabre, noirâtre, entourée à la base par le calice : loges 4-spermes. Graines soyeuses, anguleuses.

Tronc arborescent, épais, peu élevé, ou plus souvent divisé dès la base en rameaux nombreux. Fleurs grandes, de couleur jaune, à fond pourpre.

Le *Thespésia à feuilles de Peuplier* croît sur les plages des deux presqu'îles de l'Inde, aux Moluques et dans les archipels voisins, de même que dans la Polynésie. On le plante en avenues dans les établissements européens de l'Inde, à cause de la beauté de son port et de son feuillage. Les Malais mangent ses feuilles cuites. Le bois du centre du tronc est d'une couleur

rougeâtre et répand une odeur agréable ; qu'il conserve assez
long-temps. On en fabrique différens ustensiles de ménage. Ce
même bois , selon Rumphius, serait un remède infaillible contre
le Choléra.

Genre COTONNIER. — *Gossypium* Linn.

Involucelle à 3 folioles soudées par la base, subcordiformes, plus longues que le calice, souvent laciniées. Calice
cyathiforme , à 5 dents obtuses. Pétales presque dressés, convolutés, inéquilatéraux, plus longs que l'androphore. Style
claviforme, sillonné. Stigmates 3-5, souvent soudés. Capsule
ovale-acuminée , 3-5-sulquée, 3-5-loculaire, 3-5-valve.
Graines au nombre de 5-5 dans chaque loge, enveloppées
dans un coton jaune ou blanc.

Arbrisseaux ou herbes. Feuilles longuement pétiolées, ordinairement palmati-lobées : nervures souvent uniglanduleuses. Pédoncules axillaires et terminaux, solitaires, uniflores. Corolle grande, jaunâtre ou rougeâtre.

Tous les *Cotonniers* paraissent originaires des régions équatoriales ; mais leur culture se fait encore avec un succès assez
général en dehors des tropiques, partout où le climat permet
à l'Oranger de prospérer en pleine terre. Dans l'Inde et dans
la Chine, la culture de ces végétaux remonte sans contredit à
la plus haute antiquité ; mais chez les Romains l'usage des
étoffes de Coton était inconnu du temps de Pline. « La partie
» de la Haute Égypte qui confine à l'Arabie, dit cet auteur,
» produit un arbrisseau que les uns appellent *Gossypion* et les
» autres *Xylon*; son fruit contient un duvet que l'on file et
» dont on fabrique des étoffes remarquables par leur mol-
» lesse ainsi que par leur blancheur. Les prêtres Égyptiens en
» portent des vêtements auxquels ils attachent un grand
» prix. » Ce ne fût qu'à la fin du seizième siècle, que les tissus de Coton devinrent d'un usage général en Europe.

Le Cotonnier réussit parfaitement dans une terre sablon-
neuse, légère, très-meuble, plutôt sèche qu'humide, et dont

les parties ont entre elles un certain degré d'adhérence. Un sol trop substantiel et trop gras le fait croître avec vigueur; mais il donne alors peu de fruits. Si le sol est trop humide, ses racines ne tardent pas à se pourrir. Les terres volcaniques sont les plus favorables à la végétation et à la production du Cotonnier; enfin il peut être cultivé avec avantage dans des terrains médiocrement bons, et où il serait souvent difficile d'obtenir d'autres récoltes.

La racine pivotante des Cotonniers s'enfonçant profondément, il est essentiel que la terre soit convenablement préparée par des labours plus ou moins réitérés, selon la nature du sol.

Le Cotonnier peut plus aisément se passer d'engrais que beaucoup d'autres plantes; cependant il est nécessaire de lui en donner une certaine quantité, surtout lorsque le terrain est stérile. La poudrette, ou toute autre espèce de fumier facile à répandre vaut mieux que celui qui aurait subi une trop grande fermentation. Les Chinois regardent comme un bon engrais pour cette culture les vases des mares et canaux : ils emploient aussi le résidu de l'expression des graines oléagineuses. On doit enterrer le fumier à une profondeur telle que les racines des Cotonniers, même les plus longues, puissent avoir une nourriture abondante.

La semence du Cotonnier conserve ordinairement sa faculté germinative pendant plusieurs années. Cette graine ayant une écorce très-dure, a besoin d'être humectée avant la mise en terre : elle lève alors au bout de trois à sept jours. Une légère pluie hâte sa germination; mais une pluie trop longue la fait périr. Sans pluie, elle peut se conserver en terre pendant plusieurs mois. L'époque de l'ensemencement varie beaucoup selon le climat. Dans les contrées équatoriales on doit semer immédiatement après les solstices, afin que les Cotonniers aient le temps d'acquérir une force suffisante pour résister aux grandes chaleurs. Dans les contrées tempérées, on choisit l'époque à laquelle il n'y a plus rien à craindre des gelées, même les plus tardives.

On sème le Cotonnier de différentes manières : par *fosses*, par *trous*, à la *volée*, ou en *rayons*. Les jeunes plantes sont sarclées avec soin de toutes les mauvaises herbes, jusqu'à l'époque de la floraison.

En Sicile, à Malte, en Calabre et en Chine, on pince et on ébourgeonne les jeunes Cotonniers ligneux. Les Chinois ne pincent pas seulement la tige, mais aussi les branches et les grandes feuilles. En Espagne, on a coutume de soumettre les Cotonniers à une taille annuelle. Dans les climats très-chauds, ces opérations ne sont point en usage.

Le Cotonnier, soumis à la taille, vit en Espagne huit à dix ans; il est dans sa plus grande vigueur pendant les quatre premières années, et la seconde, la troisième et même la quatrième sont celles où il produit le plus. Jusqu'après la récolte de la première année, on permet au Cotonnier de végéter en toute liberté, et on ne lui fait subir ni pincement, ni ébourgeonnement, ni émondage, ni retranchement de ses fleurs ou de ses fruits. Aussitôt après la taille, on laboure le sol, on répand du fumier et l'on donne un second travail à la houe, avant que la plante ne pousse ses nombreux bourgeons; on dispose ensuite le terrain pour recevoir les eaux d'irrigation. On commence à arroser lorsque les Cotonniers ont repris leur feuillage, et que l'état du terrain et celui de l'atmosphère demandent ce secours de l'art. Quelques jours après on donne un binage, qui a pour but de détruire les herbes que l'humidité a fait naître. Aussitôt que les Cotonniers couvrent le sol de leurs rameaux, tout travail doit cesser, même l'irrigation : l'humidité de la terre est suffisante, et l'on n'a plus à craindre la croissance des herbes.

Après la première récolte d'un Cotonnier, les extrémités de ses branches se dessèchent depuis l'endroit où elles étaient chargées de fruits. L'année suivante, il sort de ce même endroit de nouvelles branches. En général les Cotonniers qui ont fructifié pendant plusieurs années dans le même terrain perdent insensiblement leur faculté productive, de manière qu'ils ne portent à la fin presque plus de Coton ; il faut renouveler de temps en temps la graine et le sol.

Les Cotonniers ligneux périssent au moindre froid ; leur culture est donc impossible en France. Celle des espèces herbacées n'est que rarement productive. A la vérité, la Perse, l'Asie mineure, la Macédoine, plusieurs provinces des États-Unis, et autres pays où l'on cultive le Coton en grand, ont des hivers plus rigoureux que le midi de la France, mais, par contre, leur été est beaucoup plus long et plus chaud.

De toutes les espèces vivaces connues, celles qu'on croit devoir convenir le mieux au climat de nos départements méridionaux, sont le Cotonnier d'Ivica et celui de Santorin. Les habitans d'Ivica cultivent le leur de la manière suivante : Depuis le milieu de décembre jusqu'en mars, ils préparent la terre par quatre ou cinq labours. En mars, ils la fument et disposent le terrain pour recevoir les irrigations. L'époque des semailles varie depuis le commencement d'avril jusqu'au milieu de mai. Lorsqu'il ne pleut pas au moment des semailles, ils arrosent le sol aussitôt après avoir semé, et renouvellent l'arrosement tous les quatre jours, jusqu'à ce que le Coton commence à lever. Les travaux qui doivent suivre se font comme ailleurs. Les capsules ne commencent à acquérir leur maturité parfaite et à s'ouvrir qu'aux premiers jours d'octobre. Le froid et même les gelées, pourvu qu'elles soient accompagnées de sécheresse, ne leur sont point nuisibles ; l'humidité, au contraire, les fait pourrir. La récolte dure jusqu'au commencement de janvier. Le Cotonnier d'Ivica fructifie pendant quelques années ; mais il faut pour cela couper chaque hiver les vieilles tiges à peu de distance de la racine. Cette opération se fait en mars, ou, s'il fait trop froid, en avril. On laboure ensuite le terrain, et l'on enlève toutes les mauvaises herbes qui ont crû pendant l'hiver.

Les variétés ou espèces de ce genre paraissent être assez nombreuses, mais en général, on ne les connaît que très-imparfaitement. Voici les espèces les plus notables :

Cotonnier herbacé. — *Gossypium herbaceum* Cavan. Diss. 6, tab. 164, fig. 2. — Roxb. Corom. tab. 269.

Feuilles subcordiformes, arrondies, 3-lobées; lobes arrondis, acuminés. Feuilles involucrales laciniées. Pétales arrondis , crénelés. Graines noires, ovoïdes, mucronées; coton blanc.

Racine annuelle, ou bisannuelle, ou vivace. Tiges hautes de 3 à 6 pieds, herbacées, ou suffrutescentes, velues, ou hispides. Feuilles vertes, molles, assez grandes, souvent munies en dessous d'une glandule verdâtre; pétiole hispide, ponctué, scabre, plus long que la lame. Stipules lancéolées. Pédoncules épaissis au sommet, plus courts que les feuilles. Calice ponctué. Pétales d'un jaune clair, longs de 2 à 3 pouces; onglets pourpres. Stigmates soudés. Capsule 3-4-loculaire.

Cette espèce se cultive assez généralement dans l'Asie mineure, en Syrie, dans l'Afrique septentrionale et dans le midi de l'Europe.

Cotonnier d'Inde. — *Gossypium indicum* Linn. — Cavan. Diss. 6, tab. 169. — Rumph. Amb. 4, tab. 12.

Feuilles cordiformes-arrondies, 3- ou 5-lobées; lobes ovales, subobtus, courts. Feuilles involucrales dentées au sommet. Pétales cunéiformes, tronqués, échancrés. Graines noires; coton blanc.

Arbrisseau haut de 3 à 15 pieds. Tige très-rameuse dès la base; ramules pubescents. Feuilles non-glanduleuses, souvent ponctuées en dessous; pétiole de la longueur de la lame. Stipules linéaires. Pédoncules épaissis au sommet, plus courts que les pétioles. Corolle jaune, à base pourpre. Capsule 3- ou 4-loculaire, longue de 2 à 3 pouces.

Cette espèce se cultive surtout aux Indes et aux Moluques.

Cotonnier a petites fleurs. — *Gossypium micranthum* Cavan. Diss. 6, tab. 193.

Feuilles glabres, cordiformes, arrondies, 5-lobées : lobes elliptiques, pointus. Feuilles involucrales laciniées, plus longues que la corolle. Pétales ovales-oblongs, pointus.

Herbe glabre, haute de 1 $^{1}/_{2}$ pied. Tiges, pétioles calices et pédoncules rouges, couverts de glandules scabres, ponctiformes. Feuilles larges de 2 à 4 pouces: côte uniglanduleuse; pétiole de la longueur de la lame. Stipules lancéolées. Pédoncules plus courts que les pétioles. Pétales jaunes, longs de 6 à 8 lignes; onglet pourpre.

Cette espèce est originaire du midi de la Perse. Observée par Cavanilles sur des échantillons récoltés autrefois au Jardin du Roi, le caractère de la petitesse de la corolle n'est peut-être qu'un accident dû à un climat moins chaud.

COTONNIER ARBORESCENT. — *Gossypium arboreum* Linn. — Cavan. Diss. 6, tab. 165. — *Cudupariti* Hort. Malab. 1, tab. 31.

Feuilles cordiformes à la base, divisées profondément en 5 lobes lancéolés-oblongs, mucronulés. Feuilles involucrales entières ou 3-dentées, courtes. Pétales cunéiformes-obovales, crénelés au sommet. Coton blanc.

Petit arbre: tronc haut de 15 à 20 pieds. Rameaux velus. Feuilles à côte glandulifère. Pétioles velus, plus courts que la lame. Stipules lancéolées, subulées. Pédoncules courts. Pétales d'un rouge-brun, roux à la base, longs d'environ 2 pouces. Anprophore de moitié plus court que la corolle. Capsule ovoïde, pointue, 3-loculaire, de la grosseur d'une Noisette.

Cette espèce, qu'on reconnaît facilement à la petite pointe sétiforme qui termine les lobes de ses feuilles, croît dans l'Inde, en Égypte et en Arabie. Le Coton qu'elle produit passe pour le plus fin de l'Inde, et se recherche à cause de sa souplesse et de sa grande blancheur.

COTONNIER A FEUILLES DE VIGNE. — *Gossypium vitifolium* Lamk. — Cavan. Diss. 6, tab. 166. — Rumph. Amb. 4, tab. 13. — Merian. Surin. tab. 13.

Feuilles cordiformes à la base, profondément divisées en 3 ou 5 lobes ovales-lancéolés, acuminés. Feuilles involucrales laciniées, presque aussi longues que la corolle. Graines noires: coton blanc.

Tiges diffuses ou décombantes , glabres, rougeâtres, ponctuées de glandules scabres, noirâtres. Feuilles glabres ou pubescentes en dessous : côte glandulifère ; pétiole plus court que la lame. Stipules lancéolées. Pédoncules plus courts que les pétioles. Pétales jaunes, longs de 3 pouces : onglets pourpres. Capsule à 3 loges 6-1 o-spermes.

Ce Cotonnier croît aux Moluques. On le cultive à l'Ile-de-France.

COTONNIER HÉRISSÉ. — *Gossypium hirsutum* Linn. — Cavan. Diss. 6, tab. 167. — Pluck. Alm. 172, tab. 299, fig. 1.

Feuilles poilues en dessous, tronquées ou cordiformes à la base : les supérieures ovales-acuminées, indivisées ; les inférieures à 3 ou 5 lobes oblongs, rétrécis en pointe mousse. Feuilles involucrales tridentées au sommet. Graines verdâtres : coton adhérent.

Tiges ligneuses ou suffrutescentes, rameuses, velues, hautes d'environ 2 pieds. Rameaux étalés, hérissés. Feuilles à côte uniglanduleuse ; pétiole hérissé, de la longueur de la lame. Stipules lancéolées. Pédoncules plus courts que les pétioles. Fleurs grandes, d'un rouge sale. Capsule du volume d'une petite Pomme.

Cette espèce se cultive dans l'Amérique équatoriale. Elle fournit un coton soyeux, très-fin, et fort estimé dans le commerce.

COTONNIER TRICUSPIDÉ. — *Gossypium tricuspidatum* Lamk. —Tussac, Flor. Antill. v. 2, tab. 17. — *Gossypium religiosum* Cavan. Diss. 6, tab. 164.

Feuilles cordiformes-ovales ou trilobées (quelquefois 5-lobées): lobes ovales-oblongs, pointus ou acuminés. Feuilles involucrales velues, incisées. Pétales très-entiers. Style très-allongé, saillant avant l'anthèse.

Tiges hautes d'environ 3 pieds, dressées, rameuses, sillonnées, rougeâtres, hérissées de poils blancs, tantôt ligneuses, tantôt herbacées. Feuilles uniglanduleuses ; pétiole plus long que la lame. Stipules lancéolées, caduques. Pédoncules plus courts que les pétioles. Calice ponctué. Corolle blanche, passant au rose après l'anthèse. Stigmates souvent soudés. Capsules courtes, pointues; coton blanc, doux, très-adhérent aux graines.

On cultive ce Cotonnier aux Indes et aux Antilles. Le *Gossypium religiosum* Linn., en diffère par son coton d'un jaune-brun. C'est de celui-ci qu'on croit que se fabrique le Nankin dans les Indes.

COTONNIER DE LA BARBADE.— *Gossypium barbadense* Linn. — Bot. Reg. tab. 84.

Feuilles cordiformes-ovales, triglanduleuses, pubescentes en dessous : les inférieures à 5, les supérieures à 3 lobes ovales, pointus, entiers. Pédoncules uniflores, plus courts que les feuilles. Capsule ovale, acuminée, glabre; graines oblongues, noires; coton blanc.

Arbrisseau ou sous-arbrisseau haut de 7 à 8 pieds. Tiges et feuilles ponctuées. Fleurs larges de 2 ½ à 3 pouces. Pétales d'un jaune clair, avec une tache pourpre vers l'onglet.

Cette espèce est cultivée aux Antilles et à Cayenne. Aublet remarque qu'on prépare avec ses graines une émulsion pectorale rafraîchissante, et qu'on en retire de l'huile à brûler.

COTONNIER DU PÉROU. — *Gossypium peruvianum* Cavan. Diss. 6, tab. 168.

Feuilles 3-glanduleuses, cotonneuses en dessous : les inférieures cordiformes-ovales, indivisées, acuminées; les supérieures à 3 ou 5 lobes ovales-lancéolés, pointus. Feuilles involucrales laciniées au sommet, glandulifères à la base. Pétales ovales-arrondis, velus.

Herbe bisannuelle, haute d'environ 3 pieds. Tige dressée, glabre, verte, ponctuée de noir. Pétioles longs. Stipules lancéolées-falciformes. Calice ponctué. Corolle de couleur jaune, à fond pourpre. Androphore blanc, de la longueur du style. Capsule ovale-acuminée, trisulquée, à 3 loges polyspermes. Graines obovales, noires : coton fort long, très-blanc.

Cette espèce est indigène au Pérou.

Genre FUGOSIA. — *Fugosia* Juss.

Involucelle à 6-12 folioles. Calice 5-fide. Pétales fortement inéquilatéraux, inégalement bilobés au sommet. Androphore 10-nervé, 5-denté et non-staminifère au sommet. Ovaire à 3 ou 4 loges, chacune contenant 4-8 ovules ascendants. Style 3- ou 4-fide, saillant : lanières souvent soudées. Stigmates tantôt distincts, tantôt connés en un seul claviforme ou 3-4-lobé. Capsule 3-4-loculaire, 3-4-valve, loculicide. Graines nues ou laineuses, souvent solitaires par avortement.

Arbrisseaux ou sous-arbrisseaux. Feuilles entières ou palmatilobées. Stipules linéaires. Pédoncules axillaires, solitaires, uniflores.

Ce genre renferme sept espèces, qui habitent l'Amérique méridionale, à l'exception d'une seule, indigène au Sénégal. Voici celles qui se font remarquer par la beauté de leurs fleurs.

Fugosia a fleurs jaunes. — *Fugosia sulfurea* Juss. fil. in Flor. Brasil. Merid. 1, tab. 49.

Feuilles pubescentes, arrondies, très-obtuses, dentées, subcordiformes à la base. Stigmates connés. Ovaire à 4 loges 4-ovulées. Capsules glabres, obcordiformes. Graines solitaires, ovoïdes, laineuses.

Sous-arbrisseau à tiges simples, couchées, pubescentes, flexueuses, de la longueur du doigt. Feuilles 9-nervées, longues de 9 lignes ou moins. Pétioles longs de 2 à 3 lignes. Pédoncules plus ou moins longs que les pétioles. Involucelle à 6 folioles linéaires, pointues, inégales, plus courtes que le calice. Corolle ouverte, large d'environ 1 pouce.

Cette espèce a été observée par M. Aug. de Saint-Hilaire, au Brésil extra-tropical, dans les pâturages secs de la province Cisplatine.

Fugosia a feuilles de Phlomis. — *Fugosia phlomidifolia* Juss. fil. l. c. tab. 50.

Feuilles oblongues ou lancéolées, subsessiles, très-entières , pubérules en dessus, cotonneuses en dessous. Stigmates libres. Ovaire à 3 loges 5-ovulées. Capsule ovoïde , pointue, velue. Graines solitaires ou géminées, obovales, laineuses.

Arbrisseau peu rameux, couvert d'une pubescence étoilée. Tige dressée, haute de 3 à 4 pieds. Feuilles longues de 12 à 30 lignes , sur 7 à 14 lignes de large. Pédoncules cotonneux , plus courts que les feuilles. Involucelle à 8 ou 9 folioles linéaires , pointues, plus courtes que le calice. Sépales lancéolés, 5-nervés. Pétales longs de 2 pouces , jaunes, pourpres à la base , pubescents en dessous.

Cette espèce a été observée par M. Aug. de Saint-Hilaire au Brésil, dans la province des Mines.

Fugosia hétérophylle. — *Fugosia heterophylla.* — *Redoutea heterophylla* Vent. Hort. Cels. tab. 1.

Feuilles 3 ou 5-nervées, ciliées, elliptiques , très-entières ou rarement trifides. Stigmates libres ou connés. Ovaire à 3 loges 6-ovulées. Capsule subglobuleuse-trigone , glabre. Graines laineuses, oblongues.

Arbrisseau à rameaux lisses , brunâtres, glabres. Feuilles longues d'environ un pouce ; pétioles de moitié plus courts que la lame. Stipules courtes, linéaires, ciliées. Pédoncules de la longueur des pétioles. Sépales lancéolés, trinervés. Fleurs aussi grandes que celles de la *Mauve sauvage*. Pétales obovales, 3 fois plus-longs que le calice, de couleur jaune , à fond pourpre.

Cette espèce croît aux Antilles et sur les bords de l'Orénoque.

Genre SIDA. — *Sida* (Linn.) Kunth.

Calice non-caliculé , 5-fide, souvent cupuliforme. Pétales flabellinervés; souvent inéquilatéraux. Androphore évasé et staminifère au sommet. Ovaire à 5 ou à un plus grand nombre de loges, chacune contenant un seul ovule suspendu à l'angle interne. Styles plus ou moins soudés. Diérésile à 5 ou plus de 5 coques partibles, subdéhiscentes au sommet, non-vésiculeuses. Gynophore saillant , dilaté à la base en crêtes

membraneuses. Graines trigones ; convexes au dos, émargi-
nées. Embryon recourbé au milieu. Cotylédons pétiolulés,
orbiculaires, biauriculés, indupliqués, chiffonnés.

Arbrisseaux, ou sous-arbrisseaux, ou herbes. Feuilles indivisées, ou très-entières, ou rarement lobées. Pédoncules articulés au-dessous du sommet, axillaires, solitaires ou agrégés, uniflores ou pluriflores; ou bien : fleurs soit axillaires,
glomérulées, soit terminales et disposées en épis, ou en
grappes, ou en corymbes.

Ce genre, en excluant les *Abutilon*, les *Gaya* et les *Bas-
tardia*, se compose encore de près de cent cinquante espèces.
Presque tous les *Sida* habitent les régions équatoriales; ils
possèdent des propriétés émmollientes et rafraîchissantes,
comme la plupart des Malvacées; leurs écorces filandreuses
sont souvent employées à fabriquer des cordages. Plusieurs
espèces se distinguent aussi par la beauté de leurs fleurs. Voici
celles qu'il convient de faire connaître :

SIDA DES CANARIES. — *Sida canariensis* W. — *Sida
alba* Cavan. Diss. 1, tab. 3 , fig. 8.

Feuilles courtement pétiolées , oblongues-lancéolées, dentelées, glabres. Pédoncules axillaires , solitaires, uniflores, filiformes, plus longs que les feuilles. Pétales contournés, oblongs,
étalés , plus longs que le calice. Diérésile à 8-10 coques birostrées, plus courtes que le calice.

Sous-arbrisseau rameux, haut de 2 pieds et plus. Stipules
subulées, courtes. Fleurs petites, blanches.

Cette espèce croît aux Indes et aux Canaries. Ses feuilles passent pour sudorifiques; leur saveur, un peu amère, est assez
agréable. Les habitants des Canaries en prennent l'infusion en guise
de Thé. La préparation de ces feuilles consiste simplement
à les cueillir jeunes, et à les sécher à l'ombre. Pour juger si
elles ont perdu toute leur humidité, on les couvre d'un papier et
on passe dessus des lames de fer chaud, puis on les renferme
dans des vases bien clos.

SIDA PANICULÉ., — *Sida paniculata* Linn. — *Sida atrosan-guinea* Jacq. Ic. Rar. 1, tab. 136.—*Sida paniculata* et *capil-laris* Cavan. Diss. 1, tab. 12, fig. 5 et fig. 7.

Feuilles cordiformes-ovales, ou dentelées, pointues, pubes-centes. Pédoncules axillaires, uniflores ou paniculés, plus longs que les feuilles, capillaires. Diérésile à 5 coques birostrées.

Tige simple ou peu rameuse, cylindrique, pubescente. Stipu-les subulées, plus longues que les pétioles. Fleurs petites, pourpres.

Cette espèce, bien caractérisée par ses fleurs rouges, croît dans l'Amérique méridionale.. On la cultive quelquefois en serre, comme plante d'agrément.

SIDA NAPÉA. — *Sida Napœa* Cavan. Diss. 5, tab. 132. — Bot. Mag. tab. 2193. — *Napœa lœvis* Linn.

Feuilles palmées, 5-lobées, pubescentes-veloutées, cordifor-mes à la base ; lobes ovales-lancéolés, très-acérés, inégalement dentés : le terminal très-allongé. Pédoncules axillaires et termi-naux, multiflores, subcorymbifères. Pétales oblongs-obovales, acuminés, concaves. Diérésile globuleux, à 10 coques mutiques, acuminées.

Herbe vivace, haute de 5 à 8 pieds. Racines longues, char-nues. Tiges nombreuses, rameuses, dressées, glabres, cylindri-ques, striées. Feuilles de la grandeur de celles de la Vigne, mollement pubescentes : pétiole beaucoup plus court que la lame. Stipules lancéolées, ciliées, marcescentes. Pédoncules 2-7-flo-res : les axillaires plus courts que les feuilles. Calice hémisphé-rique, campanulé, velouté. Corolle étalée, couleur de chair, large d'un demi-pouce. Graines noires, acuminées.

Cette plante, originaire des États-Unis, se cultive assez sou-vent dans les jardins. Quoique ses fleurs ne soient pas brillantes, elle est d'un bel effet dans les grands parterres, par son port et son feuillage. Du reste elle mérite de fixer l'attention comme plante médicinale, potagère et filandreuse. Ses racines abondent en mucilage comme celles de la Guimauve. Ses longues tiges fournissent une filasse qui sert, en Amérique, à faire des toiles grossières et des cordages. Les jeunes feuilles, préparées comme les Épinards, sont un légume sain et d'un goût agréable, dont on recommande l'usage aux personnes sujettes aux constipations et aux maux de reins.

SIDA DIOÏQUE. — *Sida dioïca* Cavan. Diss. 5, tab. 132, fig. 2. — *Napœa scabra* Linn. Syst. — *Napœa dioïca* Linn. Spec.

Feuilles 5-7-parties, scabres : lobes lancéolés, incisés-dentés. Panicules axillaires et terminales, longuement pédonculées, composées de corymbes simples ou rameux. Fleurs dioïques. Pétales arrondis. Diérésile globuleux, à 10 coques mutiques.

Herbe vivace, scabre, haute de 8 à 12 pieds. Tige dressée, rameuse, cylindrique. Feuilles inférieures longues de 1 pied, plus courtes que les pétioles. Stipules ovales-lancéolées. Fleurs petites, blanches. Calice urcéolé, à 5 dents larges, pointues. Corolle deux fois plus longue que le calice. Étamines des fleurs femelles non-anthérifères.

Cette espèce croît dans la Virginie. Elle peut servir, comme l'espèce précédente, à orner les grands parterres, et son écorce fournit aussi de la filasse.

SIDA A FLEURS DE MAUVE. — *Sida malvæflora* De Cand. Prodr. — Bot. Reg. tab. 1136.

Tiges dressées, rameuses, poilues. Feuilles scabres aux 2 faces : les radicales suborbiculaires, tronquées à la base, à 7-9-lobes obtus et irrégulièrement dentés au sommet ; feuilles caulinaires comme digitées, ou pédatiparties, à 3-5 lobes linéaires ou linéaires-oblongs, obtus, dentés ou entiers. Fleurs en grappes terminales. Calice cyathiforme, 5-fide. Pétales émarginés. Coques réticulées, glabres, mutiques.

Cette espèce croît au Mexique et dans la Californie. Elle a été introduite récemment de ce dernier pays par le célèbre voyageur Douglas. On la cultive depuis comme plante d'ornement. Ses fleurs, de couleur rose, sont assez semblables à celles du *Malva Alcea.*

Genre NUTTALLIA. — *Nuttallia* Hook.

Les *Nuttallia* ne diffèrent des *Sida* que par leurs fruits à coques indéhiscentes ; leur calice est tantôt nu, tantôt accompagné d'un involucelle de 2 ou 3 bractées soudées ; leurs fleurs sont grandes et très-élégantes. On ne connaît que les espèces dont nous allons parler.

NUTTALLIA A FLEURS DE PAVOT. — *Nuttallia Papaver* Graham , in Bot. Mag. tab. 3287.

Feuilles radicales pédalées ou palmatiparties : lobes linéaires-cunéiformes, incisés-dentés. Feuilles caulinaires simples ou palmatiparties : lobes linéaires, entiers, très-longs. Calices poilus, munis d'un involucelle à 3 folioles lancéolées-linéaires.

Racine vivace, polycéphale. Tiges ascendantes, parsemées de poils couchés. Pétioles des feuilles radicales très-longs. Stipules ovales, pointues, ciliées. Pédoncules très-longs. Sépales ovales, pointus, trinervés , beaucoup plus courts que la corolle. Corolle large de 2 pouces , pourpre, campanulée; pétales obovales , tronqués, crénelés au sommet.

Cette espèce, originaire de la Louisiane, n'est connue que depuis 1833. Elle a fleuri dans les Jardins des Universités de Glasgow et d'Édimbourg.

NUTTALLIA DIGITÉ. — *Nuttallia digitata* Nuttal , in Bart. Flor. Amer. 2 , tab. 62. — Bot. Mag. tab. 2612. — Sweet, Brit. Flow. Gard. tab. 129.

Feuilles inférieures palmatiparties, subpeltées : lanières linéaires , presque glabres, subincisées. Feuilles supérieures triparties ou indivisées. Panicule nue , très-lâche. Sépales lancéolés , trinervés. Pétales cunéiformes , denticulés au sommet. Involucelle nul.

Racine tubéreuse , subfusiforme. Tige dressée, cylindrique, glauque, haute de 3 à 4 pieds. Corolle large de près de 2 pouces, d'un cramoisi foncé. Anthères blanchâtres. Ovaires environ 12.

Cette espèce croît dans l'intérieur des États-Unis, sur les bords de l'Arkanza. On la possède en Angleterre depuis 1824.

Le *Nuttallia pedata* (Hook. Exot. Flor. tab. 172.) ne paraît différer que fort peu du *digitata*.

Genre ANODA. — *Anoda* Cavan.

Calice non-caliculé, 5-fide, persistant. Pétales étalés, ob-cordiformes, presque équilatéraux. Ovaire multiloculaire. Ovules solitaires, horizontaux. Diérésile pluricoque, hémisphérique, plane au sommet. Coques monospermes, solubiles, indéhiscentes, rayonnantes, tronquées au sommet, mutiques, cuspidées au dos. Radicule supère.

Herbes annuelles. Feuilles (souvent sur le même individu) entières, ou lobées, ou anguleuses. Pédoncules axillaires, solitaires, uniflores. Corolle rose ou pourpre. Calice étalé après la floraison.

Ce genre, qui ne diffère des Sida que par le fruit, renferme sept espèces indigènes dans l'Amérique équatoriale. Les deux suivantes sont cultivées comme plantes de parterre.

ANODA DE DILLEN.— *Anoda Dilleniana* Cavan. Diss. 1, tab. 11, fig. 1. — Dill. Hort. Elth. 1, tab. 2. — *Sida cristata* Bot. Mag. tab. 330.

Feuilles inférieures hastiformes-triangulaires, crénelées; feuilles supérieures ovales-lancéolées, presque entières. Pédoncules plus longs que les feuilles. Pétales échancrés, très-étalés.

Herbe poilue. Tige rameuse, haute d'environ 2 pieds. Stipules lancéolées-linéaires. Sépales acuminés, velus. Corolle grande, rose. Diérésile hérissé au sommet.

Cette espèce croît au Mexique.

ANODA TRILOBÉ. — *Anoda triloba* Cavan. Diss. 1, tab. 10, fig. 3. — *Sida cristata* Willd.

Feuilles crénelées : les inférieures cordiformes-arrondies, quinquangulaires; les supérieures hastiformes-trilobées, acuminées. Pédoncules plus longs que les feuilles. Pétales échancrés, presque dressés.

Herbe poilue. Tige dressée, rameuse, scabre, anguleuse, haute d'environ 2 pieds. Stipules linéaires-oblongues, ciliées. Pédoncules poilus, quelquefois 2 fois plus longs que les feuilles. Sépales acuminés, velus. Corolle campanulée, pourpre. Diérésile à 15-25 coques hérissées au sommet.

Cette plante est originaire du Mexique.

Genre ABUTILON. — *Abutilon* Kunth.

Calice non-caliculé, persistant, 5-fide, souvent cupuliforme. Pétales obovales, obtus, flabellinervés, quelquefois inéquilatéraux. Androphore dilaté et staminifère au sommet (quelquefois au-dessous du sommet). Ovaire 5- ou pluri-loculaire; loges contenant 5 à 9 ovules attachés à l'angle interne. Styles plus ou moins soudés. Diérésile à 5 ou plus de 5 coques quelquefois monospermes par avortement, inséparables, déhiscentes postérieurement. Graines réniformes. Embryon semi-circulaire, parallèle à l'ombilic : cotylédons involutés.

Arbres, ou arbrisseaux, ou sous-arbrisseaux, ou herbes. Feuilles ordinairement cordiformes, rarement lobées. Pédoncules axillaires, solitaires ou agrégés, uniflores ou pluriflores; quelquefois fleurs en épi, ou en grappe, ou en corymbe.

Ce genre est l'un des démembrements des *Sida* de Linné, dont il diffère par ses coques non-solubles à la maturité, et par son ovaire à loges pluriovulées. Du reste, le port des *Abutilon* et la forme de leur fruit les font distinguer au premier coup d'œil des Sida. On compte environ soixante-dix espèces d'Abutilon, presque toutes indigènes dans les contrées intertropicales, et principalement dans le nouveau continent. On en cultive plusieurs en serre, comme plantes d'agrément; d'autres servent à des usages économiques.

Voici les espèces dont il convient de faire mention :

a) *Diérésile à 5-8 coques.*

ABUTILON A FEUILLES DE PÉRIPLOCA. — *Abutilon* (Sida) *periplocifolium* Linn.—Cavan. Diss. 1, tab. 5, fig. 2. — Dill. Hort. Elth. 4, tab. 3, fig. 3.

Feuilles cordiformes-ovales, pointues, très-entières, glabres en dessus, cotonneuses-blanchâtres en dessous. Pédoncules très-longs, paniculés. Capsule à 6 coques étoilées, un peu plus grandes que le calice. Coques noires, luisantes, trispermes. Pétioles oblongs-obovales, 1 fois plus longs que le calice.

Arbrisseau haut de 3 à 4 pieds. Tige cylindrique, rameuse, scabre. Pétioles courts. Stipules petites, subulées. Pédicelles filiformes, allongés, articulés au sommet. Fleurs petites, jaunes avec une tache pourpre aux onglets. Fruit plus petit que dans toutes les autres espèces du genre.

Cette espèce, indigène aux Indes et aux Antilles, se trouve fréquemment dans les collections de serre. Son feuillage est très-élégant.

ABUTILON ÉTOILÉ. — *Sida stellata* Cavan. Diss. 1, tab. 5, fig. 4. — *Sida nudiflora* L'hér. Stirp. 1, tab. 59 bis.

Feuilles cordiformes-arrondies, acuminées, très-entières, glabres en dessus, cotonneuses-blanchâtres en dessous. Pédoncules terminaux, très-longs, paniculés. Pédicelles velus, articulés au dessous du sommet. Pétales obovales, 2 fois plus longs que le calice. Diérésile plus grand que le calice, à 5 coques trispermes.

Cette espèce, assez semblable à la précédente, croît à Saint-Domingue, et se cultive en serre, à cause de l'élégance de son feuillage. Ses fleurs sont jaunes, larges de 4 à 6 lignes.

ABUTILON MULTIFLORE.—*Sida pulchella* Bonpl. Nav. tab. 2.

Feuilles oblongues-lancéolées, inégalement dentées, cordiformes à la base, scabres, pubescentes ou cotonneuses. Grappes axillaires, multiflores, simples ou rameuses, plus courtes que les feuilles. Pédoncules filiformes. Capsule à 5 coques biaristées.

Petit arbre. Rameaux effilés. Ramules cotonneux. Feuilles longues de 2 à 5 pouces, sur 4 à 6 lignes de large. Pétioles courts.

Fleurs petites, très-nombreuses, blanches. Pétales 1 fois plus longs que le calice.

Ce joli arbrisseau est originaire de la Nouvelle-Hollande. On le cultive en orangerie, où il fleurit au printemps.

b) *Diérésile à plus de 5 coques.*

ABUTILON COMMUN.—*Sida Abutilon* Linn.— Houtt. Syst. 8, tab. 61.

Feuilles cordiformes-arrondies, acuminées, denticulées, pubescentes-veloutées. Pédoncules axillaires et terminaux, paniculés, subcorymbifères. Pétales arrondis, échancrés, un peu plus longs que le calice. Capsule plus grande que le calice, arrondie, ombiliquée, à environ 15 coques libres au sommet, birostrées, hérissées, comprimées, membranacées, trispermes.

Herbe annuelle, haute de 4 à 5 pieds. Tige pubescente ou cotonneuse, rameuse, cylindrique. Feuilles inférieures longues et larges d'un demi-pied : pétiole de la longueur de la lame. Stipules petites. Calices cotonneux, rougeâtres, fendus profondément. Sépales triangulaires. Corolle d'un jaune foncé, large d'un demi-pouce. Capsule grande, noirâtre. Graines brunes.

Cette plante croît dans l'Europe australe, en Orient, en Tartarie et dans l'Inde. On la cultive quelquefois comme plante d'agrément. Son feuillage est fort élégant. L'écorce de ses tiges sert dans quelques contrées aux mêmes usages que le Chanvre.

ABUTILON A GRANDES FEUILLES. — *Abutilon grandifolium* Bot. Reg. tab. 360.—*Sida mollis* Orteg.— Bot. Mag. tab. 2759. — *Sida grandifolia* Willd.

Feuilles cordiformes-arrondies, ou cordiformes-ovales, acuminées, doublement crénelées, veloutées, blanchâtres en dessous. Pédoncules axillaires, plus courts que les feuilles, 1-3-flores. Pétales arrondis, plus longs que le calice. Capsule à 8-10 coques hérissées, acuminées, un peu plus longues que les sépales.

Petit arbre haut d'une dixaine de pieds ou plus. Rameaux, pétioles et pédoncules hérissés de poils blancs étalés. Feuilles ayant jusqu'à ½ pied de large et de long ; pétiole aussi long que la lame. Sépales ovales, cotonneux. Corolle d'un jaune vif, large de ¹/₂ pouce.

Cette espèce, remarquable par son beau feuillage et les longs poils dont ses rameaux sont hérissés, est indigène au Pérou. On la cultive en serre tempérée, où elle fleurit pendant une grande partie de l'année.

ABUTILON VELOUTÉ. — *Sida mollissima* Cavan. Diss. 2, tab. 14, fig. 1. — *Sida cistiflora* L'hér. Stirp. 1, tab. 61.

Feuilles cordiformes-arrondies, acuminées, dentées, veloutées. Pédoncules axillaires, solitaires, courts, 1-2-flores. Pétales obcordiformes, un peu plus longs que les sépales. Capsule ovoïde, ombiliquée, à 11 coques velues, 3-spermes, birostrées, de la longueur des sépales.

Arbrisseau très-rameux, cotonneux, haut de 5 à 10 pieds. Feuilles grandes, fort molles au toucher. Pétioles très-longs. Stipules capillaires, caduques. Sépales acuminés. Corolle petite, d'un jaune clair.

Cette espèce croît au Pérou. On la cultive en serre.

ABUTILON GÉMINIFLORE. — *Abutilon geminiflorum* Kunth, in Humb. et Bonpl. Nov. Gen. et Spec. 5, tab. 474.

Feuilles courtement pétiolées, cordiformes-ovales, acuminées, dentelées, poilues. Pédoncules axillaires, géminés, uniflores. Pétales cunéiformes-obovales, acuminulés, 3 fois plus longs que le calice, pubescents en dessous. Ovaire multiloculaire : loges 6-ovulées.

Rameaux scabres. Feuilles longues de 3 à 4 pouces, sur 1 à 2 pouces de large. Pédoncules longs de 12 à 16 lignes, articulés au sommet. Calices cotonneux, ferrugineux ; sépales ovales, pointus, trinervés. Corolle d'un blanc jaunâtre, large de près de 2 pouces.

Cette espèce a été observée par MM. de Humboldt et Bonpland dans les environs de Caracas.

ABUTILON ARBORESCENT. — *Sida arborea* Linn. fil. — L'hér.

Stirp. 1, tab. 63. — *Sida peruviana* Cavan. Diss. 1 , tab. 7, fig. 8. — *Sida grandiflora* Poir.

Feuilles arrondies ou ovales, cordiformes, acuminées, crénelées, cotonneuses, blanchâtres en dessous. Pédoncules axillaires, souvent géminés, penchés au sommet, de la longueur des feuilles. Corolle campanulée; pétales obliques, contournés, obovales arrondis, crénelés au sommet. Diérésile cylindracé, tronqué, sillonné, ombiliqué, à 10-13 coques 3-6-spermes.

Petit arbre cotonneux sur toutes ses parties herbacées. Tige rameuse, haute de 12 pieds ou plus. Feuilles grandes, molles, 7-nervées. Pétioles longs. Stipules ovales-lancéolées, étalées. Sépales lancéolés, trinervés, 3 fois plus courts que les pétales. Pétales blancs, longs de près de 2 pouces. Androphore 5-fide au sommet. Fruit plus grand que le calice.

Cet arbrisseau croît au Pérou. Ses fleurs sont plus grandes que celles de tous les autres Sida; leur forme et celle du fruit paraissent indiquer que l'espèce appartient aux *Sphæralcea*. Il est à regretter que cette plante ne soit pas plus répandue dans les collections de serre.

ABUTILON A FLEURS CARNÉES.—*Abutilon carneum* Juss. fil. in Flor. Bras. Merid.

Feuilles cordiformes, acuminées, dentées, pubescentes en dessus, cotonneuses-blanchâtres en dessous. Pédoncules axillaires, uniflores, solitaires, ou géminés, ou ternés. Pétales obovales, obliques, 2 fois plus long que le calice. Capsule cotonneuse, à 10 coques corniculées, carénées au dos, transversalement rugueuses, oligospermes.

Tige suffrutescente, cylindrique, cotonneuse-ferrugineuse. Feuilles inférieures longues de 3 à 7 pouces, sur 2 à 5 pouces de large. Pétioles courts. Stipules linéaires-subulées. Sépales triangulaires, 3-nervés. Pétales couleur de chair, longs d'un pouce.

Cette espèce a été observée par M. Aug. de Saint-Hilaire au Brésil, dans la province de Rio-Janéiro.

ABUTILON A NERVURES ROUSSES. — *Abutilon rufinerve* Juss. fil. in Flor. Bras. Merid. tab. 42.

Feuilles ovales-lancéolées, ou oblongues-lancéolées, ou linéaires-oblongues, acuminées, dentées, presque glabres en dessus, cotonneuses en dessous. Corymbes terminaux, sessiles, pauciflores. Capsule subglobuleuse, velue, ombiliquée, sillonnée, à 13-15 coques comprimées, planes, mutiques, subtrispermes.

Arbrisseau rameux. Tige cotonneuse-ferrugineuse, anguleuse au sommet. Feuilles longues de 4 à 6 pouces, sur 18 à 24 lignes de large. Pétioles beaucoup plus courts que la lame. Stipules linéaires-subulées. Calice ombiliqué à la base; sépales ovales-lancéolés, étalés ou réfléchis. Fleurs larges de près de 2 pouces. Capsule de 6 à 7 lignes de diamètre.

M. Aug. de Saint-Hilaire a observé cette espèce au Brésil, dans les environs de *Villa-do-principe*.

ABUTILON ÉLÉGANT. — *Abutilon elegans* Jùss. fil. l. c.
Feuilles suboblongues-cordiformes, longuement acuminées, inégalement dentées, veloutées en dessus, cotonneuses-blanchâtres en dessous. Pédoncules courts, axillaires, géminés, uniflores, hérissés. Pétales elliptiques, obtus, équilatéraux, un peu plus longs que le calice. Ovaire à 8 loges pluriovulées.

Tige ligneuse, cylindrique, cotonneuse et hérissée de poils étalés. Feuilles longues de 3 à 7 pouces, sur 2 à 4 pouces de large. Pétioles longs de 3 à 5 pouces. Stipules lancéolées, ciliées. Calice cupuliforme, profondément fendu; sépales linéaires-lancéolés, acuminés, uninervés. Pétales longs d'environ 15 lignes.

Cette espèce a été trouvée par M. Aug. de Saint-Hilaire au Brésil, dans les provinces des Mines et de Rio-Janéiro.

ABUTILON GRANDIFLORE. — *Abutilon macranthum* Juss. fil. l. c.
Feuilles cordiformes-acuminées, dentées, presque glabres en dessus, cotonneuses en dessous. Fleurs subterminales, agrégées en grappes. Pétales elliptiques-orbiculaires, très-obtus, un peu plus longs que les sépales. Capsule globuleuse, ombiliquée, très-velue, à 20 coques mutiques, entièrement soudées, par avortement 3-4-spermes.

Tige ligneuse, rameuse. Rameaux cotonneux au sommet.

Feuilles longues de 5 à 7 pouces, sur 4 à 5 pouces de large. Pétioles longs de 4 à 6 pouces. Stipules caduques. Calice cupuliforme-campanulé, laineux, très-obtus à la base, fendu profondément ; sépales dentiformes, ovales, acuminés. Pétales longs de près de 2 pouces. Capsule de 12 à 15 lignes de diamètre.

Cet arbrisseau croît au Brésil, dans la province des Mines.

ABUTILON COMESTIBLE. — *Abutilon esculentum* Aug. Saint-Hil. Plant. Us. des Bras. tab. 52.

Feuilles cordiformes-ovales, pointues, dentelées, pubescentes en dessus, cotonneuses en dessous. Pédoncules solitaires ou géminés, axillaires, plus courts que les feuilles. Pétales obovales, 3 fois plus longs que les sépales. Capsule arrondie, tronquée, cotonneuse, à 10 coques libres au sommet.

Sous-arbrisseau à tiges cylindriques, cotonneuses. Feuilles longues de 3 à 6 pouces, larges de 2 à 4 pouces. Pétiole long de 1 à 3 pouces. Stipules linéaires-lancéolées, pointues. Calice cupuliforme, court ; sépales ovales, acuminés. Pétales rouges, longs d'un demi-pouce. Ovaire à loges 3-ovulées. Graines brunes, hispides. Capsule courte, d'un demi-pouce de diamètre.

Cette espèce est commune aux environs de Rio-Janéiro, où l'on en mange les boutons de fleurs, cuits avec de la viande.

IIe TRIBU. LES BOMBACÉES. — *BOMBACEÆ*
Kunth.

Calice plus ou moins profondément lobé ou presque entier, quelquefois spathacé. Pétales 5, planes, soudés par leur base à l'androphore. Étamines en nombre défini ou plus souvent en nombre indéfini. Androphore tubuleux, pentadelphe ou polyadelphe supérieurement ; phalanges 1-2- ou plurianthérifères : anthères linéaires, ou réniformes, ou anfractueuses ; pollen lisse, trièdre. Ovaire 5-loculaire (quelquefois 5-coque, rarement 10-loculaire) ; loges biovulées, ou plus habituellement pluriovulées ;

cloisons souvent incomplètes. Ovules attachés à l'angle interne ou au bord des cloisons. Style indivisé. Stigmate entier ou plus souvent lobé. Péricarpe 5-ou pluri-loculaire, ou subuniloculaire , indéhiscent ou 5-valve, loculicide; panninterne laineuse ou pulpeuse; loges oligospermes ou polyspermes. Embryon curviligne ; cotylédons chiffonnés; périsperme mince, remplissant les lacunes des plis de l'embryon. (Rarement embryon rectiligne, recouvert par un périsperme charnu.)

Arbres ou arbrisseaux. Feuilles digitées , ou plus souvent simples et lobées, ou indivisées, bistipulées. Inflorescence axillaire, ou terminale, ou oppositifoliée. Fleurs souvent de dimension extraordinaire et de couleur éclatante. Pubescence des parties herbacées étoilée.

Genre HÉLICTÈRE. — *Helicteres* Linn.

Calice tubuleux, 5-fide , subbilabié. Pétales liguliformes, biauriculés au-dessus de l'onglet, ordinairement inégaux. Androphore filiforme , très-long, 5-10-15-fide et souvent évasé au sommet. Phalanges soudées deux à deux par la base : chaque paire alternant avec un filet pétaloïde stérile; anthères adnées, bilobées, subpeltées. Ovaire longuement stipité, à 5 coques contournées en spirale. Styles soudés ou plus ou moins libres, rectilignes ou spiralés. Stigmates pointus ou globuleux, distincts. Péricarpe longuement stipité, à 5 coques spiralées (rarement rectilignes), polyspermes , uniloculaires , déhiscentes antérieurement. Graines obovales ou anguleuses, bisériées, subhorizontales, chagrinées. Radicule droite. Cotylédons convolutés en spirale.

Arbres ou arbrisseaux. Feuilles alternes-distiques, obliques , entières ou dentées , ou rarement lobées. Stipules linéaires, pointues. Pédoncules bifurqués, ou trifurqués, 2- ou 3-flores, oppositifoliés, ou axillaires et terminaux. Fleurs dibractéolées à la base, irrégulières, souvent articulées aux pédicelles. Pétales jaunes ou ordinairement rouges.

Ce genre, très-remarquable par la structure de ses fleurs, est intermédiaire, selon M. A. de Jussieu, entre les Bombacées, les Sterculiacées et les Byttnériacées. Il renferme une vingtaine d'espèces, indigènes dans la zone équatoriale, et en grande partie dans l'Amérique méridionale.

Les espèces les plus remarquables sont les suivantes :

a) *Coques contournées en spirale.*

HÉLICTÈRE ISORA. — *Helicteres Isora* Linn. — Rumph. Amb. 7, tab. 17, fig. 1.

Feuilles cordiformes-ovales, acuminées, dentelées, scabres, cotonneuses en dessous. Pédoncules axillaires, subtriflores, courts. Pétales oblongs-obovales. Fleurs décandres. Péricarpe cylindracé, cuspidé, cotonneux.

Arbrisseau ayant le port du Noisetier. Feuilles courtement pétiolées, molles, longues d'environ 6 lignes, sur 5 pouces de large. Pétales d'abord de couleur pourpre ou violette, passant successivement à l'orange, à l'incarnat et au ponceau. Fruit de la longueur du doigt, noirâtre à sa maturité.

On trouve cette espèce aux Moluques et sur la côte de Malabar. Rumphius dit que les Malais de Timor l'emploient contre les coliques et d'autres maladies, et qu'ils le cultivent dans les jardins.

HÉLICTÈRE DE BARU. — *Helicteres baruensis* Linn. — Jacq. Amer. tab. 149.

Feuilles cordiformes-ovales ou suborbiculaires, pointues, dentelées, cotonneuses en dessous. Pédoncules terminaux, oppositifoliés, subtriflores, courts. Fleurs décandres. Calices profondément bilobés, tubuleux. Pétales linéaires, réfléchis : onglets de la longueur du calice. Péricarpe cylindracé, velouté, cuspidé. Styles non-spiralés.

Arbrisseau dressé, peu rameux, haut d'environ 13 pieds. Ramules, pédoncules et pétioles cotonneux. Feuilles courtement pétiolées, longues d'environ 4 pouces, sur 2 pouces de large. Pédicelles glandulifères. Fleurs de la grandeur de celles du *Mau-visque.* Calice d'un jaune verdâtre. Pétales blanchâtres. Andro-phore filiforme, arqué, 4 fois plus long que le calice.

Cette espèce croît dans les Antilles voisines de l'isthme de Pana-ma, ainsi que dans l'Amérique méridionale. Les habitants la nom-ment *Majogua de playa*, et se servent de son écorce en guise de cordages.

Hélictère de Jamaïque. — *Helicteres jamaicensis* Jacq. Amer. tab. 179, fig. 99. — Pluck. Alm. 182, tab. 245, fig. 3. — Jacq. Hort. Vind. 2, tab. 143; Ic. pict. tab. 226.

Feuilles cordiformes, crénelées, cotonneuses, veloutées aux deux faces. Fleurs décandres. Pédoncules subterminaux, presque en corymbe. Péricarpe ovoïde, cotonneux, non-cuspidé.

Arbrisseau haut de 10 à 12 pieds. Feuilles molles, d'un vert blanchâtre. Fleurs blanches.

Cet arbrisseau croît aux Antilles.

Hélictère brévispire. — *Helicteres brevispira* Juss. fil. in Flor. Bras. Merid. 1, tab. 54.

Feuilles ovales, pointues, subcordiformes à la base, inégale-ment dentelées, veloutées, cotonneuses. Pédoncules axillaires, courts, subtriflores. Fleurs penchées, décandres. Pétales réflé-chis, obliques, cunéiformes, 2 fois plus longs que le calice. An-drophore 4 fois plus long que le calice. Péricarpe ovoïde, court, apiculé, velouté.

Tiges touffues. Ramules, pédoncules, pétioles et nervures couverts d'un duvet ferrugineux. Feuilles longues d'environ 3 pou-ces, sur 2 pouces de large, courtement pétiolées, caduques vers l'époque de la floraison. Calice cotonneux en dehors, à dents acu-minées. Pétales longs d'environ 16 lignes, d'abord jaunes avec une tache pourpre à la base, plus tard couleur ponceau.

Cette espèce a été observée par M. Aug. de Saint-Hilaire dans le Brésil méridional.

Hélictère grandiflore. — *Helicteres macropetala* Juss. fil. l. c.

Feuilles subcordiformes-ovales, acuminées, inégalement dentées, presque glabres. Pédoncules 4-flores, oppositifoliés, subterminaux. Fleurs penchées, décandres. Pétales réfléchis, obovales, obliques, 3 fois plus longs que le calice. (Ovaire contourné en spirale. Fruit inconnu.)

Arbre à rameaux cylindriques, couverts de même que les ramules, pétioles, stipules, nervures, bractées et pédicelles d'un duvet pulvérulent. Pétioles courts. Feuilles longues de 3 à 5 pouces, sur 18 à 24 lignes de large. Pétales longs d'environ 18 lignes, de couleur rougeâtre. Androphore 4 ou 5 fois plus long que le calice.

Cette espèce a été observée par M. Aug. de Saint-Hilaire au Brésil, dans la province des Mines.

HÉLICTÈRE SARCAROLHA. — *Helicteres Sarcarolha* Aug. Saint-Hil., Juss. fil. et Cambess. Plant. Us. des Bras. tab. 64.

Feuilles suborbiculaires, ou ovales-orbiculaires, pointues, ou obtuses, subcordiformes à la base, dentelées, cotonneuses. Pédoncules axillaires et terminaux, subbiflores. Fleurs dressées, octandres. Pétales linéaires-spathulés, échancrés, légèrement ciliés, un peu plus longs que le calice. Péricarpe ovoïde, court : coques veinées transversalement, peu contournées.

Rameaux hérissés de poils roussâtres. Feuilles longues et larges de 3 à 4 pouces. Stipules filiformes. Fleurs longues de 2 pouces, 4-bractéolées. Pétales écarlates. Androphore poilu, 2 fois plus long que le calice. Styles spiralés. Péricarpe cotonneux, long d'un demi-pouce.

Cette espèce est commune dans le Brésil méridional, où sa décoction s'emploie comme remède antisyphilitique.

b) *Coques non-contournées en spirale.*

HÉLICTÈRE A FEUILLES ÉTROITES. — *Helicteres angustifolia* Linn. — Osb. Itin. p. 232, tab. 5.

Feuilles lancéolées, très-entières, luisantes en dessus, cotonneuses en dessous. Pédoncules axillaires, biflores. Pétales petits, oblongs-obovales. Calice cylindracé. Péricarpe ovoïde-oblong.

Arbrisseau rameux, haut d'environ 5 pieds. Ramules cotonneux, effilés. Pédoncules et pédicelles courts. Fleurs de couleur rougeâtre.

Cette espèce croît dans le midi de la Chine.

HÉLICTÈRE DE CARTHAGÈNE. — *Helicteres carthagenensis* Linn. — Jacq. Amer. tab. 150; Ic. pict. tab. 226.

Feuilles cordiformes, dentelées, cotonneuses aux deux faces. Fleurs terminales, agrégées, subsessiles, polyandres. Calices campanulés, renflés, pulvérulents. Pétales oblongs, obtus, concaves, dressés, un peu plus longs que le calice. Androphore arqué, beaucoup plus long que les périanthes. Capsule pentacéphale, anguleuse, oblongue.

Arbrisseau haut d'une douzaine de pieds. Fleurs nombreuses, très-fétides, naissant avant ou avec les feuilles. Calice d'un jaune roux, long d'un demi-pouce.

Cette espèce, qui paraît devoir former un genre distinct, croît aux environs de Carthagène.

Genre UNGÉRIA. — *Ungeria* Schott et Endl.

Calice campanulé-subclaviforme, renflé, irrégulièrement 5-fide. Pétales spathulés : lame réfléchie. Androphore allongé, adné au gynophore, dilaté au sommet en urcéole 5-fide; lanières 5-anthérifères de chaque côté, nues au sommet; anthères superposées, transversalement biloculaires. Ovaire longuement stipité; 5-loculaire; loges 2-ovulées. Styles dressés, courts. Stigmates inapparents. Diérésile à 5 coques monospermes. Graines ovoïdes, périspermées.

L'espèce suivante constitue à elle seule ce genre :

UNGÉRIA FLEURI. — *Ungeria floribunda* Schott et Endl. Melem. Bot. tab. 4.

Arbre. Feuilles longuement pétiolées, étalées, obovales ou ovales-elliptiques, très-entières, coriaces, larges de 2 pouces, sur 3 ½ pouces de long, glabres et un peu luisantes en dessus, couvertes en dessous d'un duvet cotonneux, étoilé, glauque.

Cime terminale, ample, cotonneuse. Pédicelles longs d'environ 3 lignes. Calices longs de ¼ pouce. Pétales rougeâtres, longs de 1 pouce. Androphore presque 3 fois plus long que le calice. Capsule coriace, presque aussi grosse qu'un œuf de poule.

Ce végétal croît à l'île de Norfolk.

Genre MYRODIA. — *Myrodia* Swartz.

Calice cylindracé ou obconique, 5-5-denté. Pétales 5, onguiculés, inéquilatéraux, crépus : onglets dressés; lames réfléchies. Androphore cylindrique ou claviforme, 5-denté; anthères 9-5, sessiles, petites, ovales, bilobées. Ovaire conique, à 2 loges biovulées. Style filiforme, peu saillant. Stigmate bilobé. Capsule biloculaire, disperme. Graines apérispermées, adnées à la cloison. Embryon rectiligne; cotylédons épais, soudés, farineux, vésiculeux, dissemblables : le plus grand enveloppant le plus petit; radicule courte, incluse, infère.

Arbres ou arbrisseaux très-aromatiques. Feuilles coriaces, entières, glabres, courtement pétiolées. Stipules caduques. Pédoncules oppositifoliés, ou axillaires, ou raméaires, uniflores, solitaires, ou géminés, ou agrégés, garnis de 3 ou 4 bractéoles alternes.

Ce genre renferme quatre espèces, indigènes dans l'Amérique équatoriale; les suivantes sont les plus remarquables :

a) *Androphore de la longueur de la corolle. Anthères toutes terminales, bilobées.*

Myrodia a fleurs pendantes. — *Myrodia penduliflora* Juss. fil. in Flor. Bras. Merid. 1, tab. 53, *A*.

Feuilles obovales, rétrécies en pointe obtuse. Pédoncules solitaires, grêles, penchés, beaucoup plus longs que les pétioles. Pétales lancéolés.

Rameaux rugueux, ponctués, rougeâtres. Feuilles réticulées, longues de 3 à 6 pouces, larges de 18 à 36 lignes : les supérieures plus grandes que les inférieures. Stipules courtes, triangulaires. Calice fissile, long de 8 lignes, glabre en dehors, pubescent en dedans : dents inégales. Pétales pubérules, 2 fois plus longs que le calice : lames lancéolées. Androphore pubescent.

Cette espèce a été observée par M. Aug. de Saint-Hilaire aux environs de Rio-Janéiro.

MYRODIA TURBINÉ. — *Myrodia turbinata* Swartz. — Juss. fil. l. c. tab. 53.

Feuilles obovales, ou ovales-oblongues, rétrécies en pointe obtuse : pédoncules solitaires, dressés, de la longueur des pétioles. Pétales lancéolés.

Arbrisseau haut de 5 à 6 pieds. Feuillage semblable à celui de l'espèce précédente. Pédoncules très-courts. Fleurs petites. Péricarpe sphérique, ombiliqué, glabre, verdâtre.

Cette plante croît aux Antilles, au Mexique et au Brésil.

b) *Androphore beaucoup plus long que la corolle. Anthères éparses et terminales, à une seule bourse. Calice cylindracé.*

MYRODIA LONGIFLORE. — *Myrodia longiflora* Swartz. — *Quararibea guianensis* Aubl. Guian. tab. 278. — Cavan. Diss. 3, tab. 71, fig. 2.

Feuilles lancéolées ou oblongues-lancéolées, rétrécies en pointe mousse. Pédoncules dressés, courts, solitaires, ou fasciculés. Pétales linéaires.

Arbrisseau haut de 8 à 10 pieds. Rameaux longs, flexibles. Feuilles molles, atteignant jusqu'à 9 pouces de long, sur 3 pouces de large. Calice scabre, long d'environ 18 lignes. Pétales 2 fois plus longs que le calice. Androphore blanc, long de 4 pouces et plus. Péricarpe vert, coriace, ovoïde, un peu plus long que le calice.

Cet arbrisseau, remarquable par la beauté de ses fleurs, croît à la Guiane. Son écorce sert à faire des liens.

Genre MATISIA. — *Matisia* Humb. et Bonpl.

Calice obovale, presque charnu, se déchirant au sommet en 2 ou 5 dents souvent inégales. Pétales ovales-oblongs. Androphore tubuleux, cylindrique, fendu supérieurement

en 5 lanières linéaires , dodécandres. Anthères sessiles , unilatérales, rapprochées par paires , couvrant toute la face externe de chaque phalange. Stigmates à 5 sillons. Drupe
ovoïde, à 5 loges monospermes. Périsperme mince. Cotylédons charnus, chiffonnés.

L'espèce suivante constitue à elle seule ce genre :

MATISIA A FEUILLES CORDIFORMES.—*Matisia cordata* Humb.
et Bonpl. Plant. Équat. tab. 2.

Arbre haut de 3o à 4o pieds. Tête arrondie, déprimée. Rameaux très-nombreux : les inférieurs horizontaux. Écorce du tronc
de couleur cendrée, très-rugueuse; celle des jeunes branches
lisse, verte. Bois tendre et léger. Feuilles horizontales, longues
de plus d'un demi-pied, fasciculées vers l'extrémité des ramules,
cordiformes, presque arrondies, pointues, 7-nervées, glabres;
pétiole cylindrique, renflé au sommet, un peu plus court que la
lame. Stipules subulées, caduques. Fleurs raméaires, fasciculées au nombre de 3-6, pédicellées, pendantes, longues de
2 pouces. Calice cotonneux. Corolle d'un blanc rosé, plus longue
que le calice. Drupe long de 4 à 5 pouces, cotonneux, mamelonné au sommet. Graines brunes, arrondies, longues de 1 pouce.

Ce végétal intéressant, que MM. de Humboldt et Bonpland ont
été les premiers à faire connaître, croît spontanément dans les
vallées chaudes et humides, entre les 5ᵘ N. et 5° S. Son fruit,
du volume et de la forme d'un gros Coing, a le goût de l'Abricot ; les habitants du Pérou et de la Nouvelle-Grenade le cultivent
avec soin. Les Péruviens lui donnent le nom de *Sapote*, qui sert
également à désigner les fruits de plusieurs espèces d'*Achras*.
Sur les bords de la Madeleine, il est connu sous le nom de *Chupa-
chupa*. Les célèbres voyageurs que nous venons de citer remar-
quent avec raison, qu'il serait à désirer qu'un arbre dont les fruits
offrent une utilité si marquée, fût transporté dans nos colonies.

Genre MONTÉZUMA. — *Montezuma* Moç. et Sess.
in De Cand. Prodr.

Calice hémisphérique, tronqué, sinuolé-denté. Androphore long, tubuleux, indivisé, contourné en spirale, sub-quinquésulqué : anthères très-nombreuses. Style terminé par un stigmate claviforme. Baie globuleuse, à 4 ou 5 loges polyspermes.

Ce genre, connu seulement par le caractère abrégé qu'en donne M. De Candolle, est constitué par l'espèce suivante :

MONTÉZUMA MAGNIFIQUE. — *Montezuma speciosissima* De Cand. Prodr. 1, p. 477.

Feuilles glabres, cordiformes, pointues, entières, pétiolées. Pédoncules uniflores, raméaires. Fleurs très-grandes, d'un pourpre tirant sur l'écarlate.

Ce végétal habite le Mexique.

Genre OPHÉLUS. — *Ophelus* Lour.

Calice campanulé, 5-fide : lanières pointues, étalées, réfléchies au sommet. Corolle à 5 pétales ovales, épais, réfléchis en dehors, plus longs que le calice. Étamines très-nombreuses : androphore tubuleux, un peu moins long que la corolle ; filets libres au sommet, réfléchis ; anthères petites, arrondies. Ovaire ovale. Style épais, saillant. Stigmate multifide. Péricarpe ligneux, pulpeux à l'intérieur, ovale - oblong, 12-loculaire, polysperme. Graines anguleuses.

Ce genre, qui n'est peut-être pas différent de l'*Adansonia*, renferme seulement l'espèce suivante, observée par Loureiro sur la côte de Mozambique :

OPHÉLUS DE MOZAMBIQUE. — *Ophelus sitularis* Lour. Flor. Cochinch.

Grand arbre. Tronc peu élevé, mais très-gros, divisé au sommet en un grand nombre de branches diffuses, réclinées. Feuilles oblongues, pointues, très-entières, glabres, pétiolées, rapprochées et éparses. Fleurs terminales, solitaires. Corolle très-étalée, blanche, large de 3 pouces. Péricarpe long d'un pied et plus, lisse, brunâtre.

Les habitants de la côte de Mozambique emploient le fruit de cet arbre à une infinité d'usages.

Genre ADANSONIA. — *Adansonia* Linn.

Calice cyathiforme, profondément 5 - fide : lanières oblongues, roulées en dehors. Pétales 5, roulés en dehors, ovales-arrondis. Étamines très-nombreuses, monadelphes : androphore tubuleux, évasé au sommet ; anthères réniformes, mobiles; filets terminaux, grêles, étalés. Style très-long, ascendant. Stigmate pelté, rayonnant. Péricarpe ovale-oblong, ligneux, indéhiscent, 10-14-loculaire : loges polyspermes, remplies d'une pulpe farineuse. Graines réniformes.

Ce genre appartient à l'Afrique équatoriale. Le colosse végétal, si célèbre sous le nom de *Boabab*, dont Adanson donna le premier une description détaillée, est la seule espèce bien connue.

ADANSONIA BOABAB. — *Adansonia digitata* Linn. — Cavan. Diss. 5, tab. 157. — Bot. Mag. tab. 2791 et 2792. — Tussac, Flor. Antill. 3, tab. 33 et 34. — Gærtn. Fruct. tab. 135. — Act. Acad. Paris. 1761, p. 218, tab. 6 et 7.

Tronc haut de 10 à 12 pieds, sur 20 à 25 pieds de diamètre. Branches très-grosses, étalées. Ramules feuillus. Feuilles digitées, 3-5- ou 7-foliolées ; folioles longues de 4 à 6 pouces, sur 18 à 24 lignes de large, pétiolulées, d'un vert gai en dessus, glabres, coriaces, veineuses, ovales-elliptiques, rétrécies aux 2 bouts, subobtuses ; pétiole cylindrique, pubescent, de la longueur des folioles. Stipules petites, triangulaires, caduques. Pédoncules axillaires, solitaires, pendants, de la longueur des feuilles, munis, vers leur sommet, de 2 ou 3 bractées éparses, linéaires lancéolées, caduques. Fleurs larges de près d'un demi-pied. Calice non-persistant, coriace, verdâtre et pubescent en dehors, satiné-argenté en dedans. Pétales égaux, aussi longs que les sépales, larges de 18 à 24 lignes, de couleur blanche, multinervés, ondulés, obliques. Androphore charnu, blanchâtre, tronqué au sommet, couronné d'environ 700 étamines dont les filets, un peu plus longs que lui, sont rabattus en forme de parasol ; anthères rougeâtres. Pistil un peu plus long que les pétales et les étamines. Ovaire ovoïde, soyeux. Style très-long, cylindrique, creux. Stigmate à 10-14 rayons triangulaires, velus. Péricarpe ligneux, ovoïde, rétréci aux 2 bouts, long de 12 à 18 pouces, sur 4 à 6 pouces de diamètre : pannexterne fort dure, noirâtre, épaisse de 2 à 3 lignes, recouverte d'un duvet de poils verdâtres ; pulpe blanche, spongieuse, se partageant par la dessiccation en un grand nombre de polyèdres monospermes. Graines brunes, luisantes, longues de 5 lignes, sur 3 lignes de large.

Le *Boabab* croît dans la Sénégambie, au Soudan, au Darfour, et en Abyssinie. Les Français du Sénégal l'appellent *Calebassier* : son fruit est connu sous le nom de *Pain de singe*. Les nègres de la Sénégambie nomment l'arbre *Coui* et son fruit *Boui*.

« De tous les arbres du Sénégal, dit Adanson, le Boabab est
» le plus singulier par sa monstrueuse grosseur. Lorsqu'on le re-
» garde de loin , il paraît plutôt une forêt qu'un seul arbre. Son
» tronc n'est pas fort haut: il n'a que dix ou douze pieds environ,
» mais sa circonférence va jusqu'à soixante-quinze pieds. Ce tronc
» immense est couronné d'un grand nombre de branches, remar-
» quables par leur grosseur , et encore plus par leur longueur ,
» qui est de cinquante à soixante pieds ; celle qui part de son cen-
» tre s'élève verticalement, mais celles des côtés s'élèvent à peine
» sous un angle de 30° ; elles suivent même pour la plupart une
» direction horizontale, d'où il arrive que souvent leur propre
» poids en fait traîner l'extrémité jusqu'à terre: cette disposi-
» tion des branches fait assez juger que la forme sous laquelle se
» présente cet arbre lorsqu'on le regarde de loin , doit être celle
» d'une masse hémisphérique assez régulière , de soixante à
» soixante-dix pieds de hauteur , et dont le diamètre a le dou-
» ble. Aux branches de l'arbre répondent à peu près autant de
» racines presque aussi considérables, mais beaucoup plus longues ;
» celle du milieu forme un pivot qui pique verticalement à une
» assez grande profondeur, mais celles des côtés s'étendent ho-
» rizontalement et presque à fleur de terre. J'ai eu occasion d'en
» voir une qui avait été découverte en grande partie par les
» eaux ; elle avait cent dix pieds de longueur dans la partie dé-

» couverte, et l'on pouvait facilement juger par sa grosseur que
» ce qui restait caché sous la terre avait encore au moins qua-
» rante ou cinquante pieds. Le pivot des jeunes plants de l'année
» est fusiforme. L'écorce du tronc et des branches est épaisse
» d'environ 9 lignes, d'un gris cendré, grasse au toucher, lui-
» sante, très-unie et comme vernissée au dehors, et d'un vert
» picoté de rouge en dedans. Le bois est très-mou et assez blanc.

  » A un arbre tel que le Boabab, il fallait des fleurs qui fus-
» sent proportionnées à sa grosseur; aussi les siennes ont-elles
» des dimensions qui surpassent celles de la plupart des fleurs
» des arbres que nous connaissons; lorsqu'elles sont en bouton,
» elles forment un globe de près de trois pouces de diamètre, et
» en s'épanouissant, elles ont quatre pouces de longueur, sur six
» de largeur; elles sortent au nombre de deux ou trois de cha-
» que branche, portées chacune sur un pédoncule cylindrique,
» pendant, long d'un pied, épais de cinq lignes.

  » Cet arbre vit très-long-temps, et peut-être plus qu'aucun ar-
» bre connu, à cause du long accroissement qu'exige sa mons-
» trueuse grosseur. Je puis rapporter quelques faits qui semblent
» le prouver; j'ai eu occasion de voir, comme je l'ai dit dans la
» relation de mon voyage au Sénégal, dans l'une des deux îles de
» la Mágdeleine, deux de ces arbres qui portaient des noms eu-
» ropéens, dont les uns dataient très-distinctement du 16me et
» du 15e siècle; d'autres assez confusément du 14e siècle; les an-
» nées en ayant effacé ou rempli la plupart des traits; ce sont pro-
» bablement ces mêmes arbres que Thévet dit avoir vus, en pas-
» sant par ces îles, dans le voyage qu'il fit aux terres antarcti-
» ques, en 1555. Les caractères de ces noms avaient six pouces
» au plus de longueur et n'occupaient pas deux pieds en largeur,
» c'est-à-dire, une très-petite partie de la circonférence du tronc,
» environ le huitième, ce qui me fit juger qu'ils n'avaient pas été
» gravés dans la jeunesse de ces arbres; en supposant cependant
» ce cas, qui est le moins favorable de tous, et en négligeant la
» date un peu confuse du 14me siècle, pour nous en tenir à
» celle du 16me siècle, qui est très-distincte, il est évident que
» si ces arbres ont été deux siècles à gagner six pieds de diamè-

» tre, ils seront au moins huit siècles à prendre vingt-cinq pieds
» de diamètre; mais il s'en faut bien que l'accroissement des ar-
» bres suive cette progression égale. Il est vraisemblable que son
» accroissement, qui est très-lent relativement à sa monstrueuse
» grosseur, qui est de vingt-cinq pieds, doit durer plusieurs mil-
» liers d'années et peut-être remonter jusqu'au temps du déluge.

» Comme toutes les Malvacées, le Boabab possède des vertus
» émollientes, surtout dans son écorce et dans ses feuilles; cel-
» les-ci sont particulièrement employées, pour cette raison, par
» les nègres habitants du Sénégal. Il les font sécher à l'ombre en
» plein air, puis les réduisent en une poudre qui est d'un assez
» beau vert; ils conservent cette poudre dans des sachets de toile
» de coton; c'est ce qu'ils appellent le *Lalo*. Ils en font un usage
» journalier et en mettent deux ou trois pincées dans leur man-
» ger, surtout dans le couscous, à l'effet d'entretenir dans leur
» corps une transpiration abondante, et de calmer la trop grande
» ardeur du sang. Le mucilage de Boabab a ces vertus, et j'en ai
» profité avantageusement pour me préserver des fièvres ar-
» dentes.

» Le fruit de Boabab n'a pas moins d'utilité que les feuilles;
» on en mange la chair fongueuse qui enveloppe les semences;
» elle a un goût aigrelet assez agréable, surtout dans les fruits
» de l'année, qui conservent encore un peu de leur fraîcheur. Le
» temps fait perdre à ce fruit beaucoup de sa première bonté: né-
» anmoins on le vend dans les marchés; c'est même un objet de
» commerce, petit à la vérité, pour le pays du Sénégal, où l'ar-
» bre qui le porte est trop commun, mais assez avantageux pour
» ceux qui en portent chez les peuples voisins. Les Mandingues le
» portent dans la partie méridionale et orientale de l'Afrique.
» Les Maures le font passer dans les pays voisins du royaume de
» Maroc, d'où il se répand ensuite dans toute l'Égypte: car sui-
» vant le témoignage de Prosper Alpin, «« ce fruit est apporté
»» au Caire, non pas dans son état de fraîcheur, mais assez sec
»» pour que sa pulpe puisse se réduire en une poudre qu'on ap-
»» pelle dans cette ville la *terre de Lemnos*, remède très-usité
»» contre les crachemens de sang, les dyssenteries, les fièvres. »»

» L'écorce ligneuse de ce fruit, et le fruit lui-même lorsqu'il est
» gâté, servent aux nègres à faire un excellent savon, en tirant la
» lessive de ses cendres et en la faisant bouillir avec l'huile de
» Palmier qui commence à rancir.

» On peut encore rapporter aux usages du Boabab celui que
» les nègres font de son tronc; la carie le creuse souvent, surtout
» s'il croît dans les terrains pleins de rochers. Les nègres savent
» profiter de ces cavités; ils les régularisent pour en former des
» chambres obscures, ou plutôt de vastes cavernes, qu'ils desti-
» nent à être le tombeau des gens qu'ils jugent indignes des hon-
» neurs ordinaires de la sépulture.»

Genre CAROLINÉA. — *Carolinea* Linn. fil.

Calice cupuliforme, tronqué, subquinquédenté. Pétales 5,
liguliformes-oblongs, coriaces, cotonneux, beaucoup plus
longs que les sépales. Étamines très-nombreuses, libres supérieurement; androphore 5-fide ou plurifide; filets très-
longs, soudés deux à deux par la base; anthères linéaires ou
oblongues, souvent arquées. Ovaire 5-loculaire. Style indivisé, de la longueur des étamines. Stigmate 5-parti. Capsule
ligneuse, 5-valve, loculicide, 1-loculaire au centre par le re-
trait des cloisons, polysperme. Graines attachées à l'axe central, anguleuses, non-laineuses. Embryon curviligne ou presque rectiligne : cotylédons inégaux : l'extérieur 4 fois plus
grand et enveloppant l'intérieur et la radicule.

Arbres ou arbrisseaux. Feuilles digitées; folioles subsessiles, ordinairement articulées au pétiole. Pétiole très-long,
dilaté au sommet en forme de disque. Stipules caduques.
Pédoncules axillaires, subterminaux, solitaires, uniflores, 2-
ou 5-bractéolés, épais. Fleurs très-grandes, naissant souvent
avant les feuilles. Corolle d'un roux verdâtre en dessous, blanche ou rouge en dessus.

Les *Carolinéa* sont remarquables tant par l'élégance de
leur port et de leur feuillage, que par les dimensions extraordinaires de leurs fleurs, qui ont l'aspect de celles de
certains *Cactus*. Leurs graines sont bonnes à manger et abon-

dent en huile grasse. On connaît une dizaine d'espèces de ce genre, toutes indigènes dans la zone torride du nouveau continent. Elles croissent de préférence à l'ombre des grandes forêts vierges, et sur le bord des rivières.

Voici les espèces les mieux connues, dont quelques-unes se cultivent pour l'ornement des serres.

CAROLINÉA MAGNIFIQUE. — *Carolinea princeps* Linn. fil. — *Pachira aquatica* Aubl. Guian. 2, tab. 291 et 292. — Cav. Diss. 3, tab. 72, fig. 1.

Feuilles à 5-8 folioles lancéolées, ou ovales-lancéolées, acuminées, glabres, dentées. Calice campanulé, membraneux, quinquéglanduleux à la base. Pétales réfléchis au sommet. Androphore beaucoup plus long que le calice. Anthères oblongues, rectilignes. Style cotonneux à la base. Stigmate à 5 lames pétaloïdes.

Arbre haut d'une vingtaine de pieds, à cime arrondie. Tronc souvent rameux dès la base, atteignant 1 à 2 pieds de diamètre. Bois blanc, spongieux. Branches rameuses, diffuses. Pétiole long d'un demi-pied. Folioles inégales, les plus grandes atteignant plus d'un demi-pied de long, sur 2 pouces de large. Pétales pointus, longs d'un pied, larges de 6 lignes, jaunâtres en dessus. Androphore polyadelphe. Capsule d'environ 5 pouces de diamètre, velue, rousse, ovoïde, à 5 côtes obtuses.

Cette espèce croît aux bords des rivières dans la Guiane, ainsi qu'au Brésil dans les provinces de Para et de Maranhao. Les habitants de Cayenne lui donnent le nom de *Cacao sauvage*. Les Galibis, dit Aublet, mangent les amandes de la graine après les avoir fait cuire sous des cendres chaudes.

Le *Carolinéa magnifique* se cultive en serre chaude ; mais il est bien rare de l'y voir produire des fleurs.

CAROLINÉA COTONNEUX. — *Carolinea tomentosa* Mart. Bras. Ic. vol. 1, tab. 56. — *Carolinea alba* Loddig. Bot. Cab. tab. 752 ?

Feuilles à 8 ou 9 folioles obovales, obtuses, coriaces, cotonneuses. Calice coriace, multiglanduleux à la base. Pétales dressés, linéaires-oblongs, obtus. Androphore de la longueur du calice. Anthères oblongues. Style glabre.

Petit arbre à rameaux flexueux. Pétiole long d'environ 1 pied; folioles longues de 8 à 10 pouces, sur 3 à 4 pouces de large. Pédoncules de la longueur du calice. Pétales longs de 1 à 5 pouces, d'un brun olivâtre en dessus, blancs en dessous. Filets blancs. Anthères jaunes.

Cette espèce a été découverte par M. de Martius, au Brésil, dans la province des Mines.

CAROLINÉA GRANDIFLORE. — *Carolinea macrantha* Juss. fil. in Flor. Bras. Merid.

(Feuilles inconnues.) Calice cupuliforme, à bord non-denté. Androphore 5-lobé, plus court que le calice. Anthères subspiralées. Stigmate capitellé, 5-lobé.

Cette espèce est très-distincte par ses fleurs, dont les pétales atteignent la longueur extraordinaire d'un pied et demi. Elle a été observée par M. Aug. de Saint-Hilaire, au Brésil, dans la province des Mines.

CAROLINÉA MARGINÉ. — *Carolinea marginata* Juss. fil. in Flor. Bras. Merid. 1, tab. 51.

Feuilles à 7 folioles inarticulées, lancéolées-obovales, marginées, cotonneuses en dessous, terminées en pointe courte. Androphore pentadelphe, laineux, plus long que le calice. Anthères oblongues, arquées. Pétales dressés, réfléchis au sommet. Calice cupuliforme, non-denté.

Folioles longues d'un demi-pied, sur 3 pouces de large. Pétales pointus, longs de 7 pouces, sur 4 pouces de large, roux en dessous, blancs en dessus. Filets rougeâtres. Stigmate capitellé.

Cet arbrisseau a été trouvé par M. Aug. de Saint-Hilaire, au Brésil, dans la province des Mines.

CAROLINÉA ÉLÉGANT. — *Carolinea insignis* Swartz. — *Bombax grandiflorum* Cavan. Diss. 5, tab. 154.—Lodd. Bot. Cab. tab. 1004.

Feuilles à 5 ou 7 folioles oblongues-obovales, rétrécies aux

deux bouts, obtuses, glabres. Calice cupuliforme, sinuolé. Pétales dressés, étalés au sommet. Androphore monadelphe, court.
Anthères réniformes.

Arbre. Folioles subpétiolées, glauques en dessous. Pédoncules
un peu plus longs que le calice. Pétales obtus, longs de près d'un
pied, cotonneux en dehors, de couleur pourpre. Étamines un peu
plus courtes que la corolle. Stigmate 5-denté.

Cette espèce croît aux Antilles. Elle est fréquemment cultivée
dans les serres, à cause de l'élégance de ses fleurs.

CAROLINÉA PETIT. — *Carolinea minor* Sims, Bot. Mag.
tab. 1412.

Feuilles à 7 folioles lancéolées-oblongues, subobtuses, glabres.
Calice campanulé. Pétales linéaires, étroits, dressés, non-recour-
bés. Androphore 5-fide, plus long que le calice. Stigmate 4-parti.

Arbrisseau. Folioles longues de 3 à 4 pouces, larges de 12 à
15 lignes. Pédoncules 2 fois plus longs que le calice. Pétales verdâtres aux 2 faces, longs d'un demi-pied, larges à peine de 2 lignes. Filets pourpres, plus longs que la corolle. Graines enveloppées d'un coton brun.

Cette espèce, qu'on cultive dans les serres, est originaire de
la Guiane.

CAROLINÉA DE TUSSAC.—*Pachira grandiflora* Tussac, Flor.
Antill. 4, tab. 3 et 4.

Feuilles à 5 folioles lancéolées. Fleurs très-grandes, terminales.
Pétales très-longs, recourbés en arrière, révolutés au sommet.
Calice tronqué, tubuleux, glabre, non-glanduleux. Capsule
oblongue-obovale, cannelée.

Arbre à tronc haut de 25 à 30 pieds. Feuilles longuement pétiolées. Folioles longues de 3 à 5 pouces. Corolle blanche : pétales longs de plus d'un pied, soudés par leur base en un tube long
d'environ 3 pouces. Filets rougeâtres, très-longs, formant une
aigrette d'un demi-pied de diamètre. Capsule brunâtre, longue
de plus d'un pied, sur près d'un demi-pied de diamètre.

Cette espèce croît dans toutes les Antilles. «Quelque indifférent
» que soit un voyageur aux merveilles de la Nature, dit M. de

» Tussac, il s'arrête spontanément à la vue d'un *Pachira*, et ne
» peut refuser son admiration à des fleurs qui réunissent à une
» dimension extraordinaire l'élégance des formes ; le sens de la
» vue n'est pas le seul satisfait ; les beaux fruits que produit cet
» intéressant végétal fournissent encore une nourriture saine dans
» ses graines, qui ressemblent un peu aux Châtaignes d'Europe,
» et se mangent de la même manière. »

Genre ÉRIODENDRE. — *Eriodendron* De Cand.

Calice tubuleux ou campanulé, irrégulièrement 5-lobé. Pétales coriaces, cotonneux, plus ou moins soudés entre eux
et avec la base de l'androphore. Androphore tubuleux à la
base, divisé supérieurement en 5 faisceaux filiformes, entiers, portant chacun 1 à 3 anthères linéaires ou anfractueuses. Capsule ligneuse, 5-loculaire, 5-valve, polysperme.
Graines 3 ou 4-sériées, enveloppées d'un duvet laineux ; cotylédons égaux, foliacés, plissés longitudinalement, condupliqués ; radicule presque incluse, courbée.

Arbres plus ou moins élevés. Tronc souvent renflé vers
la base, tantôt inerme, tantôt garni de gros aiguillons coniques. Écorce épaisse, subéreuse. Bois mou, blanchâtre. Rameaux étalés. Feuilles pétiolées, digitées ; folioles articulées
au pétiole. Stipules caduques. Pédoncules solitaires, ou fasciculés, axillaires, ou raméaires par la chute des feuilles, uniflores, bractéolés. Fleurs roses, ou blanches, ou jaunâtres.

Les *Ériodendres* habitent la zone torride de l'Amérique,
principalement au voisinage de l'équateur. D'après les observations de M. de Martius, on ne les trouve jamais à plus
de deux mille pieds d'élévation. Ils croissent épars au milieu
des forêts vierges, où on les découvre au loin à la laine bril-
lante qui revêt l'intérieur de leurs capsules persistantes. Leurs
troncs se font remarquer par des dimensions extraordinaires,
et souvent aussi par un renflement très-apparent de leur
partie inférieure. Les fleurs n'ont pas moins d'éclat que celles
des *Bombax* et des *Carolinéa* : leurs pétales sont coriaces
et recouverts d'un duvet satiné. On connaît aujour-

d'hui six espèces de ce genre; nous allons en décrire les plus
curieuses :

ÉRIODENDRE A FLEURS ODORANTES. — *Eriodendron jasmi-
nodorum* Aug. Saint-Hil. Flor. Bras. Merid. 1, tab. 52.

Tronc inerme. Feuilles à 3 folioles ovales, pointues, apiculées,
ondulées. Calice cupuliforme, à lobes obtus. Pétales réfléchis,
pubescents, 3 fois plus longs que le calice. Androphore dilaté au
sommet, de la longueur du calice. Anthères solitaires, anfractueuses. Style géniculé.

Arbre dégarni de feuilles à l'époque de la floraison. Folioles
glabres, pétiolulées, longues de 2 à 3 pouces, larges de 1 à 2
$^1/_2$ pouces. Pédoncules solitaires, plus longs que les fleurs. Étamines saillantes, plus courtes que la corolle.

Cet arbre a été trouvé par M. Aug. de Saint-Hilaire au Brésil,
dans la province des Mines. Ses fleurs répandent une odeur de
Jasmin ; elles ne sont guère plus grandes que celles de l'Oranger.

ÉRIODENDRE A ANTHÈRES RECTILIGNES. — *Eriodendron
leiantherum* De Cand.—Mart. Brasil. Ic. 1, tab. 96 et 97.—
Bombax erianthos Cavan. Diss. 5, tab. 152, fig. 1.

Feuilles à 5 ou 7 folioles lancéolées-oblongues, ou obovales,
acuminées. Calice campanulé, à 5 lobes ovales. Pétales dressés,
obovales-oblongs, échancrés, cotonneux, 3 fois plus longs que le
calice. Androphore étalé. Anthères rectilignes, adnées, géminées.
Capsule oblongue-obovale.

Arbre de première grandeur. Tronc renflé inférieurement et
couvert d'aiguillons de même que les branches. Corolle semblable
à une fleur de Lys, longue de 3 à 4 pouces, couverte extérieure-
ment de poils blancs laineux, très-serrés et réfléchis en dehors.
Capsule longue de 8 pouces, sur 5 pouces de diamètre.

Cette espèce croît dans les forêts du Brésil méridional.

ÉRIODENDRE SAMAUMA. — *Eriodendron Samaüma* Mart.
Flor. Bras. Ic. tab. 98.

Feuilles à 5 ou 7 folioles oblongues ou oblongues-lancéolées,
rétrécies aux 2 bouts, acuminées, glaucescentes en dessous. Pé-

tales obovales-spathulés, dressés, ouverts. Androphore oblong.
Anthères flexueuses, versatiles. Capsule obovale-oblongue.

Cet arbre croît au Brésil, dans les forêts-vierges humides arrosées par le Japura, le Madeira et le Solimoëns. Son tronc,
très-épais et couvert d'aiguillons d'un brun noirâtre, s'élève
jusqu'à cent pieds. La corolle, semblable à un Lys, a environ
quatre pouces de long : le duvet qui la recouvre à l'extérieur
jette un lustre ferrugineux. La capsule, longue de plus d'un demi-
pied, renferme un coton blanc très-fin qu'on emploie fréquemment dans le pays au rembourrage des matelas et coussins. M. de
Martius assure qu'on a déjà tenté d'importer cette substance en
Europe; mais malheureusement elle n'est pas facile à filer. Les
Brésiliens appliquent en général le nom de *Samaüma* au Coton
de toutes les Bombacées. Le Coton de l'espèce dont nous parlons
est appelé *Samaüma branca*.

ÉRIODENDRE A ANTHÈRES ANFRACTUEUSES. — *Eriodendron
anfractuosum* De Cand. — *Bombax pentandrum* Linn. — Cavan. Diss. 5, tab. 151. — Hort. Malab. 3, tab. 49, 50 et 51.
— Rumph. Amb. 1, tab. 80.

Tronc aiguillonné. Feuilles 7-foliolées; folioles lancéolées-
oblongues, acuminées, glabres, très-entières ou dentelées. Pédoncules latéraux, courts, multiflores; pédicelles en ombelle.
Calice campanulé, à 5 dents obtuses, inégales. Corolle rotacée :
tube de la longueur du calice; lames oblongues-obovales, obliquement échancrées, 2 fois plus longues que le calice. Anthères
géminées, versatiles, oblongues, anfractueuses. Péricarpe ovale-
oblong, obtus, cylindrique.

Arbre s'élevant jusqu'à 100 pieds. Tronc dressé, le plus souvent renflé au milieu ou vers le sommet, simple jusqu'à la hauteur de 30 pieds, muni dans un âge avancé de côtes ligneuses
très-épaisses. Écorce subéreuse, épaisse, grisâtre, souvent hérissée d'aiguillons ligneux très-forts et grands, dissemblables,
coniques, ou subulés, ou comprimés, ou quadrangulaires. Rameaux pendants et étalés, disposés en tête ample et touffue.
Feuilles caduques annuellement. Folioles longues de 4 à 6 pouces, d'un vert gai en dessus, blanchâtres en dessous; pétiole plus

long que les folioles. Ombelles courtement pédonculées, 6-ou
pluriflores, naissant en quantités innombrables le long de toutes
les branches. Corolle rose, large de 2 pouces, répandant une
odeur de fromage. Androphore court, resserré au-dessus de l'o-
vaire; filets subulés, courbés, aussi longs que la corolle; anthères très-grandes. Style décliné inférieurement, plus long que les
étamines. Stigmate globuleux. Péricarpe long d'un demi-pied ou
plus, de la forme d'un Concombre, brunâtre, glabre, rempli
d'un Coton soyeux, de couleur rousse; valves caduques. Graines
globuleuses, de la grosseur d'un Pois.

L'*Ériodendre à anthères anfractueuses* croît aux Antilles,
et, selon l'opinion généralement admise, dans l'Inde, aux Moluques, ainsi qu'en Afrique sur les bords du Congo. Il nous paraît
cependant fort douteux que l'espèce mentionnée par Rumphius et
Rheede soit la même que celle des Antilles, que nous venons de
décrire d'après Jacquin. L'arbre des Antilles porte dans ces îles
le nom vulgaire de *Fromager*, qui s'applique également à plusieurs autres Bombacées; les Anglais l'appellent *Silk Cotton-tree*
(Arbre à coton soyeux). C'est un végétal magnifique, non moins
remarquable par la singularité de sa forme, que par la beauté et
l'immense quantité de ses fleurs. Jacquin estime que le nombre approximatif de ces dernières, sur un individu adulte, se monte à plus de quatre millions; elles couvrent l'arbre lorsqu'il
vient de perdre ses feuilles et répandent une odeur de fromage.
Le tronc est souvent hérissé d'aiguillons formidables, et les côtes
ligneuses dont il est muni dans toute sa longueur, atteignent jusqu'à cinq pieds d'épaisseur à sa partie inférieure. Le Coton des
graines s'envole au moindre soufle d'air, et devient fort incom-
modant pour les passants.

L'Ériodendre de l'Inde et des Moluques est un arbre de la
grandeur du Noyer. Dans toute l'Inde il se fait une forte consommation de son Coton pour rembourrer des matelas, coussins, etc.
Aucune substance végétale, selon Rumphius, n'est plus propre à
cet usage, en raison de son élasticité; mais ce duvet est trop
court pour être filé. La séparation des graines et du Coton s'opère
en mettant le tout dans un grand vase et en retournant avec un

bâton auquel est fixé un instrument en forme de croix : le duvet
s'élève en flocons, tandis que les graines retombent au fond. Les
Malais mangent les amandes de ces graines soit crues, soit torréfiées : elles sont très-nourrissantes et d'une saveur douceâtre,
mais difficiles à digérer. Les femmes du pays ont coutume d'oindre
leur tête avec la décoction mucilagineuse des jeunes feuilles, pour
faire pousser les cheveux.

Peu de végétaux ligneux prennent aussi facilement racine que
l'*Ériodendre anfractueux* : aussi est-il très-utile pour former des
haies et des palissades.

Genre BOMBAX. — *Bombax* (Linn.) De Cand.

Calice tronqué et 5-denté, ou bien campanulé et 3-5-fide
ou lobé. Pétales cotonneux, plus longs que le calice, plus ou
moins soudés. Étamines très-nombreuses; androphore cylindrique, indivisé, ou 5-fide; filets longs, capillaires, renflés au
sommet, anthères ovales. Ovaire à 5 loges 5-10-ovulées. Style
filiforme. Stigmate 5-lobé ou 5-denté. Capsule grande, 5-lo-
culaire, 5-valve, ligneuse. Graines bisériées, subglobuleuses,
enveloppées de Coton. Périsperme charnu ou pelliculaire.
Cotylédons plissés longitudinalement, inégaux : l'extérieur,
plus grand, enveloppant l'intérieur et une partie de la radicule.

Arbres souvent garnis d'aiguillons sur le tronc et sur les
branches. Feuilles digitées, pétiolées. Folioles articulées,
coriaces. Pédoncules axillaires ou subterminaux (raméaires
par la chute des feuilles), solitaires ou fasciculés, uniflores.
Calices 1-3-bractéolés, souvent pulvérulents.

Ce genre, dont on connaît dix-sept espèces, appartient à
la zone équatoriale. Les *Bombax*, de même que les Carolinéa,
produisent des fleurs remarquables par leur grandeur, et le
tronc de certaines espèces rivalise presque en grosseur avec
celui du Boabab. Le Coton qui enveloppe les graines de ces
végétaux sert à de nombreux usages; mais il est trop court
pour être filé. Aux Antilles, le nom vulgaire de *Fromager*

s'applique indistinctement aux Bombax ainsi qu'aux Ériodendres.

BOMBAX CÉÏBA. — *Bombax Ceiba* Linn. — *Bombax quinatum* Jacq. Amer. tab. 176, fig. 1.

Tronc aiguillonné. Feuilles à 5 folioles lancéolées, entières ou
denticulées, pointues. Calice campanulé, 5-denté. Corolle infondibuliforme : pétales oblongs, concaves, obtus. Androphore 5-fide,
2 fois plus long que le calice. Capsule oblongue-obovale, concave
au sommet, quinquangulaire.

Grand arbre. Corolle très-longue; tube 2 fois plus long que
le calice. Filets de la longueur de la corolle. Anthères oblongues,
versatiles. Stigmate à dents obtuses.

Cette espèce croît aux environs de Carthagène. Les Espagnols
de ce pays la nomment *Céïba.*

BOMBAX SEPTEMFOLIOLÉ.—*Bombax septenatum* Jacq. Amer.
— *Bombax heptaphyllum* Linn. — Tussac, Flor. Antill. 4,
tab. 14.

Tronc inerme, subéreux. Feuilles à 7 folioles très-entières.
Pétales presque libres. Capsule ovale-oblongue, cylindrique,
obtuse.

Écorce grisâtre, armée d'aiguillons courts, très-aigus, enchâs-
sés dans des tubercules coniques. Fleurs très-grandes, pourpres.
Pétales lancéolés.

« Après le Boabab, dit M. de Tussac, je crois que l'on peut
» placer le Fromager; j'ai observé plusieurs fois à Saint-Domin-
» gue, un de ces arbres dont le tronc s'élevait à plus de soixante
» pieds, et dont la base avait près de neuf pieds de diamètre ; la
» cime immense qui le couronnait formait un magnifique dôme de
» verdure, qui offrait une ombre hospitalière aux voyageurs.

» Le bois de ce Fromager est blanc, mou, filandreux et ne
» s'emploie qu'à faire des pirogues, qui ne durent que très-peu
» de temps dans l'eau douce, mais bien plus longtemps dans l'eau
» de mer. Le Coton qui enveloppe les graines est trop court pour
» être filé : il sert à bourrer des matelas et des oreillers ; mais
» son usage le plus important est pour la confection des chapeaux.

» L'écorce de la racine possède des propriétés émétiques; celle du
» tronc passe pour dépurative. »

Cet arbre croît aux Antilles, où il est connu sous le nom de
Fromager (nom qui s'applique d'ailleurs à plusieurs autres
Bombacées). Jacquin l'a observé aux environs de Carthagène, où
on l'appèle Céiba , de même que l'espèce précédente.

Bombax de Malabar. — *Bombax malabaricum* De Cand.
Prodr. — Hort. Malab. 3, tab. 52.— *Bombax heptaphyllum*
Roxb. Corom. 3, tab. 247.

Tronc peu aiguillonné. Feuilles à 7 folioles très-entières ,
lancéolées. Calice campanulé, profondément 2-3-lobé. Pétales
presque libres, oblongs. Androphore 5-parti. Capsule oblongue.

Arbre haut d'une cinquantaine de pieds. Tronc atteignant jusqu'à 6 pieds de diamètre à la base. Bois tendre , léger. Écorce
épaisse , de couleur grisâtre.

Cette espèce croît dans l'Inde.

Bombax magnifique. — *Bombax insigne* Wallich , Plant.
Asiat. Rar. 1, tab. 79 et 80.

Inerme. Feuilles à 9 folioles ovales , brusquement acuminées,
très-entières, glabres, glauques en dessous. Calice bilobé, urcéolé, globuleux, glabre en dehors, quatre fois plus court que
la corolle. Pétales presque libres, réfléchis, spathulés-oblongs,
plus longs que les étamines. Androphore pentadelphe, annulaire.
Stigmate à 5 dents subulées. Capsule très-longue.

Arbre haut de 20 à 30 pieds. Tronc épais ,.à peu près cylindrique. Rameaux forts, cylindriques, glabres , glauques, cicatrisés. Feuilles éparses, agrégées vers l'extrémité des ramules ,
larges de 1 pied ou plus ; pétiole cylindrique, long d'environ 8
pouces ; folioles coriaces, rétrécies en pétiolule long de 6 à 12
lignes, d'un vert sombre, longues d'environ 5 pouces. Fleurs
éparses, solitaires, très-grandes. Pédoncules épais , claviformes ,
longs d'un demi-pouce. Calice très-épais, rougeâtre en dehors ,
soyeux en dedans, long de 18 lignes, sur environ 15 lignes de
diamètre. Pétales longs de 5 à 6 pouces , larges de 12 à 18 lignes, de couleur écarlate et glabres en dessus, plus pâles et

soyeux en dessous. Filets dressés, divergents, blanchâtres; soudés par la base en un anneau d'un demi-pouce de haut. Anthères jaunâtres, réniformes, médifixes. Ovaire ovoïde-conique, court. Style un peu plus long que les étamines. Valves de la capsule planes, ligneuses, oblongues, pointues, larges de 1 pouce; longues de 10 pouces.

« La seule localité, dit M. Wallich, où j'aie trouvé cet arbre
» magnifique, est dans une contrée très-aride, à quelques milles
» de distance des sources de pétrole de l'Iraouaddi, non loin de
» la ville de Yénangheun. Il fleurissait en janvier. J'en vis un
» grand nombre d'individus, tous dépouillés de feuilles, mais
» couverts d'une multitude d'énormes fleurs d'un écarlate bril-
» lant. L'arbre est plus petit que le *Bombax malabaricum*,
» mais ses fleurs sont deux fois plus grandes. Ce dernier croît
» aussi en abondance sur les bords de l'Iraouaddi, autour des
» villages et dans les forêts, de même que sur les bords du Sa-
» luen, dans la province de Martaban. On en rencontre quelque-
» fois une variété à fleurs blanches. »

BOMBAX A PETITES FLEURS.—*Bombax parviflorum* Mart. Flor. Bras. Ic. tab. 57.

Tronc inerme. Feuilles à 3 ou 5 folioles cunéiformes-oblongues, obtuses ou échancrées, coriaces, glabres. Pédoncules solitaires ou fasciculés, glabres. Pétales étalés, 3 fois plus longs que le calice, obovales, terminés en pointe recourbée. Ovaire glabre.

Petit arbre haut de 12 à 25 pieds. Pétales longs d'environ 1 pouce, de couleur blanche.

Cette espèce à été découverte par M. de Martius au Brésil, dans les hauts *campos* de la province des Mines.

BOMBAX PUBESCENT. — *Bombax pubescens* Mart. l. c. tab. 58.

Feuilles pubescentes : les inférieures 5-foliolées; les supérieures 3- ou 2-foliolées; folioles cunéiformes-obovales, rétuses, coriaces. Pédoncules solitaires ou fasciculés, cotonneux. Calice cupuliformé. Pétales obovales-oblongs, à pointe recourbée, 3 fois plus longs que le calice. Androphore indivisé. Ovaire glabre. Anthères immobiles, réniformes.

Arbre haut de 20 à 30 pieds. Folioles longues d'environ 4 pouces. Fleurs blanches, semblables à celles de l'espèce précédente.

Cette espèce a été trouvée au Brésil, dans la province des Mines, par M. de Martius. Son écorce est très-tenace et s'emploie dans le pays à faire des cordages.

BOMBAX MONGUBA. — *Bombax Munguba* Mart. l. c. tab. 109.

Tronc inerme. Feuilles à 9 folioles elliptiques-oblongues, acuminées, ondulées, glabres, rétrécies en pétiolule. Pédoncules 3- ou 4-flores, glabres, terminaux. Calice cupuliforme. Pétales charnus, réfléchis, oblongs-lancéolés, pointus. Étamines très-nombreuses. Androphore annulaire.

Tronc haut de 80 pieds et plus, sur 16 pieds de diamètre. Écorce lisse. Branches nombreuses, très-grosses, étalées, subverticillées, formant une ample tête arrondie ou hémisphérique. Pétiole commun long de 1 pied; folioles longues de 6 à 15 pouces, sur 2 à 5 pouces de large. Pétales longs de 2 à 3 pouces, rougeâtres en dessous, blancs en dessus, réfléchis en dehors. Étamines 2,000 et plus, saillantes; anthères blanches.

Cette espèce, l'une des plus magnifiques du genre, a été trouvée par M. de Martius au Brésil, dans les forêts-vierges de la province de Rio-Négro; sur les bords de l'Amazone. Les habitants du pays lui donnent le nom de *Munguba*.

BOMBAX COTONNEUX. — *Bombax tomentosum* Juss. fil. in Flor. Bras. Merid.

Tronc inerme. Feuilles à 5 folioles ovales-lancéolées, entières, cotonneuses en dessous, scabres en dessus. Pédoncules fasciculés. Calice cupuliforme, presque entier. Pétales libres, réfléchis supérieurement, lancéolés-oblongs, obliquement échancrés. Androphore indivisé. Capsule ovoïde-pentagone, pulvérulente.

Arbre tortueux, rameux, à cime arrondie. Folioles longues de 2 à 5 pouces, larges de 1 à 2 pouces; pétiole long d'environ 3 pouces. Pédoncules courts, épais. Pétales soyeux, longs de 2 pouces, larges de 6 lignes. Étamines 2 fois plus courtes que la corolle. Loges du fruit laineuses. Graines glabres. Stigmate sub-pentagone.

Cette espèce a été observée par M. Aug. de Saint-Hilaire, au Brésil, dans la province de Goyaz.

BOMBAX DISCOLORE. — *Bombax discolor* Kunth, in Humb. et Bonpl. Nov. Gen. et Spec.

Tronc inerme. Feuilles à 5 folioles cunéiformes - oblongues, acuminées, crénelées, poilues en dessus, cotonneuses en dessous. Fleurs paniculées. Calice urcéolé, denticulé. Pétales soudés par la base, linéaires-oblongs, obtus, 5 fois plus longs que le calice. Androphore indivisé.

Arbre haut d'une vingtaine de pieds. Folioles vertes en dessus, blanchâtres en dessous, longues de 2 à 3 pouces, sur 12 à 15 lignes de large. Fleurs blanches, de la grandeur de celles du Citronnier. Calice cotonneux, petit. Étamines plus longues que la corolle. Anthères subréniformes, terminales, inarticulées. (Fruit inconnu.)

Cette espèce a été observée par MM. de Humboldt et Bonpland près de San-Félipe.

BOMBAX D'AFRIQUE. — *Bombax buonopozense* Beauv. Flor. d'Owar et Ben. 2, p. 42, tab. 83.—Guillem. et Perrot. in Flor. Senegamb. 1, p. 77.

Tronc inerme. (Feuilles inconnues.) Pétales libres, concaves, très-amples, oblongs, obtus, cotonneux en dehors, rouges. Calice cupuliforme, tronqué, glabre en dehors. Étamines penta-delphes.

Arbre très-élevé. Tronc nu, droit; écorce très-glabre, grisâtre, lisse, luisante. Fleurs axillaires, subterminales, grandes, subsessiles. Étamines très-nombreuses, dressées, plus courtes que la corolle. Filets rougeâtres, velus à la base. Anthères semi-lunées. Fruit pentagone, long de 3 à 4 pouces.

Cette espèce, déjà observée par Beauvois dans le pays d'O-ware, a été retrouvée par M. Perrottet sur les bords de la Gambie. On la rencontre rarement garnie de feuilles, et il paraît qu'elle n'en est pourvue que pendant la saison des pluies. La beauté et l'éclat de ses grandes fleurs, d'un rouge très-intense, la font reconnaître de loin.

Genre CHORISIA. — *Chorisia* Kunth.

Calice campanulé, à 3-5 lobes obtus. Corolle ouverte, 5-pétale. Androphore double, tubuleux : l'extérieur plus court, évasé supérieurement en 10 lobes stériles ; l'intérieur soudé inférieurement à l'extérieur, grêle, anthérifère au sommet. Anthères 10, soudées deux à deux, adnées, extrorses, linéaires, subflexueuses. Ovaire à 5 loges incomplètes, multiovulées ; ovules plurisériés. Style filiforme, saillant. Stigmate arrondi, 5-lobé, poilu. Capsule 5-valve, polysperme. Graines laineuses.

Arbres armés d'aiguillons. Feuilles longuement pétiolées, digitées ; folioles articulées, inégales, subsessiles. Stipules caduques. Pédoncules subterminaux, géminés, ou ternés, ou solitaires, uniflores, 2-3-bractéolés sous la fleur. Pétales grands, rougeâtres, cotonneux.

Ce genre, remarquable par la beauté de ses fleurs, ne renferme que les trois espèces suivantes :

CHORISIA ÉLÉGANT.—*Chorisia speciosa* Aug.Saint-Hil., Juss. fil. et Cambess. Plant. Us. des Bras. tab. 63.

Feuilles à 5 ou 7 folioles lancéolées, acuminées, dentelées, glabres. Pédoncules solitaires ou agrégés. Pétales cotonneux, spathulés, échancrés, légèrement ondulés. Androphore extérieur de la longueur du calice ; lobes laineux. Capsule subglobuleuse.

Grand arbre touffu. Écorce presque lisse. Aiguillons coniques. Folioles longues de 2 à 4 pouces, 4 fois moins larges, luisantes, réticulées ; pétiole commun long de 3 à 6 pouces. Pédoncules épais, raides, courts, disposés en grappes terminales. Calice glabre en dehors, soyeux en dedans, à lobes inégaux, obtus. Pétales longs de 3 pouces ou plus, rouges à la face supérieure, jaunes et striés de noir à la face inférieure. Androphore un peu plus court que la corolle.

« Cet arbre, dit M. Aug. de Saint-Hilaire, se trouve assez
» communément dans les bois vierges du Brésil méridional, au
» milieu de la verdure foncée desquels ses fleurs rouges produi-
» sent le plus bel effet; on le plante aussi quelquefois auprès des
» maisons. Son nom vulgaire est *Arvore de Paina.* L'ouate blan-
» che dont les graines sont enveloppées est employée à faire des
» coussins et des traversins. Si les filaments des Bombacées, ajoute
» M. de Saint-Hilaire, ne sont pas soumis aux mêmes opérations
» ni propres aux mêmes usages que ceux des vrais Cotonniers, c'est
» qu'ils sont plus raides et souvent dépourvus des petites dente-
» lures visibles au microscope, qui s'observent sur le Coton et le
» rendent facile à filer et à tisser. »

CHORISIA MAGNIFIQUE.— *Chorisia insignis* Kunth, in Humb. et Bonpl. Nov. Gen. et Spec.

Feuilles à 5 folioles obovales-oblongues, acuminées, crénelées vers le sommet, glabres, glauques en dessous. Pétales spathulés, obtus, échancrés, planes aux bords. Androphore interne à lobes linéaires-oblongs, obtus, poilus. Capsule oblongue, rétrécie à la base.

Arbre à tronc aiguillonné, renflé au milieu. Folioles réticulées, membranacées, longues de 2 à 3 pouces, sur 15 lignes de large; pétiole commun plus long que les folioles. Calice glabre en de-hors, soyeux en dedans. Pétales longs d'environ 3 pouces. Androphore interne un peu moins long que la corolle. Capsule lon-gue de 4 à 6 pouces. Graines enveloppées d'un Coton blanc soyeux.

Cette espèce a été observée par MM. de Humboldt et Bonpland, sur les bords de l'Amazone.

CHORISIA A FLEURS CRÉPUES. — *Chorisia crispiflora* Kunth, in Humb. et Bonpl. Nov. Gen. et Spec. 5, tab. 485, fig. 2.

Feuilles à 5 ou 7 folioles lancéolées, acuminées, dentelées. Pétales linéaires, pointus, crépus aux bords, Androphore extérieur plus long que le calice : lobes lancéolés, ciliés. Capsule allongée.

Arbre. Folioles réticulées, luisantes, longues d'environ 3 pouces, larges de 9 à 12 lignes; pétiole long de 2 à 6 pouces. Stipules subulées. Calice glabre en dehors, pubescent en dedans, à 3-5 lobes obtus. Pétales longs d'environ 3 pouces, larges de 3 à 4 lignes, blanchâtres en dessous, rougeâtres en dessus. Androphore intérieur un peu plus court que la corolle.

Cette espèce, très-caractérisée par ses pétales étroits et crépus, croît sur les plages du Brésil.

Genre DURION. — *Durio* Linn.

Calice urcéolé, 5-lobé. Pétales 5, réfléchis. Étamines pentadelphes : phalanges suboctandres; anthères anfractueuses. Style filiforme. Stigmate capitellé. Péricarpe obovale ou subglobuleux, coriace, spinelleux, indéhiscent, à 5 loges 1-5-spermes. Graines subglobuleuses, enveloppées d'un arille pulpeux.

Arbres très-grands. Tronc anguleux et comme ailé à la base. Écorce d'un jaune tirant sur le gris. Cime lâche. Feuilles simples, très-entières, semblables à celles du Cerisier; pétiole renflé et articulé à sa base. Pédoncules latéraux multiflores; pédicelles en cime, 3-bractéolés sous la fleur. Fleurs grandes, blanchâtres, semblables aux Narcisses.

Ce genre, peu connu des botanistes, renferme probablement plusieurs espèces, confondues sous le nom de *Durio zibethinus* (Rumph. Amb. 1, tab. 29), toutes indigènes aux Moluques et aux îles de la Sonde. Les Malais nomment ces arbres *Duryon* et *Dureyn*, mots qui font allusion aux pointes raides dont les péricarpes sont hérissés. Rumphius distingue trois espèces de Durions, fondées sur la forme et la grosseur du fruit, et il observe que chacune d'elles offre plusieurs variétés, dues à la culture. Les plus gros de ces fruits sont du volume d'un baril, d'autres atteignent la grosseur d'une tête d'homme, enfin, il y en a de beaucoup plus petits,

La pulpe mucilagineuse, de couleur jaune ou blanchâtre qui enveloppe les graines des Durions est d'une saveur douceâtre un peu fade, mais elle répand une odeur fort pénétrante, comparable à celle des Oignons pourris. Un seul fruit suffit pour se faire sentir dans toute une maison. Les Malais font leurs délices de ce mets; la plupart des étrangers l'ont d'abord en horreur, mais ils finissent par le trouver excellent. Du reste, c'est un aliment malsain et échauffant dont l'usage produit souvent des dyssenteries ou des fièvres malignes. Ces maladies règnent dans le pays, lorsque les Durions abondent. Les graines ont la forme et la grosseur d'un œuf de pigeon; les Malais les font cuire dans l'eau bouillante, ou sous des cendres chaudes, et, ainsi préparées, elles ont un goût de Châtaigne; mais cette nourriture n'est pas moins insalubre que la pulpe du fruit. On se sert aussi des Durions pour prendre des civettes, qui recherchent avec avidité ce fruit.

Le bois des Durions est assez durable, quand il n'est pas exposé à l'humidité; on l'emploie à la construction des maisons.

Genre OCHROMA. — *Ochroma* Swartz.

Calice subinfondibuliforme, à 5 lobes obtus. Pétales 5, presque libres, roulés en dehors. Étamines 5; filets libres; anthères anfractueuses, conniventes en tube. Style inclus, renflé au sommet. Stigmate 5-strié, conique, obtus, contourné en spirale. Capsule pyramidale, oblongue, obtuse, 10-angulaire, 5-loculaire, 5-valve, déhiscente à la base : pann-interne laineuse. Graines nombreuses, bisériées, petites, glabres, subovales.

Ce genre, dont les caractères ne sont connus qu'imparfaitement, renferme deux espèces, dont la suivante mérite d'être signalée :

OCHROMA HOUAMPO. — *Ochroma Lagopus* Swartz.—*Bombax pyramidale* Cavan. Diss. 5, tab. 155.

Arbre de première grandeur. Tronc inerme. Rameaux divariqués. Écorce rugueuse, épaisse, fibreuse, de couleur cendrée. Feuilles longues d'un pied et plus, 5-anguleuses, cordiformes-arrondies, pointues, glabres et d'un vert sombre en dessus, couvertes de poils roux en dessous; pétiole très-long. Stipules ovales-lancéolées, caduques. Pédoncules subterminaux, courts, épais, uniflores. Calice rougeâtre, long de 2 pouces. Pétales blancs, épais, oblongs, obtus, 2 fois plus longs que le calice. Anthères saillantes. Capsule longue de 8 à 10 pouces : duvet fin, rougeâtre.

Cet arbre, que les Espagnols appèlent *Huampo*, croît aux Antilles et dans l'Amérique méridionale. Son bois est si léger qu'il sert aux pêcheurs en guise de Liége, pour soutenir leurs filets au-dessus de l'eau. M. Desportes, dans son histoire des plantes usuelles de Saint-Domingue, assure que le duvet des capsules est excellent pour la préparation des feutres à chapeaux. Plumier, au contraire, dit que ce duvet n'est pas très-utile à cause de son peu de longueur.

Genre CHÉIROSTÉME. — *Cheirostemon* Humb. et Bonpl.

Calice subcampanulé, 5-parti, tribractéolé à la base; sépales caducs, épais, colorés en dedans, fovéolés à la base; estivation quinconciale. Corolle nulle. Androphore tubuleux, cylindrique, palmati-5-fide au sommet : lanières linéaires, pointues, arquées en dedans, portant chacune à la face externe 2 anthères adnées, allongées, subterminales. Ovaire 5-gone. Style filiforme, infléchi au sommet. Stigmate pointu; capsule oblongue, 5-angulaire, ligneuse, 5-loculaire, polysperme, s'ouvrant du sommet jusqu'au milieu en 5 valves; cloisons velues. Graines ovoïdes, noires, luisantes, caronculées.

Ce genre, singulièrement caractérisé par la disposition de ses étamines, dont les filets réunis par leur moitié inférieure en un tube cylindrique, s'étalent vers leur sommet de manière à représenter une main redressée. Le nom de *Chéirostème* fait allusion à cette forme. On ne connaît qu'une espèce, qui croît en forêts dans la province de Guatimala. Les noms vulgaires qu'on lui donne, soit dans les idiomes américains, soit en espagnol, signifient *Arbre à la main* ou *porteur de mains.*

CHÉIROSTÈME A FEUILLES DE PLATANE. — *Cheirostemon platanoides* Humb. et Bonpl. Plant. Équat. tab. 23.

Feuilles cordiformes - anguleuses, sub-7-angulaires, dentées, glabres en dessus, fauves et cotonneuses en dessous ; pétiole cylindrique, aussi long que la lame. Stipules lancéolées, caduques. Pédoncules oppositifoliés, solitaires, uniflores, 3 fois plus courts que les pétioles. Bractées lancéolées. Calice cotonneux.

Arbre à cime arrrondie. Tronc haut d'environ 15 pieds, sur 1 $^1/_2$ pied de diamètre. Rameaux horizontaux, tortueux, rapprochés. Feuillage semblable, pour la forme, à celui du Platane. Fleurs longues de 3 pouces, d'une belle couleur rouge intérieurement, couvertes en dehors d'un duvet roussâtre. Androphore de couleur pourpre. Capsule cotonneuse, longue d'environ 3 pouces.

Ce végétal passe très-bien l'hiver dans les orangeries, mais on le voit rarement fleurir. Probablement sa naturalisation dans le midi de la France ne serait pas difficile. Dans son pays natal il est couvert de fleurs de novembre jusqu'en janvier.

LES DOMBEYACÉES. — *DOMBEYACEÆ*.

(*Malvacearum* Genn. Juss. — *Dombeyaceæ* Kunth, Diss. Malv. p. 12.
— Bartl. Ord. Nat. p. 343. — *Byttneriacearum* trib. V et VI, sive
Dombeyaceæ et *Wallichieæ*. De Cand. Prodr. 1, p. 497 et 501.)

Presque toutes les *Dombéyacées* appartiennent à la
zone équatoriale. On en connaît environ cinquante espèces. Ce groupe est riche en végétaux remarquables
par la beauté du feuillage et des fleurs ; aussi en cultive-t-on beaucoup pour l'ornement des serres. Quant
à leurs propriétés, les Dombéyacées, en général, ne
diffèrent point des Malvacées.

CARACTÈRES.

Arbres, ou *arbrisseaux,* ou rarement *herbes.* Rameaux
cylindriques.

Feuilles éparses, pétiolées, simples, penninervées ou
palmatinervées, entières ou palmatilobées. Stipules
libres.

Fleurs hermaphrodites, régulières. Pédoncules axillaires, quelquefois subpaniculés.

Calice inadhérent, 5-parti, ou rarement 4-parti, presque toujours persistant ; sépales souvent biglanduleux
en dedans à leur base ; estivation valvaire.

Réceptacle non-saillant.

Pétales 5, hypogynes, libres, interpositifs, planes,
onguiculés, caducs, contournés en préfloraison.

Étamines hypogynes, en nombre multiple des pétales.
Filets monadelphes, plurisériés (les séries extérieures

plus courtes), ou plus souvent unisériés : les uns (solitaires et insérés devant les sépales) liguliformes ou filiformes, stériles ; les autres plus courts , fertiles, soudés deux à deux ou trois à trois; rarement tous anthérifères. Anthères linéaires, dressées, adnées au filet, à 2 bourses parallèles, chacune déhiscente postérieurement par une fente longitudinale.

Pistil : Ovaire 3-5-loculaire, ou rarement pluriloculaire. Styles en même nombre que les loges, le plus souvent soudés. Stigmates libres.

Péricarpe capsulaire ou carcérulaire, à 3-5 loges , ou rarement pluriloculaire; loges dispermes ou polyspermes.

Graines bisériées , axiles, quelquefois ailées. Périsperme charnu. Embryon rectiligne, axile : cotylédons planes ou convolutés, foliacés, souvent bifides.

Voici les genres qui composent cette famille :

SECTION Ire. (*Dombeyaceæ* De Cand. Prodr.)

Étamines unisériées.

Ruizia Cavan. — *Pentapetes* Linn. (Brotera Cav.) — *Assonia* Cavan. — *Dombeya* Cavan. — *Melhania* Forsk. — *Trochetia* De Cand. — *Pterospermum* Schreb. (Velaga Adans.)— *Astrapæa* Lindl. — *Kydia* Roxb. — *Hugonia* Linn.

SECTION II. (*Wallichieæ* De Cand. Prodr.)

Étamines plurisériées. Filets soudés dans une grande partie de leur longueur.

Eriolæna De Cand. — *Wallichia* De Cand. (Jackia Spreng.)

SECTION Iʳᵉ. (*Dombeyaceæ* De Cand. Prodr.)

Étamines unisériées.

Genre RUIZIA. — *Ruizia* Cavan.

Calice 5-parti ; calicule triphylle, caduc. Pétales 5, obovales, échancrés, étalés, subfalciformes. Androphore urcéolaire, pentadelphe. Étamines 30 à 40, toutes fertiles. Styles libres. Stigmates petits, globuleux. Diérésile à 10 coques ombiliquées, coriaces, dispermes, déhiscentes antérieurement. Graines ovales, triquètres, aptères.

Arbres ou arbrisseaux. Feuilles entières ou palmatifides. Pédoncules solitaires, multiflores, axillaires. Fleurs roses, petites, disposées en cimes dichotomes.

Ce genre renferme trois espèces dont voici les plus remarquables :

RUIZIA A FEUILLES CORDIFORMES. — *Ruizia cordata* Cavan. Diss. 3, tab. 26.

Feuilles cordiformes-lancéolées, pointues, sinuolées, pulvérulentes en dessous.

Arbrisseau rameux. Feuilles rapprochées, longues de 2 à 3 pouces. Stipules linéaires, subulées. Pédoncules plus longs que les pétioles. Fleurs nombreuses. Bractéoles ovales, pointues, concaves. Sépales lancéolés, réfléchis après la floraison. Corolle large de 2 lignes, jaunâtre.

Cette plante a été trouvée par Commerson à l'île Bourbon.

RUIZIA A FEUILLES VARIABLES.—*Ruizia variabilis* Jacq. Hort. Schœnbr. tab. 295. — *Ruizia palmata* Cavan. Diss. 3, tab. 37, fig. 1. — *Ruizia laciniata* Cavan. l. c. fig. 2.

Feuilles glabres ou cotonneuses, palmatifides ou palmatiparties, à 3-7 lobes inégaux, tantôt lancéolés ou ovales-lancéolés, irrégulièrement dentelés ou plus ou moins incisés, tantôt linéaires, entiers ou dentés, pennatipartis. Pédoncule commun de la longueur du pétiole. Involucelle étalé.

Cet arbre, indigène à l'île de France, atteint une hauteur considérable. L'écorce de son tronc est marquée de taches noires scabres, d'où lui vient sans doute le nom vulgaire de *Bois de senteur galeux*. Les jeunes individus ont des feuilles très-glabres, divisées jusqu'à leur base en lobes linéaires très-étroits ; celles des individus plus âgés deviennent cotonneuses en dessous, les lobes s'élargissent considérablement et n'atteignent plus le pétiole ni la côte moyenne.

Genre PENTAPTE. — *Pentapetes* Linn.

Calice à 5 sépales caducs ; involucelle à 5 folioles linéaires, unilatérales. Pétales 5, étalés, équilatéraux, cunéiformes-obovales. Étamines 20, alternativement 1 stérile et 3 anthérifères. Styles 5, soudés presque jusqu'au sommet. Stigmates 5, subulés. Capsule membranacée, subglobuleuse, acuminée, 5-loculaire, 5-valve, polysperme. Graines ovales ; pointues, aptères.

On ne peut rapporter avec certitude à ce genre que l'espèce suivante :

PENTAPTE A FLEURS ÉCARLATES. — *Pentapetes phœnicea* Linn. — Mill. Ic. tab. 200. — Bot. Reg. tab. 575. — *Dombeya phœnicea* Cavan. Diss. 3, tab. 43, fig. 1.

Herbe annuelle, haute de 1 à 3 pieds. Feuilles atteignant jusqu'à 6 pouces de long, penninervées, pétiolées, lisses, oblongues-lancéolées, subobtuses, fortement crénelées, plus ou moins hastées à la base (les supérieures linéaires) ; pétiole long de 1 pouce ou moins ; stipules petites, linéaires. Pédoncules solitaires ou géminés, axillaires, uniflores, plus courts que les pétioles, penchés lors de la floraison, puis redressés. Filets stériles claviformes, 2 fois plus longs que les fertiles, un peu plus courts que le style. Fleurs de couleur écarlate, larges de 1 pouce.

Cette espèce, originaire de l'Inde, se cultive comme plante d'agrément, en serre chaude.

Genre ASSONIA. — *Assonia* Cavan.

Calice 5-parti, accompagné d'une bractée cunéiforme, 3-

dentée, persistante. Pétales 5, étalés, inéquilatéraux, oboya-
les-subfalciformes. Étamines 20, plus courtes que la corolle ;
5 des filets stériles, liguliformes, chacun alternant avec 5 filets anthérifères. Androphore annulaire. Styles 5, libres,
très-courts. Stigmates subclaviformes. Diérésile globuleux,
5-coque, triquètre, disperme. Graines glabres, noirâtres,
globuleuses, triquètres, aptères.

Ce genre, qui paraît très-voisin du Pentapte, ne renferme
que deux espèces, indigènes aux îles de France et de Bourbon ;
la suivante est la plus remarquable.

Assonia a feuilles de Peuplier. — *Assonia populnea*
Cavan Diss. 3, tab. 42, fig. 1.

Petit arbre. Bois odorant : celui du centre bleuâtre et devenant
très-dur avec l'âge. Feuilles grandes, éparses, glabres, entières,
ou légèrement denticulées, cordiformes-ovales, pointues. Pédoncules solitaires, axillaires, presque aussi longs que les feuilles.
Cimes multiflores, dichotomes. Sépales lancéolés, pointus, connivents sur le fruit.

Cette espèce croît dans les forêts des montagnes de l'île de
Bourbon, où on la nomme *Bois de senteur bleu*, parce que le
bois des couches anciennes est bleuâtre et odorant.

Genre DOMBÉYA. — *Dombeya* Cavan.

Calice 5-parti, cupuliforme à la base ; calicule triphylle,
unilatéral, caduc. Pétales 5, étalés, obovales-arrondis, ordinairement marcescents. Étamines 20, plus courtes que la
corolle ; 5 des filets stériles, liguliformes, plus longs que les
fertiles ; anthères subsagittées. Androphore annulaire, très-
court. Styles soudés en un seul terminé par 5 stigmates recourbés. Diérésile globuleux ou turbiné, pentagone, à 5 coques bivalves, monospermes ou polyspermes. Graines aptères, ordinairement oblongues.

Arbres de grandeur médiocre. Feuilles entières, ou lobées,
ou anguleuses. Pédoncules solitaires, axillaires. Fleurs en cime, ou en ombelle, ou en corymbe. Corolle assez grande,
rouge, ou blanche, ou jaunâtre.

Les *Dombéya* offrent un feuillage et des fleurs très-élé-gants. On en connaît une douzaine d'espèces, dont voici les plus marquantes :

DOMBÉYA PALMÉ. — *Dombeya palmata* Cav. Diss. 3, tab. 33, fig. 1.

Feuilles glabres, palmati-7-fides, cordiformes à la base : lobes lancéolés, pointus, dentés. Stipules oblongues-lancéolées, poin-tues, cotonneuses, caduques. Bractées involucrales cordiformes-ovales, obtuses. Corymbes irréguliers. Coques monospermes.

Feuilles 7-nervées, longuement pétiolées. Pédoncules plus longs que les pétioles. Pédicelles, pédoncules et calices cotonneux. Sépa-les linéaires-lancéolés, plus longs que les bractées. Corolle large de 1 ¹/₂ pouce, d'abord blanche, ensuite jaune, plus tard ferru-gineuse. Péricarpe ovoïde, laineux.

Cette espèce croît à l'île de Bourbon, où elle porte le nom vulgaire de *Mahot Tan - Tan*, à cause de la ressemblance de ses feuilles avec celles du Ricin, lequel est nommé *Tan-Tan*.

DOMBÉYA ACUTANGULAIRE. — *Dombeya acutangula* Cavan. Diss. 3, tab. 38, fig. 2.

Feuilles cordiformes-arrondies, 3- ou 5-cuspidées, crénelées : les jeunes cotonneuses; les adultes glabres. Stipules lancéolées, caduques. Cimes bifurquées, à rameaux racémiformes. Bractées involucrales cordiformes-ovales, obtuses. Péricarpe pyriforme, cotonneux. Coques monospermes.

Feuilles grandes, 7-nervées; pétiole aussi long que la lame. Pédoncules commun plus longs que les pétioles; pédicelles uni-latéraux, allongés; ramifications de la cime et calice cotonneux. Corolle rougeâtre, veinée, large de 1 pouce.

Cette plante croît dans les mêmes contrées que la précédente.

DOMBÉYA ANGULEUX.—*Dombeya angulata* Cavan. l. c. tab. 39, fig. 1.— Bot. Mag. tab. 2905.

Feuilles cordiformes-arrondies, subtricuspidées, denticulées, cotonneuses. Stipules lancéolées, acuminées, amplexicaules. Ombelles simples, sub-10-flores, courtement pédonculées. Péricarpe globuleux, cotonneux. Coques dispermes.

Feuilles 7-nervées, larges d'environ 5 pouces; pétiole plus long que la lame. Pédoncule commun épais, plus court que le pétiole. Fleurs inconnues.

Commerson a observé cette espèce à l'île de Bourbon.

DOMBÉYA A FEUILLES DE TILLEUL. — *Dombeya tiliæfolia* Cavan. Diss. 3, tab. 39, fig. 2.

Feuilles cordiformes-arrondies, pointues, crénelées : les jeunes cotonneuses; les adultes presque glabres. Stipules oblongues-lancéolées, pointues. Bractées caliculaires cordiformes-arrondies, acuminées. Cymes bifurquées : rameaux horizontaux, racémiformes.

Feuilles 7-nervées, de la forme et de la grandeur de celles du Tilleul. Pédoncules plus longs que les pétioles; pédicelles courts. Corolle large de 1 pouce.

Cette espèce a été observée par Commerson à l'île de Bourbon.

DOMBÉYA COTONNEUX. — *Dombeya tomentosa* Cavan. Diss. 3, tab. 39, fig. 3.

Feuilles cotonneuses, cordiformes-arrondies, acuminées, sinuolées, réticulées. Stipules et bractées caliculaires cordiformes-arrondies, acuminées. Ombelles bifurquées, cymeuses. Pédoncules, pédicelles et calices hérissés de poils étalés.

Feuilles grandes, 7-nervées; pétiole aussi long que la lame. Stipules coriaces, semi-amplexicaules, ciliées. Pédoncules plus longs que les feuilles. Ombelles partielles multiflores, à pédicelles inégaux; un long pédicelle solitaire dans la bifurcation. Fleurs d'environ un pouce de diamètre.

DOMBÉYA PONCTUÉ. — *Dombeya punctata* Cavan. Diss. 3, tab. 40, fig. 1.

Feuilles ovales-lancéolées, ou oblongues, obtuses ou pointues, très-entières, courtement pétiolées, scabres en dessus, cotonneuses en dessous. Stipules subulées, aussi longues que le pétiole. Corymbes simples, multiflores. Bractées caliculaires subulées.

Arbre atteignant un demi-pied de diamètre. Ramules et pédoncules couverts d'un duvet ferrugineux. Feuilles 3-nervées à la base, longues de 3 à 4 pouces, sur 18 lignes de large ; pétiole 5 ou 6 fois plus court que la lame. Pédoncules plus longs que les feuilles. Corymbes 20-30-flores, subglobuleux. Fleurs blanches, larges d'environ 6 lignes.

Cette espèce a été découverte par Commerson à l'île de Bourbon.

DOMBÉYA A OMBELLES. — *Dombeya umbellata* Cavan. Diss. 3, tab. 41, fig. 1.

Feuilles cordiformes-ovales, pointues, sinuolées, glabres, courtement pétiolées. Stipules courtes, linéaires. Ombelles simples, longuement pédonculées. Bractées caliculaires lancéolées. Péricarpe globuleux, 5-sulqué, cotonneux.

Feuilles 5-nervées, longues de 2 à 4 pouces ; pétiole 3 ou 4 fois plus court que la lame. Pédoncules presque aussi longs que les feuilles. Ombelles multiflores. Corolle blanche, de près d'un pouce de diamètre.

Cette espèce a été trouvée par Commerson à l'île de Bourbon.

DOMBÉYA A FEUILLES OVALES. — *Dombeya ovata* Cavan. Diss. 3, tab. 41, fig. 2.

Feuilles ovales-oblongues, dentées, subobtuses, scabres en dessus, cotonneuses en dessous, courtement pétiolées. Stipules capillaires. Corymbes bifides. Bractées involucrales lancéolées. Péricarpe globuleux, cotonneux.

Feuilles 5-nervées à la base, longues d'environ 5 pouces, sur 1 pouce de large. Pédoncules plus courts que les feuilles. Corymbes lâches. Corolle de 3 à 4 lignes de diamètre, blanche, un peu plus longue que le calice.

Cette espèce a été observée par Commerson à l'Ile-de-Bourbon.

DOMBÉYA FERRUGINEUX. — *Dombeya ferruginea* Cavan. Diss. 3, tab. 42, fig. 2.

Feuilles ovales, subobtuses, dentelées, glabres en dessus, cotonneuses-ferrugineuses en dessous. Stipules subulées. Corymbes bifides.

Tronc haut de 8 à 10 pieds. Feuilles 7-nervées, longues de 2 à 4 pouces, sur 12 à 18 lignes de large. Fleurs comme dans l'espèce précédente.

Commerson a observé cette espèce dans les montagnes de l'île de France.

Genre MÉLHANIA. — *Melhania* Forsk.

Ce genre est plutôt à regarder comme une section des Dombéya, desquels il diffère seulement par ses étamines, dont chaque filet stérile alterne avec un seul filet fertile, tantôt uni- tantôt bi-anthérifère. On en connaît six espèces dont voici les plus marquantes :

MÉLHANIA DÉCANDRE. — *Melhania decanthera* De Cand. Prodr.— *Dombeya decanthera* Cavan. Diss. 3, tab. 40, fig. 2.

Feuilles elliptiques, cuspidées, cunéiformes à la base, sinuelées, glabres. Stipules oblongues. Bractées sétacées. Ombelles simples. Filets fertiles bianthérifères.

Tige arborescente : écorce rousse, sillonnée. Feuilles penninervées, longues de 2 à 3 pouces. Pédoncules plus courts que les feuilles. Ombelles 15-20-flores. Fleurs petites, blanches.

Cette plante a été découverte par Commerson à Madagascar.

MÉLHANIA BOIS-ROUGE. — *Melhania Erythroxylon* Ait. Hort. Kew. ed. 2. — *Dombeya Erythroxylon* Bot. Mag. tab. 1000.

Feuilles ovales-cordiformes, subpeltées, acuminées, crénelées, cotonneuses en dessous. Pédoncules subtriflores.

Arbre. Feuilles longues d'environ 3 pouces, luisantes en dessus, réticulées et blanchâtres en dessous. Fleurs larges de 2 pouces. Sépales courts, lancéolés. Pétales blancs, marqués d'une tache rouge à leur base. Anthères grandes, rouges.

Cette espèce, qu'on cultive dans les serres, croît à l'île Sainte-Hélène.

MÉLHANIA DE HAMILTON. — *Melhania Hamiltoniana* Wallich. Plant. Asiat. Rar. 1, tab. 77.

Feuilles ovales ou ovales-arrondies, très-obtuses, cordiformes à la base, inégalement dentées, cotonneuses en dessous. Pédoncules axillaires, subtriflores, plus longs que les pétioles. Sépales ovales-lancéolés, aristés, de moitié plus courts que les pétales.

Arbrisseau très-rameux, haut de 2 à 3 pieds, couvert d'un duvet grisâtre. Feuilles longues de 2 à 3 pouces, vertes en dessus, blanchâtres en dessous. Pédoncules un peu étalés, presque aussi longs que les feuilles. Corolle jaune, d'un pouce environ de diamètre. Capsule conique-pyramidale, tronquée au sommet, cotonneuse, de la grosseur d'un Pois.

Cette espèce, indigène dans la presqu'île au-delà du Gange, est cultivée au Jardin de Calcutta.

Genre PTÉROSPERME. — *Pterospermum* Schreb.

Calice presque 5-parti, coriace, tubuleux à la base, nu ou bractéolé. Sépales oblongs, réfléchis au sommet. Pétales inéquilatéraux, contournés, étalés supérieurement. Étamines 20, dont 5 stériles, 2 fois plus longues. Anthères linéaires-oblongues. Style indivisé, cylindrique. Stigmate claviforme. Capsule ligneuse, ovoïde-pentagone, 5-loculaire, 10-valve. Graines oblongues, comprimées, ailées au sommet.

Arbrisseaux ou arbres. Feuilles grandes, entières ou anguleuses, sessiles ou pétiolées. Pédoncules solitaires ou agrégés, axillaires, uniflores. Fleurs grandes, blanches, odorantes.

Ce genre se rapproche beaucoup des Bombacées par l'aspect et la grandeur de ses fleurs; il renferme cinq espèces, toutes indigènes dans l'Inde. Voici celles qui sont les mieux connues :

a) *Involucre à 3 bractées.*

PTÉROSPERME A FEUILLES DE LIÉGE. — *Pterospermum suberifolium* Willd.— Bot. Mag. tab. 1526.— *Pentapetes suberifolia* Linn. — Cavan. Diss. 3, tab. 43, fig. 2.

Feuilles courtement pétiolées, oblongues, acuminées, cordiformes à la base, sinuées-dentées, luisantes en dessus, cotonneuses (blanchâtres) en dessous. Bractées caliculaires incisées-dentées, obovales. Sépales oblongs-lancéolés, inégaux, cotonneux. Pétales cunéiformes-oblongs, acuminés, obliquement tronqués, crénelés au sommet, de la longueur du calice. Filets stériles filiformes, de la longueur des pétales.

Rameaux, stipules, pédoncules, nervures de la face inférieure des feuilles, bractées et calices couverts d'un duvet roux épais. Feuilles longues de 4 à 6 pouces, sur environ 2 pouces de large; pétiole long de 4 à 6 lignes; stipules linéaires-lancéolées, de la longueur du pétiole. Pédicelles solitaires, ou géminés, rapprochés en grappe, un peu plus longs que les pétioles. Fleurs odorantes, longues d'environ 3 pouces; corolle d'un beau blanc, large de 3 à 4 pouces. Étamines fertiles plus courtes que la corolle. Anthères jaunes. Capsule ovoïde, stipitée.

Cette espèce se cultive comme plante d'ornement, en serre chaude.

PTÉROSPERME A FEUILLES SEMI-SAGITTIFORMES.—*Pterospermum semisagittatum* Roxb. — De Cand. in Mém. du Mus. v. 10, p. 113, Ic.

Feuilles subsessiles, très-entières, lancéolées-oblongues, acuminées, cotonneuses en dessous : base oblique, semi-sagittée d'un côté, semi-cordiforme de l'autre. Stipules déchiquetées. Involucre à 5 bractées cordiformes-arrondies, acuminées-fimbriées. Sépales linéaires-lancéolés. Corolle subcampanulée, ouverte, plus courte que le calice; pétales obovales, arrondis au sommet, très-entiers. Filets stériles filiformes, plus courts que les pétales.

Arbre à rameaux cylindriques, recouverts de même que les pétioles, les stipules, les nervures, les pédoncules, les involucres, et la face externe des calices d'un duvet mou, abondant, d'un roux très-pâle. Feuilles longues de 6 à 12 pouces, sur 1 à 2 pouces de large. Stipules plus longues que le pétiole. Pédoncules plus longs que les pétioles, solitaires à l'aisselle des feuilles supérieures. Corolle rouge, large de près de 3 pouces. Étamines fertiles plus courtes que la corolle. Anthères apiculées.

b) *Calice nu ou accompagné d'une seule bractée placée à
quelque distance de sa base.*

PTÉROSPERME A FEUILLES D'ÉRABLE. — *Pterospermum acerifolium* Willd.—Bot. Mag. tab. 620.— *Pentapetes acerifolia*
Linn.—Cavan. Diss. 3, tab. 44. —Amman. Comm. Petrop. 8,
p. 216, tab. 16 et 17. — *Velaga xylocarpa* Adans. — Gærtn.
Fr. tab. 133, fig. 2.

Feuilles inéquilatérales, arrondies, ou elliptiques-arrondies, acuminées, inégalement sinuolées et denticulées, peltées, longuement
pétiolées, glabres en dessus, cotonneuses (blanchâtres) en dessous. Bractées solitaires, déchiquetées. Sépales linéaires-oblongs,
obtus. Corolle infundibuliforme, de la longueur du calice. Pétales
lancéolés-oblongs, bilobés au sommet. Filets claviformes, plus
courts que les pétales.

Arbre. Rameaux, pétioles, pédoncule, bractées et face extérieure des sépales couverts d'un duvet ferrugineux, épais.
Feuilles coriaces, fortement réticulées en dessous, atteignant
près d'un pied de long, sur 5 à 7 pouces de large. Pétiole long
de 2 à 6 pouces. Pédoncules plus courts que les pétioles. Fleurs
odorantes, d'un blanc mat, longues de près d'un demi-pied. Étamines plus courtes que la corolle. Anthères jaunes. Capsule stipitée, ovoïde-oblongue, pentagone, longue de près d'un demi-
pied, sur 2 ¹/₂ pouces de diamètre. Aile des graines oblongue,
longue de 2 pouces.

Cette plante se cultive dans les serres; elle fleurit rarement;
mais l'élégance et les formes bizarres de son feuillage méritent qu'on
lui donne une place dans toutes les collections.

Genre TROCHÉTIA. — *Trochetia* De Cand.

Calice 5-parti, étalé, non-bractéolé. Pétales 5, obovales,
subéquilatéraux, dressés. Étamines 20-25, dont 5-7 stériles et
plus longues. Anthères linéaires-oblongues, adnées, apiculées. Ovaire ovoïde. Style filiforme, court. Stigmate claviforme. Capsule 5-loculaire, polysperme. Graines aptères.

Arbrisseaux. Feuilles pétiolées, entières, penninervées, cotonneuses en dessous. Pédoncules solitaires, axillaires, uni- ou pluriflores, penchés ou défléchis.

Ce genre ne renferme que les deux espèces suivantes, indigènes à l'île Bourbon.

TROCHÉTIA A PÉDONCULES UNIFLORES. — *Trochetia uniflora* De Cand. in Mém. du Mus. vol. 10, tab. 7.

Feuilles ovales, pointues. Pédoncules uniflores, pendants, un peu plus longs que les pétioles. Sépales linéaires-lancéolés, un peu plus courts que les pétales.

Feuilles longues d'environ 2 pouces, sur 1 pouce de large, couvertes en dessous d'un duvet blanchâtre et velouté, parsemé d'écailles rousses. Stipules petites, caduques. Pétioles, pédoncules et calices couverts d'écailles roussâtres. Fleurs longues d'environ 1 pouce.

TROCHÉTIA A PÉDONCULES TRIFLORES. — *Trochetia triflora* De Cand. l. c. tab. 8.

Feuilles longuement pétiolées, oblongues-lancéolées, acuminées, ferrugineuses en dessous. Pédoncules plus longs que les pétioles, défléchis, triflores.

Feuilles longues de 5 à 6 pouces, sur environ 2 pouces de large; pétiole long de 1 ¹/₂ pouce. Stipules subulées, caduques. Pédicelles en ombelle dibractéolée.

Genre ASTRAPÉA. — *Astrapœa* Lindl.

Calice 5-sépale, accompagné d'une bractée basilaire. Pétales 5, dressés, convolutés. Androphore tubuleux, cylindrique. Étamines 25, dont 20 fertiles et 5 stériles. Ovaire à 5 loges biovulées. Styles soudés. Stigmates 5. Graines horizontales, aptères.

Arbres. Feuilles très-grandes, cordiformes. Fleurs grandes, pourpres, disposées en ombelle capitulée, entourée d'un involucre à bractées imbriquées, inégales : les intérieures plus grandes, opposées.

Voici la seule espèce que renferme ce genre :

Astrapéa de Wallich. — *Astrapœa Wallichii* Lindl. Collect. Bot. tab. 14. — *Astrapœa penduliflora* Bot. Reg. tab. 691.

Arbre. Rameaux cylindriques, cotonneux. Feuilles cordiformes, acuminées, arrondies à la base, crénelées, pubescentes en dessus, cotonneuses en dessous, 5-7-nervées. Stipules grandes, ovales, apprimées, cotonneuses, 1-nervées. Ombelles axillaires, longuement pédonculées, réfléchies, multiflores. Sépales membranacés, linéaires-oblongs, obtus, dressés, plus courts que la corolle.

Ce magnifique végétal, qu'on cultive dans les serres depuis 1823, croît au Népaul. Ses feuilles atteignent plus d'un pied de large, et ses fleurs forment de gros capitules de couleur pourpre, relevée par le jaune des anthères.

Genre KYDIA. — *Kydia* Roxb.

Calice campanulé, 5-denté, accompagné d'un involucelle de 4-6 folioles adnées. Pétales 5, inéquilatéraux, obcordiformes, plus longs que le calice. Étamines 20; androphore long, tubuleux, pentadelphe au sommet; phalanges 4-andres; anthères apicilaires, sessiles. Ovaire triloculaire. Style trifide. Stigmates dilatés. Capsule 3-loculaire, 3-valve, 3-sperme. Graines attachées au fond des loges.

Arbres. Feuilles 5-nervées, sub-5-lobées. Fleurs blanches, en panicule.

Ce genre, propre à l'Inde, ne renferme que les deux espèces dont nous allons faire mention. On les possède dans quelques collections de serre. Elles méritent d'être cultivées à cause de la beauté de leurs fleurs.

Kydia a grand calice.—*Kydia calycina* Roxb. Corom. 3, tab. 215.

Involucelle 4-phylle, beaucoup plus long que le calice. Anthères subsessiles au sommet de l'androphore. Style saillant.

Kydia a longues étamines. — *Kydia fraterna* Roxb. l. c. tab. 216.

Involucelle 6-phylle, plus court que le calice. Filets très-longs. Style de la longueur de l'androphore.

SECTION II. (*Wallichieæ* De Cand. Prodr.)

Étamines plurisériées. Filets monadelphes dans une grande partie de leur longueur : les séries extérieures plus courtes.

Genre ÉRIOLÈNE. — *Eriolæna* De Cand.

Involucre un peu distant du calice, à 5 folioles laineuses, laciniées : 3 intérieures plus grandes; 2 extérieures plus petites. Calice 5-parti, cotonneux. Pétales 5, onguiculés, obcordiformes, plus courts que le calice. Androphore cylindracéconique, staminifère de la base jusqu'au sommet. Anthères subsessiles, oblongues. Ovaire globuleux, pluriloculaire. Style cylindrique, inclus. Stigmates agrégés en capitule. Capsule ligneuse, 10-sulquée, 10-loculaire, 10-valve, loculicide; loges 8-spermes. Graines imbriquées, ovoïdes, lisses, ailées. Périsperme mince. Radicule cylindrique, allongée. Cotylédons planes, bilobés, obtus, légèrement plissés.

Ce genre ne renferme que les deux espèces suivantes :

ÉRIOLÈNE DE WALLICH. — *Eriolæna Wallichii* De Cand. in Mém. du Mus. v. 10, tab. 5.

Arbre. Rameaux cylindriques, poilus supérieurement. Feuilles 7-nervées, cordiformes-arrondies, acuminées, crénelées, pubescentes en dessus, cotonneuses et réticulées en dessous, larges de 4 pouces, sur 5 pouces de long; pétiole court. Pédoncules solitaires, axillaires, 1-flores, cotonneux, presque aussi longs que les feuilles. Fleurs larges d'environ 2 pouces. Pétales rouges. Bractées involucrales arrondies, plus courtes que le calice. Sépales lancéolés-acuminés, biglanduleux à la base.

Cette plante, remarquable par la beauté de ses fleurs, croît dans l'Inde orientale.

Ériolène de De Candolle.—*Eriolæna Candollii* Wallich, Plant. Asiat. Rar. i, tab. 64.

Feuilles cordiformes-ovales, longuement acuminées, inégalement dentées, glabres en dessus, cotonneuses-incanes en dessous. Grappes lâches, pauciflores, rapprochées en panicule feuillée. Involucelle à 3 folioles oblongues-linéaires, pectinées. Sépales oblongs-lancéolés, acérés, étalés. Pétales très-étalés, plus courts que les sépales : lames cunéiformes-oblongues, échancrées, révolutées ; onglets liguliformes. Capsule ovoïde, acuminée.

Grand arbre rameux, couvert sur toutes ses parties herbacées d'un duvet étoilé grisâtre. Tronc droit. Ramules cylindriques. Feuilles rapprochées, coriaces, longues de 5 pouces et plus : les florales beaucoup plus petites ; pétiole long de 1 à 2 pouces. Stipules caduques, scarieuses. Panicule longue d'environ 6 pouces, subpyramidale. Fleurs larges de 2 pouces. Calice cotonneux en dehors, soyeux en dedans. Corolle d'un jaune de Citron. Style un peu saillant. Capsule longue d'environ 2 pouces. Graines prolongées en aile lancéolée, longue d'un demi-pouce.

Cet arbre magnifique a été découvert par M. Wallich dans l'empire Birman, sur les bords de l'Iraouaddi.

Genre WALLICHIA. — *Wallichia* De Cand.

Involucre triphylle, distant du calice. Calice 4-parti : sépales oblongs-lancéolés, cotonneux en dehors, biglanduleux en dedans à la base. Pétales 4, étalés, obovales, courtement enguiculés. Androphore conique, staminifère du milieu jusqu'au sommet ; filets courts, grêles ; anthères linéaires-oblongues. Ovaire ovoïde, 8-loculaire. Style saillant, filiforme, indivisé. Stigmates 8. Fruit inconnu.

L'espèce suivante constitue à elle seule ce genre.

Wallichia élégant. — *Wallichia spectabilis* De Cand. in Mém. du Mus. v. 10, tab. 6.

Rameaux ligneux, cylindriques, pubescents au sommet. Stipules sétacées, blanchâtres, caduques. Feuilles glabres en dessus, veloutées en dessous, ovales ou ovales-arrondies, dentelées,

subcordiformes et 7-nervées à la base, longues et larges de 1 à
2 pouces; pétiole presque aussi long que la lame. Pédoncules
axillaires, filiformes, plus longs que les feuilles, uniflores ou
plus souvent biflores, formant des panicules terminales feuillées.
Bractées involucrales linéaires-oblongues, acuminées. Sépales veloutés aux 2 faces, plus longs que les pétales. Corolle blanchâtre,
large de 1 à 2 pouces.

Ce végétal a été découvert par M. Wallich au Népaul.

QUARANTE-NEUVIÈME FAMILLE.

LES HERMANNIACÉES. — *HERMAN-NIACEÆ*.

(*Hermanniaceæ* Kunth, Diss. de Malv. p. 11 ; et in Humb. et Bonpl. Nov. Gen. et Spec. vol. 5, p. 312. — Bartl. Ord. Nat. p. 342. — *Hermanniece* De Cand. Prodr. 1, p. 490.)

On trouve des *Hermanniacées* dans toute la zone équatoriale ainsi que dans l'Afrique australe ; mais elles manquent dans les régions extra-tropicales de l'hémisphère septentrional. Le nombre des espèces connues se monte à plus de cent. Beaucoup de ces végétaux se cultivent comme plantes d'agrément ; d'autres, en raison du mucilage copieux qu'ils contiennent, s'emploient comme remèdes émollients.

CARACTÈRES.

Arbrisseaux, ou *sous-arbrisseaux*, ou *herbes*. Rameaux cylindriques, inermes.

Feuilles éparses, simples, presque toujours penninervées, pétiolées, entières, ou lobées, ou pennatifides, ou bipennatifides. Stipules libres, tantôt membranacées et caduques, tantôt foliacées et persistantes.

Fleurs hermaphrodites, régulières, quelquefois bractéolées ou involucrées, souvent en ombelle simple. Pédoncules axillaires, ou oppositifoliés, ou terminaux, 1-flores, ou pluriflores.

Calice inadhérent, persistant, 5-parti, ou 5-fide ; estivation valvaire.

Pétales 5, hypogynes, égaux, courtement onguiculés, marcescents, contournés en spirale avant la floraison et souvent encore lors de l'épanouissement; onglets quelquefois soudés à l'androphore.

Étamines 5, antépositives, toutes fertiles. Filets monadelphes par leur base, souvent dilatés. Anthères ovales ou lancéolées, incombantes, à 2 bourses contiguës, parallèles, chacune déhiscente postérieurement par une fente longitudinale, ou par un pore apicilaire.

Pistil : Ovaire à 5 loges (rarement moins de 5) alternes avec les pétales, ordinairement biovulées. Styles libres ou soudés. Stigmates libres, ou rarement soudés en capitule. Ovules axifixés, bisériés.

Péricarpe capsulaire ou diérésilien, 5-loculaire (par exception 1-carpellaire par avortement); loges 1-2- ou poly-spermes.

Graines axifixes, aptères. Périsperme charnu, farineux. Embryon rectiligne ou curviligne, inclus : radicule infère; cotylédons planes, foliacés, entiers.

Voici les genres qui constituent la famille.

Waltheria Linn. — *Mélochia* Linn. (Riedlea Vent. Riedleya De Cand. Visena Houtt. Mougeotia Kunth. Altheria Pet. Thou.) — *Hermannia* Linn. (Lophanthus Forst.) — *Mahernia* Linn.

Genre WALTHÉRIA. — *Waltheria* Linn.

Calice turbiné-campanulé, 5-fide, souvent accompagné de 3 bractées unilatérales. Pétales dressés, courts, obovales, obtus, multiveinés; onglets adnés à l'androphore. Étamines 5; androphore cylindrique, entier ou 5-fide, 5-nervé; filets aplatis. Ovaire obovale, 1-loculaire, biovulé. Ovules pariétaux, ascendants, imbriqués. Stigmate pénicilliforme (rarement subulé). Capsule obovale, très-obtuse, bivalve, monosperme par avortement. Graine obovale, ascendante. Embryon rectiligne, parallèle à l'ombilic.

Arbrisseaux, ou sous-arbrisseaux, ou herbes. Feuilles iné-

galement dentelées. Stipules pointues, très-étroites. Pédoncules axillaires ou terminaux. Fleurs jaunes, petites, disposées en capitule. Poils (souvent sur la même plante) étoilés et
bifurqués, ou simples.

On connaît une vingtaine d'espèces de ce genre; les plus
remarquables sont les suivantes :

WALTHÉRIA ARBORESCENT.—*Waltheria americana* Linn.—
Waltheria indica Jacq. Ic. Rar. tab. 130.—*Waltheria arborescens* Cavan. tab. 170, fig. 1.

Feuilles ovales ou ovales-oblongues, pointues ou obtuses,
plissées, cotonneuses, quelquefois subcordiformes. Capitules axillaires. Sépales lancéolés-subulés. Pétales un peu plus longs que
le calice, pubescents. Androphore 5-fide ou entier. Stigmate pénicilliforme. Capsule velue.

Arbrisseau couvert d'un duvet cotonneux, blanchâtre. Tiges
cylindriques, rameuses, dressées. Feuilles un peu épaisses, longues de 1 à 3 pouces, sur 1 à 2 pouces de large; pétiole 3 fois
plus court que la lame. Pédoncules presque nuls, ou plus ou
moins allongés. Fleurs fort petites, très-serrées, d'un jaune clair.

Cette espèce croît aux Antilles, dans l'Amérique méridionale
et dans l'Inde.

WALTHÉRIA FERRUGINEUX. — *Waltheria ferruginea* Aug.
Saint-Hil. Flor. Brasil. Merid. tab. 30.

Feuilles oblongues ou oblongues-lancéolées, pointues, veloutées
en dessus, cotonneuses en dessous. Capitules axillaires, courtement pédonculés. Sépales triangulaires-ovales, pointus. Pétales
plus courts que le calice. Androphore 5-fide. Stigmate simple.

Petit arbre. Tige haute de 5 pieds, rameuse au sommet. Ramules grêles, couverts d'un duvet roux. Feuilles longues de 2 à
3 pouces, larges de 5 à 8 lignes, couvertes d'un duvet ferrugineux; pétiole court. Pédoncules géminés ou ternés. Capitules
pauciflores. Bractées oblongues-lancéolées, pointues, de la longueur du calice. Pétales jaunes, glabres, 7-9-nervés. Étamines
un peu saillantes.

Cette espèce a été découverte par M. Aug. de Saint-Hilaire au Brésil, dans la province des Mines.

WALTHÉRIA DOURADINHA. — *Waltheria Douradinha* Aug. Saint-Hil. Plant. Us. des Bras. tab. 36.

Feuilles ovales ou ovales-arrondies, obtuses ou pointues, cordiformes à la base : les inférieures poilues ; les supérieures glauques et cotonneuses. Capitules terminaux et axillaires. Sépales pubescents, lancéolés, un peu plus courts que les pétales. Androphore presque entier. Stigmate pénicilliforme. Capsule pubescente.

Sous-arbrisseau haut de 8 à 18 pouces. Tiges ascendantes, peu rameuses, pubescentes vers le sommet. Feuilles 10-12-nervées, longues d'environ 2 pouces, sur 9 lignes de large. Pédoncules ordinairement solitaires. Capitules denses. Calice long de 2 à 3 lignes. Pétales 7-nervés, d'un jaune doré. Anthères presque sessiles, linéaires-elliptiques, entières à la base, trilobées au sommet.

Cette plante est commune sur les bords de l'Uruguay, dans les provinces de Rio-Grande et des Missions. Les habitants de ces contrées s'en servent pour la guérison des plaies et en emploient la décoction comme remède pectoral et antisyphilitique. Cette dernière propriété, suivant M. Aug. de Saint-Hilaire, est imaginaire : le *Douradinha* étant simplement mucilagineux.

Genre MÉLOCHIA. — *Melochia* (Linn.) Aug. Saint-Hil.

Calice campanulé ou cupuliforme, pentagone, 10-nervé, quelquefois bractéolé à la base. Pétales égaux, dressés, oblongs-obovales, très-obtus ; onglets adnés à l'androphore. Étamines 5 ; androphore tubuleux, entier ou 5-fide ; filets aplatis ; anthères linéaires-elliptiques, didymes. Ovaire 5-loculaire, 5-lobé, ordinairement stipité ; ovules géminés dans chaque loge, ascendants, imbriqués. Styles 5, plus ou moins soudés. Stigmates cylindriques, obtus, continus avec les styles. Capsule 5-loculaire, 5 ou 10-sperme, tantôt loculicide ou septicide, 5-valve, tantôt 10-valve. Graines ascendantes, ovoïdes. Embryon rectiligne, axile : cotylédons réniformes-orbiculaires.

Arbrisseaux, ou sous-arbrisseaux, ou herbes. Pubescence ordinairement étoilée. Feuilles dentelées, ou dentées, ou crénelées. Stipules pointues, très-étroites. Pédoncules terminaux, ou axillaires, ou oppositifoliés. Fleurs disposées en capitules, ou en ombelles, ou en glomérules, ou en épis, ou en corymbes, ou en panicules, ou rarement solitaires. Corolle petite ou de grandeur médiocre, de couleur blanche, ou jaune, ou orange, ou pourpre, ou violette, ou rose, ou bicolore. Pédicelles bractéolés à la base.

Ce genre renferme une quarantaine d'espèces, toutes indigènes dans la zone équatoriale. En général, ces plantes n'intéressent que les botanistes; nous nous bornerons à parler des plus marquantes.

MÉLOCHIA A FEUILLES DE GRAMEN.—*Melochia graminifolia* Aug. Saint-Hil. Flor. Bras. Merid. 1, tab. 36.

Tige effilée, presque simple; feuilles courtement pétiolées, linéaires, pointues, glabres, à dents écartées. Panicule terminale, grêle, très-lâche, rameuse. Calice cupuliforme, semi-5-fide : lanières subfalciformes; sinus arrondis. Pétales 3 fois plus longs que le calice. Androphore presque entier. Capsule globuleuse, 10-valve, pentagone.

Tige herbacée, rougeâtre, haute de 1 à 2 pieds. Feuilles longues de 2 à 5 pouces, sur 2 à 3 lignes de large. Panicule longue de 3 à 6 pouces; rameaux filiformes, épars, écartés, souvent géminés; ramules capillaires, unilatéraux, courts, pauciflores; fleurs subsessiles. Pétales connivents en cloche, longs d'environ 8 lignes, multiveinés, rouges au sommet, jaunes à la base.

Cette espèce, remarquable par la forme de ses feuilles et la beauté de ses fleurs, a été observée dans le midi du Brésil par M. Aug. de Saint-Hilaire.

MÉLOCHIA FAUX HERMANNIA. — *Melochia hermannioides* Aug. Saint-Hil. l. c. tab. 37.

Tiges suffrutescentes, couchées. Feuilles ovales-arrondies, ou

obovales, ou elliptiques, très-obtuses, dentées, entières vers la
base, poilues. Ombelles pédonculées, oppositifoliées. Calice campanulé, hérissé, presque 5-parti; sépales oblongs-lancéolés, acuminés, 3 ou 4 fois plus courts que les pétales. Androphore 5-fide.
Capsule globuleuse-obcordiforme, pentaèdre.

Sous-arbrisseau à tiges grêles, poilues, rameuses, longues d'environ 1 pied. Feuilles longues de 4 à 8 lignes, sur 4 à 6 lignes
de large; pétiole long de 2 à 6 lignes. Pédoncules solitaires, plus
longs que les feuilles, multiflores; ombelle involucrée; bractées
subulées, plus courtes que les pédicelles. Pétales connivents en
cloche, longs d'un demi-pouce, de couleur violette.

Cette plante élégante a été découverte par M. de Saint-Hilaire
au Brésil, dans la province des Missions.

Mélochia pyramidal. — *Melochia pyramidata* Linn. —
Cav. Diss. 3, tab. 192, fig. 1.—*Melochia domingensis* Jacq.
Hort. Vind. tab. 30.

Tige dressée, rameuse. Feuilles ovales, ou ovales-lancéolées,
pointues, dentelées, entières vers la base, glabres. Pédoncules
pauciflores ou ombellifères, oppositifoliés. Sépales linéaires-subulés, 2 fois plus courts que la corolle. Androphore 5-fide au sommet. Capsule pyramidale-pentaèdre, 5-valve, loculicide.

Herbe annuelle, haute de 1 à 2 pieds. Tige très-rameuse, glabre ou pubérule, rougeâtre. Feuilles longues de 1 à 2 pouces, sur
6 à 12 lignes de large. Pédoncules plus courts que les feuilles,
2-6-flores; pédicelles filiformes, penchés après la floraison. Pétales roses ou violets, longs d'un demi-pouce.

Cette plante croît aux Antilles et dans l'Amérique méridionale.

Mélochia de Turpin. — *Melochia Turpiniana* Kunth, in
Humb. et Bonpl. Nov. Gen. et Spec. 5, tab. 482.

Tiges dressées, rameuses. Feuilles ovales ou ovales-lancéolées,
pointues, dentelées, obliquement cordiformes ou tronquées à la
base, pubescentes en dessus, cotonneuses en dessous. Ombelles
longuement pédonculées, oppositifoliées, 7-12-flores. Calice cam
panulé, semi-5-parti; sépales ovales-lancéolés, acuminés, 2 fois
plus courts que les pétales. Androphore 5-fide au sommet. Cap-

sule cotonneuse, rhomboïdale, cuspidée, pentaptère, quinquéden-
tée au-dessous du sommet.

Tige suffrutescente, rameuse, légèrement pubescente. Feuilles
longues de 1 à 2 pouces, sur 6 à 12 lignes de large. Fleurs petites, violettes. Pétales connivents en tube, brusquement rétrécis
en onglet.

Cette espèce a été observée par MM. de Humboldt et Bonpland
dans la Nouvelle-Grenade.

MÉLOCHIA MULTIFLORE. — *Mougeotia polystachya* Kunth,
in Humb. et Bonpl. Nov. Gen. et Spec. 5, tab. 483, A et B.

Feuilles oblongues, pointues, dentelées, poilues en dessus,
soyeuses en dessous, courtement pétiolées. Panicule terminale,
non-feuillée, composée de grappes unilatérales, cimeuses, multiflores. Calice campanulé, semi-5-parti; sépales lancéolés-subulés, 2 fois plus courts que les pétales. Androphore urcéolé, indivisé. Capsule globuleuse, 5-gone, apiculée, hérissée, septicide,
sub-10-valve.

Tige herbacée, haute de 2 à 3 pieds, poilue. Panicule flexueuse.

Genre HERMANNIA. — *Hermannia* Linn.

Calice 5-fide, non-bractéolé. Pétales plus longs que les
sépales, contournés presque en spirale : onglets dressés; lames étalées, arrondies au sommet. Androphore court, annulaire : filets aplatis, membraneux, liguliformes; anthères
conniventes, didymes, sagittiformes, s'ouvrant par deux pores apicilaires. Ovaire globuleux, 5-sulqué. Style indivisé.
Stigmates petits, globuleux. Capsule pentagone ou pentacoque, 5-loculaire, 5-valve, loculicide, polysperme. Graines subréniformes : embryon curviligne.

Arbrisseaux ordinairement couverts de poils étoilés. Feuilles entières ou dentées, courtement pétiolées, le plus souvent
petites, ou de grandeur médiocre, membraneuses. Pédoncules axillaires et terminaux, ordinairement biflores, bractéolés au milieu. Fleurs petites, jaunes, ou rarement rougeâtres.

Les *Hermannia* habitent tous l'Afrique australe tempérée. On en connaît une quarantaine d'espèces, dont nous allons décrire celles qui se cultivent comme plantes d'agrément. Leur floraison dure fort longtemps et leur traitement n'exige qu'une bonne terre meuble. On les multiplie soit de graines, semées au printemps sur couche, soit de marcottes ou de boutures.

HERMANNIA A FEUILLES DE GUIMAUVE. — *Hermannia althœifolia* Linn. — Bot. Mag. tab. 307. — Cavan. Diss. 6, tab. 179, fig. 2. — *Hermannia aurea* Jacq. Hort. Schœnbr. tab. 214.

Feuilles longuement pétiolées, oblongues-cunéiformes, ou obovales, ou elliptiques, très-obtuses, crénelées, cotonneuses. Stipules ovales-lancéolées ou lancéolées. Pédoncules solitaires ou géminés, dressés ou étalés, subbiflores, rapprochés en panicule. Calice cupuliforme, pentagone, renflé, 5-denté. Filets spathulés, arrondis au sommet ; anthères bicuspidées.

Arbrisseau haut de 2 à 3 pieds : rameaux étalés, cotonneux. Stipules grandes, foliacées. Feuilles longues de 1 à 2 pouces ; pétiole des feuilles inférieures plus long que la lame. Panicule lâche, multiflore, longue d'un demi-pied et plus. Pédoncules longs de 1 à 2 pouces. Pédicelles dressés avant l'anthèse, ensuite penchés. Calice 3 fois plus court que la corolle. Corolle d'un jaune de Safran.

Cette espèce est l'une des plus élégantes du genre.

HERMANNIA PLISSÉ. — *Hermannia plicata* Willd. — *Hermannia althœifolia* Jacq. Hort. Schœnbr. tab. 213 (non Linn.)

Feuilles subcordiformes-ovales, rugueuses, denticulées, cotonneuses. Stipules ovales, pointues. Calices cylindracés-oblongs.

HERMANNIA BLANCHATRE. — *Hermannia candicans* Ait. Hort. Kew. — Jacq. Hort. Schœnbr. tab. 117.

Feuilles ovales ou elliptiques, obtuses, crénelées, non-plissées, cotonneuses. Stipules lancéolées-subulées. Pédoncules subbiflores, un peu plus courts que les feuilles. Calices 5-fides, anguleux, campanulés, ouverts. Filets cunéiformes-spathulés.

Arbrisseau haut de 3 à 4 pieds, couvert d'un duvet blanc très-épais. Feuilles longues d'environ 1 pouce, souvent subcordiformes à la base. Fleurs d'un jaune vif. Sépales ovales, acuminés, 2 fois plus courts que les pétales. Capsule ovoïde, pointue, stipitée, 5-gone, cotonneuse.

Cette espèce est remarquable par le duvet très-blanc dont toutes ses parties herbacées sont recouvertes.

HERMANNIA A FEUILLES DE HYSSOPE. — *Hermannia hyssopifolia* Cavan. Diss. 6, tab. 181, fig. 3.

Feuilles cunéiformes-oblongues, obtuses, dentées vers le sommet. Stipules lancéolées, pointues. Pédoncules subbiflores, penchés. Fleurs en grappes terminales. Calices vésiculeux, globuleux, pubescents. Pétales liguliformes, un peu plus longs que le calice.

Arbrisseau très-rameux, haut de 3 à 5 pieds. Feuilles courtement pétiolées, glabres, souvent pendantes. Fleurs jaunes, très-abondantes.

HERMANNIA DISTIQUE. — *Hermannia disticha* Schrad. et Wendl. Sert. Hannov. tab. 10.—*Hermannia rotundifolia* Jacq. Hort. Schœnbr. tab. 118.

Feuilles ovales-arrondies, obtuses, incisées-dentées, crénelées, rugueuses, hérissées, distiques. Stipules lancéolées, acuminées. Pédoncules fort courts, inclinés, axillaires et terminaux, subuniflores. Calices campanulés, 5-dentés, anguleux. Filets spathulés.

Tige haute d'environ 3 pieds, très-rameuse, hérissée de poils courts. Feuilles alternes-distiques, arrondies ou tronquées à la base, longue d'un pouce ou moins. Fleurs petites. Pétales un peu plus longs que le calice, d'abord jaunes, rougeâtres après l'anthèse. Capsule 5-coque.

HERMANNIA A LARGES FEUILLES.—*Hermannia micans* Schrad. et Wendl. Sert. Hannov. tab. 5. — *Hermannia latifolia* Jacq. Hort. Schœnbr. tab. 119.

Feuilles elliptiques ou ovales-arrondies, très-obtuses, crénelées au sommet, rugueuses, hérissées, souvent ondulées. Stipules lancéolées-subulées. Pédoncules pluriflores, subterminaux, agrégés, penchés. Calice ovoïde, subpentagone, 5-denté. Filets lancéolés-elliptiques.

Arbrisseau haut de 2 à 3 pieds : rameaux rougeâtres, hérissés. Feuilles longues d'environ 2 pouces, sur 1 pouce de large. Fleurs petites, d'abord d'un jaune de Citron, puis de couleur orange. Anthères bifides, ciliées. Capsule petite, globuleuse, hérissée, 5-coque.

HERMANNIA A FEUILLES CUNÉIFORMES. — *Hermannia cuneifolia* Jacq. Hort. Schœnbr. tab. 124.

Feuilles pubescentes, cunéiformes-obovales ou arrondies, échancrées, dentées vers le sommet. Stipules ovales, pointues. Pédoncules uniflores, penchés, courts, rapprochés en grappe. Calices campanulés, 5-dentés. Filets spathulés. Anthères bicuspidées.

Tige très-rameuse, scabre, rougeâtre, haute de 2 à 3 pieds. Feuilles des ramules très-petites. Fleurs assez grandes, d'un jaune clair. Pétales 3 fois plus longs que le calice. Capsule obovée, pentagone.

HERMANNIA SOYEUX. — *Hermannia holosericea* Jacq. Hort. Schœnbr. tab. 292.

Feuilles cotonneuses, cunéiformes-oblongues, arrondies au sommet, dentelées supérieurement. Stipules lancéolées. Pédoncules multiflores, disposés en grappes terminales, unilatérales.

Arbrisseau rameux dès la base, diffus, haut de 3 à 4 pieds. Fleurs petites mais très-nombreuses, d'un jaune pâle.

HERMANNIA MULTIFLORE. — *Hermannia multiflora* Jacq. Hort. Schœnbr. tab. 128.

Feuilles subsessiles, glabres, cunéiformes-oblongues ou obovales, tronquées, dentelées vers le sommet. Stipules oblongues, pointues. Pédoncules uniflores, subterminaux, penchés, rapprochés en grappes. Calice cupuliforme, 5-denticulé.

Tiges tortueuses, très-rameuses, glabres ainsi que toute la plante. Feuilles des ramules florifères longues à peine d'un demi-pouce. Corolle d'un jaune vif, 3 fois plus grande que le calice.

Cette espèce mérite la préférence sur la plupart de ses congé-nères, à cause des fleurs d'un beau jaune dont elle se couvre au printemps.

HERMANNIA SCABRE. — *Hermannia scabra* Cavan. Diss. 6, tab. 182, fig. 2. — Jacq. Hort. Schœnbr. tab. 127.

Feuilles cunéiformes-oblongues, tronquées, échancrées, dentées vers le haut, scabres en dessus, cotonneuses en dessous. Stipules semi-cordiformes, acuminées. Pédoncules étalés, subtriflores, paniculés. Calice cupuliforme, 5-denticulé. Filets spathulés.

Arbrisseau hérissé, haut de 3 à 4 pieds. Tige et ramules rou-geâtres. Feuilles longues d'un pouce ou moins. Corolle d'un jaune pâle, 2 fois plus grande que le calice. Capsule globuleuse, 5-coque.

Cette espèce est très-commune dans les collections.

HERMANNIA A FEUILLES D'AUNE. — *Hermannia alnifolia* Linn.— Jacq. Hort. Schœnbr. tab. 291.—Bot. Mag. tab. 299. — Cavan. Diss. 6, tab. 179, fig. 1.

Feuilles glabres, plissées, cunéiformes-obovales, très-obtuses, échancrées, crénelées. Stipules lancéolées-subulées. Pédoncules 2-ou 5-flores, subterminaux, rapprochés en grappe. Calice hé-misphérique, 5-denté. Filets spathulés, plus larges que les an-thères.

Arbrisseau très-rameux, diffus, haut de 4 à 5 pieds. Fleurs petites mais très-nombreuses, d'un beau jaune.

HERMANNIA LISSE. — *Hermannia denudata* Linn. — Cavan. Diss. 6, tab. 181, fig. 1. — Jacq. Hort. Schœnbr. tab. 122.

Feuilles glabres, lancéolées ou oblongues, pointues, dentées vers le sommet. Stipules ovales-acuminées. Pédoncules étalés, 1-4-flores, distants, formant une panicule terminale lâche. Calice campanulé, 5-fide. Filets cunéiformes.

Arbrisseau très-rameux, haut de 3 à 5 pieds, très-glabre et lisse. Pétales d'un jaune vif, 2 fois plus longs que le calice.

Hermannia aurore. — *Hermannia flammea* Jacq. Hort. Schœnbr. tab. 129.

Feuilles glabres, subsessiles, cunéiformes-oblongues ou obovales, tronquées, dentées vers le sommet. Stipules lancéolées, pointues. Pédoncules uniflores, penchés, rapprochés en grappe unilatérale. Calice 5-fide, à segmens réfléchis. Filets linéaires-oblongs.

Arbuscule glabre, haut de 2 à 3 pieds. Rameaux effilés, presque étalés, unilatéraux, rougeâtres. Feuilles longues d'un pouce ou moins. Grappes terminales, pluriflores, longues de 3 à 4 pouces. Sépales hérissés, ovales-triangulaires, acuminés, 2 fois plus courts que les pétales. Capsule ovale-elliptique, obtuse.

Cet arbrisseau est l'un des plus élégants du genre. Ses fleurs, qui naissent en grande abondance, se font remarquer par une couleur aurore très-vive.

Hermannia a feuilles de Lavande. — *Hermannia lavandulifolia* Cavan. Diss. 6, tab. 180, fig. 1. — Jacq. Hort. Schœnbr. tab. 215.

Feuilles subsessiles, cotonneuses, très-entières, lancéolées ou lancéolées-oblongues, obtuses, mucronulées, rétrécies à la base. Pédoncules uniflores ou biflores, axillaires, penchés, unilatéraux. Calice cupuliforme, 5-denté. Filets linéaires-oblongs.

Cette espèce se reconnaît très-facilement à ses feuilles étroites, blanchâtres et entières. Elle forme un arbrisseau touffu, de trois à quatre pieds de haut. La corolle est d'un jaune de Citron, deux fois plus longue que le calice.

Hermannia trifurqué. — *Hermannia trifurcata* Linn. — Cavan. Diss. 6, tab. 178, fig. 2. — Jacq. Hort. Schœnbr. tab. 125.

Feuilles subsessiles, glabres, ou veloutées, linéaires-oblongues, tronquées, tridentées au sommet ou entières, rétrécies à la base. Pédoncules uniflores, penchés, rapprochés en grappe terminale feuillée. Calice campanulé, 5-fide. Filets spathulés. Anthères tricuspidées au sommet. Capsule diérésilienne.

Cette espèce forme un petit arbuste rameux dès la base, et

d'un fort bel aspect lorsqu'il est orné de ses nombreuses fleurs pourpres.

Genre MAHERNIA. — *Mahernia* Linn.

Calice campanulé, 5-fide, persistant. Pétales 5, convolutés, onguiculés, arrondis, connivents en cloche ; onglets planes. Androphore court, annulaire ; filets capillaires, renflés brusquement au-dessous du sommet en tubercule obcordiforme ; anthères didymes, sagittiformes, conniventes, biporeuses au sommet. Ovaire globuleux, courtement stipité. Styles 3, plus ou moins soudés. Capsule ovale-globuleuse, 5-loculaire, 5-valve-loculicide, polysperme. Graines subréniformes. Embryon curviligne.

Sous-arbrisseaux ou herbes. Feuilles dentées ou pennatifides. Pédoncules terminaux, ou oppositifoliés, uniflores, ou pluriflores au sommet, ou racémifères. Pédicelles penchés, bractéolés. Fleurs rouges, ou blanchâtres, ou jaunâtres.

Ce genre appartient à l'Afrique australe. Il se compose d'une vingtaine d'espèces, en général remarquables par des fleurs élégantes ; on en cultive plusieurs en orangerie comme plantes d'agrément ; en voici les plus marquantes :

MAHERNIA VERTICILLÉ. — *Mahernia verticillata* Linn. — Cavan. Diss. 6, tab. 176, fig. 1.

Feuilles verticillées, suboctonées, entières, ou pennatiparties, ciliées : lanières linéaires, pointues. Pédoncules oppositifoliés, biflores, défléchis, filiformes, beaucoup plus longs que les feuilles. Sépales lancéolés, subulés, 2 fois plus courts que les pétales.

Sous-arbrisseau rameux, haut d'environ deux pieds. Rameaux flexueux. Feuilles courtes, inégales. Pétales jaunes, veinés de rouge, longs d'environ 6 lignes. Nœud des filets cotonneux. Capsule de la grosseur d'un Pois.

MAHERNIA ÉLÉGANT. — *Mahernia pulchella* Linn.—Cavan. Diss. 6, tab. 177, fig. 3.

Feuilles lancéolées-oblongues, pennatifides : lanières entières ou incisées, courtes, obtuses. Pédoncules biflores, plus courts que les feuilles. Calice campanulé, 5-denté, de moitié plus court que la corolle.

Sous-arbrisseau ne s'élevant qu'à 4 ou 5 pouces. Tiges nombreuses, dressées, peu rameuses. Fleurs petites, rougeâtres.

MAHERNIA GRANDIFLORE. — *Mahernia grandiflora* Burch. Voy. — Bot. Reg. tab. 224. (non Ait.)

Feuilles cunéiformes-oblongues, dentelées, mucronées, rétrécies en pétiole. Pédoncules plus courts que les feuilles, horizontaux, 1-3-flores. Corolle 3 fois plus longue que le calice.

Cette plante, découverte par le célèbre voyageur Burchell, dans les vastes déserts sablonneux au nord de Litakoun, est le plus élégant de tous les *Mahernia* connus. Elle forme un sous-arbrisseau touffu, couvert de poils glanduleux. Ses fleurs sont d'un écarlate brillant et ont près d'un pouce de diamètre.

MAHERNIA LISSE. — *Mahernia glabrata* Cavan. Diss. 6, tab. 200, fig. 1. — Jacq. Hort. Schœnbr. 1, tab. 53. — *Mahernia odorata* Andr. Bot. Rep. tab. 85.

Feuilles scabres, oblongues-lanceolées, incisées-dentées, rétrécies en pétiole. Pédoncules pubescents, biflores, oppositifoliés, presque étalés, plus longs que les feuilles. Sépales pointus, plus courts que les pétales.

Arbrisseau haut de 1 à 5 pieds : rameaux diffus, ferrugineux. Fleurs odorantes, jaunes, longues d'environ 4 lignes.

MAHERNIA INCISÉ. —*Mahernia incisa* Jacq. Hort. Schœnbr. 1, tab. 54.

Feuilles scabres, lancéolées-oblongues, pennatifides : lobes lancéolés, pointus. Pédoncules 2-4-flores, plus longs que les feuilles. Sépales pointus, 1 fois plus courts que les pétales.

Arbrisseau haut de 1 à 3 pieds : rameaux diffus, ferrugineux. Fleurs odorantes, jaunes, longues d'environ 4 lignes.

MAHERNIA DIFFUS.—*Mahernia diffusa* Jacq. Hort. Schœnbr. 2, tab. 201.

Tige scabre, procombante, diffuse. Pédoncules biflorés, dressés de même que les rameaux. Feuilles pennatifides, glabres. — Fleurs jaunes.

MAHERNIA HÉTÉROPHYLLE. — *Mahernia heterophylla* Cavan. Diss. 6, tab. 178, fig. 1.— *Hermannia grossulariæfolia* Linn.

Feuilles linéaires-cunéiformes, dentées, scabres. Stipules linéaires, entières. Pédoncules subterminaux, 2-ou 3-flores, veloutées. — Sous-arbrisseau. Fleurs jaunes.

MAHERNIA A FEUILLES DOUBLEMENT DENTELÉES. — *Mahernia biserrata* Cavan. Diss. 6, tab. 200, fig. 2.—*Hermannia biserrata* Linn.

Feuilles glabres, oblongues-lancéolées, doublement dentelées. Pédoncules biflores, aussi longs que les feuilles. — Arbrisseau. Fleurs jaunes.

CINQUANTIÈME FAMILLE.

LES BYTTNÉRIACÉES. — *BYTTNE-RIACEÆ*.

(*Malvacearum* genn. Juss. Gen. — *Byttneriaceæ* R. Brown, Gen.
Rem. in Flind. Voy. II , p. 540. — Bartl. Ord. Nat. p. 341. — *Byt-
neriacearum* trib. II (*Byttnerieæ*) et III (*Lasiopetaleæ*) De Cand.
Prodr.)

C'est aux *Byttnériacées* qu'appartiennent les *Theobroma* , dont plusieurs espèces fournissent le Cacao du
commerce. Ce groupe d'ailleurs renferme beaucoup
d'autres végétaux utiles soit par leurs écorces filandreuses, soit par leurs sucs mucilagineux et émollients. Plusieurs Byttnériacées se cultivent dans les collections de
serre, comme plantes d'agrément.

Presque toutes les Byttnériacées croissent dans les
régions équatoriales; elles manquent entièrement dans
la zone tempérée de l'hémisphère septentrional. On
connaît environ quatre-vingts espèces.

CARACTÈRES.

Arbres ou plus souvent *arbrisseaux*. Tiges et rameaux
cylindriques.

Feuilles alternes, simples, palmatinervées, ou penninervées (quelquefois palmatilobées), dentées ou dentelées. Stipules libres (très-rarement nulles). Pubescence
étoilée.

Fleurs hermaphrodites , régulières ; très-souvent en
cime. Pédoncules oppositifoliés, ou moins souvent soit
axillaires, soit terminaux.

Calice inadhérent, 5-parti (quelquefois à 5 sépales libres), non-persistant (rarement persistant), non-caliculé ; estivation valvaire.

Pétales 5 (quelquefois nuls), hypogynes , égaux , libres , interpositifs , non-persistants : onglets cuculliformes ; lames liguliformes ; estivation contortive.

Étamines hypogynes , unisériées , en nombre défini , monadelphes par la base. Filets stériles 5 (rarement nuls), opposés aux sépales ; filets anthérifères 5 , ou 10, ou 15 (par exception 70), opposés aux pétales soit un à un, soit soudés deux à deux ou trois à trois, plus courts que les filets stériles. Anthères suborbiculaires ou oblongues, incombantes, à 2 bourses contiguës, divergentes à la base , chacune déhiscente par une fente longitudinale soit postérieure , soit latérale , ou rarement par un pore apicilaire.

Pistil : Ovaire 3- ou 5-loculaire. Ovules géminés ou nombreux, bisériés, ascendants. Styles 3 ou 5, le plus souvent soudés. Stigmates simples.

Péricarpe capsulaire ou indéhiscent, 3- ou 5-loculaire (par exception 1-loculaire) ; loges 1-2- ou poly-spermes.

Graines attachées à l'angle interne (par exception pariétales), arillées, ou strophiolées, périspermées, ou apérispermées. Embryon ordinairement rectiligne, axile ; cotylédons planes, ou chiffonnés, ou convolutés.

Voici les genres classés parmi les Byttnériacées :

Iʳᵉ TRIBU. **LES BYTTNÉRIÉES.** — *BYTTNERIEÆ.*

Pétales à onglets cuculliformes.

Theobroma Linn. (Cacao Tourn.) — *Abroma* Linn. fil. — *Guazuma* Plum. (Bubroma Schreb.) — *Glossostemon* Desfont. — *Commersonia* Forst. — *Byttneria* Lœffl. (Rulingia R. Br.) — *Ayenia* Linn. — *Kleinhovia* Linn.

II° TRIBU. LES LASIOPÉTALÉES. — *LASIOPETALEÆ.*

Pétales squamuliformes ou nuls.

Seringia Gay. (Gaya Spreng.) — *Lasiopetalum* Smith.
— *Guichenotia* Gay. — *Thomasia* Gay. — *Keraudrenia*
Gay.

I° TRIBU. LES BYTTNÉRIÉES. — *BYTTNERIEÆ.*
De Cand. Prodr.

(*Byttneriaceæ veræ* Kunth, Diss. de Malvac.)

*Pétales à onglets cuculliformes ; lames liguliformes, allon-
gées. Calice non-persistant. Étamines* 10-25 (*rarement*
30-70.)

Genre CACAOTIER. — *Theobroma* Linn.

Calice à 5 sépales libres. Pétales 5, fovéolés à la base, terminés en appendice concave, arrondi, longuement ongui-
culé. Androphore urcéolaire. Filets stériles 5, saillants, dressés, dilatés ; filets fertiles 5, filiformes, arqués en dehors, chacun bianthérifère au sommet ; anthères petites, ovales, superposées, plongées dans la cavité des pétales. Style filiforme. Stigmate 5-fide ou 5-lobé. Péricarpe ligneux, indéhiscent, 5-loculaire, ou par avortement uniloculaire, polysperme. Graines horizontales, oblongues, nidulantes dans
une pulpe butyracée. Périsperme nul. Cotylédons épais, huileux, chiffonnés.

Arbres. Feuilles grandes, très-entières ou dentées. Stipules petites, caduques. Fleurs rougeâtres ou jaunâtres, petites.
Pédoncules axillaires, ou latéraux par la chute des feuilles,
ou caulinaires, tantôt uniflores et fasciculés, tantôt multiflores.

Les *Cacaotiers* croissent tous dans l'Amérique équatoriale, surtout dans les forêts basses qui bordent les im-

menses rivières de l'Amérique du Sud. On en connaît huit ou neuf espèces, toutes remarquables par un port majestueux et par la beauté du feuillage; mais ce qui rend ces végétaux bien plus importans, ce sont leurs graines, connues de tout le monde sous le nom de *Cacao*. Ce mot est d'origine américaine : les peuplades Caraïbes appellent l'arbre même *Cacao*; en langue mexicaine, les graines portent le nom de *Cacahoatl*, et les Cacaotiers celui de *Cacahoaquahuitl*. Avant la conquête du Mexique par les Espagnols, les habitans de ces contrées faisaient déjà usage d'une boisson préparée avec le Cacao torréfié, et qu'ils nommaient *Chocolatl*. C'était long-temps une opinion généralement reçue, que tout le Cacao importé par le commerce en Europe provenait de l'espèce décrite par Linné sous le nom de *Theobroma Cacao*; mais l'on sait aujourd'hui que presque tous les Cacaotiers produisent des graines de qualité plus ou moins propre à la fabrication du Chocolat, et que les graines d'espèces différentes se trouvent souvent mêlées dans la même sorte du commerce. Le *Cacao de Guatimala*, l'une des sortes les plus estimées, provient probablement d'une espèce non décrite. Le Cacaotier des Mexicains dont parlent Hernandez et ses contemporains, n'est guère mieux connu que celui de Guatimala; mais il paraît certain qu'il diffère des Cacaotiers cultivés aux Antilles et dans l'Amérique méridionale.

Le Cacao contient une très-grande quantité d'une huile grasse et solide, connue sous le nom de *Beurre de Cacao*. Cette substance est un des corps gras les plus adoucissans que l'on connaisse; on l'emploie beaucoup comme cosmétique et comme médicament. Il offre l'avantage d'avoir une odeur agréable et de sécher avec rapidité. On en fait des pommades, que l'on applique sur les gerçures de la peau. Le beurre de Cacao trouve encore un emploi fréquent dans la préparation des suppositoires adoucissans, dont l'usage est extrêmement avantageux dans un grand nombre de circonstances.

Les graines de plusieurs espèces de Cacaotiers ont, à l'état frais, une saveur âpre et amère; mais la torréfaction les rend douces et onctueuses. C'est avec les graines torréfiées dans des poêles de fer, ou des cylindres nommés brûloirs, que l'on prépare, comme l'on sait, le Chocolat : pour cela, on les prive de leur enveloppe crustacée, et on les pile dans un mortier de fer que l'on a préalablement chauffé. Après en avoir fait une pâte grossière, on y mélange une égale quantité de sucre en poudre, et on broie de nouveau la pâte sur des pierres de liais au moyen de cylindres de fer. On coule ensuite cette pâte, encore molle, dans des moules. Ainsi préparé, le Chocolat porte le nom de *Chocolat de santé;* mais souvent on y ajoute quelques aromates, tels que la Vanille et la Cannelle, qui relèvent sa saveur et en facilitent la digestion.

L'usage du Chocolat est trop universel pour qu'il soit nécessaire d'entrer dans des détails à ce sujet; il constitue un aliment très-nourrissant, mais que beaucoup de personnes ne digèrent que difficilement. Il est analeptique et convient aux individus épuisés par de longues maladies. Chez ceux qui le digèrent, il produit promptement une amélioration sensible et ranime les forces. On a vu quelquefois l'usage long-temps continué du Chocolat devenir très-favorable à des personnes affectées de phthisie ou d'autres maladies chroniques.

Voici les espèces que renferme ce genre :

CACAOTIER COMMUN. — *Theobroma Cacao* Linn. — Tuss. Flor. Antill. v. 1, tab. 13. — Loddig. Bot. Cab. tab. 545. — *Cacao minus* Gærtn. Fruct. 2, tab. 122, fig. 1.—*Cacao sativa* Lamk.

Feuilles oblongues ou obovales-oblongues, acuminées, très-entières, arrondies à la base, glabres aux 2 faces, concolores. Cimes caulinaires et raméaires, ou axillaires. Péricarpe ovale-oblong, 10-gone, glabre, lisse.

Arbre haut de 30 à 40 pieds. Rameaux droits, grêles, nombreux. Ramules cylindriques, pubescents. Feuilles courtement pétiolées, réticulées, membranacées, d'un vert sombre, longues d'environ 10 pouces, sur 3 ¹/₂ pouces de large. Stipules linéaires, caduques. Fleurs petites, nombreuses, rougeâtres. Pédicelles filiformes, longs d'environ 1 pouce. Sépales lancéolés, acuminés, 5-nervés, cotonneux aux bords. Pétales longuement onguiculés, obovales-spatulés, obtus, 5-nervés, glabres, plus longs que le calice. Fruit jaunâtre, ou rougeâtre, de la forme d'un petit Concombre. Graines un peu plus grosses qu'une Amande.

Ce Cacaotier est l'espèce généralement cultivée aux Antilles et dans beaucoup de contrées de l'Amérique méridionale. « La cul-
» ture de ce végétal, dit M. de Tussac, n'est ni difficile, ni dis-
» pendieuse. Elle exige un bon sol (parce que l'arbre pivote) qui
» ne soit ni trop sec, ni trop humide, ni trop exposé au vent,
» surtout à celui du nord; les vallées lui conviennent donc prin-
» cipalement. Le Cacaotier se sème, mais il faut avoir l'attention
» de choisir des graines parfaitement mûres, et de les mettre en
» terre à mesure qu'on les tire de la capsule; elles ne conservent
» que peu de jours leur faculté germinative; quand on a fait choix
» du terrain dans les montagnes, car l'arbre réussit mal en plaine,
» après l'avoir bien nettoyé sans autre labour que celui qui est né-
» cessaire pour enlever les racines des mauvaises herbes, on a
» une grande quantité de petits piquets, qu'on dispose en quin-
» conce de dix pieds eu dix pieds, si le terrain est riche, et de
» huit s'il ne l'est pas; on place trois graines à quelque distance
». les unes des autres, autour de chaque piquet, à trois pouces de
» profondeur. Entre chaque piquet on plante un Bananier, dont
» la double destination est de protéger par son ombre les jeunes
» Cacaotiers, et de fournir des vivres à l'habitation. Il existe une
» autre manière de faire une plantation de Cacaotiers, c'est d'en
» semer les amandes dans de petits paniers de lianes, que l'on
» tient à l'ombre jusqu'à ce que les petits arbres aient acquis la
» hauteur de huit à dix pouces; alors on porte les paniers dans la
» Cacaovère, et on les place en terre à chaque piquet; le panier
» ne tarde pas à pourrir, et de cette manière on est plus sûr de la
» plantation que par le semis des amandes, qui souvent sont dé-
» vorées par les rats. Le Cacaotier commence à fleurir à trois ans :

» mais il ne donne de récolte importante qu'à cinq. Il deman-
» de beaucoup de soin pendant les trois premières années, c'est-à-
» dire de fréquentes sarclaisons; sans quoi il serait bien vite
» étouffé par les herbes. La forte récolte du Cacao se fait en dé-
» cembre; il y en a une moindre en juin. Chaque arbre peut
» donner de deux à trois livres d'amandes sèches. Pour recueillir
» les capsules, les nègres ont au bout d'une gaule une petite ser-
» pette recourbée, avec laquelle ils coupent le pédoncule de cette
» capsule, que l'on ouvre au pied de l'arbre pour en retirer les
» graines, si toutefois le temps est beau ; sans cela on les porte à
» la case destinée pour les recevoir. Là, on les ouvre de suite ,
» car il ne faudrait que peu de jours pour que la fermentation fît
» germer les graines et elles ne seraient plus propres qu'à être
» semées. Lorsqu'on les a tirées de leurs capsules, on les met
» dans de grands canots de bois , où on les couvre de feuilles de
» Bananier ou de Balisier; on met pardessus des planches que
» l'on charge de pierres; elles restent à fermenter pendant quatre
» ou cinq jours, durant lesquels on a soin de les remuer tous les
» matins : elles acquièrent dans ces canots une couleur rougeâtre:
» on les tire de là pour les exposer sur des glacis au soleil; on a
» le soin de les remuer deux fois par jour, pour en faciliter la
» dessiccation ; ensuite on les met en magasin, et de temps en
» temps on les expose au soleil. »

CACAOTIER ÉLÉGANT. — *Theobroma speciosa* Martius.

Feuilles lancéolées-oblongues, acuminées, subinéquilatérales,
rétrécies à la base, dentées vers le haut, luisantes en dessus,
pubescentes-grisâtres ou rougeâtres en dessous. Pédoncules latéraux et axillaires, pauciflores. Péricarpe ellipsoïde , cotonneux.

Arbre ayant le port d'un Orme. Pétioles, pédoncules et calices
couverts d'un duvet floconneux , ferrugineux. Fleurs deux fois
plus grandes que celles du *Cacaotier commun.*

Cette espèce a été observée par M. de Martius au Brésil , à
Para.

CACAOTIER DE LA GUIANE. — *Cacao guianensis* Aubl.
Guian. tab. 275. — *Theobroma guianensis* Willd.

Feuilles oblongues , acuminées, sinuolées-denticulées, cordiformes à la base, glabres en dessus , cotonneuses en dessous.
Pédoncules caulinaires et raméaires, fasciculés. Péricarpe ovoïde,
5-angulaire , cotonneux.

Arbre haut d'environ 15 pieds , sur 5 à 6 pouces de diamètre.
Bois blanc, cassant, léger. Écorce roussâtre , un peu raboteuse.
Tronc divisé souvent dès la base. Branches inclinées, courtes.
Feuilles atteignant 8 pouces de long, sur 3 pouces de large. Pétiole
court, cotonneux. Stipules petites , caduques. Pédoncules grêles ,
inégaux, agrégés 3 à 6 ensemble. Sépales concaves, ovales-lancéolés, acuminés , verts en dessous , jaunâtres en dessus , 1 fois plus
longs que les pétales. Pétales jaunâtres ; appendice terminal acuminé. Péricarpe long de 4 $\frac{1}{2}$ pouces, sur 2 $\frac{1}{2}$ pouces de diamètre, 5-loculaire, couvert d'un duvet roux. Pulpe blanche, fon-
dante. Graines comprimées, subglobuleuses , roussâtres.

Cette espèce croît dans les forêts marécageuses de la Guiane :
les Caraïbes la nomment *Cacao*. Les amandes fraîches sont
très-bonnes à manger. Elles se trouvent souvent mêlées dans le
commerce avec le Cacao ordinaire. La pulpe qui remplit la cavité
du péricape a un goût vineux ; on peut en retirer par la distillation une liqueur spiritueuse.

» Pour conserver, dit Aublet, l'amande du Cacao lorsque le
» fruit est à sa parfaite maturité, l'on rassemble auprès d'une
» cuve la récolte qu'on en a faite ; on coupe la capsule en deux
» portions pour en tirer toute la substance pulpeuse et les aman-
» des qu'elle contient, qu'on verse ensemble dans la cuve. Cette
» substance, sous vingt-quatre heures, entre en fermentation, en-
» suite se liquéfie et devient vineuse. On laisse les amandes
» dans cette liqueur jusqu'à ce que leur membrane ait bruni et
» qu'on reconnaisse que leur germe soit mort , car la bonté du
» Chocolat dépend en partie de la maturité du fruit et du degré
» de fermentation que l'amande a éprouvée par ce procédé. Les
» amandes se séparent facilement de la susbtance qui les enve-
» loppait et sèchent bientôt. »

CACAOTIER BICOLORE.—*Theobroma bicolor* Humb. et Bonpl.
Plant. Équat. tab. 30.

Feuilles oblongues ou obovales-oblongues, acuminées, subsinuolées, 7-nervées, vertes en dessus, blanchâtres en dessous, obliquement cordiformes à la base. Cimes axillaires, solitaires, subdichotomes, divariquées, un peu plus longues que les pétioles. Péricarpe ovale-globuleux, pentagone, soyeux, rugueux.

Tronc droit, haut de 10 à 12 pieds, sur 5 à 7 pouces de diamètre ; branches principales étalées. Feuilles longues de 1 pied. Pétiole long de 1 pouce ou moins. Stipules courtes, lancéolées-subulées. Fleurs petites, d'un pourpre noirâtre. Sépales ovales, concaves, de la longueur des pétales. Péricarpe long d'un demipied ; épicarpe épais de 4 à 6 lignes, de la consistance du bois de Chêne.

Cette espèce a été observée par MM. de Humboldt et Bonpland, dans la province de Choca en Colombie, et par M. de Martius, au Brésil, dans la province de Rio-Négro. Elle habite les vallées chaudes, et forme presqu'à elle seule de vastes forêts. On la cultive au pied des Andes de Quindiu. Les habitants du Choca connaissent ce Cacaotier sous le nom de *Bacao*, et ils en mêlent les graines, dans la proportion d'un à trois, avec celles du Cacaotier commun, pour la préparation du Chocolat. Sans ce mélange les graines du *Cacaotier bicolore* ne donneraient pas un Chocolat très-agréable au goût. M. Bonpland pense néanmoins qu'une culture soignée pourrait en améliorer la qualité. Les fruits de l'arbre servent à faire des gobelets et autres objets. La pulpe jaune qui enveloppe les graines est d'une saveur très-agréable.

CACAOTIER DU RIO-NÉGRO. — *Theobroma sylvestris* Martius.
Ramules et pétioles cotonneux-ferrugineux. Feuilles ovalesoblongues ou oblongues, très-entières, cotonneuses-blanchâtres en dessous, obliquement cordiformes à la base. Fleurs axillaires, solitaires. Péricarpe mince, ovoïde, à 5 côtes peu marquées.

Cette espèce croît sur les bords du Rio-Négro. M. de Martius est porté à croire qu'elle ne diffère point du *Cacao sylvestris* d'Aublet.

CACAOTIER SAUVAGE. — *Cacao sylvestris* Aubl. Guian. tab. 276. — *Theobroma sylvestris* Willd.

Feuilles très-entières, oblongues, acuminées, arrondies à la base, glabres en dessus, cotonneuses-rougeâtres en dessous. Pédoncules caulinaires et raméaires, fasciculés. Péricarpe ovoïde, cotonneux, non-anguleux.

Arbre haut d'environ 15 pieds, produisant souvent plusieurs troncs de la même racine. Rameaux vagues. Feuilles atteignant jusqu'à 8 pouces de long, sur 3 pouces de large. Pétioles courts. Stipules oblongues, pointues. Fleurs jaunâtres, semblables par leur structure à celles du *Cacaotier de la Guiane*. Fruit atteignant 5 pouces de long, sur 3 pouces de diamètre, couvert d'un duvet roussâtre. Pulpe blanche, gélatineuse. Graines ovales, comprimées, roussâtres.

Ce Cacaotier croît dans les forêts marécageuses de la Guiane, où les naturels le désignent aussi par le nom de *Cacao*. Ses amandes sont bonnes à manger. Aublet ne dit point qu'on les récolte pour les livrer au commerce.

CACAOTIER BLANCHATRE. — *Theobroma subincana* Martius.

Feuilles oblongues, étroites, subinéquilatérales, arrondies à la base, très-entières, acuminées, luisantes en dessus, cotonneuses-blanchâtres en dessous. Pédoncules latéraux et axillaires, pauciflores.

M. de Martius a découvert cette espèce dans les forêts des bords de l'Amazone.

CACAOTIER A PETIT FRUIT. — *Theobroma microcarpa* Martius.

Feuilles oblongues, longuement acuminées, très-entières, glabres, concolores, rétrécies et subcordiformes à la base. Fleurs latérales et axillaires, solitaires. Péricarpe ovoïde-oblong, rugueux.

Cette espèce, remarquable par son fruit, qui n'est pas plus gros qu'une Prune, a été trouvée par M. de Martius sur les bords du Rio-Négro.

CACAOTIER A FEUILLES ÉTROITES. — *Theobroma angustifo-a* Flor. Mex. Ic. ined. ex De Cand. Prodr.

Feuilles oblongues, rétrécies aux deux bouts, acuminées, trinervées à la base, discolores. Pétales jaunâtres, à appendice
oblong. Péricarpe ovoïde.

CACAOTIER A FEUILLES OVALES. — *Theobroma ovatifolia*
Flor. Mex. Ic. ined. ex De Cand. Prodr.

Feuilles subcordiformes-ovales, très-entières, obtuses, trinervées à la base, presque peltées, cotonneuses en dessous. Sépales acuminés. Péricarpe ovoïde, rugueux, à côtes saillantes.

Cette espèce et la précédente, indigènes au Mexique, ne sont
connues que par la définition qu'en donne M. De Candolle dans
son Prodrome. Il est probable que c'est de l'une d'elles que provient le *Cacao de Soconuzco*, qui passe pour une qualité très-
supérieure à toutes les autres, et qui, à cause de sa rareté, se con-
somme toujours dans le pays. Sa couleur est d'un jaune doré et
son arome extrêmement agréable.

Genre ABROMA. — *Abroma* Linn.

Calice 5-parti. Pétales 5 : onglets munis à leur base d'un
nectaire sacciforme. Androphore urcéolaire, fendu au sommet en 10 lanières alternativement tri-anthérifères et stériles. Styles 5, libres. Capsule polysperme, tronquée au sommet, mucronée, pentaptère, 5-loculaire. Placentaires barbus.
Graines ovales-globuleuses, noires, arillées, périspermées.
Cotylédons foliacés, plissés transversalement.

Arbrisseaux. Feuilles grandes, lobées. Pédoncules 1- ou
pluri-flores, oppositifoliés et terminaux.

Ce genre renferme trois espèces, dont la suivante est la
plus remarquable :

ABROMA ÉLÉGANT. — *Abroma augustum* Linn. Suppl. —
Bot. Reg. tab. 518. — *Theobroma augusta* Linn. Syst. —
Abroma fastuosum Jacq. Hort. Vind. 3, tab. 1. — Salisb.
Par. Lond. tab. 102.

Rameaux veloutés. Feuilles molles, cordiformes à la base, dentelées, longuement acuminées, pubescentes en dessous ou glabres :

les inférieures pétiolées, palmatilobées ou anguleuses, 5-7-nervées ; les supérieures ovales-lancéolées. Feuilles penchées, larges de 1 à 2 pouces. Pédoncules plus courts que les feuilles. Sépales lancéolés. Pétales ovales, obtus, convergents, d'un brun roux.

Cette espèce croît dans presque toute l'Inde, où son écorce, qui abonde en fibres blanches, sert à faire des cordages. Dans l'Amérique méridionale, on plante l'*Abroma* dans les jardins, à cause de l'élégance de ses fleurs. Sa culture en serre n'est pas facile, et il y donne rarement des fleurs.

Genre GUAZUMA. — *Guazuma* Juss.

Calice 2- 3- ou 5-parti. Pétales 5, onguiculés, dressés, cuculliformes, terminés en languette linéaire, bifide. Cinq faisceaux de poils alternes avec les pétales. Androphore campanulé, 10-fide ; lanières stériles 5, ovales-acuminées, très-entières, dressées ; lanières fertiles 5, linéaires, recouvertes par le capuchon des pétales, fendues en 3 filets réfléchis, 1-anthérifères. Ovaire 5-loculaire. Styles soudés. Stigmates à peine distincts. Capsule ligneuse, globuleuse, 5-loculaire, incomplètement 5-valve, polysperme. Graine anguleuse. Périsperme mince. Embryon rectiligne : cotylédons chiffonnés, obcordiformes.

Arbres. Feuilles non-persistantes. Fleurs en corymbes axillaires.

La seule espèce bien connue de ce genre est la suivante :

Guazuma a feuilles d'Orme.—*Guazuma ulmifolia* Lamk. —Plum. Amer. tab. 14.—Pluck. Alm. tab. 77, fig. 2.—Tuss. Flor. Antill. 4, tab. 24. — A. Saint-Hil. Plant. Us. des Bras. tab. 47 et 48. — *Theobroma Guazuma* Linn. — *Guazuma Bubroma* Willd.

Feuilles pétiolées, presque glabres, ou plus ou moins pubescentes, inéquilatérales, ovales-lancéolées, ou cordiformes-lancéolées, ou arrondies, acuminées ou obtuses, dentelées. Pédoncules courts. Capsule loculicide, globuleuse, tuberculeuse.

Arbre haut de 30 à 40 pieds. Tronc de la grosseur du corps

d'un homme. Écorce noirâtre, crevassée. Branches fortes, étalées,
formant une cime touffue. Feuilles ordinairement de la grandeur
et de la forme de celles de l'Orme. Stipules petites, linéaires, subulées. Fleurs d'un blanc pâle ou jaunâtre. Sépales concaves,
réfléchis, cotonneux en dehors. Corolle un peu plus grande que
le calice. Péricarpe dur, ligneux, de la grosseur d'une Cerise : loges remplies d'une pulpe mucilagineuse.

Cet arbre habite les Antilles et une grande partie de l'Amérique
méridionale. Les créoles des Antilles le nomment *Orme d'Amérique*, *Bois d'Orme*, et *Bubrome*. Au Brésil, il est appelé *Mu-
tamba* et *Mutombo*. Son bois, blanc et mou, est très-facile à
fendre; on l'emploie habituellement à la confection des barriques
destinées à contenir les sucres bruts qu'on exporte pour l'Europe.

« Beaucoup de colons, dit M. de Tussac, font avec le *Bubrome*
» de très-belles avenues, qui offrent le double avantage de pro-
» curer un ombrage agréable et précieux sous les zones torrides,
» et de produire une grande quantité de graines, qui sont une
» nourriture excellente pour les chevaux et le bétail; les chevaux
» des Antilles préfèrent même ces graines à l'Avoine. Les fruits
» du *Bois d'Orme* contiennent abondamment une matière mu-
» queuse, sucrée, qui les rend susceptibles de fermentation, et
» l'on peut en faire une espèce de bière qui, par la distillation,
» produit un alcool d'un goût agréable. La seconde écorce du
» *Guazuma* est pleine de mucilage qu'on emploie dans les bains
» relâchants, ou en cataplasmes; les feuilles ont la même pro-
» priété. »

Genre COMMERSONIA. — *Commersonia* Forst.

Calice 5-parti, coloré. Pétales 5, cuculliformes à la base,
corniculés au sommet. Androphore diversement lobé : lanières stériles 5, plus grandes; lanières fertiles 5, inappendiculées ou tricornes, 1-anthérifères, réfléchies, chacune recouverte par le capuchon du pétale opposé; anthères basifixes, didymes. Ovaire à 5 loges 5- ou pluri-ovulées.
Styles libres. Capsule 5-loculaire, 5-valve, loculicide. Périsperme charnu. Cotylédons planes.

Arbres, arbrisseaux, ou sous-arbrisseaux. Feuilles entières
ou dentées. Fleurs petites, bractéolées, en cime. Boutons
pentagones.

Ce genre est propre à l'Australasie. Il renferme cinq espèces dont plusieurs sont cultivées en orangerie, comme plantes d'agrément; en voici les plus marquantes :

Commersonia a fruits hérissés. — *Commersonia echinata*
Forst. — Bot. Rep. tab. 519. — Rumph. Amb. 3, tab. 119. —
Commersonia platyphylla Bot. Mag. tab. 1813.

Feuilles ovales-lancéolées (arrondies et anguleuses sur les jeunes plantes), pointues, ou obtuses, dentelées, glabres en dessus,
cotonneuses en dessous', quelquefois cordiformes à la base. Pédoncules courts, multiflores. Lanières anthérifères appendiculées. Capsule subglobuleuse, hérissée de longues soies molles.

Arbrisseau, ou arbre peu élevé, à tronc de la grosseur d'un
homme. Écorce glabre, panachée de gris et de roux. Feuilles
longues de 3 à 7 pouces, sur 1 à 3 pouces de large, réticulées,
molles, d'un vert foncé en dessus, blanchâtres en dessous. Fleurs
petites, blanchâtres, ayant une odeur de Sureau.

Cette plante, très-variable dans son port, est commune aux
Moluques et dans la Polynésie. Son écorce, selon Rumphius, est
très-propre à faire des mèches. Le bois est d'un fréquent emploi
pour toutes les constructions qui n'exigent pas une grande solidité : Rumphius assure qu'il devient très-dur lorsqu'on le fait sécher à la fumée ou au soleil.

Commersonia de Gaudichaud. — *Commersonia Gaudi-
chaudii* Gay, Diss. de Lasiopetal. tab. 14.

Feuilles elliptiques, ou ovales-elliptiques, sinuolées ou crépues, très-obliques et inégalement bilobées à la base, subsessiles,
cotonneuses en dessous. Pédoncules oppositifoliés (rarement axillaires), horizontaux. Corymbes 7-8-flores, denses. Lobe terminal
des pétales linéaire-oblong, obtus, plus court que les sépales.
Capsule subglobuleuse, hérissée.

Tige très-rameuse, haute de 1 à 2 pieds, hispide au sommet.
Feuilles longues de 1 à 2 pouces. Stipules linéaires-lancéolées,

de la longueur du pétiole. Calice large de 2 pouces, rose en dessus : sépales ovales, acuminés. Pétales bleus, de moitié plus courts que le calice.

Cette espèce élégante a été trouvée par M. Gaudichaud, sur les côtes occidentales de la Nouvelle-Hollande.

COMMERSONIA A GRANDES FEUILLES. — *Commersonia platyphylla* De Cand. Prodr. — *Commersonia echinata* Andr. Bot. Rep. tab. 519.

Tige frutescente. Feuilles ovales-acuminées, hispides en dessus, hérissées en dessous.

Cette espèce croît aux Moluques.

Genre BYTTNÉRIA. — *Byttneria* Linn.

Calice 5-parti, cupuliforme à la base, persistant ou caduc, coloré. Pétales 5, dressés, onguiculés, cuculliformes au sommet, appendiculés postérieurement ; capuchon infléchi, adhérent par deux lanières aux divisions de l'androphore. Androphore urcéolaire à la base, diversement fendu : lanières stériles 5 ou 10 ; lanières fertiles simples, 1-anthérifères ; anthères basilaires. Style court, indivisé. Stigmates 5, ou un seul 5-parti. Ovaire 5-loculaire, 5-lobé ; loges à 2 ovules superposés : le supérieur ascendant ; l'inférieur suspendu. Diérésile subglobuleux, spinelleux, à 5 coques monospermes par avortement. Graine suspendue ou ascendante, trigone, tuberculeuse. Périsperme nul. Embryon parallèle à l'ombilic. Cotylédons bilobés, convolutés, enveloppant la base de la radicule.

Sous-arbrisseaux à tige dressée, ou arbrisseaux volubiles. Ombelles (rarement corymbes) simples, involucrées, le plus souvent rapprochées en grappe ou en panicule. Fleurs petites, rougeâtres. Boutons pentagones.

Ce genre renferme une trentaine d'espèces, la plupart indigènes dans l'Amérique équatoriale. Plusieurs sont remarquables par l'élégance de leur port ; mais il est rare de les voir fleurir dans les serres. Quelques-unes forment des lianes épineuses. Leurs fruits sont ordinairement hérissés de longues pointes spinescentes. Voici les espèces les plus notables :

a) *Aiguillons nuls.* (RULINGIA R. Brown.)

BYTTNÉRIA A FEUILLES ÉPAISSES. — *Byttneria dasyphylla* Gay. — *Commersonia dasyphylla* Andr. Bot. Rep. tab. 6o3.
Feuilles ovales-lancéolées, inégalement dentelées, hérissées aux 2 faces. Appendices des pétales plus longs que le calice. — Arbrisseau. Fleurs blanches.

Cette espèce élégante, originaire de la terre de Diémen, se cultive en orangerie.

BYTTNÉRIA COTONNEUX. — *Byttneria pannosa* De Cand. Prodr.—*Rulingia pannosa* R. Brown, in Bot. Mag. tab. 2191.
— *Lasiopetalum tomentosum* Hortul.

Feuilles ovales-lancéolées, inégalement dentelées, pubescentes en dessus, hérissées en dessous. Appendices des pétales plus courts que le calice. — Sous-arbrisseau très-rameux. Fleurs blanches.

Cette espèce, indigène dans la Nouvelle-Hollande, se cultive dans les collections de serre tempérée.

BYTTNÉRIA A GRANDES FEUILLES. — *Byttneria macrophylla* Kunth, in Humb. et Bonpl. Nov. Gen. et Spec. v. 5.
Feuilles ovales-orbiculaires, subcordiformes à la base, obtuses, dentelées-crénelées, pubescentes de même que les ramules. Pédoncules multiflores, axillaires, subternés. — Herbe vivace.

Cette espèce a été trouvée par MM. de Humboldt et Bonpland dans la Nouvelle-Grenade.

BYTTNÉRIA A FEUILLES DE CATALPA. — *Byttneria catalpifolia* Jacq. Hort. Schœnbr. 1, tab. 46.
Tiges volubiles. Feuilles cordiformes, très-entières, longuement acuminées, glabres. — Arbrisseau volubile. Fleurs blanches.

Jacquin a observé cette espèce aux environs de Caracas.

b) *Tiges, rameaux, pétioles et nervures munis d'aiguillons.*

BYTTNÉRIA A FEUILLES DE MICOCOULIER.— *Byttneria celtoi-des* Aug. Saint-Hil. Flor. Brasil. Merid. tab. 26.

Tiges procombantes, aiguillonnées. Feuilles ovales-oblongues, longuement acuminées, dentelées, cordiformes à la base, scabres en dessus, légèrement pubescentes aux deux faces. Panicules axillaires, plus courtes que les feuilles, divariquées, composées d'ombelles multiflores. Pétales un peu plus courts que les sépales, longuement onguiculés; appendice dorsal poilu, spathulé, pointu, un peu plus court que le reste du pétale; capuchon bilobé latéra-lement. Androphore à 10 lanières alternativement stériles et an-thérifères, cylindriques, tronquées.   .

Tiges longues de 7 à 8 pieds, pubescentes. Feuilles longues de 3 à 4 pouces, sur 1 à 2 pouces de large; pétiole court, grêle. Aiguillons pointus, recourbés. Pédicelles inégaux, filiformes. Fleurs d'une demi-ligne de diamètre, d'un pourpre noirâtre. Ca-lice d'abord étalé, puis réfléchi; sépales ovales-acuminés, ciliés.

Cette plante a été observée par M. Aug. de Saint-Hilaire au Brésil, dans les forêts vierges du *Cerro do Frio.*

BYTTNÉRIA A FEUILLES SAGITTIFORMES. — *Byttneria sagitti-folia* Aug. Saint-Hil. l. c. tab. 27.

Tiges suffrutescentes, 4-5-angulaires. Feuilles longuement pé-tiolées, sagittées, pointues, dentées au sommet; pétiole triquètre. Panicules terminales, racémiformes, composées d'ombelles fasci-culées. Sépales ovales-lancéolés, trinervés, acuminés, glabres. Pétales obcordiformes, tridentés au sommet; appendice dorsal subulé, acéré, pubescent, plus long que le calice. Filets stériles courts, tridentés au sommet; anthères sessiles.

Tiges hautes d'environ 2 pieds : angles garnis de très-petites aspérités crochues. Feuilles scabres, longues de 15 à 30 lignes, sur 3 à 9 lignes de large; pétiole plus long que la lame. Stipules étroites, subulées. Panicules longues d'environ 1 pied. Corymbes multiflores : les inférieurs écartés. Pédoncules des ombelles filiformes, courts. Calice caduc, d'un pourpre noirâtre ; pétales et androphore d'un jaune verdâtre.

M. Aug. de Saint-Hilaire a découvert cette espèce au Brésil, dans la province des Mines.

BYTTNÉRIA SCABRE.—*Byttneria scabra* Aubl. Guian. tab. 96. — Cavan. Diss. 5, tab. 148, fig. 1.

Tiges dressées, anguleuses, aiguillonnées ainsi que les pétioles. Feuilles oblongues ou linéaires-oblongues, pointues, dentelées au sommet, cordiformes, ou hastiformes, ou arrondies à la base. Ombelles axillaires, fasciculées, pédonculées. Sépales lancéolés, acuminés, glabres. Pétales obcordiformes ; appendice dorsal filiforme, plus long que le calice. Androphore à 10 crénelures stériles, alternant par paires avec une anthère sessile.

Tiges hautes de 1 à 3 pieds, ordinairement simples. Feuilles longues de 3 à 4 pouces, sur 6 lignes de large. Stipules sétacées. Aiguillons oncinés. Pédoncules filiformes, pubescents, 5-8-flores, plus courts que les feuilles. Calice persistant ou caduc, de couleur pourpre. Pétales d'un pourpre noirâtre. Stigmate capitellé. Coques spinelleuses, trigones, pointues.

Cette espèce croît au Brésil et à la Guiane.

BYTTNÉRIA A FEUILLES DE MÉLASTOME. — *Byttneria melastomœfolia* Aug. Saint-Hil. Flor. Brasil. Merid. tab. 29.

Tige suffrutescente, presque simple, inerme. Feuilles glabres, très-entières, courtement pétiolées : les inférieures ovales, courtement acuminées; les supérieures lancéolées. Panicules terminales et axillaires, effilées, racémiformes, composées d'ombelles fasciculées, subsessiles. Sépales oblongs-lancéolés, obtus, glabres. Pétales presque carrés, irrégulièrement obcordiformes, auriculés bilatéralement ; appendice dorsal corniculé, subulé, un peu plus long que les sépales. Androphore à 5 lobes stériles, tridentés ; anthères sessiles entre les lobes.

Tige haute d'environ 2 pieds, glabre, pentagone. Feuilles coriaces, longues d'environ 3 pouces, sur 2 pouces de large. Panicule terminale, longue d'environ 1 pied. Ombelles 5-8-flores. Sépales persistants ou caducs, glanduleux, blancs en dessous, rougeâtres aux bords, longs d'une ligne et demie. Diérésile d'un demi-pouce de diamètre.

Cette plante élégante a été observée par M. de Saint-Hilaire au Brésil, dans la province de Goyaz.

BYTTNÉRIA MOU. — *Byttneria mollis* Kunth, in Humb. et Bonpl. Nov. Gen. et Spec. v. 5, tab. 481, *A* et *B*.

Rameaux aiguillonnés. Feuilles cordiformes-ovales, pointues, crénelées, cotonneuses, courtement pétiolées. Ombelles axillaires et oppositifoliées, solitaires, fasciculées, 7-11-flores, lâches. Pétales subréniformes : appendice claviforme, ascendant, arqué, un peu plus court que les sépales. Androphore à 5 lobes stériles, tronqués, apiculés ; anthères sessiles entre les lobes.

Feuilles 7-nervées, membranacées, molles, longues de 3 à 4 pouces, sur 2 pouces de large. Pédoncules plus longs que les pétioles. Folioles involucrales ovales ou lancéolées-subulées. Sépales elliptiques, oblongs, pointus, trinervés, caducs, de couleur pourpre. Pétales d'un pourpre noirâtre. Stigmate 5-lobé.

Cette espèce a été observée à Santa-Fé de Bogota par MM. de Humboldt et Boupland.

Genre KLEINHOVIA. — *Kleinhovia* Linn.

Calice 5-parti, caduc : sépales inégaux. Pétales 5 : les 4 inférieurs ovales-oblongs, planes ; le supérieur large, arrondi, cuculliforme, 2 fois plus long. Androphore plus long que les pétales, urcéolaire, 5-fide : lanières 3-anthérifères, trifides. Ovaire turbiné, pentagone, longuement stipité, à 5 loges 4-ovulées. Style indivisé. Stigmate crénelé. Diérésile turbiné, ombiliqué, pentagone, 5-sulqué, à 5 coques vésiculeuses, monospermes. Graine globuleuse, spinelleuse, axifixe. Cotylédons convolutés en spirale.

Ce genre ne renferme que l'espèce suivante :

KLEINHOVIA DOMESTIQUE. — *Kleinhovia hospita* Linn. — Rumph. Amb. 3, p. 177, tab. 113.— Cavan. Diss. 5, tab. 146.

Arbre ayant le port du Tilleul et la hauteur du Pommier, glabre à toutes ses parties. Tronc épais, tortueux, noueux. Rameaux dressés ou ascendants. Écorce rugueuse. Feuilles longues et larges d'un demi-pied et plus, membranacées, 5-nervées à la base, entières, cordiformes-ovales, pointues ; pétiole plus court que la lame. Stipules courtes, lancéolées. Panicules axillaires et terminales, longues de 4 à 6 pouces, composées de grappes simples ou rameuses, alternes ou éparses ; pédicelles filiformes, alternes, étalés. Fleurs petites, pourpres. Corolle un peu plus grande que le calice. Diérésile du volume d'une petite Poire, rougeâtre ; coques étalées après la déhiscence.

Cet arbre abonde dans toutes les îles de la mer des Indes. Il fleurit et fructifie pendant la plus grande partie de l'année. On a coutume de le planter au voisinage des habitations champêtres, parce que ses rameaux flexibles servent à une infinité d'usages domestiques, et qu'il repousse aussi vite que le Saule, après avoir été élagué ; mais les creux qui se forment au sommet du tronc deviennent le repaire des serpents. Le bois est blanchâtre et peu durable : toutefois celui des nœuds se recherche pour la fabrication des carquois et autres ustensiles, à cause de ses marbrures noirâtres. L'écorce est employée à faire des cordages. Les branches coupées prennent très-facilement racine ; on en forme des palissades et des haies. Le suc répand une odeur de Violette : selon Rumphius, il produit une légère inflammation sur la peau.

IIᵉ TRIBU. LES LASIOPÉTALÉES. — *LASIOPE-TALEÆ.*

(*Lasiopetaleæ* Gay, Diss. de Lasiopet. in Mém. du Mus. v. 7, p. 431. — De Cand. Prodr. I, p. 488.)

Calice persistant, pétaloïde, souvent bractéolé à la base. Pétales nuls ou squamuliformes, égaux. Étamines 10, alternativement fertiles et stériles ; androphore court, annulaire ; filets subulés. Graines ellipsoïdes, ou rarement subréni-

formes, ascendantes. Périsperme charnu. Embryon recti-
ligne, axile: cotylédons planes, subcordiformes; radi-
cule infère, de la longueur des cotylédons.

Toutes les *Lasiopétalées* croissent dans la Nouvelle-Hollande extra-tropicale. On n'en connaît que dix-sept espèces.

Genre SÉRINGIA. — *Seringia* Gay.

Calice 5-parti. Corolle nulle. Étamines 10, alternativement stériles et fertiles. Anthères extrorses. Ovaires 5, libres, connivents de même que les styles. Étairion à 5 coques
dressées, verticillées, comprimées, déhiscentes antérieurement, 2- ou 5-spermes, terminées en appendice membraneux
tronqué. Graines ellipsoïdes, strophiolées.

Feuilles alternes, ovales-acuminées, presque entières. Stipules petites, caduques. Inflorescence cimeuse, oppositifoliée; pédicelles inarticulés; bractées éparses, caduques.

Ce genre renferme seulement l'espèce suivante :

Séringia a grandes feuilles.— *Seringia platyphylla* Gay,
l. c. tab. 16 et 17.—*Lasiopetalum arborescens* Ait. Hort. Kew.

Arbrisseau haut de 4 à 5 pieds, couvert d'un duvet ferrugineux.
Rameaux étalés, flexibles. Feuilles longues de 4 à 6 pouces, sur
3 à 5 pouces de large, subsessiles, ovales-acuminées, ou ovales-
elliptiques, sinuolées-denticulées, presque glabres en dessus,
cotonneuses en dessous. Stipules lancéolées, de la longueur des
pétioles. Pédoncules courts. Cimes pauciflores ou multiflores, irrégulièrement rameuses. Fleurs jaunâtres, larges d'environ 3 lignes. Sépales ovales-lancéolés, arqués en dedans, plus longs que
les étamines. Anthères linéaires, médifixes, échancrées aux 2
bouts. Styles saillants, plus longs que l'ovaire. Coques triangulaires, cotonneuses, plus longues que le calice.

Cette plante croît sur la côte orientale de la Nouvelle-Hollande.
Elle est cultivée dans les collections de serre tempérée.

Genre LASIOPÉTALE. — *Lasiopetalum* Smith.

Calice 5-parti, campanulé. Pétales minimes, glanduliformes. Étamines 5; anthères médifixes, ovoïdes, tronquées, apiculées, déhiscentes par 2 pores apicilaires. Ovaire 3-loculaire, monostyle; loges biovulées. Capsule 3-loculaire, 3-valve-loculicide. Graines solitaires, ellipsoïdes, strophiolées.

Feuilles alternes, étroites, très-entières. Stipules nulles. Inflorescence cimeuse, oppositifoliée. Pédoncules solitaires; pédicelles inarticulés; une bractée 3-partie à la base des calices.

Ce genre se compose des deux espèces suivantes :

LASIOPÉTALE FERRUGINEUX. — *Lasiopetalum ferrugineum* Smith. — Andr. Bot. Rep. tab. 208. — Vent. Malm. 1, tab. 59. — Bot. Mag. tab. 1766. — Gay, l. c. p. 466, tab. 18.

Feuilles pendantes, glabres en dessus, cotonneuses en dessous, tantôt linéaires, obtuses, tantôt linéaires-lancéolées, pointues. Cimes subsessiles, 2-3-fides, 6-12-flores, lâches; pédicelles en grappe. Sépales ovales-deltoïdes, cotonneux aux 2 faces, révolutés aux bords. Pétales obovales. Anthères 4-apiculées, de la longueur des filets.

Arbrisseau haut de 3 à 5 pieds. Rameaux effilés, cotonneux. Feuilles rapprochées, longues de 2 à 3 pouces, sur 1 à 4 lignes de large. Pédicelles courts, penchés. Calices coriaces, blanchâtres à l'intérieur, ferrugineux à l'extérieur, d'environ 4 lignes de diamètre. Capsule sphérique, tricostée. Graines pubescentes.

Cette plante se cultive en serre tempérée.

LASIOPÉTALE PARVIFLORE. — *Lasiopetalum parviflorum* Rudge, in Trans. Linn. Soc. v. X, tab. 12, fig. 2.— Gay, l. c. p. 447, tab. 19.

Feuilles linéaires, obtuses. Cimes courtement pédonculées, dichotomes. Sépales ovales, obtus, cotonneux en dessous, glabres en dessus. Anthères biapiculées, plus longues que les filets.

Arbrisseau très-semblable au précédent. Feuilles larges à peine de 2 pouces. Fleurs 3 fois plus petites.

Cette espèce est également cultivée dans les serres.

Genre THOMASIA. — *Thomasia* Gay.

Calice 5-parti, campanulé. Pétales minimes, squamuliformes (quelquefois nuls). Filets 5 ou 10. Anthères 5, ovales-oblongues, conniventes, déhiscentes par des fentes latérales. Ovaire sessile, 3-loculaire, monostyle; loges 2-8-ovulées. Capsule 3-loculaire, 3-valve; loges 1-2-spermes. Graines ellipsoïdes, à strophiole crénelé.

Arbrisseaux bas, raides; rameaux courts. Feuilles hispides ou cotonneuses, ordinairement lobées. Stipules persistantes, foliacées, ordinairement pétiolées. Pédoncules solitaires, oppositifoliés. Fleurs en grappe. Une bractée tripartie à la base du calice.

Ce genre se compose des cinq espèces suivantes, qu'on cultive, comme plantes d'agrément, en serre tempérée :

a) *Étamines toutes anthérifères. Style allongé. Ovules géminés.*

THOMASIA POURPRE. — *Thomasia purpurea* Gay, l. c. p. 453, tab. 21. — *Lasiopetalum purpurascens* Lois. Herb. de l'Amat. tab. 294. — *Lasiopetalum purpureum* Bot. Mag. tab. 1755.

Feuilles linéaires-elliptiques, entières. Stipules pétiolées, ovales, obtuses, auriculées à la base. Grappes 2-8-flores, presque dressées, lâches, plus longues que les feuilles. Capsule stipitée, glabre, subglobuleuse, tricoque.

Arbrisseau haut d'environ 1 pied. Rameaux étalés, grêles, hispides. Feuilles longues d'un pouce ou moins, larges de 2 à 3 lignes, courtement pétiolées, hispides : poils étoilés, épars, jaunâtres. Stipules plus longues que les pétioles. Grappes longues de 1 à 2 pouces. Calice d'un pourpre violet, de 3 lignes de diamètre, pubescent en dehors : sépales ovales, pointus. Pétales cunéiformes, de la longueur des filets. Style cylindrique, subulé, pointu, de la longueur du calice.

Cette jolie plante est originaire de la côte sud-ouest de la Nouvelle-Hollande.

THOMASIA FEUILLÉ. — *Thomasa foliosa* Gay. l. c. p. 454, tab. 22.

Feuilles cordiformes-ovales, obtuses, sinuées-lobées. Stipules courtes, linéaires-lancéolées. Grappes étalées ou pendantes, 2-5-flores, lâches, de la longueur des feuilles. Fleurs apétales. Capsules non-stipitées, cotonneuses, globuleuses.

Arbrisseau très-rameux, tout couvert de fleurs et de feuilles. Fenilles courtement pétiolées, pubescentes-ferrugineuses, longues d'environ 1 pouce. Fleurs petites, unilatérales. Sépales ovales, pointus, réticulés, pubescents. Anthères ellipsoïdes.

Cette espèce a été trouvée par M. Léchenault sur la côte sud-ouest de la Nouvelle-Hollande.

b) *Étamines* 10, *alternativement stériles et fertiles. Ovaire à loges 3-8-ovulées. Style court.*

THOMASIA A FLEURS DE SOLANUM. — *Thomasia solanacea* Gay, l. c. p. 156, tab. 21. — *Lasiopetalum triphyllum* Smith, in Rees. — *Lasiopetalum solanaceum* Bot. Mag. tab. 1486.

Feuilles ovales-oblongues, pointues, sinuées-anguleuses, cotonneuses-ferrugineuses en dessous, cordiformes-bilobées à la base. Stipules réniformes-orbiculaires, peltées. Grappes courtes, pauciflores, unilatérales, un peu étalées. Fleurs pétalifères. Capsule non-stipitée, subglobuleuse, tricostée, cotonneuse.

Arbrisseau atteignant 7 à 8 pieds de haut. Rameaux étalés, hispides, ferrugineux. Stipules larges de 3 à 7 lignes. Feuilles subquintuplinervées à la base, horizontales, réfléchies, longues de 1 à 4 pouces, sur 1 à 2 pouces de large. Grappes 4-5-flores, longues de 1 à 2 pouces. Calice pubescent, de 4 lignes de diamètre, d'un blanc lavé de rose. Sépales ovales-lancéolés, acuminés. Pétales cunéiformes. Anthères ovales-oblongues, plus longues que le filet.

Cette espèce, originaire des mêmes contrées que la précédente, est fort commune dans les collections de serre tempérée. On la recherche à cause de son feuillage ferrugineux et de sa floraison hivernale.

T HOMASIA TRIPHYLLE. — *Thomasia triphylla* Gay, l. c.
— *Lasiopetalum triphyllum* Labill. Nov. Holl. 1, tab. 88.

Feuilles ovales-oblongues, sinuées-anguleuses, révolutées aux
bords, subcordiformes à la base, presque glabres en dessous. Stipules subsessiles, subréniformes. Grappes courtes, dressées,
pauciflores, unilatérales. Fleurs apétales. Capsule globuleuse,
mucronulée, cotonneuse.

Arbrisseau très-rameux, haut de 3 à 4 pieds. Rameaux divariqués, cotonneux vers le haut. Feuilles longues d'un pouce ou
moins; pétiole hispide, long d'un demi-pouce. Calice campanulé,
rougeâtre, d'un pouce de diamètre; sépales ovales-lancéolés,
pointus. Anthères ovales-oblongues, 3 fois plus courtes que le
filet.

Cette espèce a été trouvée par M. de Labillardière à la terre
de Lewin, par 34° de Lat. S.

T HOMASIA A FEUILLES DE C HÊNE. — *Thomasia quercifolia*
Gay, l. c.—*Lasiopetalum quercifolium* Andr. Bot. Rep. tab.
459.—Bot. Mag. tab. 1485.

Feuilles cordiformes-trilobées, cotonneuses-hispides en dessous:
lobes entiers ou subtrilobés, obtus. Stipules pétiolulées, réniformes, lobées. Grappes pauciflores, dressées, plus longues que
les feuilles; fleurs penchées, unilatérales, apétales. Capsule globuleuse, mutique, cotonneuse.

Arbrisseau haut à peine d'un pied. Rameaux et ramules hispides, ferrugineux. Feuilles longues d'environ 1 pouce; pétiole
court, hispide. Calice pubérule, pourpre; de 2 lignes de diamètre : sépales ovales-elliptiques, non-carénés. Anthères ovales-
oblongues, de la longueur du filet.

LES STERCULIACEES. — *STERCULIA-CEÆ*.

(*Sterculiaceæ* Knnth , Diss. de Malvac. — Bartl. Ord. Nat. p. 340. —
Byttneriacearum trib. I, sive. *Sterculieæ* De Cand. Prodr. I, p. 481.)

Les *Sterculiacées* se composent de grands arbres ornés
d'un ample feuillage et d'une inflorescence magnifique ;
souvent aussi leurs fruits se font remarquer par la singularité des formes , ainsi que par l'éclat des couleurs.
Dans certaines espèces , les fleurs exhalent des par-
fums délicieux , tandis que dans quelques autres , les
feuilles et les fleurs sont extrêmement fétides.

Les végétaux de cette famille réunissent l'utile à l'a-
gréable. Leurs bois servent à des usages très-variés ; les
fibres de leurs écorces s'emploient à faire des tissus ou
des cordages : ces écorces, ainsi que les péricarpes, sont
de puissants astringents. Les feuilles en général contiennent beaucoup de mucilage. Plusieurs espèces enfin,
produisent des amandes d'une saveur agréable et satu-
rées d'huile grasse.

On ne connaît guère plus de quarante espèces de Sterculiacées ; presque toutes croissent dans la zone équatoriale.

Caractères.

Arbres ou rarement *arbrisseaux*. Rameaux cylindriques.

Feuilles éparses, pétiolées, simples et souvent palmatifides, quelquefois digités. Stipules libres, caduques.

Fleurs petites ou de grandeur médiocre, souvent unisexuelles par avortement. Pédoncules terminaux, ou axillaires, ou oppositifoliés, ordinairement paniculés, rarement uni- ou pauci-flores.

Calice inadhérent, non-caliculé, non-persistant, 5-parti ou 5-fide (rarement 4-parti), coloré; estivation valvaire.

Corolle nulle.

Gynophore souvent stipitiforme.

Étamines hypogynes, monadelphes, en nombre double, ou triple, ou quadruple, ou multiple des sépales (rarement en même nombre que les sépales). Androphore soudé au gynophore; souvent dilaté au sommet en forme de cupule ou d'urcéole. Filets ordinairement très-courts ou nuls. Anthères sessiles ou subsessiles, adnées, 2- ou pluri-sériées (superposées), solitaires, ou agrégées trois à trois, ou fasciculées, à 2 bourses chacune déhiscente postérieurement par une fente longitudinale.

Pistil (le plus souvent stipité) : Ovaires 5 (rarement 3 ou 4), libres ou plus ou moins cohérents, 2- ovulés, ou pluriovulés, quelquefois contournés en spirale. Styles plus ou moins soudés. Stigmate 3-5-fide, ou 3-5-lobé (ou 3-5 stigmates capitellés).

Péricarpe : Étairion à 5 (ou par avortement 1-4) follicules déhiscents antérieurement (moins souvent carcérules), 2-spermes, ou polyspermes. (Par exception le péricarpe est capsulaire ou diérésilien.)

Graines suturales, bisériées, aptères, ou ailées, quelquefois arillées, périspermées, ou apérispermées, huileuses. Embryon rectiligne, axile : radicule appointante ou inverse; cotylédons planes, foliacés.

Voici les genres qui constituent cette famille :

Pterygota Schott et Endlicher.—*Heritiera* Ait. — *Tri-*

phaca Lour. — *Sterculia* Linn. — *Southwellia* Salisb.— *Pœcilodermis* Schott et Endl. — *Cola* Schott et Endl.— *Cavallium* Schott et Endl. — *Hildegardia* Schott et Endl. — *Scaphium* Schott et Endl.—*Firmiana* Schott et Endl. — *Erythropsis* Lindl. — *Trichosyphum* Schott et Endl. — *Brachychiton* Schott et Endl. — *Reevesia* Lindl.

Genre PTÉRYGOTA. — *Pterygota* Schott et Endlich.

Calice campanulé, 5-parti, charnu, réfléchi au sommet.— *Fleurs mâles* : Androphore cylindrique, allongé, inclus, dilaté au sommet en urcéole; anthères sessiles, agrégées en 5 séries superposées : fascicules opposés aux sinus des carpelles. — *Fleurs femelles* : Androphore presque nul ; anthères abortives, disposées comme dans les fleurs mâles. Ovaires multiovulés, presque libres ainsi que les styles. Stigmates dilatés, rayonnants. Carpelles subglobuleux, longuement stipités, polyspermes. Graines prolongées en longue aile cultriforme.

Ce genre ne renferme que l'espèce suivante :

PTÉRYGOTA DE ROXBURGH. — *Pterygota Roxburghii* Schott et Endlicher, Meletemata Botanica, pag. 32. — *Sterculia alata* Roxburgh, Corom. 3, tab. 287.

Grand arbre très-rameux. Écorce très-lisse, grisâtre. Branches grosses, atteignant jusqu'à 100 pieds de long. Feuilles longues de 4 à 12 pouces, larges de 4 à 8 pouces, non-persistantes, lisses, cordiformes, entières, 3-5-nervées; pétiole long de 1 à 4 pouces. Stipules petites, subulées, caduques. Grappes axillaires, ou subterminales et paniculées, à peu près aussi longues que les pétioles, couvertes d'une pubescence étoilée ferrugineuse. Fleurs de la grandeur de celles de l'Oranger. Calice couvert en dehors d'une pubescence étoilée ferrugineuse, élégamment strié en dedans de pourpre et de jaune : segments lancéolés. Carpelles atteignant quelquefois la grosseur de la tête d'un enfant, coriaces, pubescents-pulvérulents. Graines oblongues, comprimées, longuement ailées.

Cet arbre croît au Silhet et au Chittagong, où il porte le nom de *Budh-Narculla*, c'est-à-dire Cocotier de Budha. Les Hindous font usage de ses graines, qui produisent les mêmes effets que l'Opium.

Genre HÉRITIÉRA. — *Heritiera* Ait.

Calice campanulé, 5-denté. — *Fleurs mâles* : Androphore à 5-10 anthères apicilaires. — *Fleurs femelles* : Androphore très-court ; anthères 10, sessiles, alternes deux à deux avec les carpelles. Ovaires 5, libres, 1-stylés, pauciovulés. Carpelles drupacés, coriaces, fortement carénés, indéhiscents, par avortement monospermes. Périsperme nul.

Feuilles furfuracées, très-entières. Panicules axillaires.

Ce genre renferme trois espèces, dont voici la plus remarquable :

HÉRITIÉRA LITTORAL. — *Heritiera littoralis* Ait. Hort. Kew. — Hort. Malab. 6 ; tab. 21. — Rumph. Amb. 3, tab. 63. — *Balanopteris Tothila* Gærtn. Fruct. 2, tab. 99.

Arbre à tronc tortueux, peu élevé. Feuilles ovales ou ovales-oblongues, rétrécies aux 2 bouts, courtement pétiolées, penni-nervées, d'un vert foncé en dessus, argentées en dessous, longues d'environ 7 pouces, sur 3 pouces de large. Panicules pendantes. Fleurs monoïques, blanchâtres, cotonneuses. Carcérules du volume d'une grosse Noix, lisses, fongueux, brunâtres, ovoïdes, pointus, munis d'une crête saillante. Graines oblongues.

Cet arbre abonde dans les archipels de la mer des Indes. Son bois, compacte et durable, sert à la construction des édifices et des navires. L'écorce des fruits est fortement astringente : les Malais la regardent comme un excellent remède antidyssentérique ; ils s'en servent aussi pour assaisonner les viandes : les graines pulvérisées s'emploient aux mêmes usages.

Rumphius fait mention d'une autre espèce d'Héritiéra, inconnue aux botanistes modernes, laquelle croît dans l'intérieur des Moluques, et fournit un bon bois de construction.

Genre STERCULIA. — *Sterculia* (Linn.) Schott et Endl.

Calice 5-parti, étalé. Androphore allongé, filiforme, dilaté au sommet en urcéole 5-lobé : lobes 3-dentés, 3-anthérifères. Style brusquement recourbé. Carpelles folliculaires, subsessiles, polyspermes.

Feuilles digitées ou simples. Fleurs rouges ou jaunâtres, fétides, disposées en grappes lâches ou en panicules.

Ce genre, tel que nous venons de le caractériser d'après les auteurs cités, ne renferme qu'un petit nombre d'espèces, dont voici les plus remarquables :

a) *Feuilles digitées.*

STERCULIA FÉTIDE. — *Sterculia fœtida* Linn. — Cavan. Diss. 5, tab. 141. — Sonnerat, Voy. tab. 132. — *Clompanus minor* Rumph. Amb. v. 3, tab. 107.

Feuilles longuement pétiolées, à 7-9 folioles subsessiles, lancéolées ou lancéolées-oblongues, obtuses ou pointues, très-entières, glabres en dessus, légèrement pubescentes en dessous. Panicules axillaires, pendantes, lâches, pauciflores. Lanières calicinales oblongues-lancéolées, recourbées au sommet. Follicules étalés, subréniformes, acuminés.

Arbre de moyenne grandeur. Bois léger, cassant. Feuilles de la grandeur de celles du *Marronnier d'Inde ;* folioles longues de 5 à 10 pouces, sur 15 à 18 lignes de large, membranacées, d'un vert gai, penninervées, non-veinées ; pétiole long de 1 pied et plus. Stipules courtes, pointues. Panicules longues d'un demi-pied ; pédoncules secondaires subtriflores. Fleurs rougeâtres, ponctuées, de 1/2 pouce de diamètre. Follicules coriaces, longs de 3 à 4 pouces, larges d'environ 18 lignes. Graines globuleuses, arillées, noirâtres, non-luisantes, de la grosseur d'un Haricot.

Ce *Sterculia* croît dans l'Inde et aux Moluques. C'est de l'odeur extrêmement fétide qu'exhalent ses fleurs que dérive le nom du genre. La même odeur se retrouve dans les sucs de toutes les parties vertes du végétal, et même dans le bois. Rumphius attribue aux feuilles des propriétés vulnéraires. Les graines, dépouillées de leur enveloppe, sont mangeables, et les Malais en expriment de l'huile.

b) *Feuilles cordiformes, 5-lobées.*

STERCULIA HÉLICTÈRE. — *Sterculia Helicteres* Pers. Ench. — *Helicteres apetala* Jacq. Amer. tab. 181, fig. 97.

Feuilles glabres en dessus, velues en dessous, à 5 lobes ovales-orbiculaires, pointus, très-entiers. Panicules amples, lâches, subterminales. Calice campanulé, semi-5-fide : lanières ovales, pointues, réfléchies.

Arbre élégant, haut d'environ 40 pieds. Cime touffue, très-ample. Feuilles rapprochées, larges de plus de 1 pied; pétiole long d'environ 9 lignes. Fleurs grandes, jaunâtres, tachées de pourpre, très-fétides. Gynophore 2 fois plus court que le calice. Stigmate globuleux, 5-lobé. Fruit inconnu.

Cet arbre a été observé par Jacquin aux environs de Carthagène.

c) *Feuilles entières ou trilobées.*

STERCULIA IVIRA. — *Sterculia Ivira* Swartz. — *Sterculia crinita* Cavan. Diss. 5, tab. 162.—*Ivira pruriens* Aubl. Guian. tab. 279.

Feuilles elliptiques ou oblongues, acuminées, très-entières, glabres en-dessus, cotonneuses en-dessous. Grappes subterminales, dressées, plus courtes que les feuilles. Calice 5-parti : lanières oblongues-lancéolées. Étamines 10. Follicules redressés, ovoïdes, apiculés, hérissés en dedans.

Tronc haut de 60 pieds et plus, sur 4 à 5 pieds de diamètre, très-rameux au sommet. Écorce épaisse, roussâtre, filandreuse. Bois blanchâtre, peu compacte. Branches horizontales et dressées, très-longues. Feuilles penninervées, scabres, roussâtres en dessous, atteignant plus d'un pied de long, sur 6 à 7 pouces de large; pétiole moins long que la lame, renflé au sommet. Stipules petites, caduques. Pédoncules secondaires bractéolés, subtriflores, assez rapprochés. Fleurs d'un demi-pouce de diamètre, jaunes en dehors, rougeâtres en dedans. Stigmate globuleux, 5-lobé. Follicules coriaces, convexes aux deux faces, roussâtres, hérissés à la base et intérieurement de soies rousses piquantes.

« Cet arbre, dit Aublet, est un des plus grands et des plus con-» sidérables de la Guiane. Les Galibis le nomment *Tourou-Tou-* » *rou*, et les Garipons *Ivira*. Ces peuplades font des cordages » avec les filamens intérieurs de l'écorce. On ne peut manier les » fruits ouverts sans être tourmenté par les poils qui s'en échap-» pent, et qui causent une démangeaison insupportable. » A Saint-Domingue, où cette espèce est également indigène, les créoles la nomment *Mahot cochon*.

STERCULIA CHICHA.—*Sterculia Chicha* Aug. Saint-Hil. Plant. Us. des Bras. tab. 46.

Feuilles cordiformes-arrondies ; profondément trilobées, gla-brés en dessus, cotonneuses en dessous : lobes ovales-arrondis, iné-gaux. Panicules terminales, thyrsiformes, veloutées, décomposées. Lanières calicinales ovales, pointues. Étamines 12-15. Follicules ovoïdes, un peu comprimés.

Arbre haut de 30 à 40 pieds : tronc droit ; écorce grise, pres-que lisse. Rameaux glabres, feuillés aux extrémités. Feuilles longues de 6 à 12 pouces, larges de 11 à 20 pouces, ferrugineu-ses en dessous, 3-nervées, veinées; pétiole long de 4 à 7 pouces. Panicules longues de 6 à 8 pouces; axe, pédoncules, pédicelles et calice couverts d'un duvet ferrugineux. Fleurs rapprochées, cam-panulées, de couleur jaune mêlée de rougeâtre, de ¼ pouce de diamètre. Étamines 12-15, subsessiles. Gynophore plus court que le calice. Follicule (solitaire par avortement) gommeux, du vo-lume d'une tête d'enfant. Graines elliptiques, obtuses, de la gros-seur d'un œuf de pigeon.

Cet arbre croît au Brésil, dans la province de Goyaz. « Les » habitants du pays où croît le *Chicha*, dit M. Aug. de Saint-» Hilaire, en mangent les semences, qui sont d'un goût agréa-» ble. C'est encore un de ces nombreux végétaux qui, sans » culture, fournissent aux Brasiliens des fruits comestibles, et il » est fort vraisemblable qu'avec quelques soins ces fruits devien-

» draient encore meilleurs. Nous ne pouvons donc nous empêcher
» de conseiller aux habitants de la côte , d'introduire chez eux le
» *Chicha*. Il ornera les jardins par sa beauté , et ses fruits ajou-
» teront à leurs jouissances. »

Genre SOUTHWELLIA. — *Southwellia* Salisb.

Calice campanulé , 5-7-fide : lanières cohérentes au sommet. — *Fleurs mâles* : Androphore cylindrique, plus court
que le calice , multifide au sommet ; anthères terminales ,
agrégées en capitule. — *Fleurs femelles* : Androphore comme dans les fleurs mâles ; anthères 15-30, stériles, sessiles ,
unisériées. Ovaires soudés. Style recourbé. Stigmate subpelté, rayonnant. Carpelles folliculaires, sessiles, oligospermes. Graines aptères.

Feuilles simples ou composées. Fleurs ordinairement jaunâtres.

Ce genre renferme une dizaine d'espèces, dont voici les
plus remarquables :

Southwellia élégant. —*Southwellia nobilis* Salisb. Parad.
Lond. tab. 69. (excl. Syn.) —*Sterculia nobilis* Smith, in Rees.
— *Sterculia monosperma* Vent. Malm. tab. 91.

Feuilles glabres, membranacées , penninervées , ovales-oblongues , pointues , ondulées ; grappes terminales , subsessiles , fasciculées , paniculées , naissant avant les feuilles. Lobes du calice
linéaires-lancéolés, arqués en dedans, ciliés, révolutés. Étairion
à 2-5 follicules ovales, bouffis , pointus, coriaces, cotonneux,
striés, monospermes.

Arbre; tronc dressé, cylindrique; écorce gercée, d'un gris
cendré. Feuilles réfléchies, luisantes, ayant jusqu'à 1 pied de
long , sur 3 à 5 pouces de large. Pétioles courts. Stipules caduques, membraneuses , linéaires , pointues. Grappes pubescentes,
horizontales, longues de 3 à 4 pouces. Pédicelles filiformes , inclinés au sommet. Fleurs petites , jaunâtres. Androphore de moitié plus court que le calice. Graines ovales, obtuses, de la grosseur d'une Châtaigne.

Cette espèce, originaire de l'Inde, se cultive en serre chaude. Elle est remarquable par la beauté de son feuillage, et par ses fleurs dont l'odeur approche de celle de la Vanille.

SOUTHWELLIA BALANGAS. — *Sterculia Balanghas* Linn. — Cavan. Diss. 5, tab. 143. — Bot. Reg. tab. 185. — Loisel. Herb. de l'Amat. tab. 843.

Feuilles ovales-lancéolées, ou oblongues-lancéolées, glabres. Panicules terminales, très-rameuses, lâches, divariquées. Segments calicinaux linéaires-subulés, connivents, arqués, poilus. Follicules obovales, étalés.

Arbre magnifique, de première grandeur. Tronc élevé, de 2 à 3 pieds de diamètre; écorce épaisse, grisâtre. Cime touffue, étalée. Feuilles longues de 1 pied et plus, membranacées, penninervées, réfléchies; pétiole court, renflé aux 2 bouts. Stipules caduques, subulées. Fleurs petites, très-nombreuses, d'un blanc sale en dehors, pourpres en dedans. Androphore presque aussi long que le calice. Follicules coriaces, épais, de couleur orange. Graines noires, subglobuleuses.

Cette espèce, originaire de l'Inde, se cultive dans les collections de serre.

SOUTHWELLIA DE ROXBURGH. — *Sterculia Roxburghiana* Wallich, Plant. Asiat. Rar. tab. 59.

Feuilles oblongues-lancéolées, acuminées, très-entières, glabres. Fleurs longuement pédicellées, en grappes axillaires très-lâches. Lanières calicinales étalées, lancéolées, acérées. Follicules velus, oblongs, 4-8-spermes.

Arbre d'élévation médiocre. Écorce du tronc et des branches grise. Feuilles longues de 4 à 8 pouces, membranacées. Pétiole grêle, long de 1 à 2 pouces. Stipules petites, subulées. Grappes subsessiles, pendantes, solitaires, nutantes, longues d'environ 4 pouces; pédicelles capillaires, longs de 2 pouces, pubérules de même que le pédoncule. Calice écarlate, long d'un demi-pouce. Follicules 1-5, oblongs, obtus, pubescents, 4-8-spermes, longs de 3 pouces. Graines ellipsoïdes, noires, luisantes. Périsperme mince. Embryon rectiligne.

Cette espèce, très-distincte et élégante, croît dans les montagnes du Silhet.

SOUTHWELLIA URCÉOLÉ. — *Sterculia urceolata* Smith, in Rees. — *Clompanus minor* Rumph. Amb. 3, p. 169, tab. 7.

Feuilles elliptiques, ou elliptiques-oblongues, pointues, très-entières, trinervées à la base, veloutées en dessous. Panicules courtes, pendantes, pauciflores, racémiformes. Calice sublagéniforme, velu aux bords. Follicules obovés, subsolitaires.

Arbre grêle, de moyenne hauteur. Feuilles longues de 6 à 12 pouces, sur 2 à 4 pouces de large. Fleurs verdâtres, veloutées. Follicules larges d'environ 2 pouces, d'un beau rouge à leur maturité. Graines noirâtres, non-luisantes, de la grosseur d'une Noisette.

Cette espèce croît aux Moluques. Les Malais en mangent les graines, dont ils expriment aussi de l'huile. Les feuilles sont mucilagineuses et adoucissantes comme celles des Malvacées. Les fleurs répandent une forte odeur hircine. Les branches coupées reprennent facilement racine, et l'on s'en sert fréquemment pour établir des clôtures vivantes. A l'époque de la maturité des fruits, l'arbre offre un très-bel aspect.

SOUTHWELLLIA A FEUILLES CORDIFORMES.— *Sterculia cordifolia* Cavan. Diss. 5, tab. 144, fig. 2 (excl. fruct.) — Guillem. et Perrott. Flor. Senegamb. 1, p. 79, tab. 15.

Feuilles très-amples, cordiformes-suborbiculaires, très-entières, subtrilobées au sommet, coriaces, glabres aux deux faces. Panicules divariquées, axillaires. Calice campanulé, courtement 5-denté, pubescent-ferrugineux. Follicules 8-10-spermes, acuminés, rétrécis à la base, veloutés-ferrugineux en dehors, glabres et d'un brun roux en dedans. Étamines 10-12.

Arbre haut de 60 à 80 pieds. Tronc fort gros. Écorce rimeuse, tombant par plaques. Branches ascendantes, diffuses, très-rameuses. Ramules couverts d'un duvet roussâtre. Feuilles longues et larges de 12 à 15 pouces, blanches en dessous, 7-nervées; pétiole long d'environ 6 pouces. Stipules lancéolées. Panicules moins longues que les feuilles. Fleurs roussâtres, petites. Étairion à 3-

5 follicules verticillés, étalés, épais, subréniformes. Graines ovales-oblongues, subsessiles, glabres, luisantes, brunâtres, arillées à la base : arille pulpeux, jaunâtre, sucré.

« Le *Sterculia cordifolia*, disent MM. Guillemin et Per-
» rottet, est un des plus beaux et des plus grands arbres des bords
» de la Gambie ; il atteint souvent la hauteur de quatre-vingts
» pieds. Son tronc est très-gros, revêtu d'une écorce gercée, noi-
» râtre, et qui tombe par plaques comme celle du Platane. A la
» hauteur de dix-huit à vingt pieds, il se divise en un grand
» nombre de branches fort grosses. Ses feuilles, y compris le pé-
» tiole, ont de douze à dix-huit pouces au moins de long, sur
» environ douze pouces de large ; elles sont dures, coriaces et
» souvent d'un blanc argenté à la face inférieure. Les panicules
» des fleurs naissent sur les branches de l'année précédente et à
» l'aisselle des anciennes feuilles, tandis que les pousses de
» l'année ne développent que des feuilles. A l'aisselle de celles-
» ci, on voit apparaître de petits bourgeons qui sont les rudi-
» ments des fleurs de l'année suivante. Les *Sterculia*, quoique
» indigènes des contrées équatoriales, offrent donc un mode de
» végétation analogue à celui de nos contrées tempérées, et il y a
» effectivement une saison de repos pour ces plantes.

» Les Nègres mangent avec délices l'arille jaunâtre et pulpeux
» qui entoure le bas de la graine. Cet arille a un goût sucré fort
» agréable. Le bois de l'arbre est dur et s'emploie à la construc-
» tion de certaines embarcations. »

SOUTHWELLIA VERSICOLORE. — *Sterculia versicolor* Wall.
Plant. Asiat. Rar. v. 1, tab. 59.

Feuilles digitées, à 5 folioles obovales-oblongues, cuspidées, penninervées, cotonneuses en dessous. Panicules axillaires, sub-sessiles, oblongues, un peu plus courtes que les pétioles, rappro-chées en corymbe, composées de grappes alternes, courtes, spi-ciformes, subsessiles. Calice subsessile, oblong-campanulé, velu, 5-7-fide : lanières oblongues-linéaires, obtuses, conniventes au sommet.

Arbre haut d'environ 16 pieds. Tronc épais, irrégulier. Écorce

lisse, grisâtre. Rameaux nombreux, étalés. Feuilles ramassées
vers l'extrémité des ramules, étalées, longuement pétiolées. Folioles longues de 5 à 7 pouces, d'un vert luisant en dessus, couvertes en dessous d'un duvet fin, grisâtre; pétioles courts. Fleurs
petites, nombreuses, odorantes, d'abord jaunes, couleur de feu
après l'anthèse.

Ce Sterculia croît sur les bords de l'Iraouaddi, aux environs
de la ville d'Awa. Ses fleurs sont remarquables par le parfum
qu'elles exhalent et par leur couleur d'un jaune brillant, qui
passe à l'orange après l'anthèse.

Genre PÉCILODERME. — *Pæcilodermis* Schott et Endl.

Calice campanulé, bouffi, 5-6-fide : lanières révolutées.
— *Fleurs mâles* : Androphore cylindrique, renflé à la base,
plus court que le calice; filets libres au sommet; anthères
agrégées   capitule. — *Fleurs femelles* : Androphore
presque nul, couvert d'environ 50 anthères stériles, inordinées. Ovaires soudés. Styles soudés, continus. Stigmates liguliformes, recourbés. Carpelles folliculaires, stipités,
gommeux.

L'espèce dont nous allons faire mention, et qui croît dans
la Nouvelle-Hollande, constitue à elle seule ce genre.

PÉCILODERME A FEUILLES DE PEUPLIER. — *Pæcilodermis
populnea* Schott et Endl. l. c. p. 33.

Feuilles cuspidées, crénelées, luisantes. Grappes terminales,
rameuses, pendantes. Fleurs grandes, marbrées.

Genre KOLA. — *Cola* Schott et Endl.

Calice urcéolaire, 5- ou 6-fide : lanières dressées. Androphore presque nul. Anthères 10, sessiles, bisériées : bourses
superposées, quelquefois confluentes. Ovaires presque libres,
sessiles. Styles presque nuls. Stigmates simples, réfléchis.
Carpelles folliculaires, sessiles, oligospermes ou monospermes. Graines grosses.

Feuilles ovales ou oblongues, acuminées, quelquefois trilobées, presque glabres. Panicules axillaires ou terminales.

Ce genre se compose de six espèces, toutes indigènes dans l'Afrique équatoriale; en voici les plus remarquables :

Kola d'Oware. — *Sterculia acuminata* Pal. Beauv. Flor. d'Owar. et Bén. tab. 24.

Feuilles lancéolées-oblongues, cuspidées, très-entières, glabres, longuement pétiolées. Panicules solitaires, latérales, subsessiles, divariquées, cimeuses. Calice campanulé, sexfide. Follicules monospermes.

Arbre. Feuilles atteignant jusqu'à un pied de long; pétiole plus court que la lame. Fleurs écartées; pédicelles grêles, défléchis ou horizontaux; panicules plus courtes que les feuilles. Calice jaunâtre, strié de rouge; lanières triangulaires. Graines ovoïdes, de la grosseur d'un œuf de pigeon; amande d'un rouge tendre, tirant un peu sur le violet.

Cet arbre croît dans le pays d'Oware. « Les négres, dit M. Pa-
» lisot de Beauvois, l'appellent *Kola;* ils en mangent l'amande
» avec une sorte de délice avant leur repas, non pas à cause de son bon
» goût, puisqu'il laisse dans la bouche une sorte d'âcreté acide,
» mais en raison de la propriété singulière qu'il a de faire trou-
» ver bon tout ce que l'on mange après en avoir mâché. C'est
» surtout sur les différentes liqueurs et principalement sur l'eau
» que cet effet se manifeste sensiblement. Si avant d'en boire on
» a mâché du Kola, elle acquiert une saveur des plus agréables.
» Pour vérifier ce fait, j'ai souvent bu de l'eau saumâtre après
» avoir mâché du Kola : elle m'a toujours paru bonne et agréable
» à boire ; mais cet effet ne dure qu'autant que l'intérieur de la
» bouche est empreint de l'âpreté qu'y laisse cette graine. »

Kola du Sénégal.—*Sterculia tomentosa* Guillem. et Perrott. Flor. Senegamb. 1, p. 81, tab. 16.

Feuilles cordiformes, quelquefois subtrilobées ou tricuspidées, cotonneuses-ferrugineuses aux 2 faces. Grappes axillaires, pauciflores, courtement pédonculées. Calice profondément 5-parti, cyathiforme après l'anthèse. Androphore filiforme, un peu plus long que le calice; étamines 15. Étairion à 3-5 follicules ovoïdes,

acuminés aux deux bouts, polyspermes, veloutés-roussâtres en
dehors, hérissés en dedans de soies blanches.

Arbre rameux, haut de 20 à 30 pieds. Rameaux courts, tortueux. Feuilles rapprochées, 7-nervées. Stipules petites, subulées, réfléchies. Fleurs d'un jaune tirant sur le roux. Follicules
longs d'environ 2 pouces, dressés, verticillés. Graines ovales-
oblongues, grisâtres.

« Cette espèce, dit M. Perrottet, est rare sur les bords du Sé-
» négal. Nous ne l'avons rencontrée que sur les hauteurs sablon-
» neuses des environs de Dagana, où elle se trouve rarement en
» bon état de végétation : M. Leprieur l'a recueillie à Bakel, dans
» le pays de Galam. Elle offre constamment un aspect rabougri
» et roussâtre ; son écorce se détache annuellement par plaques,
» comme celle du Platane, circonstance qui, jointe à la forme de
» ses feuilles, lui a fait donner le nom de *Platane du Sénégal*
» par les Européens qui l'ont observée. Elle est presque toujours
» dépourvue de feuilles, par l'effet de l'excessive sécheresse de
» l'air.

» Les Nègres désignent cet arbre sous le nom de *Kola* et de
» *Gourou ;* ils en mâchent les graines, et les emploient, réduites
» en pâte liquide, à teindre en jaune rouillé leurs étoffes de co-
» ton ; cette couleur est très-fixe et a beaucoup d'intensité. »

Genre CAVALLIUM. — *Cavallium* Schott et Endl.

Calice campanulé, 5-fide, dressé. Androphore plus court
que le calice, resserré au milieu, divisé au sommet en 10
filets 1-anthérifères, alternativement plus longs et plus courts.
Style court. Stigmate 5-lobé. Carpelles coriaces, folliculaires, sessiles, oligospermes. Graines ellipsoïdes, aptères.

Feuilles cordiformes, lobées. Fleurs petites, nombreuses,
paniculées.

Voici les deux espèces que renferme ce genre :

CAVALLIUM A POILS PIQUANTS. — *Cavallium urens* Schott et
Endl. l. c. — *Sterculia urens* Roxb. Corom. tab. 24.

Feuilles longuement pétiolées, palmati-5-lobées, cotonneuses en dessous, profondément cordiformes à la base ; lobes triangulaires, acérés, sinuolés : le terminal très-prolongé. Panicules terminales, subternées, cotonneuses, composées de grappes rameuses, multiflores, subhorizontales. Follicules ovoïdes, pointus aux deux bouts, hérissés, 3-5-spermes.

Arbre très-élevé. Tronc droit ; cime ample, touffue. Écorce très-lisse, de couleur cendrée : épiderme transparent, pulvérulent et se détachant par plaques. Feuilles 5-nervées, caduques, larges de 1 pied ou plus ; pétiole cylindrique, cotonneux, aussi long que la lame. Panicules longues de 6 à 12 pouces, couvertes d'un duvet visqueux, pulvérulent, jaunâtre. Grappes composées de cymules triflores : pédoncules courts, 1-bractéolés à la base, 2-bractéolés au sommet ; bractées colorées, subulées, plus longues que les pédicelles. Fleurs petites, jaunâtres, très-nombreuses : les 2 latérales de chaque cimule subsessiles ; la plupart mâles par avortement. Étairion à 5 follicules étalés en étoile, de la forme et du volume d'une gousse de Baguenaudier, cotonneuses et hérissées de courtes soies jaunâtres, piquantes. Graines ellipsoïdes, brunâtres.

Ce bel arbre croît dans les montagnes de la côte de Coromandel ; il perd ses feuilles à la fin de la saison des pluies, et fleurit pendant la saison froide avant leur réapparition. Son bois est spongieux et de couleur rouge au centre. Les Hindous en fabriquent des guitares. L'écorce, excessivement astringente, teint la salive en rouge. Les graines sont mangeables, mais peu volumineuses.

Cavallium chevelu. — *Cavallium comosum* Schott et Endlich.—*Sterculia comosa* Wall. Plant. Asiat. Rar. tab. 127.

Feuilles ovales-cordiformes, longuement pétiolées, acuminées, trilobées ou entières, 9-nervées, glauques et pubescentes en dessous. Panicules axillaires, thyrsiformes, très-rameuses, nutantes. Segments calicinaux oblongs.

Grand arbre très-touffu. Ramules épais, grisâtres. Feuilles longues de 12 à 18 pouces, sur un demi-pied ou plus de large, très-étalées, luisantes en dessus; pétiole long de 5 à 12 pouces. Panicules presque aussi longues que les feuilles, couvertes d'un duvet étoilé. Fleurs petites, pourpres, odorantes.

Cet arbre magnifique croît dans les forêts d'Amboine. Ses fleurs sont très-odorantes.

Genre HILDÉGARDIA. — *Hildegardia* Schott et Endl.

Calice profondément 5-parti, réfléchi. Androphore sub-claviforme, allongé; anthères 10, bisériées, sessiles : les 5 inférieures opposées aux angles de l'ovaire. Style continu. Stigmates soudés, planes, petits. Carpelles longuement stipités, membranacés, veineux, bouffis, terminés au sommet en large aile cultriforme.

Feuilles cordiformes, pointues, glabres, membranacées. Fleurs odorantes.

Ce genre se compose des trois espèces suivantes :

HILDÉGARDIA A FEUILLES DE PEUPLIER — *Hildegardia populifolia* Schott et Endl.—*Sterculia populifolia* Roxb.—Wall. Plant. Asiat. Rar. 1, tab. 3. (non De Cand.)

Feuilles cordiformes-arrondies, acuminées, entières, 7-nervées, glabres, glauques en dessous, membranacées. Grappes axillaires, pédonculées, rameuses, plus courtes que les feuilles. Sépales linéaires, obtus. Étairion à 4 ou 5 follicules oblongs, obliques, glabres.

Petit arbre, haut d'environ 20 pieds. Tronc dressé, cylindrique. Écorce lisse, cendrée. Feuilles longues de 4 à 6 pouces. Fleurs écarlates, odorantes. Sépales longs d'environ 1 pouce. Follicules longs de 2 pouces.

Cette espèce, remarquable par l'élégance de son port et par la forme singulière de son fruit, croît dans l'Inde.

HILDÉGARDIA DE CANDOLLE. — *Hildegardia Candolleana* Schott et Endl. l. c. — *Sterculia populifolia* De Cand. Prodr. (non Roxb.)

Feuilles cordiformes-arrondies, obtuses, entières, glabres aux
2 faces, submembranacées. Follicules ovales, 4-spermes, très-
glabres en dedans.

Cette espèce croît à Timor.

HILDÉGARDIA A GRANDES FEUILLES. — *Hildegardia macrophylla* Schott et Endl. l. c. — *Sterculia macrophylla* Vent.

Feuilles cordiformes-orbiculaires, entières, cotonneuses en dessous, subcoriaces. Follicules ovales, dispermes, très-glabres en
dedans.

Cette espèce habite l'Inde.

Genre FIRMIANA. — *Firmiana* Marsigli.

Calice 5-parti, réfléchi. Androphore cylindrique, allongé;
anthères nombreuses. Ovaires 5, cohérents. Styles allongés,
cohérents. Stigmate lobé. Carpelles membranacés, courtement stipités, étalés, déhiscents avant la maturité des graines, oligospermes par avortement. Graines globuleuses,
aptères, périspermées.

L'espèce suivante constitue à elle seule ce genre :

FIRMIANA A FEUILLES DE PLATANE. — *Firmiana platanifo-
lia* Schott et Endl. Melem. Bot. p.33. — *Sterculia platani-
folia* Linn. — Cavan. Diss. 5, tab. 145. — Marsigli, Act. Acad.
Patav. 1, tab. 1 et 2.

Grand arbre à cime touffue. Écorce lisse. Feuilles atteignant 1/2
pied de large, coriaces, luisantes, subquinquénervées, cordiformes à la base, 5-lobées-palmées, glabres en dessus, pubescentes
en dessous : lobes ovales, ou ovales-orbiculaires, acuminés-obtus;
sinus larges, arrondis; pétiole long, renflé aux 2 bouts. Stipules
longues, lancéolées. Panicules terminales, longues de 6 à 12 pouces, dressées, décomposées, subpyramidales, couvertes de même
que les calices d'un duvet velouté subferrugineux; pédicelles plus
courts que le calice, en ombelle ou en corymbe. Calice rotacé :
lanières longues d'environ 6 lignes, oblongues, pointues, jaunâ-

tres et glabres en dessus. Follicules longs d'environ 2 pouces, sur
18 lignes de large (après la déhiscence), jaunâtres, pubescents,
ovales-oblongs, obtus. Graines du volume d'un gros Pois, jaunes,
lisses.

Ce bel arbre, introduit en France vers le milieu de 18ᵉ siècle,
par le père d'Incarville, est originaire de Chine, où il porte le
nom de *Toum-Chu.* C'est la seule espèce de la famille qui puisse
résister en pleine terre aux hivers du midi de la France. Dans
les environs de Paris on le cultive en Orangerie.

Genre ÉRYTHROPSIS. — *Erythropsis* Lindl.

Calice infundibuliforme, 5-denté. Androphore cylindracé,
saillant ; anthères 30, sessiles, inordinées. Ovaires 5, presque
libres. Styles courts. Stigmates pointus, recourbés. Carpelles stipités, membranacés, pendants, dispermes, déhiscents avant la maturité des graines. Graines subglobuleuses,
aptères.

Voici la seule espèce de ce genre :

ÉRYTHROPSIS DE ROXBURGH. — *Erythropsis Roxburghiana*
Schott et Endl. Melem. Bot. p. 33.—*Sterculia colorata* Roxb.
Corom. tab. 25.

Arbre très-élevé. Tronc droit. Écorce un peu scabre, de couleur cendrée. Branches nombreuses, vagues. Feuilles longues de
6 à 9 pouces, sur 9 à 12 pouces de large, molles, non-persistantes, 5-7-nervées, 5-lobées-palmées, pubescentes, cordiformes à
la base : lobes triangulaires, pointus ; pétiole cylindrique, pubescent, long d'environ 9 lignes. Stipules courtes, lancéolées.
Panicules longues d'environ 6 pouces, latérales et terminales,
nombreuses, densiflores, thyrsiformes, veloutées, d'un écarlate
brillant ; pédicelles en corymbe. Calice long de 1 pouce. Étairion à 1-5 follicules semblables aux gousses du *Baguenaudier*,
glabres, de couleur rose. Graines de la forme et du volume d'un
Haricot.

Ce végétal magnifique habite les montagnes voisines de la côte
de Coromandel. A l'époque de la floraison, qui a lieu en avril,

avant le développement des feuilles, il ressemble, dit Roxburgh, à un arbre de corail. Plus tard, son feuillage et ses grands fruits de couleur rose, offrent encore un aspect très-pittoresque.

Genre TRICHOSIPHE. — *Trichosiphum* Schott et Endl.

Fleurs mâles : Calice infundibuliforme, 5-fide : lanières étalées. Androphore plus court que le calice, renflé et barbu au milieu ; filets libres au sommet, portant des anthères agrégées en capitule. — *Fleurs femelles* (inconnues). Carpelles folliculaires, sessiles, oligospermes. Graines aptères.

L'espèce suivante constitue à elle seule ce genre :

Trichosiphe austral. — *Trichosiphum australe* Schott et Endl. Melem. Bot. p. 34.

Arbre dépouillé de ses feuilles à l'époque de la floraison. Grappes terminales et axillaires , courtes. Fleurs dressées, de la grandeur de celles de l'Oranger.

Ce végétal croît à l'île de Northumberland.

Genre BRACHYCHITE. — *Brachychiton* Schott et Endl.

Calice cyathiforme, 5-fide : lanières étalées, dilatées, indupliquées en estivation. — *Fleurs mâles :* Androphore plus court que le calice ; anthères subsessiles, dressées, 2-loculaires, agrégées en capitule. — *Fleurs femelles :* Androphore très-court ; anthères 50 , stériles, dressées, superposées. Ovaires soudés. Styles cohérents. Stigmates liguliformes, rayonnants. Carpelles folliculaires, stipités, polyspermes. Graines bisériées, aptères.

Voici la seule espèce que renferme ce genre :

Brachychite paradoxe. — *Brachychiton paradoxum* Schott et Endl. Melem. Bot. p. 34.

Arbre. Feuilles suborbiculaires, lobées, sinuolées, larges. Fleurs de la grandeur de celles de la *Mauve Alcée*, subsolitaires, axillaires.

Cet arbre croît dans la Nouvelle-Hollande intertropicale.

Genre anomale.

Genre RÉEVÉSIA. — *Reevesia* Lindl.

Calice subcampanulé, irrégulièrement 5-denté, bractéolé; estivation imbricative. Pétales 5, onguiculés, calleux entre l'onglet et la lame. Gynophore stipitiforme, long, soudé à l'androphore. Androphore dilaté au sommet en urcéole 5-denté. Anthères 15, sessiles, cohérentes, extrorses, à bourses divariquées. Ovaire inclus, ovale, pentagone, à 5 loges biovulées. Ovules marginaux, superposés. Stigmate 5-lobé, sessile. Capsule stipitée, ligneuse, obovale, pentagone, 5-loculaire, 5-valve, loculicide; axe nul. Graines géminées, ailées à la base.

Feuilles alternes, non-stipulées. Grappes terminales, rameuses. Fleurs blanches.

L'espèce que nous allons décrire constitue à elle seule ce genre, qui, selon M. Lindley, nécessite la réunion des Sterculiacées et des Byttnériacées.

RÉEVÉSIA A THYRSES.—*Reevesia thyrsoidea* Lindl. in Brand. Journ. nov. ser. 2, 112, et in Bot. Reg. tab. 1236.

Arbre. Branches grêles, lisses. Gemmes veloutées. Feuilles lancéolées, acuminées, très-lisses, non-veineuses, persistantes, longues de 3 à 6 pouces; pétiole semi-cylindrique, renflé aux deux bouts. Fleurs en panicules thyrsiformes. Pédicelles et calices couverts d'une pubescence étoilée. Dents calicinales ovales, inégales. Pétales à onglets subspatulés, aussi longs que le calice; lames oblongues, étalées.

Ce végétal, originaire de la Chine, a fleuri en 1829 au jardin de la Société horticulturale de Londres. C'est, au témoignage de M. Lindley, un fort bel arbre d'orangerie.

FIN DU TOME TROISIÈME DES PHANÉROGAMES.

COLLABORATEURS.

MM.

AUDINET-SERVILLE, *ex-président de la Société Entomologique, Membre de plusieurs Sociétés savantes, nationales et étrangères.* (ORTHOPTÈRES, NÉVROPTÈRES ET HÉMIPTÈRES).

AUDOUIN, *Professeur-Administrateur du Muséum, Membre de plusieurs Sociétés savantes, nationales et étrangères.* (ANNÉLIDES).

BIBRON, *Aide-Naturaliste au Muséum, collaborateur de M. Duméril pour les Reptiles.*

BOISDUVAL, *Membre de plusieurs Sociétés savantes, nationales et étrangères, auteur de l'Entomologie de l'Astrolabe, de l'Icones des Lépidoptères d'Europe, de la Faune de Madagascar, etc. etc.* (LÉPIDOPTÈRES)

DE BLAINVILLE, *Membre de l'Institut, Professeur-Administrateur du Muséum d'Histoire Naturelle, Professeur à la Faculté des Sciences, etc.* (MOLLUSQUES).

DE BREBISSON, *Membre de plusieurs Sociétés savantes, auteur des Mousses et de la Flore de Normandie.* (PLANTES CRYPTOGAMES).

A. DE CANDOLLE, *de Genève* (BOTANIQUE).

CUVIER (Fr.), *Membre de l'Institut* (CÉTACÉS).

DEJEAN (le comte) *Lieut.-général, Pair de France.* (COLÉOPTÈRES).

DESMAREST, *Membre correspondant de l'Institut, Professeur de Zoologie à l'École vétérinaire d'Alfort.* (POISSONS).

MM.

DUMÉRIL, *Membre de l'Institut, Professeur-Administrateur du Muséum d'Histoire Naturelle, Professeur à l'École de Médecine, etc. etc.* (REPTILES).

LACORDAIRE, *Naturaliste-voyageur, Membre de la Société Entomologique, etc.* (INTRODUCTION À L'ENTOMOLOGIE).

SANDER-RANG, *Officier au corps Royal de la Marine* (ZOOPHYTES ET VERS) *avec M. Lesson.*

LESSON, *Membre correspondant de l'Institut, Professeur à Rochefort, etc.* (ZOOPHYTES ET VERS).

MACQUART, *Directeur du Muséum de Lille, auteur des Diptères du Nord de la France, etc. etc.* (DIPTÈRES).

MILNE-EDWARS, *Professeur d'Histoire Naturelle, Membre de diverses Sociétés savantes, etc. etc.* (CRUSTACÉS).

LE PELETIER DE SAINT-FARGEAU, *Président de la Société Entomologique, auteur de la Monographie des Tenthrédines, etc. etc.* (HYMÉNOPTÈRES).

SPACH, *Aide-Naturaliste au Muséum.* (PLANTES PHANÉROGAMES).

WALCKENAER, *Membre de l'Institut, travaux sur les Arachnides, etc. etc.* (ARACHNIDES ET INSECTES APTÈRES).

CONDITIONS DE LA SOUSCRIPTION.

Les Suites à Buffon formeront 45 volumes in-8° environ, imprimés avec le plus grand soin et sur beau papier; ce nombre parait suffisant pour donner à cet ensemble toute l'étendue convenable. Chaque auteur s'occupant depuis long-temps de la partie qui lui est confiée, l'éditeur sera à même de publier en peu de temps la totalité des traités dont se composera cette utile collection.

À partir de janvier 1834, il paraîtra au moins tous les mois un volume in-8°, accompagné de livraisons d'environ 10 planches noires ou coloriées.

Prix du texte, chaque volume (1)............5f. 50c.

Prix de chaque livraison { noire ....3.
                         { coloriée ....6.

N. Les personnes qui souscriront pour des parties séparées paieront chaque volume 6 fr. 50.

Un petit nombre d'exemplaires seront imprimés sur grand papier vélin, dont le prix sera double.

ON SOUSCRIT, SANS RIEN PAYER D'AVANCE,
A LA LIBRAIRIE ENCYCLOPÉDIQUE DE RORET,
RUE HAUTEFEUILLE, N° 10 bis, A PARIS,
AU COIN DE CELLE DU BATTOIR.

(1) *L'Éditeur ayant à payer pour cette collection des honoraires aux auteurs, le prix des volumes ne peut être comparé à celui des réimpressions d'ouvrages appartenant au domaine public et exempts de droits d'auteur, tels que Buffon, Voltaire, etc. etc.*

www.ingramcontent.com/pod-product-compliance
Ingram Content Group UK Ltd.
Pitfield, Milton Keynes, MK11 3LW, UK
UKHW021002140726
13695UKWH00001B/47